贵州省
县级综合气象业务
知识读本

李登文　主编

图书在版编目(CIP)数据

贵州省县级综合气象业务知识读本/李登文主编
. --北京:气象出版社,2018.12
ISBN 978-7-5029-6889-2

Ⅰ.①贵… Ⅱ.①李… Ⅲ.①气象服务—基本知识—贵州 Ⅳ.①P451

中国版本图书馆 CIP 数据核字(2018)第 277155 号

Guizhou Sheng Xianji Zonghe Qixiang Yewu Zhishi Duben

贵州省县级综合气象业务知识读本

李登文　主编

出版发行:气象出版社
地　　址:北京市海淀区中关村南大街 46 号　　**邮政编码**:100081
电　　话:010-68407112(总编室)　010-68408042(发行部)
网　　址:http://www.qxcbs.com　　**E-mail**:qxcbs@cma.gov.cn
责任编辑:郭健华　张盼娟　　**终　　审**:吴晓鹏
责任校对:王丽梅　　**责任技编**:赵相宁
封面设计:楠竹文化
印　　刷:三河市君旺印务有限公司
开　　本:787 mm×1092 mm　1/16　　**印　　张**:24
字　　数:604 千字
版　　次:2018 年 12 月第 1 版　　**印　　次**:2018 年 12 月第 1 次印刷
定　　价:80.00 元

编委会

主　　编　李登文

副主编　丁晓红　牟克林　朱启才　黄　箬

编写人员　（按音序排列）

卜英竹　曹凯明　董立亭　杜小玲

方庆文　柯莉萍　刘吉贵　陆　扬

罗乃兴　穆仕超　潘盛文　戚泽伟

孙　涛　谭　健　谭海波　汪　超

汪　华　文继芬　武文辉　徐　晓

徐德智　杨　平　姚晓兰　周道刚

周和平　朱文达

前　言

为进一步加强贵州省县级综合气象业务规范化管理，提高业务人员技术水平和综合素质，推进县级气象现代化建设，根据《县级综合业务规范化培训管理办法（试行）》的要求，贵州省气象局组织编写了这本《贵州省县级综合气象业务知识读本》。

本书建立了县级综合气象业务知识题库，由四千多道测试题组成。题目难易程度分为基础、较难（以 * 标示）、难（以 * * 标示）三个等级，题型分为单项选择题、多项选择题（有 2～5 个正确选项）、填空题和判断题。

本书内容包括综合气象观测业务方面的观测数据统计与应用、探测技术、探空应用、地面观测，综合气象保障业务方面的业务防雷技术、雷达技术与应用、气象装备、气象观测数据质量控制与 MDOS 业务平台应用、气象台站信息网络技术应用，公共气象服务，气象预警预报业务方面的天气学原理、大气物理和监测预警技术等知识。

本书内容涉及广泛，编写时间仓促，编者水平有限，书中错漏之处难免，敬请读者批评指正。

编委会

目　录

第一部分

综合气象观测

气象观测数据统计与应用

一、单项选择题

1.《新建扩建改建建设工程避免危害气象探测环境行政许可管理办法》已经（ C ）中国气象局局务会议审议通过。

A. 2015 年 4 月 1 日　　B. 2015 年 9 月 1 日

C. 2016 年 4 月 1 日　　D. 2016 年 9 月 1 日

2.《新建扩建改建建设工程避免危害气象探测环境行政许可管理办法》中规定，省、自治区、直辖市气象主管机构应将本行政区域内各类气象台站的位置及其探测环境保护范围向（ B ）公布。

A. 政府　　B. 社会　　C. 群众　　D. 村民

3.《新建扩建改建建设工程避免危害气象探测环境行政许可管理办法》中规定，申请人对提交的书面申请材料的（ B ）负责。

A. 完整性　　B. 真实性　　C. 统一性　　D. 全面性

4.《新建扩建改建建设工程避免危害气象探测环境行政许可管理办法》中规定，受理机构应当自受理之日起（ D ）工作日内将全部申请材料和初审意见报上级气象主管机构审批。

A. 五个　　B. 十个　　C. 十五个　　D. 二十个

5.《新建扩建改建建设工程避免危害气象探测环境行政许可管理办法》中规定，行政许可决定做出后，应当在（ B ）工作日内送达申请人。

A. 五个　　B. 十个　　C. 十五个　　D. 二十个

6.《新建扩建改建建设工程避免危害气象探测环境行政许可管理办法》中规定，气象主管机构接到举报后应当及时（ D ）和处理。

A. 复查　　B. 勘查　　C. 核查　　D. 核实

7.《新建扩建改建建设工程避免危害气象探测环境行政许可管理办法》中规定，取得许可后不按规定进行建设，造成气象探测环境遭到破坏的，予以（ A ）。

A. 处罚　　B. 罚款　　C. 追责　　D. 处分

8.《气象台站迁建行政许可管理办法》由中国气象局局长第（ D ）号令发布。

A. 27　　B. 28　　C. 29　　D. 30

9.《气象台站迁建行政许可管理办法》中规定，当在收到全部申请材料之日起（ A ）工作日内，做出受理或者不予受理的书面决定。

A. 五个　　B. 十个　　C. 十五个　　D. 二十个

10.《气象台站迁建行政许可管理办法》中规定，对于不予受理的，应当（ A ）说明理由。

A. 书面　　B. 电话　　C. 邮件　　D. 短信

11.《气象台站迁建行政许可管理办法》中规定，国务院气象主管机构应当自收到申请材料后（ D ）工作日内做出决定。

A. 五个　　B. 十个　　C. 十五个　　D. 二十个

12.《气象台站迁建行政许可管理办法》中规定，技术审查（含现场踏勘）时间一般不超过（ C ）。

A. 一个月　　B. 二个月　　C. 三个月　　D. 四个月

13.《气象台站迁建行政许可管理办法》中规定，做出行政许可决定，应当自做出决定之日起（ B ）工作日内向申请人送达行政许可的书面决定。

A. 五个　　B. 十个　　C. 十五个　　D. 二十个

14.《气象台站迁建行政许可管理办法》中规定，某省气象主管机构做出准予国家一般气象台站迁建的行政许可决定，应当自做出决定之日起（ C ）个工作日内将行政许可审批材料报国务院气象主管机构备案。

A. 五个　　B. 十个　　C. 十五个　　D. 二十个

15.《气象台站迁建行政许可管理办法》中规定，申请人、利害关系人在被告知听证权利之日起（ A ）工作日内提出听证申请的。

A. 五个　　B. 十个　　C. 十五个　　D. 二十个

16.《气象台站迁建行政许可管理办法》中规定，申请人、利害关系人提出听证申请，气象主管机构应当在（ D ）工作日内组织听证。

A. 五个　　B. 十个　　C. 十五个　　D. 二十个

17.《气象台站迁建行政许可管理办法》中规定，气象台站新址正式启用应当符合（ A ）气象主管机构有关业务规定。

A. 国务院　　B. 省　　C. 自治区　　D. 直辖市

18.《关于做好站址变动对比观测资料分析工作的通知》中，要求各省（区、市）气象局在每年（ C ）前，完成上一年度正式在新址开展工作的国家级地面气象观测站新旧站址对比观测资料的审查和分析。

A. 1 月 31 日　　B. 2 月 28 日　　C. 3 月 31 日　　D. 4 月 30 日

19. 为了加强研究站址变动对（ D ）的影响分析，规范对比观测资料和站址变动分析报告的归档，制定了《对比观测资料和站址变动分析报告报送规定》。

A. 气候变化　　B. 新旧站址　　C. 地理位置　　D. 观测要素

20.《对比观测资料和站址变动分析报告报送规定》中，对比观测资料采用现在业务上实行的地面月报数据文件格式，由地面测报业务软件生成，并通过格式（ C ）。

A. 审核　　B. 审查　　C. 检查　　D. 检验

21.《对比观测资料和站址变动分析报告报送规定》中，对比观测资料采用现在业务上实行的地面月报数据文件（ A ）格式，由地面测报业务软件生成。

A. A 文件　　B. B 文件　　C. J 文件　　D. R 文件

22. 拟迁观测站观测资料进行完整性评估时，某要素总缺测率为 1%，该要素评估为（ C ）。

A. 序列完整　　B. 完整性较好

C. 完整性一般　　D. 完整性较差

23. 绘制拟迁观测站现址周边站网分布图时，国家一般气象站半径 100 km 范围内国家级气象观测站数量少于（ A ）个的，要适当考虑区域气象观测站。

A. 8　　B. 10　　C. 20　　D. 30

24. 按照《站址变动分析报告技术要求》，建站、迁站时间数据精确到（ C ）。

A. 年　　B. 月　　C. 日　　D. 时

25.《站址变动分析报告技术要求》中，用（ A ）点依次准确地标出站址的位置，并在对应的站址旁标注该站址启用（拟启用）时间。

A. 红　　B. 橙　　C. 浅蓝　　D. 黄

26.《站址变动分析报告技术要求》中，用（ C ）色带箭头依次标出已完成的迁站过程。

A. 红　　B. 橙　　C. 浅蓝　　D. 黄

27.《站址变动分析报告技术要求》中，用（ D ）色带箭头标出拟迁站过程。

A. 红　　B. 橙　　C. 浅蓝　　D. 黄

28.《站址变动分析报告技术要求》中，对拟迁台站现址周边国家基准气候站用（ C ）色圆形标出。

A. 红　　B. 橙　　C. 黑　　D. 黄

29.《站址变动分析报告技术要求》中，对拟迁台站观测资料进行完整性综合分析，总缺测率＜0.5％，则其完整性评估为（ B ）。

A. 序列完整　　B. 完整性较好　　C. 完整性一般　　D. 完整性较差

30.《站址变动分析报告技术要求》中，对拟迁台站观测资料进行完整性综合分析，总缺测率为0.5％～3％，则其完整性评估为（ C ）。

A. 序列完整　　B. 完整性较好　　C. 完整性一般　　D. 完整性较差

31.《站址变动分析报告技术要求》中，参考序列的选取与构建，对每个待检的序列，需在待检站周围气象台站中选择（ C ）个邻近站点。

A. 5　　B. 10　　C. 20　　D. 30

32.《站址变动分析报告技术要求》中，拟迁台站观测资料序列区域一致性分析时，需选取合适的（ B ）个参考台站，求取其平均值并截取与现址气象台站时段一致的资料序列作为参考站序列。

A. 1～2　　B. 2～3　　C. 3～4　　D. 4～5

33.《站址变动分析报告技术要求》中，某拟迁台站现址观测资料均一性断点数为2个，则均一性评估是（ B ）。

A. 序列连续　　B. 连续性较好　　C. 连续性较差　　D. 连续性差

34.《站址变动分析报告技术要求》中，某拟迁台站现址观测资料均一性断点数为3个，则均一性评估是（ C ）。

A. 序列连续　　B. 连续性较好　　C. 连续性较差　　D. 连续性差

35.《站址变动分析报告技术要求》中，某拟迁台站现址观测资料均一性断点数为6个，则均一性评估是（ D ）。

A. 序列连续　　B. 连续性较好　　C. 连续性较差　　D. 连续性差

36.《站址变动分析报告技术要求》中规定，为取得完整的年气候观测资料，对比观测正式开始时间为当年的12月31日（ B ）。

A. 20时　　B. 北京时20时

C. 世界时20时　　D. 地平时20时

37.《站址变动分析报告技术要求》中，对于拟迁新址与现址风向相符率，只有观测风速大于（ C ）时，才进行统计。

A. 0.0 m/s　　B. 0.1 m/s　　C. 0.2 m/s　　D. 0.3 m/s

38.《站址变动分析报告技术要求》中，拟迁新址与现址风向角度差小于（ C ），即认为两者相符。

A. 20.5°　　B. 21.5°　　C. 22.5°　　D. 23.5°

39. 基于《高空资料统计整编方法(1981—2010)》和《高空气象观测规范(2003 版)》，制定了高空气象资料的（ A ）值统计项目和统计算法。

A. 候、旬、月、季和年　　B. 候、旬、月和季

C. 候、旬、月和年　　D. 候、旬和月

40. 数据源是来源于台站观测并经过（ C ）后的定时观测数据。

A. 报表预审　　B. 报表审核

C. 质量控制　　D. 数据控制

41.《高空气象资料实时统计处理业务规定(试行)》中，对观测要素统计精度值尾数，除特殊说明外，均为（ D ）。

A. 保留小数　　B. 保留整数

C. 直接舍去　　D. 四舍五入

42.《高空气象资料实时统计处理业务规定(试行)》中，风的稳定度统计单位和精度为（ A ）。

A. %　　B. 0.1%　　C. 1 %　　D. 1.0%

43.《高空气象资料实时统计处理业务规定(试行)》中，位势高度统计单位和精度为（ B ）。

A. 0.1 位势米　　B. 1 位势米

C. 1.0 位势米　　D. 0.01 位势米

44.《高空气象资料实时统计处理业务规定(试行)》规定，等压面最大风速的风向，如果最大风速出现不止一个，并且风向方位有不同，则不记风向，而记风向方位的（ C ）。

A. 第一个　　B. 任一个　　C. 个数　　D. 以上都错

45.《高空气象资料实时统计处理业务规定(试行)》中，当参与统计的数据源不完整时，除特殊说明外，遇到某气象要素未观测或缺测时，按实有记录进行统计，并记录参与统计的（ C ）。

A. 实有数　　B. 实有个数　　C. 记录数　　D. 记录个数

46. 为适应近年来气象辐射（ A ）观测的快速发展，满足日益增长的气象辐射基础数据产品服务需求，特制订《气象辐射资料实时统计处理业务规定》。

A. 自动化　　B. 规范化　　C. 专业化　　D. 专项化

47.《气象辐射资料实时统计处理业务规定》中，数据源是（ D ）上传的有关气象辐射数据。

A. 定时　　B. 正点　　C. 小时　　D. 实时

48.《气象辐射资料实时统计处理业务规定》中，对辐照度统计精度要求为（ C ）。

A. 0.01 W/m^2　　B. 0.1 W/m^2　　C. 1 W/m^2　　D. 1.0 W/m^2

49.《气象辐射资料实时统计处理业务规定》中，对紫外辐射统计精度要求为（ A ）。

A. 0.001 MJ/m^2　　B. 0.01 MJ/m^2　　C. 0.1 MJ/m^2　　D. 1 MJ/m^2

50.《气象辐射资料实时统计处理业务规定》中，各辐射日最大(小)辐照度及出现时间从该日观测时段内，各小时极值和（ B ）辐照度中挑取。

A. 定时　　B. 正点　　C. 小时　　D. 实时

51.《气象辐射资料实时统计处理业务规定》中，候反射比为该候各日反射比之（ B ）。

A. 平均值　　B. 算数平均值　　C. 标准值　　D. 标准平均值

52.《气象辐射资料实时统计处理业务规定》中，观测时段内任何一次小时曝辐量缺测或虽有值，但明显有误时，只要相邻（ B ）均有实测值（时曝辐量），均可用内插求出该时的小时曝辐量。

A. 定时　　B. 正点　　C. 小时　　D. 实时

53. 按照《气象辐射资料实时统计处理业务规定》，某站 06:40 日出，07:00—08:00 小时曝辐量为 60 MJ/m^2，08:00—09:00 小时曝辐量缺测，09:00—10:00 小时曝辐量为 220 MJ/m^2，则 08:00—09:00 小时曝辐量为（ C ）MJ/m^2。

A. 120　　B. 130　　C. 140　　D. 150

54. 按照《气象辐射资料实时统计处理业务规定》，某站 06:40 日出，06:40—07:00 小时曝辐量缺测，07:00—08:00 小时曝辐量为 210 MJ/m^2，则 06:40—07:00 小时曝辐量为（ B ）MJ/m^2。

A. 30　　B. 35　　C. 40　　D. 45

55.《气象辐射资料实时统计处理业务规定》中，每日各小时曝辐量经统计补充后，仍存在缺测，则该日相应的辐射日曝辐量按（ B ）处理。

A. 正常　　B. 缺测　　C. 错误　　D. 非正常

56.《气象辐射资料实时统计处理业务规定》中，当反射辐射日曝辐量或（ A ）日曝辐缺测时，日反射比按缺测处理。

A. 总辐射　　B. 全辐射　　C. 反射辐射　　D. 直接辐射

57.《气象辐射资料实时统计处理业务规定》中，若该旬日反射比缺测≥（　）天，则该旬反射比按缺测处理；若缺测＜（　）天，该旬平均反射比＝该旬实有观测天数日反射比的合计值/该旬实有观测天数。（ D ）

A. 2，2　　B. 2，4　　C. 4，2　　D. 4，4

58.《气象辐射资料实时统计处理业务规定》中，当总辐射日曝辐量＜0.5 MJ/m^2，且反射辐射日曝辐量≥总辐射日曝辐量时，日反射比按（ D ）任务处理。

A. 正常　　B. 不正常　　C. 有观测　　D. 无观测

59.《气象辐射资料实时统计处理业务规定》中，若该月日反射比缺测≥（　）天，则该月反射比按缺测处理；若缺测＜（　）天，该月平均反射比＝该月实有观测天数日反射比的合计值/该月实有观测天数。（ B ）

A. 5，5　　B. 10，10　　C. 5，10　　D. 10，5

60. 迁移国家级地面气象观测站时，省级组成的评估小组成员包括天气、气候、观测、资料应用等专家以及业务、（ C ）等管理人员。

A. 法规　　B. 人事　　C. 计财　　D. 监审

61.《站址变动分析报告技术要求》中，利用现址近（ B ）年的观测要素数据月（年）平均值序列，对拟迁新址平行观测期的月（年）平均值进行显著性检验。

A. 10　　B. 20　　C. 30　　D. 40

62. 中华人民共和国气象行业标准中，气象资料分类编码的方法主要采用（ D ）分类法进行。

A. 点　　B. 线　　C. 面　　D. 混合

63. 中华人民共和国气象行业标准中，气象资料一级分类共分为（ C ）大类。

A. 10　　B. 12　　C. 14　　D. 16

64. 中华人民共和国气象行业标准中，各大类气象资料依据其资料（ A ），选取不同属性组合进行进一步分类。

A. 特性　　B. 属性　　C. 性质　　D. 性别

65. 中华人民共和国气象行业标准中，气象资料二级分类属性简码用（ B ）位阿拉伯数字表示。

A. 二　　B. 三　　C. 四　　D. 五

66. 中华人民共和国气象行业标准中，气象资料二级分类属性简码扩展码（ D ），用于个别特殊情况下属性内容的临时扩展。

A. 600～998　　B. 700～998　　C. 800～998　　D. 900～998

67. 中华人民共和国气象行业标准中，气象资料标识符“SURF”表示（ A ）。

A. 地面气象资料　　B. 高空气象资料　　C. 海洋气象资料　　D. 气象辐射资料

68. 中华人民共和国气象行业标准中，气象资料标识符“UPAR”表示（ B ）。

A. 地面气象资料　　B. 高空气象资料　　C. 海洋气象资料　　D. 气象辐射资料

69. 中华人民共和国气象行业标准中，气象资料标识符“OCEN”表示（ C ）。

A. 地面气象资料　　B. 高空气象资料　　C. 海洋气象资料　　D. 气象辐射资料

70. 中华人民共和国气象行业标准中，气象资料标识符“RADI”表示（ D ）。

A. 地面气象资料　　B. 高空气象资料　　C. 海洋气象资料　　D. 气象辐射资料

71. 中华人民共和国气象行业标准中，气象资料标识符“DISA”表示（ B ）。

A. 大气成分资料　　B. 气象灾害资料　　C. 雷达气象资料　　D. 卫星气象资料

72. 中华人民共和国气象行业标准中，气象资料标识符“CAWN”表示（ A ）。

A. 大气成分资料　　B. 气象灾害资料　　C. 雷达气象资料　　D. 卫星气象资料

73. 中华人民共和国气象行业标准中，气象资料标识符“RADA”表示（ C ）。

A. 大气成分资料　　B. 气象灾害资料　　C. 雷达气象资料　　D. 卫星气象资料

74. 中华人民共和国气象行业标准中，气象资料标识符“SATE”表示（ D ）。

A. 大气成分资料　　B. 气象灾害资料　　C. 雷达气象资料　　D. 卫星气象资料

75. 中华人民共和国气象行业标准中，天气预报服务产品是指国内外各种（ C ）天气预报警报服务产品。

A. 短期　　B. 中期　　C. 中短期　　D. 长期

76. 中华人民共和国气象行业标准中，气象资料标识符“QRA”表示（ A ）。

A. 太阳总辐射　　B. 太阳直接辐射　　C. 太阳反射辐射　　D. 太阳散射辐射

77. 中华人民共和国气象行业标准中，气象资料标识符“DRA”表示（ B ）。

A. 太阳总辐射　　B. 太阳直接辐射　　C. 太阳反射辐射　　D. 太阳散射辐射

78. 中华人民共和国气象行业标准中，气象资料标识符“SRA”表示（ C ）。

A. 太阳总辐射　　B. 太阳直接辐射　　C. 太阳反射辐射　　D. 太阳散射辐射

79. *《中华人民共和国气象行业标准中，太阳紫外辐射的标识符为（ A ）。

A. UVR　　B. NRA.　　C. IRA.　　D. DLR

80.《国家地面气象观测站无人值守工作管理暂行规定》（气测函〔2017〕72 号）要求，无人值守工作通过推进（ A ），利用现有观测资料自动判识或反演。

A. 观测自动化　　B. 观测集约化

C. 观测流程化　　D. 观测业务化

81.《国家地面气象观测站无人值守工作管理暂行规定》(气测函〔2017〕72号)要求,本着(D)的原则,首先在国家一般气象站开展。

A. 循序渐进　　B. 先易后难

C. 有序推进　　D. 先易后难、有序推进

82.《国家地面气象观测站无人值守工作管理暂行规定》(气测函〔2017〕72号)要求,开展无人值守的台站由各地市气象局统一向各省(区、市)气象局申报,各省(区、市)气象局负责(B)。

A. 审核　　B. 审批　　C. 复核　　D. 核实

83.《国家地面气象观测站无人值守工作管理暂行规定》(气测函〔2017〕72号)要求,对视频监控系统的安装应不影响仪器的(D)和观测场的整体效果。

A. 安装　　B. 维护　　C. 布设　　D. 数据采集

84.《国家地面气象观测站无人值守工作管理暂行规定》(气测函〔2017〕72号)要求,在保证数据质量的前提下,对于局站分离的台站,原则上至少每(B)天开展一次观测场巡视和设备维护。

A. 二　　B. 三　　C. 四　　D. 五

85.《国家地面气象观测站无人值守业务技术补充规定》要求,当通过视频监控系统监测到站点观测场地出现冰雹时,应利用降水现象仪测量或借助参照物的大小目测冰雹直径。当目测冰雹直径大于10 mm时,冰雹重量可按(C)处理。

A. 实测　　B. 估测　　C. 缺测　　D. 以上都对

86.《国家地面气象观测站无人值守业务技术补充规定》要求,大风自动观测记录异常或缺测时,应结合局观测地点和视频监控系统监测的物象特征综合判断(C)。

A. 风等级　　B. 风数值　　C. 风起止时间　　D. 以上都错

87.《国家地面气象观测站无人值守业务技术补充规定》要求,当自动站降水数据异常或缺测时,人工观测降水量应在(B)进行。

A. 局观测地点　　B. 站观测场地　　C. 都可以

88.《国家地面气象观测站无人值守业务技术补充规定》要求,雪深自动观测记录异常、缺测需人工补测或未实现自动观测的台站可通过视频监控系统在(B)进行人工补测或观测。

A. 局观测地点　　B. 站观测场地　　C. 都可以

89.《国家地面气象观测站无人值守业务技术补充规定》要求,日照可在符合观测要求的(A)按现行业务技术规定进行人工观测。

A. 局观测地点　　B. 站观测场地　　C. 都可以

90.《国家地面气象观测站无人值守业务技术补充规定》要求,可在(A)安装电线积冰架,按现行业务技术规定进行人工观测。

A. 局观测地点　　B. 站观测场地　　C. 都可以

91.《国务院关于加快气象事业发展的若干意见》(国发〔2006〕3号)明确指出,综合气象观测系统是国家重要的(A),是气象和地球相关学科业务与科研的重要基础。

A. 公共基础设施　　B. 公共气象设施　　C. 公共资源设施　　D. 公共安全设施

92.《综合气象观测业务发展规划(2016—2020年)》提出,落实好中国气象局党组提出的改革发展要求,必须紧跟预报服务的发展需求,瞄准(D)的发展方向,不断提升综合气象观测的整体实力和业务水平。

A. 自动观测　　B. 现代观测　　C. 智慧观测　　D. 智能观测

93.《综合气象观测业务发展规划(2016—2020年)》中指出,全面实现观测业务现代化,观测业务整体实力达到同期国际(A)水平,为实现气象现代化和建设智慧气象奠定坚实基础。

A. 先进　B. 领先　C. 一流　D. 创新

94.《综合气象观测业务发展规划(2016—2020年)》提出,通过交叉检验方法实现不同观测手段获取数据之间的综合,获得满足(C)需求的气象要素三维实况场及天气系统实时监测产品。

A. 防灾减灾　B. 公共服务　C. 预报服务　D. 预警服务

95.《综合气象观测业务发展规划(2016—2020年)》提出,(D)通过计量检定、运行监控、诊断维修、维护巡检和储备供应,确保观测系统稳定可靠运行。

A. 观测技术装备业务　B. 观测数据获取业务

C. 观测数据处理业务　D. 观测运行保障业务

96.《综合气象观测业务发展规划(2016—2020年)》提出,(C)通过对获取的各类观测信息的质量控制、分析、加工和处理,并有机集成到整体的信息业务流程中,形成不同尺度、不同时空分辨率的气象观测数据和观测产品。

A. 观测技术装备业务　B. 观测数据获取业务

C. 观测数据处理业务　D. 观测运行保障业务

97.《综合气象观测业务发展规划(2016—2020年)》提出,观测业务管理实行(C)级业务布局。

A. 一　B. 二　C. 三　D. 四

98.《综合气象观测业务发展规划(2016—2020年)》提出,观测业务运行实行(D)级业务布局。

A. 一　B. 二　C. 三　D. 四

99.《综合气象观测业务发展规划(2016—2020年)》提出,(B)实行国家、省和台站三级业务布局。

A. 观测技术装备业务　B. 观测数据获取业务

C. 观测数据处理业务　D. 观测运行保障业务

100.《综合气象观测业务发展规划(2016—2020年)》提出,(D)实行国家、省、地和县四级业务布局。

A. 观测技术装备业务　B. 观测数据获取业务

C. 观测数据处理业务　D. 观测运行保障业务

101.《综合气象观测业务发展规划(2016—2020年)》提出,建立适合中国国情的(C)滚动评估机制和系统,强化观测与预报的互动。

A. 观测内容需求　B. 观测精度需求　C. 观测需求　D. 观测要素需求

102.《综合气象观测业务发展规划(2016—2020年)》提出,加强新技术新方法新装备业务培训,每(D)年轮训一次基层综合业务人员和观测业务一线人员。

A. 2　B. 3　C. 4　D. 5

103.《综合气象观测业务发展规划(2016—2020年)》提出,要稳定现有探空观测布局,根据需求在(A)和海洋资料空白区增补少量探空站。

A. 高原　B. 西部　C. 海岛　D. 边疆

104.《综合气象观测业务发展规划(2016—2020年)》提出,加快推进全国(B)布局建设,推进毫米波测云设备、激光雷达、微波辐射计、边界层系留气球等新型探测装备的试点和布局。

A. 多普勒天气雷达　　B. 风廓线雷达

C. 探空雷达　　D. 双偏振雷达

105.《综合气象观测业务发展规划(2016－2020年)》提出，按照气象观测质量管理体系要求，建立气象观测质量管理(C)队伍，依托质量管理体系日常和定期审核与评估，强化气象观测质量监督管理。

A. 审核员　　B. 审查员　　C. 内审员　　D. 质控员

106.《综合气象观测业务发展规划(2016－2020年)》提出，优先在偏远地区(B)推广基于物联网传感器的自动气候站设备。

A. 大气本底站　　B. 国家基准气候站

C. 国家基本气象站　　D. 国家一般气象站

107.《综合气象观测业务发展规划(2016－2020年)》提出，加快推进自动气象站、天气雷达等实时观测数据流传输，实现自动气象站观测数据分钟级、新一代天气雷达观测数据(B)分钟内到达业务应用平台。

A. 3　　B. 5　　C. 7　　D. 10

108.《综合气象观测业务发展规划(2016－2020年)》提出，建立国家级多源资料联合质量检验与评估业务系统，观测资料覆盖率达到(D)%。

A. 98　　B. 98.5　　C. 99　　D. 100

109.《气象专用技术装备使用许可管理办法》共分为(B)章。

A. 五　　B. 六　　C. 七　　D. 八

110.《气象专用技术装备使用许可管理办法》已经(B)中国气象局局务会议审议通过。

A. 2015年6月30日　　B. 2015年9月30日

C. 2015年10月30日　　D. 2015年12月30日

111.《气象专用技术装备使用许可管理办法》自(B)起施行。

A. 2016年3月1日　　B. 2016年6月1日

C. 2016年8月1日　　D. 2016年9月1日

112.《气象专用技术装备使用许可管理办法》规定，(A)负责气象专用技术装备使用许可的实施和监督管理。

A. 国务院气象主管机构　　B. 中国气象局

C. 省级气象主管机构　　D. 省(区、市)气象局

113.《气象专用技术装备使用许可管理办法》要求，国务院气象主管机构应当(D)公告气象专用技术装备目录和取得或者注销、撤销许可的名录。

A. 及时　　B. 滚动　　C. 定时　　D. 定期

114.《气象专用技术装备使用许可管理办法》要求，申请人应当向国务院气象主管机构提供申请材料的原件及复印件，并对提供材料的(C)负责。

A. 可靠性　　B. 公正性　　C. 真实性　　D. 准确性

115.《气象专用技术装备使用许可管理办法》要求，国务院气象主管机构应当依据检测机构出具的报告对申请材料进行全面审查，在受理之日起(D)工作日内做出是否准予行政许可的决定。

A. 五个　　B. 十个　　C. 十五个　　D. 二十个

116. 国务院气象主管机构做出准予行政许可决定的，应当自做出决定之日起（ B ）个工作日内向申请人颁发《气象专用技术装备使用许可证》。

A. 五个　　B. 十个　　C. 十五个　　D. 二十个

117.《气象专用技术装备使用许可证》的有效期为（ C ）年。

A. 二　　B. 三　　C. 四　　D. 五

118. 取得《气象专用技术装备使用许可证》的单位在其证书有效期内，相关内容发生变更的，应当在工商行政管理部门变更登记后（ D ）日内，向国务院气象主管机构提出变更申请。

A. 十　　B. 十五　　C. 二十　　D. 三十

119.《气象专用技术装备使用许可管理办法》要求，地方各级气象主管机构应当对气象业务使用的气象专用技术装备的购买和使用情况进行（ D ）检查，并将检查情况逐级报告上级气象主管机构。

A. 及时　　B. 滚动　　C. 定时　　D. 定期

120. 违反《气象专用技术装备使用许可管理办法》规定的，如使用未经许可或者被注销、撤销许可后生产的气象专用技术装备，并造成危害的，对直接负责的主管人员和其他直接责任人员依法给予（ B ）处分。

A. 警告　　B. 行政　　C. 刑事　　D. 记过

121. 高空综合观测时，气球的平均升速应控制在（ C ）m/min 左右。

A. 200　　B. 300　　C. 400　　D. 500

122. 前向散射能见度仪投入运行后，应每（ C ）个月现场校准一次。

A. 1　　B. 3　　C. 6　　D. 12

123. 下列仪器中，属于直接探测的是（ B ）。

A. 前向散射能见度仪　　B. 甚低频雷电定位系统

C. 激光云高仪　　D. 天气雷达

124. 下述大气成分中，吸收地面长波辐射最弱的是（ B ）。

A. 水汽　　B. 臭氧　　C. 二氧化碳　　D. 杂质

125. 地面气象观测业务调整以后，以下天气现象中（ D ）不再观测。

A. 浮尘　　B. 冰雹　　C. 阵性雨夹雪　　D. 霰

126. 新型自动气象站进行 3 s 平均风速采样计算时，若可用于计算的采样瞬时值少于（ D ）个，则当前 3 s 平均风速按缺测处理。

A. 7　　B. 8　　C. 9　　D. 10

127. 国家级自动气象站传感器的计量检定和现场核查，由（ B ）组织实施。

A. 省级业务管理部门　　B. 省级业务部门

C. 地市级业务管理部门　　D. 地市级业务部门

128. 以下不属于危害气象设施或气象探测环境的行为是（ D ）。

A. 未经许可移动气象设施

B. 紧挨着气象站建设加油站

C. 在距观测场 70 m 处挖鱼塘

D. 在距观测站 100 m 内安装卫星电视接收天线

129. 称重式降水传感器现场测试结果应记录在（ C ）。

A. 值班日志　　B. 观测簿记事栏

C. 观测簿备注栏　　D. 观测簿纪要栏

130. 新型自动气象站采用电网供电时，应在交流配电盘处加装冲击通流量不小于(C)的 SPD。

A. 5 kA　　B. 10 kA　　C. 12.5 kA　　D. 20 kA

131. 地面气象观测业务调整以后，当测站出现烟幕时，应按(C)进行记录。

A. 浮尘　　B. 扬沙　　C. 霾　　D. 烟幕

132. 以下气象要素不参与站址迁移前后气象观测资料对比分析评估的有(D)。

A. 气温

B. 相对湿度

C. 风

D. 本站气压(迁站前后气压表海拔高度之差小于 5.0 m)

133. 某台站出现降雪天气，24 小时降雪量为 7.5 mm(纯雪水)。按照《降水量等级》(GB/T 28592－2012)标准划分，其量级应为(C)。

A. 小雪　　B. 中雪　　C. 大雪　　D. 暴雪

134. 能见度记录有缺测时，以定时为单位统计能见度出现回数。某定时能见度缺测(B)时，按实有记录做统计。

A. 7 次或以下　　B. 6 次或以下

C. 10 次或以下　　D. 9 次或以下

135. 称重式降水传感器外壳的外形设计呈"凸"字形，具有上部窄下部宽的特点，可起到(B)的作用。

A. 防雨滴溅失和桶口变形　　B. 防风和减少蒸发

C. 防桶口变形和防风　　D. 防雨滴溅失和减少蒸发

136. 自动气象站故障分析和判断的逻辑原则依据(B)的原则。

A. 要素变化时间一致性分析　　B. 电路原理分析

C. 相关要素变化空间一致性分析　　D. 自动站系统相关组件分析

137. DZZ4 型自动气象站，主采集箱内采集器 RUN 灯闪烁为正常状态的情况是(C)。

A. 常亮　　B. 闪 2 次停 1 s

C. 一秒一闪　　D. 无闪烁

138.《中华人民共和国气象法》规定，各级气象主管机构应当按照气象资料共享、共用的原则，根据(D)有关规定，与其他从事气象工作的机构交换有关气象信息资料。

A. 国务院气象主管机构　　B. 省(区、市)气象主管机构

C. 县级气象主管机构　　D. 国家

二、多项选择题

1.《新建扩建改建建设工程避免危害气象探测环境行政许可管理办法》根据(ABC)等有关法律法规制订的。

A.《中华人民共和国气象法》

B.《中华人民共和国行政许可法》

C.《气象设施和气象探测环境保护条例》

D.《中国气象局行政审批管理办法》

2.《新建扩建改建建设工程避免危害气象探测环境行政许可管理办法》规定，申请人提供的书面材料包括(ABCD)。

A. 新建、扩建、改建建设工程避免危害气象探测环境行政许可申请表

B. 事业单位法人证书，企业法人营业执照的正、副本或申请人身份证明

C. 新建、扩建、改建建设工程与气象探测设施或观测场的相对位置示意图

D. 委托代理的，应出具委托协议

3.《新建扩建改建建设工程避免危害气象探测环境行政许可管理办法》规定，受理机构应当自受理之日起将全部申请材料和初审意见报（ ABC ）气象主管机构审批。

A. 省　B. 自治区　C. 直辖市

D. 设区的市　E. 省直管县(市)

4.《新建扩建改建建设工程避免危害气象探测环境行政许可管理办法》规定，省、自治区、直辖市气象主管机构应当对申请材料进行全面审查，必要时可组织现场（ B ）和专家（ C ）。

A. 踏勘　B. 复查　C. 论证　D. 讨论

5.《新建扩建改建建设工程避免危害气象探测环境行政许可管理办法》规定，（ ABCDE ）气象主管机构应当将技术审查(含现场踏勘)所需时间书面告知申请人。

A. 省　B. 自治区　C. 直辖市

D. 设区的市　E. 省直管县(市)

6. 地方各级气象主管机构应当对气象探测环境保护范围内的新建、扩建、改建建设工程避免危害气象探测环境行政许可事项的活动进行监督检查，及时了解情况并向（ ABC ）气象主管机构报告。

A. 省　B. 自治区　C. 直辖市

D. 设区的市　E. 省直管县(市)

7.《新建扩建改建建设工程避免危害气象探测环境行政许可管理办法》规定，（ ABD ）发现在气象探测环境保护范围内违法从事新建、扩建、改建建设工程避免危害气象探测环境行政许可事项的活动，有权向气象主管机构举报。

A. 公民　B. 法人　C. 干部　D. 其他组织

8.《气象台站迁建行政许可管理办法》适用于因（ AB ），确实无法避免影响气象探测环境，且无法采取补救措施，需要迁建气象台站的行政许可。

A. 国家重点工程建设　B. 城市(镇)总体规划变化

C. 气象探测环境严重破坏　D. 安全隐患

9.《气象台站迁建行政许可管理办法》中所称迁建，是指将气象台站的（ ABCD ）等从现址迁移到新址的活动。

A. 观测场所　B. 探测设施

C. 配套附属　D. 基础设施

10. 国务院气象主管机构负责（ ABC ）迁建行政许可的审批和管理，并对其他气象台站迁建行政许可行为进行监督管理。

A. 大气本底站　B. 国家基准气候站

C. 国家基本气象站　D. 天气雷达站

11. 拟迁新址必须具备必要的（ ABCD ）等基础条件。

A. 供电　B. 供水　C. 交通　D. 通信

12. 拟迁新址占地面积必须满足（ ABCD ）以及配套设施的布局要求，并预留与气象台站功能相适应的业务发展空间。

A. 观测场地　B. 探测设施　C. 业务用房　D. 辅助用房

13. 拟迁新址必须符合（ ABD ）和国务院气象主管机构对气象探测环境的技术规范和管理规定。

A. 法律　　B. 法规　　C. 规定　　D. 标准

14.《气象台站迁建行政许可管理办法》规定，申请人在提出申请时未取得土地使用权证的应当提供当地（ BC ）部门有关迁移气象台站新址用地的意见。

A. 住房建设　　B. 城乡规划

C. 国土资源　　D. 环境保护

15. 迁建气象台站的申请由（ ABC ）气象主管机构受理。

A. 省　　B. 自治区　　C. 直辖市

D. 设区的市　　E. 省直管县(市)

16. 申请迁建（ ABC ）的，省、自治区、直辖市气象主管机构应当自受理之日起二十个工作日内完成初审，并签署意见后报送国务院气象主管机构审批。

A. 大气本底站　　B. 国家基准气候站

C. 国家基本气象站　　D. 天气雷达站

17. 气象台站迁建需要开展技术审查(含现场踏勘)的，（ ABCD ）气象主管机构应当将所需时间书面告知申请人。

A. 国务院　　B. 省　　C. 自治区　　D. 直辖市

18. 迁建（ BCD ）的，应当按照国务院气象主管机构的规定，在新址与旧址之间进行对比观测。

A. 大气本底站　　B. 国家基准气候站

C. 国家基本气象站　　D. 国家一般气象站

19. 有下列情形之一的，做出行政许可决定的气象主管机构应当依法办理气象台站迁建行政许可的注销手续：（ ABCDE ）。

A. 未在行政许可有效期内完成气象台站迁建工作

B. 申请人的法人资格依法被中止的

C. 依照本办法被撤销行政许可的

D. 因不可抗力导致行政许可事项无法实施的

E. 法律、法规规定的应当注销行政许可的其他情形

20. 有下列情形之一的，做出行政许可决定的气象主管机构或者其上级气象主管机构，根据利害关系人的请求或者依据职权，可以撤销行政许可：（ ABCDE ）。

A. 气象主管机构工作人员滥用职权、玩忽职守做出准予行政许可决定的

B. 超越法定职权做出准予行政许可决定的

C. 违反法定程序做出准予行政许可决定的

D. 对不具备申请资格或者不符合法定条件的申请人准予行政许可的

E. 依法可以撤销行政许可的其他情形

21. 有下列情形之一的，做出行政许可决定的气象主管机构依据职权，应当撤销行政许可：（ ABCD ）。

A. 被许可人以欺骗、贿赂等不正当手段取得行政许可的

B. 取得许可后不按规定进行建设的或超越许可范围的

C. 向负责监督检查的气象主管机构隐瞒有关情况、提供虚假材料或者拒绝提供反映其活动情况的真实材料的

D. 法律、法规规定的其他违法行为

22. 国家级地面气象观测站迁站对比观测资料的分析和管理包括(ACD)。

A. 资料分析　B. 资料报送　C. 报送归档　D. 审查通报

23.《高空气象资料实时统计处理业务规定(试行)》规定统计的项目有(ACD)。

A. 等压面　B. 对流层　C. 对流层顶　D. 高度层

24.《高空气象资料实时统计处理业务规定(试行)》规定,高度层统计的要素包括(ABCD)。

A. 平均风速　B. 纬向平均风速

C. 经向平均风速　D. 合成风风速风向

25.《高空气象资料实时统计处理业务规定(试行)》指出,对特殊情况的处理,当某规定等压面的温度≤-60 ℃(含只有一次)时,仍应做统计的项有(AD)。

A. 露点月最高值　B. 露点月平均

C. 月最低值　D. 位势高度

26.《站址变动分析报告技术要求》规定,站址变动分析报告主要从(ABC),以及对观测资料影响的角度进行分析。

A. 站址变动　B. 站网布局

C. 气象探测环境　D. 气候特点

27.《站址变动分析报告技术要求》规定,站址变动分析报告应开展站网分布情况分析、拟迁台站历史观测资料序列的(BCD)分析。

A. 统一性　B. 完整性　C. 区域一致性　D. 均一性

28.《站址变动分析报告技术要求》规定,为加强对国家级地面气象观测台站站址变动的科学管理,(BCD)申请站址迁移时,需补充提供《站址变动分析报告》。

A. 大气本底站　B. 国家基准气候站

C. 国家基本气象站　D. 国家一般气象站

29.《对比观测资料和站址变动分析报告报送规定》指出,对新旧站对比观测 A 文件数据文件名规定正确的是(AC)。

A. AIIIii-YYYYMM. txt　B. AIIIii-YYYYDD. txt

C. AIIIii-YYYYMM-9. txt　D. AIIIii-YYYYDD-9. txt

30.《站址变动分析报告技术要求》规定,用不同颜色、线条、箭头等标出历次迁站过程详图,内容主要包括(ABCDE)。

A. 站址位置　B. 站址启用时间　C. 拟启用时间

D. 迁站距离　E. 拟迁站距离

31.《站址变动分析报告技术要求》规定,提供拟迁台站现址周边(ABC)的分布图和表,并进行描述性分析。

A. 国家基准气候站　B. 国家基本气象站

C. 国家一般气象站　D. 区域气象观测站

32. 对《站址变动分析报告技术要求》中的列表要求,(ABCD)应分开列表对相关信息进行描述。

A. 国家基准气候站　B. 国家基本气象站

C. 国家一般气象站　D. 区域气象观测站

33. 对《站址变动分析报告技术要求》中的列表要求,需要对迁站次数进行信息描述的气象台站包括(ABCD)。

A. 国家基准气候站　　B. 国家基本气象站

C. 国家一般气象站　　D. 区域气象观测站

34. 对《站址变动分析报告技术要求》中的列表要求，需要对最新的气象观测环境评分进行信息描述的气象台站包括（ ABC ）。

A. 国家基准气候站　　B. 国家基本气象站

C. 国家一般气象站　　D. 区域气象观测站

35.《站址变动分析报告技术要求》规定，需对拟迁台站周边描述性分析的气象台站包括（ ABCD ）。

A. 国家基准气候站　　B. 国家基本气象站

C. 国家一般气象站　　D. 区域气象观测站

36.《站址变动分析报告技术要求》规定，对现址和拟迁新址周边环境进行分析评估时，需提供现址及拟迁新址覆盖范围（ BCDE ）最新的高分辨率卫星遥感影像图及大比例尺的地形图。

A. 1 km×1 km　　B. 2 km×2 km

C. 5 km×5 km　　D. 10 km×10 km

E. 20 km×20 km

37.《站址变动分析报告技术要求》规定，分析拟迁新址和现址下垫面和代表性等的差异，主要内容有（ ABCD ）。

A. 现址建站初期与拟迁新址地形、地貌的差异

B. 拟迁新址观测场以及周边环境下垫面的土壤、植被以及建筑物等与现址建站初期的一致性

C. 拟迁新址与现址是否在同一气候区内

D. 对拟迁新址气象探测环境的评价是否符合相关技术要求

38.《站址变动分析报告技术要求》规定，对拟迁台站观测资料序列进行综合性分析的要素包括（ ABCD ）。

A. 气温　　B. 降水量　　C. 平均相对湿度

D. 平均风速　　E. 气压

39.《站址变动分析报告技术要求》规定，对拟迁台站气温观测资料序列进行分析的内容包括（ ABCD ）。

A. 年平均气温　　B. 月平均气温

C. 最高气温　　D. 最低气温

40.《站址变动分析报告技术要求》规定，对拟迁台站观测资料序列的完整性总体状况进行综合分析，若其中两个要素达到（ C ）或（ D ）标准，则认为该台站观测资料序列完整性较差。

A. 1 类　　B. 2 类　　C. 3 类　　D. 4 类

41.《站址变动分析报告技术要求》指出，基于台站翔实的历史沿革记录，对存在（ ABCEF ）等有记录的时间点进行针对性的统计检验，判断在该时间是否存在不连续点。

A. 迁站　　B. 仪器变更　　C. 观测时间变更

D. 观测方法变更　　E. 统计方法变更　　F. 台站环境变化

42.《站址变动分析报告技术要求》规定，参考序列的选取与构建，按距离由近及远排列，选取与测站（ ABDE ）且相关系数大的站点为参考站，取其均值作为参考序列。

A. 环境相似　　B. 距离较近　　C. 距离较远
D. 高度相差较小　　E. 序列资料平行年代长

43.《站址变动分析报告技术要求》规定，对拟迁新址与现址观测资料的对比评估主要针对（ ABCDE ）。

A. 气温　　B. 降水量　　C. 相对湿度
D. 平均风速　　E. 定时 2 分钟风向

44.《站址变动分析报告技术要求》规定，新旧站址对比观测项目包括（ ABCD ）。

A. 气温　　B. 降水量　　C. 湿度
D. 风向风速　　E. 气压　　F. 地温

45.《站址变动分析报告技术要求》规定，对比观测期间应加强对（ BC ）的日常维护，减少人为因素对观测数据产生影响并能及时纠正。

A. 观测场地　　B. 探测环境的保护
C. 仪器　　D. 围栏

46.《站址变动分析报告技术要求》规定，新址与现址观测资料对比评估，分别计算（ ABCDEF ）的差值，并统计求取月和年差值平均值及差值标准差。

A. 日平均气温　　B. 日最高气温　　C. 日最低气温
D. 日降水量　　E. 日平均相对湿度　　F. 日平均风速

47.《站址变动分析报告技术要求》规定，新址与现址观测资料对比评估，对（ ABCE ）进行月平均值和年平均值的显著性检验。

A. 平均气温　　B. 平均相对湿度　　C. 平均风速
D. 平均风向　　E. 降水量　　F. 平均降水量

48.《站址变动分析报告技术要求》规定，结论性综合意见主要分析站址变动是否会影响国家、区域以及本省（ ABCD ）和决策服务，给出补救措施或建议。

A. 气候评估业务　　B. 气候预测业务
C. 数值天气预报　　D. 灾害性天气监测预警

49.《气象辐射资料实时统计处理业务规定》指出，除（ ABC ）全天候观测外，其他各辐射均为日出至日落期间观测。

A. 净辐射　　B. 大气长波辐射
C. 地面长波辐射　　D. 太阳短波辐射

50.《气象辐射资料实时统计处理业务规定》指出，直接辐射统计内容有（ ABD ）。

A. 曝辐量　　B. 最大辐照度及出现时间
C. 最小辐照度及出现时间　　D. 水平面直接辐射曝辐量

51.《气象辐射资料实时统计处理业务规定》指出，光合有效辐射统计内容有（ AB ）。

A. 曝辐量　　B. 最大辐照度及出现时间
C. 最小辐照度及出现时间　　D. 水平面直接辐射曝辐量

52.《气象辐射资料实时统计处理业务规定》指出，地面长波辐射统计内容有（ ABC ）。

A. 曝辐量　　B. 最大辐照度及出现时间
C. 最小辐照度及出现时间　　D. 水平面直接辐射曝辐量

53.《气象辐射资料实时统计处理业务规定》指出，紫外辐射统计内容有（ ABCDEF ）。

A. 曝辐量
B. 最大辐照度及出现时间

C. 紫外辐射 A 波段曝辐量
D. 紫外辐射 B 波段曝辐量
E. 紫外辐射 A 波段最大辐照度及出现时间
F. 紫外辐射 B 波段最大辐照度及出现时间

54.《气象辐射资料实时统计处理业务规定》指出，(ABCDE)辐射均为日出至日落期间观测。

A. 总　B. 散射　C. 直接
D. 反射　E. 紫外

55.《气象辐射资料实时统计处理业务规定》指出，散射辐射统计内容有(AB)。

A. 曝辐量　B. 最大辐照度及出现时间
C. 最小辐照度及出现时间　D. 水平面直接辐射曝辐量

56.《气象辐射资料实时统计处理业务规定》指出，大气长波辐射统计内容有(ABC)。

A. 曝辐量　B. 最大辐照度及出现时间
C. 最小辐照度及出现时间　D. 水平面直接辐射曝辐量

57.《气象辐射资料实时统计处理业务规定》指出，反射比统计(ABCDE)。

A. 日值　B. 候值　C. 旬值
D. 月值　E. 年值

58.《气象辐射资料实时统计处理业务规定》指出，最大(小)辐照度及出现时间统计(ABCDEF)。

A. 日值　B. 候值　C. 旬值
D. 月值　E. 季值　F. 年值

59.《气象辐射资料实时统计处理业务规定》指出，数据源是上传的(AD)。

A. 气象辐射数据　B. 辐射 A 文件数据
C. 辐射 B 文件数据　D. 辐射 R 文件数据

60.《气象辐射资料实时统计处理业务规定》指出，净辐射统计内容有(ABC)。

A. 曝辐量　B. 最大辐照度及出现时间
C. 最小辐照度及出现时间　D. 水平面直接辐射曝辐量

61. 中华人民共和国气象行业标准规定了气象资料的(ABC)。

A. 分类方法　B. 两级分类　C. 编码　D. 要求

62. 中华人民共和国气象行业标准适用于气象资料的(ABCD)和服务过程中，对气象资料的管理。

A. 收集　B. 加工处理　C. 存储　D. 归档

63. 中华人民共和国气象行业标准中规定，气象资料是使用各种观测、探测手段获取的(BC)及其变化过程的记录。

A. 大气运行　B. 大气状态　C. 现象　D. 物象

64. 中华人民共和国气象行业标准中规定，气象资料的分类法有(BCD)。

A. 点分类法　B. 线分类法　C. 面分类法　D. 混合分类法

65. 中华人民共和国气象行业标准中规定，气象资料一级分类依据(AC)来划分。

A. 来源属性　B. 空间属性　C. 内容属性　D. 格式属性

66. 中华人民共和国气象行业标准中规定，气象资料二级分类是选取(ABCDEFG)等的不同组合进行分类的。

A. 来源属性　B. 空间属性　C. 内容属性　D. 格式属性
E. 区域属性　F. 时间属性　G. 观测属性

67. 中华人民共和国气象行业标准中规定，大气成分资料是各类大气成分观测站获取的（ BCD ）资料。

A. 大气运动　B. 大气物理　C. 大气化学　D. 大气光学

68. 中华人民共和国气象行业标准中规定，气象服务产品是直接面向（ AC ）的各类产品。

A. 决策服务　B. 公共服务　C. 公众服务　D. 专题服务

69. 中华人民共和国气象行业标准中规定，气象资料公共属性分为（ BD ）。

A. 地域属性　B. 区域属性　C. 空间属性　D. 时间属性

70. 中华人民共和国气象行业标准中规定，地面气象资料分类选取（ ABCD ）属性按先后顺序的组合进行。

A. 内容　B. 区域　C. 要素
D. 时间　E. 垂直层次

71. 中华人民共和国气象行业标准中规定，地面气象资料内容属性分类根据其主要种类进行划分成（ ABD ）资料。

A. 地面天气　B. 地面气候　C. 地面空间　D. 近地层垂直观测

72. 中华人民共和国气象行业标准中规定，下列属于地面气象资料要素的是（ ACD ）。

A. 天气现象　B. 气象辐射　C. 地面状态　D. 电线积冰

73. 中华人民共和国气象行业标准中规定，地面气象资料要素名称“云”包括（ ABC ）。

A. 云量　B. 云状　C. 云高　D. 云的编码

74. 中华人民共和国气象行业标准中规定，高空气象资料分类选取（ ABDE ）属性按先后顺序的组合进行。

A. 内容　B. 区域　C. 要素
D. 时间　E. 垂直层次

75. 中华人民共和国气象行业标准中规定，高空气象资料内容属性分类根据其主要种类进行划分成（ ABC ）资料。

A. 高空探空　B. 高空测风
C. 飞机高空探测　D. 近地层垂直探测

76. 中华人民共和国气象行业标准中规定，高空探空资料是指通过气球携带高空气象探测仪的高空探测方法获得的高空（ ABCD ）等探空资料及其产品。

A. 气压　B. 气温　C. 湿度
D. 风　E. 降水

77. 中华人民共和国气象行业标准中规定，海洋气象资料分类选取（ ABD ）属性按先后顺序的组合进行。

A. 内容　B. 区域　C. 要素　D. 时间

78. 中华人民共和国气象行业标准中规定，数值分析预报产品种类属性包括为数值预报收集用的（ ABCD ）。

A. 观测资料　B. 分析产品
C. 预报产品　D. 再分析产品

79. 中华人民共和国气象行业标准中规定，历史气候代用资料分类选取（ AB ）属性按先后顺序的组合进行。

A. 内容　B. 区域　C. 要素　D. 时间

80.《中华人民共和国气象行业标准》中规定，气象灾害资料分类选取（ ABC ）属性按先后顺序的组合进行。

A. 内容　B. 区域　C. 灾害种类　D. 时间

81.《气象观测专用技术装备测试方法（试行）》规定了气象观测专用技术装备测试的目的、要求、条件、抽样、流程，明确了（ ABCD ）的原则等。

A. 测试方案　B. 数据处理

C. 测试报告编写　D. 资料整理归档

82.《气象观测专用技术装备测试方法（试行）》指出，被测试的气象观测专用技术装备统称为被试产品或被试品，所涉及的装备可以是（ ABCD ）等。

A. 整机　B. 系统　C. 传感器　D. 部件

83. 为保证国家地面气象观测站无人值守工作规范有序开展，确保（ ABD ），提高工作效率，特制定《国家地面气象观测站无人值守工作管理暂行规定》（气测函〔2017〕72 号）。

A. 数据准确　B. 数据可靠

C. 数据及时采集　D. 数据及时上传

84.《国家地面气象观测站无人值守工作管理暂行规定》（气测函〔2017〕72 号）提出，现阶段仍需少量观测人员承担（ ABD ）等相关工作。

A. 数据采集　B. 质控　C. 数据录入　D. 运行维护

85.《国家地面气象观测站无人值守工作管理暂行规定》（气测函〔2017〕72 号）提出，为推进观测自动化，观测业务从观测数据获取向（ ABC ）等转型。

A. 运行保障　B. 质量控制　C. 资料分析　D. 运行维护

86.《国家地面气象观测站无人值守工作管理暂行规定》（气测函〔2017〕72 号）提出，无人值守工作通过优化（ ABC ）等方式稳步推进。

A. 观测业务流程　B. 异地观测　C. 远程操控　D. 运行保障

87.《国家地面气象观测站无人值守工作管理暂行规定》（气测函〔2017〕72 号）提出，实行无人值守的台站，对于局站同址的，观测项目的（ ABD ）仍按现行业务技术规定执行。

A. 观测方式　B. 记录处理　C. 数据录入　D. 设备维护

88.《国家地面气象观测站无人值守工作管理暂行规定》（气测函〔2017〕72 号）提出，开展无人值守且局站分离的台站应具备（ ABCD ）系统。

A. 同型号的观测　B. 自动切换的网络

C. 稳定的供电系统　D. 视频监控

89.《国家地面气象观测站无人值守工作管理暂行规定》（气测函〔2017〕72 号）提出，应做好（ BCDE ）维护工作，监测气象探测环境变化情况。

A. 日　B. 周　C. 月

D. 季　E. 年

90.《国家地面气象观测站无人值守工作管理暂行规定》（气测函〔2017〕72 号）提出，应实现（ ABC ）在线统一全网监控。

A. 气象装备　B. 网络　C. 观测数据　D. 供电

91.《国家地面气象观测站无人值守业务技术补充规定》要求，当（ ABCDE ）自动观测记录异常或缺测时，不再人工补测，按缺测处理。

A. 气温　　B. 相对湿度　　C. 风向风速

D. 气压　　E. 地温（含草温）

92.《国家地面气象观测站无人值守业务技术补充规定》要求，当视频监控系统故障时，应在站点观测场地进行（ ABC ）等观测项目的人工观测。

A. 能见度　　B. 天气现象　　C. 雪深　　D. 冻土

93.《综合气象观测业务发展规划（2016－2020 年）》指出，综合气象观测经过几十年长足发展，综合实力日益增强，为（ BCD ）的发展及气象防灾减灾、应对气候变化和生态文明建设做出了重大贡献。

A. 公共气象　　B. 安全气象　　C. 资源气象　　D. 生态气象

94.《综合气象观测业务发展规划（2016－2020 年）》提出，发展的基本原则是（ ABCD ）。

A. 面向未来，面向全球　　B. 需求导向，科技引领

C. 深化改革，提质提效　　D. 开放合作，统筹资源

95.《综合气象观测业务发展规划（2016－2020 年）》提出，要从（ ABD ）等多个维度破解影响和制约综合气象观测发展的体制机制难题。

A. 业务　　B. 技术　　C. 协调　　D. 管理

96.《综合气象观测业务发展规划（2016－2020 年）》提出，以满足（ ABCD ）的需求为出发点，对标国际先进水平，大力发展智能气象观测能力，实现弯道超车。

A. 提高预报预测准确率　　B. 增强公共气象服务能力

C. 应对气候变化能力　　D. 气象保障生态文明建设

97.《综合气象观测业务发展规划（2016 － 2020 年）》提出，到 2020 年，建成（ ABCDEF ）的综合气象观测系统。

A. 布局科学　　B. 技术先进　　C. 功能完善

D. 质量稳健　　E. 效益显著　　F. 管理高效

98.《综合气象观测业务发展规划（2016－2020 年）》是在《综合气象观测系统发展规划（2014－2020 年）》的基础上，根据（ CD ）并结合中国气象局相关的专项规划提出来的。

A.《中华人民共和国气象法》

B.《国务院关于加快气象事业发展的若干意见》

C.《全国气象发展“十三五”规划》

D.《全国气象现代化发展纲要（2015－2030 年）》

99.《综合气象观测业务发展规划（2016－2020 年）》有机衔接（ ABCD ）等专项规划，提出了综合气象观测发展目标、主要发展任务、专项行动计划和保障措施。

A. 气象卫星　　B. 海洋气象　　C. 气象雷达　　D. 人工影响天气

100.《综合气象观测业务发展规划（2016－2020 年）》中提出的发展目标是（ ABCD ）。

A. 基本实现综合化　　B. 全面实现信息化

C. 初步实现智能化　　D. 适度实现社会化

101.《综合气象观测业务发展规划（2016－2020 年）》按照（ ABD ）等三个维度进行国家综合气象观测网布局。

A. 空间范围　　B. 观测时效　　C. 观测方式　　D. 观测要素

102.《综合气象观测业务发展规划(2016—2020年)》指出,综合气象观测业务从功能结构上由(ABCD)等部分组成。

A. 观测技术装备业务　　B. 观测数据获取业务
C. 观测数据处理业务　　D. 观测运行保障业务

103.《综合气象观测业务发展规划(2016—2020年)》指出,观测数据获取业务通过各种地基、空基、天基观测系统综合集成,获取大气、陆地、海洋的(BCD)过程观测信息。

A. 相变　　B. 物理　　C. 化学　　D. 生态

104.《综合气象观测业务发展规划(2016—2020年)》指出,(AC)实行国家和省两级业务布局。

A. 观测技术装备业务　　B. 观测数据获取业务
C. 观测数据处理业务　　D. 观测运行保障业务

105.《综合气象观测业务发展规划(2016—2020年)》指出,国家级主要负责制定技术装备产品标准,组织开展(ABC)。

A. 装备研发试验　　B. 装备许可　　C. 装备质量监督　　D. 装备运行

106.《综合气象观测业务发展规划(2016—2020年)》指出,优化国家综合气象观测网的做法有(BCD)。

A. 滚动评估观测数据质量　　B. 滚动评估观测需求
C. 实现站网立体设计　　D. 推进"一网多能"布局

107.《综合气象观测业务发展规划(2016—2020年)》指出,要确保(BCD)长期、稳定运行,建立永久站址台站保护名录,对达到条件的台站进行完善并加入WMO世纪观测站计划。

A. 大气本底站　　B. 国家基准气候站
C. 基本气象站　　D. 一般气象站

108.《综合气象观测业务发展规划(2016—2020年)》指出,要建立部门间气象观测协调机制,进一步统筹(ABCD)等行业气象部门的观测资源。

A. 民航　　B. 兵团　　C. 农垦
D. 森工　　E. 水利

109.《综合气象观测业务发展规划(2016—2020年)》指出,要按照统一技术装备标准,依托重点工程项目,重点开展(AB)等气象观测装备升级改造,逐步统一业务组网的装备技术状态。

A. 自动气象站　　B. 天气雷达　　C. 农业试验站　　D. 山洪水位站

110.《综合气象观测业务发展规划(2016—2020年)》指出,要按照统一管理规章,加强(BCD)等工作,提升行业和社会气象观测工作管理水平。

A. 气象台网布局　　B. 探测环境保护
C. 台站迁建　　D. 装备许可

111.《气象专用技术装备使用许可管理办法》是依据(ABD)规定制定的。

A.《中华人民共和国气象法》　　B.《中华人民共和国行政许可法》
C.《气象设施与气象探测环境保护条例》　　D.《人工影响天气管理条例》

112. 制定《气象专用技术装备使用许可管理办法》的目的是为了保证气象专用技术装备质量,满足(AC)的需要,规范气象专用技术装备使用许可行为。

A. 气象业务　　B. 气象服务
C. 气象灾害防御　　D. 公共气象服务

113.《气象专用技术装备使用许可管理办法》规定，实施气象专用技术装备使用许可，应当遵循（ ABC ）原则。

A. 公开　　B. 公平　　C. 公正　　D. 公信

114.《气象专用技术装备使用许可管理办法》指出，气象专用技术装备的（ BC ）事关气象业务、服务及科研工作的提质增效，事关气象防灾减灾和应对气候变化能力和水平。

A. 品质　　B. 质量　　C. 性能　　D. 性质

115.《气象专用技术装备使用许可管理办法》规定，气象专用技术装备使用许可申请应具备下列条件（ ABCDE ）。

A. 具有法人资格

B. 通过质量管理体系认证

C. 产品满足国家标准、气象行业标准

D. 产品满足国务院气象主管机构规定的技术要求

E. 具备与所生产产品相适应的生产、检测、销售、服务等体系

116.《气象专用技术装备使用许可管理办法》规定，申请人工影响天气作业用（ BCD ）设备使用许可证的，应当符合国家武器装备、民用爆炸物品的相关规定和国家有关强制性技术标准。

A. 三七高炮装置　　B. 火箭发射装置

C. 炮弹　　D. 火箭弹

117.《气象专用技术装备使用许可管理办法》规定，对受理的申请，国务院气象主管机构应当委托检测机构对产品进行（ AD ）。

A. 检定　　B. 核定　　C. 校准　　D. 检测

118. 取得《气象专用技术装备使用许可证》的单位在其证书有效期内，（ ABC ）等发生变更的，应当提出变更申请。

A. 单位名称　　B. 单位地址

C. 法定代表人　　D. 生产单位

119.《气象专用技术装备使用许可管理办法》规定，任何组织和个人不得（ ABCDEF ）《气象专用技术装备使用许可证》。

A. 涂改　　B. 伪造　　C. 倒卖

D. 出租　　E. 出借　　F. 出售

120. 任何单位和个人对《气象专用技术装备使用许可证》发放和管理过程中的违法行为有权进行举报，国务院气象主管机构应当及时（ AC ）。

A. 核实　　B. 核查　　C. 处理　　D. 处罚

121. 有下列情形之一的，国务院气象主管机构应当依法办理有关行政许可的注销手续：（ ABCD ）。

A. 许可有效期届满未申请延续的

B. 法人依法终止的

C. 许可依法被撤销的

D. 法律、法规规定的应当注销许可的其他情形

122.《气象专用技术装备使用许可管理办法》规定，被许可人以（ AB ）等不正当手段取得气象专用技术装备使用许可的，国务院气象主管机构给予警告，撤销其许可。

A. 欺骗　　B. 贿赂　　C. 隐瞒情况　　D. 提供虚假材料

123. 以下关于探空气球使用、储存方法正确的是(ABC)。

A. 应尽量贮存放在阴暗处　　B. 不能靠近臭氧源

C. 不能接触油类物质　　D. 在灌气前把气球放入热水槽加温

124. 下列等压面中，属于规定等压面的是(ABD)。

A. 1000 hPa　　B. 925 hPa　　C. 750 hPa　　D. 500 hPa

125. 以下几种常见气象要素瞬时值界限正确的是(ABD)。

A. 气温 5.0 ℃　　B. 相对湿度 15%

C. 本站气压 2.0 hPa　　D. 2 分钟平均风速 10 m/s

126. 某日因降水影响，总辐射日曝量为 0.00，反辐射日曝量也为 0.00 时，该日反射比不正确的是(ABC)。

A. 0　　B. 0.0　　C. 0.00　　D. —

127. 因条件限制不能安装在观测场内，可安装在天空条件符合要求的屋顶平台上仪器有(ABDE)。

A. 日照观测仪器　　B. 总辐射观测仪器

C. 净全辐射观测仪器　　D. 风观测仪器

E. 酸雨采样桶

128. 以下关于前向散射能见度仪运行维护操作正确的有(ABCDF)。

A. 应及时清理蜘蛛网、鸟窝、灰尘、树枝、树叶等杂物

B. 至少每两个月定期清洁传感器透镜

C. 不能长时间直视发射端镜头

D. 不能用手电筒等光源照射

E. 定期检查、维护的情况应录入备注栏

F. 对能见度自动观测数据有影响的还要录入备注栏

129. 下列可在新型自动气象站主采集器直接挂接的传感器有(ABCDE)。

A. 湿度传感器　　B. 风向风速传感器

C. 蒸发传感器　　D. 称重式降水传感器

E. 能见度传感器

130. 进行高空气象观测时，应在施放探空仪前后 5 分钟内进行施放瞬间压、温、(ABCDE)等地面气象要素的观测。

A. 湿　　B. 风向风速

C. 云量云状　　D. 能见度

E. 天气现象

131. 以下各种气象要素观测数据内部一致性检查判断不正确的有(AC)。

A. 若电线积冰厚度＞直径，则两个数据均有可能有误

B. 若日照时数＞0，太阳辐射为 0，则两个数据均有可能有误

C. 若风向为“C”，风速≤0.2 m/s，则风向有误

D. 若阵风风速≥平均风速，则阵风风速有误

132. 蒸发器的主体处于地面以下，蒸发表面略高于周围地面，这样安装的不利之处有(ABCD)。

A. 蒸发器内会聚集更多杂物　　B. 如有渗漏不易监测

C. 蒸发器与土壤有热交换　　D. 邻近植被高度影响更大

133. 以下关于新型自动气象站测量性能要求准确的有（ BCE ）。

A. 气温最大允许误差为 0.01 ℃（气候观测）

B. 风向分辨力为 3°

C. 日照分辨力为 1 分钟

D. 气温最大允许误差为±0.3 ℃

E. 蒸发量最大允许误差为：±0.2 mm（≤10 mm），±2%（>10 mm）

134. 测定电线积冰重量之后，不需观测的有（ AB ）。

A. 湿度　　B. 10 分钟平均风向、风速

C. 气温　　D. 2 分钟平均风向、风速

135. 地面气象应急加密观测指令包括（ ABCDE ）等。

A. 加密观测开始时间和预计加密观测结束时间

B. 应急加密观测要素

C. 应急加密观测时次

D. 加密理由

E. 签发人

136. 以下关于前向散射能见度仪对观测环境的要求，正确的有（ ABCD ）。

A. 应不受干扰光学测量的遮挡物和反射表面的影响

B. 应远离大型建筑物

C. 应远离产生热量及妨碍降雨的设施

D. 应避免闪烁光源、树荫、污染源的影响

137. 下列不需记录最小能见度的天气现象有（ CE ）。

A. 沙尘暴　　B. 雾　　C. 雪暴

D. 浮尘　　E. 吹雪　　F. 霾

138. 下列属于县级气象观测业务的有（ ABD ）。

A. 国家级地面气象观测站观测　　B. 农业气象观测站气象观测

C. 区域气象观测站观测　　D. 应急气象观测

139. 气象探测环境受破坏后，直接影响到观测资料的（ ABCD ）。

A. 代表性　　B. 准确性　　C. 比较性　　D. 连续性

140. 观测仪器安装允许误差范围为±1 cm 的有（ BCE ）。

A. 小型蒸发器　　B. E601B 型蒸发器　　C. 浅层地温传感器

D. 水银气压表　　E. 草面温度传感器

三、判断题

1.《新建扩建改建建设工程避免危害气象探测环境行政许可管理办法》适用于大气本底站、国家基准气候站、国家基本气象站、国家一般气象站、国家无人值守气象站、高空气象观测站、天气雷达站、气象卫星地面站气象探测环境保护范围内实施新建、扩建、改建建设工程避免危害气象探测环境的行政许可。（ × ）

解析：没有“国家无人值守气象站”。

2. 国务院气象主管机构负责新建、扩建、改建建设工程避免危害气象探测环境行政许可的监督管理。（ × ）

解析：国务院气象主管机构负责“全国”范围内的监督管理。

3.《新建扩建改建建设工程避免危害气象探测环境行政许可管理办法》规定，现场踏

勘应当通知申请人或者其代理人到场，申请人或者其代理人应当在踏勘记录表上签署明确意见。 （ × ）

解析：申请人或者其代理人应当在“现场”踏勘记录表上签署明确意见。

4.《新建扩建改建建设工程避免危害气象探测环境行政许可管理办法》规定，对申报的全部材料经审查符合有关法律法规和标准要求的，必须在收到全部申请材料和初审意见之日起二十个工作日内做出许可的书面决定。 （ × ）

解析：表述不完整，应补充：二十个工作日内不能做出决定的，经本级气象主管机构负责人批准，可以延长十个工作日，并应当将延长期限的理由书面告知申请人。

5. 省、自治区、直辖市气象主管机构、设区的市气象主管机构或省直管县(市)气象主管机构在审批过程中需要按照《中华人民共和国行政许可法》第四十五条规定进行技术审查(含现场踏勘)的，所需时间不计入审批时间内。 （ √ ）

6.《新建扩建改建建设工程避免危害气象探测环境行政许可管理办法》规定，技术审查(含现场踏勘)时间一般不超过一个月。 （ √ ）

7.《新建扩建改建建设工程避免危害气象探测环境行政许可管理办法》规定，取得行政许可后，如果建设规划或工程设计发生变化的，申请人可以直接变更。 （ × ）

解析：申请人应当重新申请。

8. 申请迁建气象台站的，应当由建设单位或者县级以上地方人民政府向省、自治区、直辖市气象主管机构提出申请。 （ × ）

解析：向“本”省、自治区、直辖市气象主管机构提出申请。

9. 拟迁新址必须符合全国气象观测站布局。 （ × ）

解析：符合全国气象观测站“网”布局。

10. 申请迁建气象台站申请人应提供已批准或正在实施的拟迁新址所在地的城市(镇)总体规划图及其批复文件，或国家重点工程建设项目实施方案及其批复文件。 （ √ ）

11. 申请迁建气象台站申请人属委托代理的，应出具代理委托函、代理人的事业单位法人证书或企业法人营业执照正、副本。 （ √ ）

12. 气象主管机构在审批过程中需要进行技术审查(含现场踏勘)的，所需时间不计入审批时间内。 （ √ ）

13.《气象台站迁建行政许可管理办法》中规定，申请人依法享有要求听证的权利。 （ √ ）

14.《气象台站迁建行政许可管理办法》中规定，气象主管机构做出行政许可决定，应当自做出决定之日起十个工作日内向申请人送达行政许可的决定。 （ × ）

解析：向申请人送达行政许可的“书面”决定。

15.《气象台站迁建行政许可管理办法》规定，申请人取得行政许可后，如果申请内容有变更，应当重新申请。 （ √ ）

16.《气象台站迁建行政许可管理办法》规定，新址建设工程完成后，申请人应及时向国务院或省、自治区、直辖市气象主管机构提出验收的申请。 （ × ）

解析：没有“国务院或”。

17. 申请人的法人资格依法被中止的，做出行政许可决定的气象主管机构应当依法办理气象台站迁建行政许可的注销手续。 （ √ ）

18. 取得许可后不按规定进行建设或超越许可范围的，做出行政许可决定的气象主管机构依据职权，可以撤销行政许可。 （ × ）

解析：是“应当”撤销行政许可。

19. 违反法定程序做出准予行政许可决定的，做出行政许可决定的气象主管机构或者其上级气象主管机构，根据利害关系人的请求或者依据职权，可以撤销行政许可。（ √ ）

20. 被许可人以欺骗、贿赂等不正当手段取得行政许可的，做出行政许可决定的气象主管机构依据职权，应当撤销行政许可。（ √ ）

21. 国家级地面气象观测站迁站对比观测资料的分析和管理，要求国家气象信息中心在每年 6 月 30 日前，将资料报送、审查和归档等情况报综合观测司、预报与网络司。（ √ ）

22.《站址变动分析报告技术要求》提出，历次迁站过程通过一系列处理后可得到能直观、准确反映拟迁台站迁站过程的详图。（ √ ）

23.《站址变动分析报告技术要求》提出，以拟迁台站现址为圆心周边气象台站较稀疏的地区，要适当考虑大气本底站。（ × ）

解析：要适当考虑区域气象观测站。

24.《站址变动分析报告技术要求》提出，对拟迁台站现址周边国家基本气象站用蓝色正方形标出。（ √ ）

25.《站址变动分析报告技术要求》提出，对拟迁台站的现址用红色五角星标出，新址用黄色五角星标出。（ × ）

解析：拟迁台站的现址用黄色五角星标出，新址用红色五角星标出。

26. 对《站址变动分析报告技术要求》中的列表要求，需提供区域气象观测站最新的气象观测环境评分信息。（ × ）

解析：不需提供区域气象观测站最新的气象观测环境评分信息。

27. 对《站址变动分析报告技术要求》中的列表要求，不需提供区域气象观测站气象探测环境分类保护类别。（ √ ）

28.《站址变动分析报告技术要求》提出，需分析拟迁新址和现址下垫面和代表性等的差异。（ √ ）

29.《站址变动分析报告技术要求》提出，对拟迁台站 10 分钟平均风速观测资料序列进行分析。（ × ）

解析：应为 2 分钟。

30.《站址变动分析报告技术要求》提出，对拟迁台站观测资料完整性进行综合分析，总缺测率为 1.2%，则其完整性评估属完整性一般。（ √ ）

31.《站址变动分析报告技术要求》提出，对拟迁台站观测资料完整性进行综合分析，总缺测率为 3.2%，则其完整性评估属完整性较差。（ √ ）

32.《站址变动分析报告技术要求》提出，对拟迁台站观测资料完整性进行综合分析，总缺测率为 0.1%，则其完整性评估属序列完整。（ × ）

解析：应属完整性较好。

33.《站址变动分析报告技术要求》提出，对建站以来观测的平均气温、降水量、平均相对湿度和平均风速(2 分钟)等要素的月值序列采用差值比较和趋势比较两种方法结合参考站进行拟迁台站观测资料序列区域一致性分析。（ × ）

解析：应是要素的年值序列采用差值比较和趋势比较两种方法。

34.《站址变动分析报告技术要求》提出，以台站已知可能引起序列非均一的时间点为假设的断点，应用 t 检验方法(显著性水平 0.05)进行该时间点前后时段的显著性检验，如检验结果显著，则认为该点是连续点。（ × ）

解析：应认为该点是不连续点。

35.《站址变动分析报告技术要求》提出，对于参考站的选取，为保证参考站序列受城市化效应影响较小，应尽量选取乡村站或小城镇站作为参考站。（ √ ）

36.《站址变动分析报告技术要求》规定，对某拟迁台站现址观测资料均一性断点个数为 0，则均一性评估连续性好。（ × ）

解析：则均一性评估序列连续。

37.《站址变动分析报告技术要求》规定，对某拟迁台站现址观测资料均一性断点个数为3～4，则均一性评估连续性较差。（ √ ）

38.《站址变动分析报告技术要求》规定，对于在申请迁址时已经完成 1 年以上对比观测的台站，需在申请迁址时完成对比评估。（ × ）

解析：应为 1 年以上(含 1 年)。

39.《站址变动分析报告技术要求》规定，拟迁新址与现址观测资料的对比观测时间至少为 1 年。（ √ ）

40.《站址变动分析报告技术要求》规定，新址与现址观测资料对比评估，定时观测的 2 分钟风向进行对比期累计率进行统计。（ × ）

解析：应为定时观测的 2 分钟风向进行对比期相符率进行统计。

41.《站址变动分析报告技术要求》规定，结论性意见包括站址变动初步意见和对比观测评估意见两部分。（ √ ）

42.《站址变动分析报告技术要求》规定，气象探测环境与站网布局方面主要从拟迁新址气象探测环境是否符合要求，是否具有代表性，以及在国家级气象站网中布局是否合理的角度分析。（ √ ）

43.《站址变动分析报告技术要求》规定，现址观测资料分析主要从综合现址历史资料完整性、区域一致性和均一性的分析结果，概括影响历史资料完整性、区域一致性和均一性的原因。（ √ ）

44.《站址变动分析报告技术要求》规定，对现址与拟迁新址观测数据差异的综合评估，主要根据观测资料差值、差值平均值、差值标准差、降水量累计相对差值、风向相符率及台站现址与拟迁新址观测数据差异的显著程度等进行综合分析。（ √ ）

45.《高空气象资料实时统计处理业务规定(试行)》规定，在进行统计时，质量控制后仍为错误的数据按缺测处理。（ √ ）

46.《高空气象资料实时统计处理业务规定》规定，比湿统计单位和精度为 1 kg/g。（ × ）

解析：应为 1 g/kg。

47.《高空气象资料实时统计处理业务规定(试行)》规定，月是按公历法，各月由 28～31 天组成，1 年分为 12 个月。（ √ ）

48.《高空气象资料实时统计处理业务规定(试行)》规定，对不完整资料的统计若数据全部为缺测，则统计值按缺测处理，参与统计的记录数为缺测。（ × ）

解析：参与统计的记录数为 0。

49. 在地面气象观测台站站址变动工作中，充分考虑观测场现址历史资料序列状况以及站址变动的可能影响，对于优化地面气象观测系统、提高站址迁移和选址的科学性都具有十分重要的意义。（ √ ）

50.《气象辐射资料实时统计处理业务规定》》规定，紫外辐射为日出至日落期间观测。

（ √ ）

51.《气象辐射资料实时统计处理业务规定》》规定，总辐射为日出至日落期间观测。

（ √ ）

52.《气象辐射资料实时统计处理业务规定》要求，地面长波辐射为全天候观测项目。（ √ ）

53.《气象辐射资料实时统计处理业务规定》要求，当总辐射日曝辐量或散射辐射日曝辐量无观测或缺测时，水平面直接辐射日曝辐量按正常情况统计。（ × ）

解析：水平面直接辐射日曝辐量按无观测或缺测处理。

54.《气象辐射资料实时统计处理业务规定》要求，散射辐射日曝辐量＝总辐射日曝辐量－水平面直接辐射日曝辐量。（ √ ）

55.《气象辐射资料实时统计处理业务规定》要求，各辐射候最大(小)辐照度及出现时间从该候各日极值中挑取。（ √ ）

56.《气象辐射资料实时统计处理业务规定》要求，各辐射季最大(小)辐照度及出现时间从该季各日极值中挑取。（ × ）

解析：从该季各月极值中挑取。

57.《气象辐射资料实时统计处理业务规定》要求，月反射比为该月各日反射比之算数平均值。（ √ ）

58.《气象辐射资料实时统计处理业务规定》要求，全天候观测的辐射项，在日出(日落)时段内数据缺测或错误，则小时曝辐量按照缺测处理。（ × ）

解析：应先计算日出(日落)时间，然后用梯形面积法内插出该时的小时曝辐量。

59.《气象辐射资料实时统计处理业务规定》要求，若该旬日曝辐量缺测＞4 天，则该旬曝辐量按缺测处理。（ × ）

解析：应≥4 天。

60.《气象辐射资料实时统计处理业务规定》要求，若该年月曝辐量缺测＜1 个月，则该年年曝辐量按有关方法正常处理。（ √ ）

61.《气象辐射资料实时统计处理业务规定》要求，日最大(小)辐照度各日极值不全是缺测，则候极值从日极值中挑选，否则按缺测处理。（ √ ）

62.《气象辐射资料实时统计处理业务规定》要求，日最大(小)辐照度各日极值不全是缺测，则季极值从月极值中挑选，否则按缺测处理。（ × ）

解析：日最大(小)辐照度各月极值不全是缺测。

63. 中华人民共和国气象行业标准中规定，气象资料编码是给事物(或概念)赋予代码的过程。（ √ ）

64. 中华人民共和国气象行业标准中规定，分类代码由大类代码和二级分类的各属性代码组成，各代码之间用下横线“_”分割。（ √ ）

65. 中华人民共和国气象行业标准中规定，气象资料各大类和属性代码用简码和标识符来表示。（ √ ）

66. 中华人民共和国气象行业标准中规定，气象资料代码标识符由英文字母和阿拉伯数字组成，可随意组合。（ × ）

解析：通常第一位应为英文字母。

67. 中华人民共和国气象行业标准中规定，气象资料标识符可以体现大类和属性的基本意义，应便于人工识别、符合英文缩写习惯。（ √ ）

68. 中华人民共和国气象行业标准中规定，气象资料二级以下的分类一般采用线分类法，其分类代码的制定原则可以与本标准不一致。（ × ）

解析：分类代码的制定原则应与本标准一致。

69. 中华人民共和国气象行业标准中规定，农业气象和生态气象资料标识符是“AGEM”。（ × ）

解析：应为“AGME”。

70. 中华人民共和国气象行业标准中规定，数值预报产品标识符是“NAFP”。（ √ ）

71. 中华人民共和国气象行业标准中规定，气象辐射资料是利用各种手段获得的辐射资料及其综合分析衍生资料。（ × ）

解析：不含单独用卫星、科考等方式获得的辐射资料。

72. 中华人民共和国气象行业标准中规定，卫星气象资料是通过卫星探测获得的气象资料和产品。（ √ ）

73. 中华人民共和国气象行业标准中规定，历史气候代用资料是反映历史气候条件的各种非器测资料。（ √ ）

74. 中华人民共和国气象行业标准中规定，风廓线仪探测资料是通过风廓线仪获得的大气三维风场和湿度廓线资料。（ × ）

解析：应为温度廓线资料。

75. 中华人民共和国气象行业标准中规定，闪电定位仪探测资料是通过高空闪电定位仪探测系统获得的有关闪电特征参数资料。（ × ）

解析：通过地面闪电定位仪探测。

76. 中华人民共和国气象行业标准中规定，海洋气象观测资料是通过海面移动或固定观测平台获得的近海面大气和海洋表层观测资料及衍生资料。（ √ ）

77. 中华人民共和国气象行业标准中规定，光学有效辐射不属于气象辐射资料。（ × ）

解析：光学有效辐射属于气象辐射资料。

78. 中华人民共和国气象行业标准中规定，红外辐射属于气象辐射资料。（ √ ）

79. 中华人民共和国气象行业标准中，地基 GPS 水汽探测资料不属于高空气象资料。（ × ）

解析：属于高空气象资料。

80.《气象观测专用技术装备测试方法（试行）》适用于气象观测专用技术装备的测试，所涉及的仪器和设备可以是整机、系统、传感器和部件等。（ × ）

解析：暂不包括气象卫星及人工影响天气作业设备。

81.《气象观测专用技术装备测试方法（试行）》指出，测量误差是指测得的量值减去参考量值。（ √ ）

82.《国家地面气象观测站无人值守工作管理暂行规定》（气测函〔2017〕72 号）指出，无人值守是通过优化业务流程，促进业务提质提效，是推进观测自动化进程中的基本阶段。（ × ）

解析：应为重要阶段。

83.《国家地面气象观测站无人值守工作管理暂行规定》（气测函〔2017〕72 号）指出，实行无人值守以保证观测业务质量为基本前提。（ √ ）

84.《国家地面气象观测站无人值守工作管理暂行规定》（气测函〔2017〕72 号）以从基层向省市级综合集约，增强县级综合业务能力、提高业务运行保障能力、提升观测数据质量为目标。（ × ）

解析：应为从基层向省级综合集约。

85.《国家地面气象观测站无人值守工作管理暂行规定》(气测函〔2017〕72 号)指出，各省(区、市)气象局审批后将全部申请文件和批复文件报中国气象局备案。（ × ）

解析：应向中国气象局综合观测司备案。

86.《国家地面气象观测站无人值守工作管理暂行规定》(气测函〔2017〕72 号)指出，开展无人值守的台站应配备同功能的双套自动气象站，具备互为备份、自动切换的网络系统和稳定的供电系统。（ × ）

解析：应为开展无人值守且局站分离的台站。

87.《国家地面气象观测站无人值守工作管理暂行规定》(气测函〔2017〕72 号)指出，恶劣天气等特殊情况应增加巡视和设备维护次数。（ √ ）

88.《国家地面气象观测站无人值守业务技术补充规定》仅适用于实行无人值守的局站分离的台站。（ √ ）

89.《国家地面气象观测站无人值守工作管理暂行规定》(气测函〔2017〕72 号)出台执行后，将在一段时期内不能修订。（ × ）

解析：应根据观测技术发展和无人值守运行情况适时修订。

90.《国家地面气象观测站无人值守业务技术补充规定》指出，当视程障碍类天气现象自动观测记录异常或缺测时，可在局观测地点进行人工补测。（ √ ）

91.《国家地面气象观测站无人值守业务技术补充规定》指出，在局观测点观测到积雪、结冰，即作为观测记录。（ × ）

解析：通过视频监控系统在站观测场地视区内观测到积雪、结冰，即作为观测记录。

92.《国家地面气象观测站无人值守业务技术补充规定》指出，在局观测地点或站观测场地闻雷即编发重要天气报。（ √ ）

93.《国家地面气象观测站无人值守业务技术补充规定》指出，以自动观测能见度为准编发重要天气报。（ √ ）

94.《国家地面气象观测站无人值守业务技术补充规定》指出，自动观测记录异常或缺测时，应结合局观测地点和视频监控系统监测的物象特征综合判断确定起止时间和风力等级并编发大风重要天气报。（ √ ）

95.《综合气象观测业务发展规划(2016－2020 年)》指出，通过地空天联合观测，实现对基本气象要素的分钟级全空间覆盖，并通过对不同台站的组合，满足不同观测需求。（ √ ）

96.《综合气象观测业务发展规划(2016－2020 年)》提出，温度、水汽、风、水凝物等要素实况场的时间分辨率优于 30 分钟，垂直分辨率 100 m，水平分辨率陆地达千米级、海上达 10 千米级，准确率 98%。（ √ ）

97.《综合气象观测业务发展规划(2016－2020 年)》提出，按照气象信息化的发展要求，梳理、整合、再造观测业务流程，建成集数据获取、数据加工处理、运行监控、装备列装与维护等为一体的综合气象观测业务。（ √ ）

98.《综合气象观测业务发展规划(2016－2020 年)》提出，通过实施观测业务全流程信息化升级改造和相应的设备改造，实现观测数据获取、处理、加工、应用的无缝隙衔接与运行。（ √ ）

99.《综合气象观测业务发展规划(2016－2020 年)》中，鼓励公共财政基于便携传感器和移动互联等技术开展气象观测，推进观测能力的国际共建，实现各渠道观测数据的共享并进入实况监测业务。（ × ）

解析：鼓励社会资源基于便携传感器和移动互联等技术开展气象观测。

100.《综合气象观测业务发展规划(2016－2020年)》提出,观测技术装备业务包括装备研发、试验、许可准入、质量监督和退出等工作。（√）

101.《综合气象观测业务发展规划(2016－2020年)》提出,国家级气象部门承担气象卫星观测、飞机观测数据和共享观测数据获取。（√）

102.《综合气象观测业务发展规划(2016－2020年)》提出,省级气象部门负责本省技术装备质量监督,承担技术装备的试验任务。（×）

解析:承担部分技术装备的试验任务。

103.《综合气象观测业务发展规划(2016－2020年)》提出,地市和县级气象部门承担地面、高空、天气雷达等观测数据获取。（√）

104.《综合气象观测业务发展规划(2016－2020年)》提出,实现站网立体设计主要指逐步形成地空天基手段互补、协同运行、交叉检验的一体化观测布局。（√）

105.《综合气象观测业务发展规划(2016－2020年)》提出,根据观测自动化、值守无人化和保障社会化进程,适当减少观测数据获取业务人员规模。（√）

106.《综合气象观测业务发展规划(2016－2020年)》提出,对于西部和艰苦、边远地区加强装备保障能力建设,采用气象部门保障为主、社会化保障为辅的方式开展气象装备保障业务。（√）

107.《综合气象观测业务发展规划(2016－2020年)》提出,要优化大气本底站功能和布局,大力推进国家气候观象台建设。（√）

108.《综合气象观测业务发展规划(2016－2020年)》提出,以提升综合观测质量管理水平为根本,强化各项标准在技术装备、业务运行和管理中的作用,促进标准化体系的协调性和集约化。（×）

解析:以提升综合观测质量管理水平为核心。

109.《综合气象观测业务发展规划(2016－2020年)》提出,开展台站无人化试点工作,并在全国以推广。（×）

解析:仅在需要的地区予以推广。

110. 在中华人民共和国领域和中华人民共和国管辖的其他海域内,气象专用技术装备使用许可的实施和监督管理,应当遵守《气象专用技术装备使用许可管理办法》。（√）

111.《气象专用技术装备使用许可管理办法》规定,气象专用技术装备是指用于气象探测、预报、服务以及人工影响天气、空间天气等气象业务的气象设备、仪器、仪表、消耗器材及相应软件系统。（×）

解析:气象专用技术装备是指“专门”用于…的系统。

112.《气象专用技术装备使用许可管理办法》指出,地方各级气象主管机构负责气象专用技术装备使用的监督管理。（×）

解析:负责本行政区域内气象专用技术装备使用的监督管理。

113.《气象专用技术装备使用许可管理办法》指出,国务院气象主管机构应当在收到全部申请材料之日起五个工作日内,做出受理或者不予受理的书面决定。（×）

解析:做出受理或者不予受理的书面决定。对不予受理的,应当书面说明理由。

114.《气象专用技术装备使用许可管理办法》指出,国务院气象主管机构受理申请后,根据需要指派两名以上工作人员对申请材料的实质内容进行核查。（×）

解析:对申请材料的实质内容进行实地核查。

115.《气象专用技术装备使用许可管理办法》指出,人工影响天气作业用火箭发射装

置、炮弹、火箭弹，还应由国务院气象主管机构出具业务性试用报告。（ × ）

解析：还应由国家级人工影响天气业务单位出具业务性试用报告。

116.《气象专用技术装备使用许可管理办法》指出，审查不合格的，依法做出不予行政许可的书面决定，出具《不予行政许可决定书》，同时说明理由并告知申请人享有依法申请行政复议或者提起行政诉讼的权利。（ √ ）

117.《气象专用技术装备使用许可证》有效期届满需要延期的，被许可人应当在有效期届满六十日前，向国务院气象主管机构提出延续申请。（ √ ）

118. 国务院气象主管机构应当在《气象专用技术装备使用许可证》有效期届满前完成审查。符合条件的，予以延续；不符合条件的，不予以延续，并书面告知申请人。（ √ ）

119.《气象专用技术装备使用许可管理办法》规定，对监督检查中发现的问题，国务院气象主管机构责令被许可人或者购买、使用单位限期整改。（ √ ）

120.《气象专用技术装备使用许可管理办法》规定，产品出现重大质量问题，国务院气象主管机构应当根据利害关系人的申请或者依据职权做出撤销行政许可的决定。（ × ）

解析：产品出现重大质量问题、被许可人对存在的问题拒不整改或者整改达不到要求的，国务院气象主管机构应当根据…做出…决定。

121.《气象专用技术装备使用许可管理办法》规定，申请人隐瞒有关情况，提供虚假材料，申请气象专用技术装备使用许可的，申请人在一年内不得再次申请许可。（ × ）

解析：不得再次申请该项许可。

122.《气象专用技术装备使用许可管理办法》规定，被许可人以不正当手段取得气象专用技术装备使用许可的，给他人造成损失的，依法承担赔偿责任。（ √ ）

123. 申请地面气象应急加密观测，一般应提前 24 小时提出。（ × ）

解析：应为 12 小时。

124. 称重式降水传感器承水口的面积为 314 cm^2。（ √ ）

125. 新型自动气象站，10 分钟平均风速采用的采样算法是滑动平均法。（ √ ）

126. E-601B 型蒸发器的水圈口缘低于蒸发桶口 4～6 cm。（ × ）

解析：应为 5～6 cm。

127. 各时段年最大降水量及开始时间，只有当 1440 分钟（24 小时）年最大降水量达到 10.0 mm 时才挑选。（ √ ）

128. 铂电阻地面温度传感器被积雪埋住时应仍按正常观测，但需在值班日记中注明。（ × ）

解析：但需在观测簿备注栏注明。

129. 气象站已经安装了 2 套自动气象站的，可以撤销全部人工观测设备。（ × ）

解析：仅撤除气温、相对湿度、气压、风向、风速、蒸发专用雨量筒、地温等人工观测设备。

130. WMO 对地面气象观测温度表的要求是，当通风速度在 5 m/s 时，热滞系数应在 30～60 s 之间。（ √ ）

131. 常见的翻斗式、浮筒式、称重式、电容式降水测量仪器均为承水法直接测量。（ √ ）

132. 当日天气现象栏记有积雪现象，到 08 时（或 14 时、20 时）观测已不符合积雪标准，因此，当时不进行雪深观测，也不须在备注栏注明。（ √ ）

133. 草温传感器高度距地为 6 cm，当草层高于传感器时，应及时修剪草。（ × ）

解析：应为当草层高于 10 cm 时。

134. 各省（区、市）气象局根据业务服务需求，可自行组织本辖区内的国家级气象观测

站开展地面气象应急加密观测。（ √ ）

135.《中华人民共和国气象法》第三十六条规定：违反本法，使用不符合技术要求的气象专用技术装备，造成危害的，由有关气象主管机构按照权限责令改正，给予警告，可以并处5万元以下的罚款。（ √ ）

136.《地面气象观测规范》中规定，每日在日落后换纸，如果全日阴雨，无日照记录，则可以不换纸，次日继续使用。（ × ）

解析：都需换纸。

137. 在降水过程中，固态降水堆至口沿以上时，称重式降水传感器对应时段降水按缺测处理。（ √ ）

138. DZZ4 型自动气象站中，雨量传感器的输出信号是数字量。（ √ ）

四、填空题

1.《新建扩建改建建设工程避免危害气象探测环境行政许可管理办法》自<u>2016 年 9 月 1 日</u>起施行。

2.《新建扩建改建建设工程避免危害气象探测环境行政许可管理办法》规定的气象台站气象探测环境保护范围和建设工程类别应当按照相应的气象台站气象探测环境保护和建设工程的有关法律法规和<u>国家标准</u>执行。

3. 省、自治区、直辖市气象主管机构负责<u>本行政区域内</u>新建、扩建、改建建设工程避免危害气象探测环境行政许可的实施和管理工作。

4.《新建扩建改建建设工程避免危害气象探测环境行政许可管理办法》中规定，受理机构负责对申请材料进行<u>初审</u>，并组织现场踏勘。

5.《新建扩建改建建设工程避免危害气象探测环境行政许可管理办法》规定，对申请材料经审查符合有关法律法规和标准要求的，应当在收到全部申请材料和初审意见之日起<u>二十个</u>工作日内做出准予许可的书面决定。

6.《新建扩建改建建设工程避免危害气象探测环境行政许可管理办法》规定，上级气象主管机构在做出许可决定前，应当告知申请人、利害关系人享有要求<u>听证</u>的权利。

7. 新建、扩建、改建建设工程避免危害气象探测环境行政许可的申请由设区的市气象主管机构或省直管县(市)气象主管机构<u>受理</u>。

8.《气象台站迁建行政许可管理办法》已经<u>2016 年 4 月 1 日</u>中国气象局局务会议审议通过，现予公布，自 2016 年 9 月 1 日起施行。

9. 申请迁建气象台站的，应当由<u>建设单位或者县级以上地方人民政府</u>提出申请。

10. 拟迁新址必须能够代表<u>现址</u>所在区域的天气气候特征。

11. 拟迁新址气象探测环境保护专项规划应由当地<u>人民政府</u>编制并纳入城市(镇)控制性详细规划的相关文件或承诺书。

12. 申请迁移气象台站申请人对所提供材料<u>真实性</u>负责的承诺。

13.《气象台站迁建行政许可管理办法》规定，行政许可的有效期为<u>三</u>年。

14.《气象台站迁建行政许可管理办法》规定，做出行政许可决定的<u>气象主管机构</u>，应当在行政许可决定中注明行政许可有效期的截止时间。

15.《气象台站迁建行政许可管理办法》规定，申请人应当在行政许可<u>有效期</u>内按照基本建设程序和要求，完成气象台站建设工作，达到业务运行标准。

16.《气象台站迁建行政许可管理办法》规定，<u>地方各级</u>气象主管机构应当对申请人从事气象台站迁建行政许可事项的活动进行监督检查。

17.《气象台站迁建行政许可管理办法》规定，新址建设工程完成后，由<u>做出许可决定</u>的气象主管机构按照国务院气象主管机构有关业务规定组织验收。

18. 新址启用和对比观测完成之前，应当按照<u>《气象设施和气象探测环境保护条例》</u>、国家有关标准和国务院气象主管机构有关要求严格保护旧址的气象探测环境。

19. 迁建气象站的，应当按照国务院气象主管机构的规定，在新址与旧址之间进行至少一年的<u>连续</u>对比观测。

20. 国家气象信息中心要做好国家级地面气象观测站迁站对比观测资料分析报送的审查，各省(区、市)气象局要根据<u>审查意见</u>进行修改完善。

21. 观测站迁移是造成气象资料序列<u>非均一性</u>现象的最主要原因之一。

22.《站址变动分析报告技术要求》规定，用带箭头<u>实线</u>依次标出已完成的迁站过程。

23.《站址变动分析报告技术要求》规定，用带箭头<u>虚线</u>标出拟迁站过程。

24.《站址变动分析报告技术要求》规定，拟迁台站现址周边气象台站的分布图比例尺为<u>1∶50</u>万。

25.《站址变动分析报告技术要求》规定，拟迁台站现址周边<u>区域气象观测站</u>用绿色菱形标出。

26.《站址变动分析报告技术要求》规定，给出拟迁新址和现址与周边站类相同的气象站的<u>最小</u>间距比。

27.《站址变动分析报告技术要求》规定，拟迁台站观测资料序列<u>完整性</u>分析，主要是对建站以来观测资料各要素按照月值来统计缺测率及数据缺测年月分布状况。

28.《站址变动分析报告技术要求》规定，拟迁台站观测资料完整性综合分析，根据某要素缺测率大小共分为<u>4</u>类。

29.《站址变动分析报告技术要求》规定，对拟迁台站观测资料完整性进行综合分析，总缺测率为2.3%，则其完整性评估属<u>完整性一般</u>。

30.《站址变动分析报告技术要求》规定，对拟迁台站观测资料完整性进行综合分析，总缺测率为<u>＞3%</u>，则其完整性评估是完整性较差。

31.《站址变动分析报告技术要求》规定，对拟迁台站观测资料完整性进行综合分析，总缺测率为<u>0</u>，则其完整性评估是序列完整。

32.《站址变动分析报告技术要求》规定，对拟迁台站观测资料均一性进行综合分析，以<u>断点</u>个数的多少反映该站历史均一性的总体状况。

33.《站址变动分析报告技术要求》规定，气温和湿度资料，采用<u>差值</u>序列进行检验，降水和风速资料，采用<u>比值</u>序列进行检验。

34.《站址变动分析报告技术要求》规定，参考站应进行<u>完整性</u>分析，尽可能选用序列完整性较好的资料序列。

35.《站址变动分析报告技术要求》规定，对拟迁台站观测资料区域一致性进行综合分析，如果有<u>3</u>种以上要素差异较小，则认为该台站观测资料序列的区域一致性较好。

36.《站址变动分析报告技术要求》规定，某拟迁台站现址观测资料均一性断点数为5个，则均一性评估连续性<u>差</u>。

37.《站址变动分析报告技术要求》规定，某拟迁台站现址观测资料均一性断点数为4个，则均一性评估连续性<u>较差</u>。

38.《站址变动分析报告技术要求》规定，新址与现址观测资料对比评估，降水量进行对比期<u>累计</u>相对差值的统计。

39.《站址变动分析报告技术要求》规定，新址与现址观测资料对比评估，定时观测的2分钟风向进行对比期_相符率_统计。

40.《站址变动分析报告技术要求》规定，需要从国家级气象站网中_布局_是否合理的角度，来分析站址变动意见。

41.《站址变动分析报告技术要求》规定，现址与拟迁新址观测数据差异的综合评估，主要给出新旧站址_观测资料_差异大小的结论性意见和建议。

42.《站址变动分析报告技术要求》规定，现址与拟迁新址观测数据差异的综合评估，主要给出新旧站址_资料应用_方面的意见和建议。

43. 制定《高空气象资料实时统计处理业务规定(试行)》，目的是为适应近年来高空气象观测及资料处理业务的快速发展，满足日益增长的高空_基础数据_产品服务需求。

44. 除特殊说明外，《高空气象资料实时统计处理业务规定(试行)》中所指时间均为_世界_时，平均值统计均为四舍五入。

45.《高空气象资料实时统计处理业务规定(试行)》指出，年是按公历法1年从1月1日起，至12月31日止，由365日_平年_或366日_闰年_组成。

46.《高空气象资料实时统计处理业务规定(试行)》指出，对于旬的说法是：_10_日为1旬，一个月分为3旬，第3旬为_21_日至月底。

47.《高空气象资料实时统计处理业务规定(试行)》指出，_比湿_是水汽质量与湿空气质量之比，由气压和水汽压计算而得。

48.《气象辐射资料实时统计处理业务规定》指出，各辐射量都对历年的_日_、候、旬、月、季、年值进行统计。

49.《气象辐射资料实时统计处理业务规定》指出，对辐射资料进行统计时，质量控制后仍为错误的数据按_缺测_数据对待。

50.《气象辐射资料实时统计处理业务规定》指出，对辐射资料进行统计时，平均值统计均_四舍五入_。

51.《气象辐射资料实时统计处理业务规定》指出，对时段的描述，日为地平时，以_24:00_为日界。

52.《气象辐射资料实时统计处理业务规定》指出，曝辐量日值统计算法为该日观测时段内，各小时_曝辐量_合计值。

53.《气象辐射资料实时统计处理业务规定》指出，各辐射年最大(小)辐照度及出现时间从该年各_月_极值中挑取。

54.《气象辐射资料实时统计处理业务规定》指出，日期按公历法统计，各月由_28～31_天组成，1年为12个月。

55.《气象辐射资料实时统计处理业务规定》指出，全天候观测的辐射项，在日出(日落)时段内数据缺测或错误，则应先计算日出(日落)时间，然后用_梯形面积法_内插出该时的小时曝辐量。

56.《气象辐射资料实时统计处理业务规定》指出，当某小时曝辐量缺测或错误且无法统计补充时，在后续日的统计中，按_缺测_对待。

57.《气象辐射资料实时统计处理业务规定》指出，若该候日曝辐量缺测≥_2_天，则该候候曝辐量缺测处理。

58.《气象辐射资料实时统计处理业务规定》指出，日最大(小)辐照度若各小时极值辐照度和正点辐照度不全是缺测，则_日极值_从相应记录中挑选。

59.《气象辐射资料实时统计处理业务规定》指出，若该季月曝辐量缺测≥__1__个月，则该季季曝辐量按缺测处理。

60.《气象辐射资料实时统计处理业务规定》指出，若日最大(小)辐照度各__月__极值不全是缺测，则季极值从月极值中挑选，否则按缺测处理。

61. 中华人民共和国气象行业标准规定了气象资料的两级分类和编码，是气象资料进一步细化分类的__基础__标准。

62. 中华人民共和国气象行业标准中规定，气象资料分类是按照选定的__属性或特征__区分分类对象，将具有某种共同属性的分类对象集合在一起的过程。

63. 中华人民共和国气象行业标准中规定，气象资料代码表示特定事物(或概念)的一个或一组__字符__。

64. 中华人民共和国气象行业标准中规定，气象资料大类简码用一位英文大写字母表示，其标识符由__四__位英文大写字母组成。

65. 中华人民共和国气象行业标准中规定，气象资料标识符由若干英文大写字母或__首位__是英文大写字母的英文大写字母和阿拉伯数字的字符串组成。

66. 中华人民共和国气象行业标准中规定了__气象资料__一级和二级分类的编码。

67. 中华人民共和国气象行业标准中规定，气象资料标识符为“HPXY”，代表__历史气候代用__资料。

68. 中华人民共和国气象行业标准中规定，气象资料标识符为“SEVP”，代表__气象服务产品__资料。

69. 中华人民共和国气象行业标准中规定，其他资料标识符为__OTHE__。

70. 中华人民共和国气象行业标准中规定，近地层垂直观测资料特指通过近地面边界层气象观测塔获得的近地面边界层气温、湿度、__风__等廓线资料及衍生资料。

71. 中华人民共和国气象行业标准中规定，地面天气资料是地面气象资料通过气象通信系统__实时__接收获得的地面天气报资料及衍生资料。

72. 中华人民共和国气象行业标准中规定，高空测风资料通过气球携带高空气象探测仪的高空探测方法获得的__高空__各层风资料及其产品。

73. 中华人民共和国气象行业标准中规定，海洋探测深水资料是通过各类海洋平台探测获得的海洋深水温度、__盐度__、洋流等资料。

74. 中华人民共和国气象行业标准中规定，畜牧是指农业气象和各类生态气象观测台站__观测__获得的畜牧生态观测资料。

75. 中华人民共和国气象行业标准中规定，气象灾害资料是指与灾害有关的__气象观测__资料和产品。

76. 中华人民共和国气象行业标准中规定，灾情资料是描述__灾害__及其影响和造成损失的资料。

77. 中华人民共和国气象行业标准中规定，决策服务产品是指各种为党和__政府__决策提供的材料和服务产品。

78. 中华人民共和国气象行业标准中规定，环境气象产品是指各种与__气象__有关的环境预报和环境监测分析服务产品。

79. 中华人民共和国气象行业标准中规定，气象服务产品生产单位是指__最终__形成单位。

80.《国家地面气象观测站无人值守工作管理暂行规定》(气测函〔2017〕72 号)所称无人值守，是指国家地面气象观测站在遵照地面气象观测规范和有关技术要求(含本规定)完成各项观测任务的前提下，业务人员无须在 观测站 守班。

81.《国家地面气象观测站无人值守工作管理暂行规定》(气测函〔2017〕72 号)规定，对于局站分离的台站，局办公地点和观测站 天气气候 特征应基本一致。

82.《国家地面气象观测站无人值守工作管理暂行规定》(气测函〔2017〕72 号)规定，首先在国家一般气象站开展，根据自动化推进和 无人值守 运行情况适时推广到国家基本气象站。

83.《国家地面气象观测站无人值守工作管理暂行规定》(气测函〔2017〕72 号)规定，无人值守观测开始时间原则上为 每月 1 日 。

84.《国家地面气象观测站无人值守工作管理暂行规定》(气测函〔2017〕72 号)规定，对于局站分离的，实行无人值守后部分人工观测项目的观测地点可由气象观测站调整到 气象局办公所在地 开展。

85.《国家地面气象观测站无人值守工作管理暂行规定》(气测函〔2017〕72 号)规定，对于局站分离的，在局办公地点附近有满足观测规范要求的 人工观测地点 。

86.《国家地面气象观测站无人值守工作管理暂行规定》(气测函〔2017〕72 号)规定，视频监控系统的安装应能够实现对值班室、观测场内全部仪器、 气象探测环境 的实时监测。

87.《国家地面气象观测站无人值守工作管理暂行规定》(气测函〔2017〕72 号)规定，用于观测 天气现象 等相关气象要素的视频监控系统应配备星光级超低照度摄像机，能满足异地观测的业务需求。

88.《国家地面气象观测站无人值守工作管理暂行规定》(气测函〔2017〕72 号)规定，当出现异常情况时，省级业务部门应按现行业务管理规定和要求通知 台站 并尽快恢复。

89.《国家地面气象观测站无人值守业务技术补充规定》是对未实现自动化观测的气象要素，或已实现自动化观测的气象要素因 设备故障 或其他原因导致数据异常、缺测需人工补测时采用的观测方式和技术处理进行补充规定。

90.《国家地面气象观测站无人值守业务技术补充规定》规定，通过视频监控系统在站观测场地视区内观测到凝结类天气现象，即作为 观测记录 。

91.《国家地面气象观测站无人值守业务技术补充规定》规定，当通过视频监控系统监测到站观测场地出现冰雹时，应利用 降水现象仪 测量或借助参照物的大小目测冰雹直径，并按规定编发重要天气报。

92.《国家地面气象观测站无人值守业务技术补充规定》规定，在局观测地点或通过视频监控系统监测到站观测场地视区内出现龙卷即编发重要天气报，龙卷方位和距测站距离以 站观测场地 为参考点。

93.《综合气象观测业务发展规划(2016—2020 年)》提出，综合气象观测经过几十年长足发展，促进了 气象预报预测 和气象科学研究重大进步。

94.《综合气象观测业务发展规划(2016—2020 年)》提出，稳妥推进改革，激发发展活力，从注重发展规模和硬件建设向注重发展 质量 和 效益 发挥转变。

95.《综合气象观测业务发展规划(2016—2020 年)》提出，通过实施观测业务全流程信息化升级改造和相应的设备改造，实现观测数据由台站直接向 国家级 气象数据中心的实时或准实时传输。

96.《综合气象观测业务发展规划(2016—2020 年)》提出，突破智能观测关键技术，基于国产高精度、高可靠性核心器件和物联网等现代信息技术，实现常规气象观测装备的智能感知与在线标校功能。

97.《综合气象观测业务发展规划(2016—2020 年)》提出，突破智能观测关键技术，基于国产高精度、高可靠性核心器件和物联网等现代信息技术，实现__气象雷达__等大型气象观测装备运行与维护的远程支持能力。

98.《综合气象观测业务发展规划(2016—2020年)》提出，突破智能观测关键技术，基于国产高精度、高可靠性核心器件和物联网等现代信息技术，实现指定区域内遥感观测装备针对指定气象目标的__跟踪观测__能力。

99.《综合气象观测业务发展规划(2016—2020年)》提出，建立__公共财政__购买装备保障服务机制，继续以分装备类别、分区域、分事权划分相结合的方式推进装备保障社会化。

100.《综合气象观测业务发展规划(2016—2020年)》提出，__国家级__负责制定观测方法、业务规范和业务管理规章。

101.《综合气象观测业务发展规划(2016—2020年)》提出，省级负责本省观测站网__布局设计__、评估和优化。

102.《综合气象观测业务发展规划(2016—2020年)》提出，__省级__负责业务规范和业务管理规章的组织实施。

103.《综合气象观测业务发展规划(2016—2020年)》提出，__省级__作为装备保障业务的责任主体，负责日常运行监控、计量检定和储备供应业务。

104.《综合气象观测业务发展规划(2016—2020年)》提出，综合利用地空天基各种观测手段，加强国际合作共建共享，统筹国内各类气象观测资源，构建“__立体设计、一网多能__”的国家综合气象观测网。

105.《综合气象观测业务发展规划(2016—2020年)》提出，形成“__部门为主、行业协作、社会参与__”的观测新格局。

106.《综合气象观测业务发展规划(2016—2020年)》提出，基本实现__自动气象站__全国乡镇全覆盖，西部地区、灾害易发区、资料稀疏区和国家重要基础设施沿线加密布设。

107.《综合气象观测业务发展规划(2016—2020年)》提出，利用现代信息化技术，改进__硬件集成控制器__单元，分批次升级改造现有国家级站点的自动气象站，使之具备远程支持和综合诊断等功能。

108.《综合气象观测业务发展规划(2016—2020年)》提出，依托观测业务一体化平台，实现__智能跟踪、动态管理__，实施统筹调度和配送。

109.《综合气象观测业务发展规划(2016—2020年)》提出，推进非国家级管理台站气象装备保障经费纳入__地方财政__常规性预算并实现装备保障社会化。

110.《气象专用技术装备使用许可管理办法》提出，在气象业务、工程设计建设中，应当使用具备__有效许可证__的气象专用技术装备。

111.《气象专用技术装备使用许可管理办法》提出，气象专用技术装备使用许可应当由__生产者__提出申请。

112.__气象专用技术装备__是气象设施和气象现代化建设的重要组成部分，是气象信息采集、传输、加工、处理的重要工具和手段。

113.《气象专用技术装备使用许可管理办法》提出，国务院气象主管机构受理申请后，对申请材料进行__审查__。

114.《气象专用技术装备使用许可管理办法》中，检测机构应当按照国家有关标准或国务院气象主管机构规定的技术要求，完成后提交__书面__检测报告。

115.《气象专用技术装备使用许可管理办法》提出，检测机构应当对检测数据和结论的__真实性__负责，并对相关技术文件保密。

116.《气象专用技术装备使用许可管理办法》规定，审查合格的，依法做出准予<u>行政许可</u>的决定。

117.《气象专用技术装备使用许可证》分正本和副本，应当载明产品名称、规格型号、生产单位、法定代表人、单位地址、许可证编号、有效期限、发证日期、产品配置清单等内容，并加盖<u>国务院气象主管机构</u>的印章。

118. 国务院气象主管机构应当将申请人办理《气象专用技术装备使用许可证》的有关资料按照档案管理的有关规定及时归档，<u>公众</u>有权查阅。

119.《气象专用技术装备使用许可管理办法》规定，国务院气象主管机构应当对取得<u>许可</u>的气象专用技术装备进行监督检查。

120.《气象专用技术装备使用许可管理办法》规定，申请人隐瞒有关情况，提供虚假材料，申请气象专用技术装备使用许可的，国务院气象主管机构不予受理或者不予许可，并给予<u>警告</u>。

121.《气象专用技术装备使用许可管理办法》规定，被许可人以不正当手段取得气象专用技术装备使用许可的，且构成犯罪的，依法追究<u>刑事</u>责任。

122. 积雨云在可见光图像上是<u>白</u>色调。

123. <u>观测站迁移</u>是造成气象资料序列非均一性现象的最主要原因之一。

124. <u>标准大气</u>是指温度、压强、密度等参数随高度平均分布的最接近实际大气的大气模式。

125. 向新型自动气象站采集器发送终端命令为 LONG 114.15.47，则将经度改成<u>114°15′47″</u>。

126. 更换不同技术特性的气象仪器，应进行<u>对比观测</u>，目的是要消除不同仪器之间的系统性误差。

127. 单翼风向传感器采用格雷码盘来传送和指示风向标所在方位，若为 8 位格雷码，则分辨率为<u>1.4°</u>。

128. 称重式降水传感器安装高度要求为<u>承水口</u>距地面 120±3 cm 。

129. 天气现象刚好出现在 24 时，但不足一分钟，其起止时间应记为<u>0</u>时。

130. 若<u>同一</u>降水现象某两段的相隔时间虽在 15 分钟内，但其间歇时间却跨在日界两边时，则起止时时间照抄，不必进行综合。

131. 自动气象站不能正常采集数据时，应首先检查<u>电源系统</u>。

132.《地面气象观测规范》规定，每月应检查暗筒式日照计的<u>安装</u>情况，仪器的水平、方位和纬度等是否正确，发现问题，及时纠正。

133. 高空气象观测站制（储、用）氢室应选择远离繁华的市区、住宅和火源区域，不宜位于明火源的下风方，制（储、用）氢室与民用建筑的距离必须大于<u>25 m</u>以上。

134. DZZ4 型自动气象站中，气压传感器的输出信号接口是<u>RS232 或串口</u>。

135. 在维护称重式降水传感器之前，应先断开称重式降水传感器电源。维护完毕后，再接上电源线和<u>数据线</u>。

136. 前向散射能见度仪具备通过软件自动对时的功能，每日 19 时对时一次，误差超过<u>30</u>s，19 时后调整。

137. 目前国内气象部门使用的雪深传感器所采用的测距原理为<u>超声波</u>测距或激光测距。

138. 冰雹是指由冰晶组成的固态降水，会对农业、<u>人身安全</u>室外设施等造成危害。

139. 地面气象观测资料传输质量以<u>及时率</u>为考核指标。

探测技术——雷达

一、单项选择题

1. 雷达能够探测降水天气系统内部结构的原理是降水粒子对于雷达发射的电磁波的(B)散射。

A. 前向　　B. 后向　　C. 左向　　D. 右向

2. 降水回波的反射率因子一般在(D)以上，层状云降水回波的强度很少超过35 dBz。

A. 0 dBz　　B. 5 dBz　　C. 10 dBz　　D. 15 dBz

3. 如果一个目标在两个脉冲的时间间隔内移动得太远，它的真实相移超过(B)，此时雷达测量的速度是模糊的。

A. 90°　　B. 180°　　C. 270°　　D. 360°

4. 当距离折叠发生时，目标物位于最大不模糊距离 r_{max} 以外时，雷达把目标物显示在 r_{max}(B)的某个位置。

A. 以外　　B. 以内　　C. 附近　　D. 远处

5. 垂直风切变是指(C)随高度的变化，垂直风切变的大小往往和形成风暴的强弱有关。

A. 切变风　　B. 垂直风　　C. 水平风　　D. 旋转风

6. 在给定湿度、不稳定性及抬升的深厚湿对流中，垂直风切变对雷暴(C)和特征的影响最大。

A. 强度　　B. 高度　　C. 组织　　D. 发展

7. 判断强冰雹最有效的方法是检查较高的反射率因子能否扩展到负温区。负温区指(B)区。

A. 0～−10 ℃　　B. 0～−20 ℃　　C. −10～−20 ℃　　D. −10～−30 ℃

8. 垂直累积液态水含量 VIL 是(B)的垂直累积，代表了风暴的综合强度。

A. 水汽　　B. 反射率因子　　C. 回波高度　　D. 强度梯度

9. 根据右图，判断雷达上空风随高度变化的主要特征是(D)。

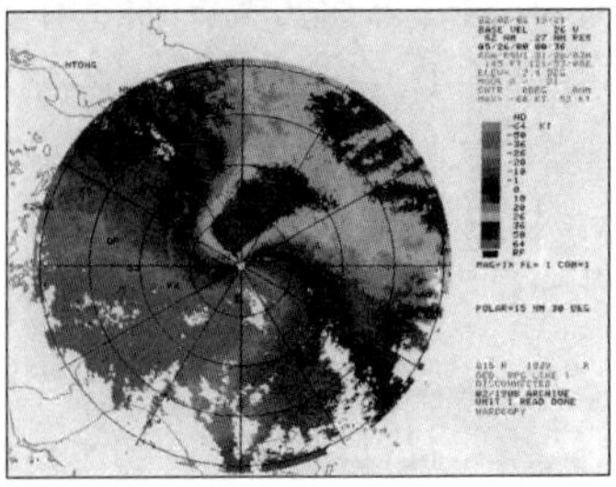

A. 底层偏北风，随高度逆转

B. 底层偏北风，随高度顺转

C. 底层偏南风，随高度逆转

D. 底层偏南风，随高度顺转

10. 脉冲风暴是发展迅速的强风暴，它产生于(D)垂直风切变环境中，具有较厚的底层湿层和高度的垂直不稳定性。

A. 很强的　　B. 强的　　C. 中等强度　　D. 弱的

11. 目前我国 CINRAD-SA 使用两种工作模式，即(B)模式和晴空模式。

A. 雷暴　　B. 降水　　C. 台风

12. 回波顶定义为高反射率核上空(C)回波的高度。

A. 0 dBz　　B. 30 dBz　　C. 18.3 dBz

13. 当雷达发出的电磁波投射到降水粒子上时，它们就散射电磁波，雷达回波就是被雷达天线所接收的(C)。

A. 散射波　　B. 前向散射波　　C. 后向散射波

14. 由波源与观测者之间的相对运动造成的频率变化，称为(B)。

A. 多普勒效应　　B. 多普勒频率　　C. 多普勒反应

15. 平均径向和谱宽上的紫色表示(B)。

A. 无回波

B. 算法不能够确定相应距离处的准确速度估计值

C. 大于最大不模糊速度的径向速度值

16. 三体散射现象是指由于雷达发射波束在强反射率因子(回波很强)区向地面散射的能量又反射回云中强回波处时，再产生后向散射并考虑到其时间上的延迟而形成的(C)。

A. 回波　　B. 正常回波　　C. 异常回波

17. 弓形回波是指快速移动的、凸状(顺移动方向)的(A)。

A. 线状回波　　B. 块状回波　　C. 带状回波

18. (C)风暴是一种具有特殊结构的强风暴，常伴有强风、局地暴雨、冰雹、下击暴流，龙卷，在低层风暴的运动右后方为钩状回波。

A. 脉冲单体　　B. 多单体　　C. 超级单体

19. 龙卷涡旋特征(TVS)是业务上用以探测强烈龙卷的一种方法。TVS 的定义有三种指标：(C)、垂直方向伸展厚度、持续性。

A. 强度　　B. 速度　　C. 切变

20. Fujita 等人把在地面上或地面附近形成 17.9 m/s 以上的灾害性水平辐散出流的强下沉气流称为(B)。

A. 雷雨大风　　B. 下击暴流　　C. 辐散气流

21. (B)是满足线状或窄带状 MCS 标准的中尺度对流天气系统，是一条规则、活跃的风暴线。

A. 弓形回波　　B. 飑线　　C. 多单体风暴

22. 热带气旋风雨区的外围有时候有一条强对流回波带，过境时，常常出现短时间的风向突变，风速增大，气压下降，有强对流天气，此强对流回波带称为(C)。

A. 弓形回波　　B. 飑线　　C. 台前飑线

23. 在一个体扫中，将不同仰角的方位扫描中发现的最大反射率，投影到笛卡尔坐标格点上形成(B)。

A. CAPPI　　B. 组合反射率　　C. 相对径向速度

24. 根据美国 Oklahoma 的中气旋判据要求，中气旋的核区直径(B)。

A. 小于等于 20 km　　B. 小于等于 10 km　　C. 小于等于 1 km

25. 多普勒天气雷达在探测暴洪时，可提供低空急流及其随时间的变化。低空急流可由(B)得到。

A. 反射率因子图　　B. 径向速度图　　C. 垂直累积含水量图

26. 在层状云或混合云降水反射率因子回波中，出现了反射率因子较高的环形区域，称之为（ C ）。

A. 强对流单体

B. 强反射率因子亮带

C. 零度层亮带

27. 当雷达波束路径曲率大于地球表面曲率时，称之为（ B ）。

A. 负折射　　B. 超折射　　C. 临界折射

28. 速度方位显示风廓线产品（VWP）代表了雷达上空（ B ）左右范围内风向风速随高度的变化。

A. 100 km　　B. 60 km　　C. 20 km

二、多项选择题

1. 在多普勒天气雷达图像中，重要的非降水回波除了地物杂波外，还有（ ABC ）造成的回波。

A. 昆虫　　B. 鸟群　　C. 海浪　　D. 建筑物

2. 在距离多普勒天气雷达一定范围的一个小区域内，通过对该区域内沿径向速度特征的分析，可以确定该区域内的气流（ ACD ）等特征。

A. 辐合　　B. 上升　　C. 辐散　　D. 旋转

3. 对流风暴都是由对流单体构成的，可以划分为（ ABCD ）风暴。

A. 单个单体　　B. 多单体　　C. 飑线　　D. 超级单体

4. 产生对流风暴的环境条件包括（ ABCD ）。

A. 大气热力层结　　B. 垂直风切变

C. 水汽分布　　D. 触发机制

5. 超级单体风暴分为（ ABD ）超级单体风暴三种类型。

A. 经典　　B. 强降水　　C. 一般降水　　D. 弱降水

6. 边界层辐合线可以是天气尺度的锋面和干线，也可以是中尺度的风场辐合线，如（ AD ）。

A. 海风锋　　B. 辐合线　　C. 切变线　　D. 阵风锋

7. 强对流风暴能够产生（ ABCD ）等多种灾害性天气。

A. 暴洪　　B. 灾害性大风　　C. 冰雹　　D. 龙卷

8. 下图为某一时刻雷达探测到的平均径向速度图，该图具有哪些风场特征？（ BC ）

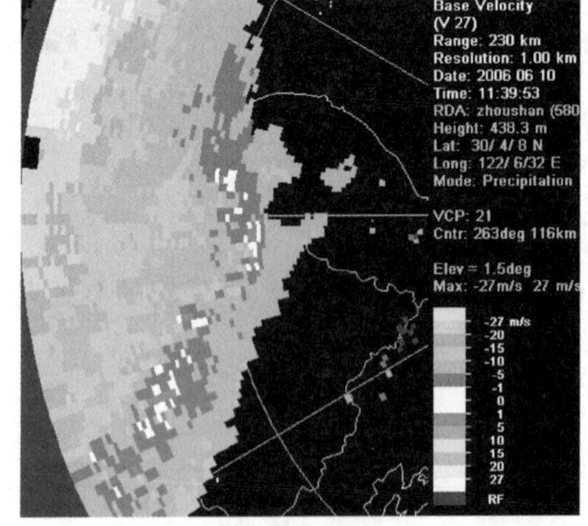

A. 距离折叠　　B. 速度模糊

C. 风朝向雷达　　D. 风远离雷达

9. 在多普勒天气雷达产品(用产品标识符)中,以下哪些是算法导出的产品?(AB)

A. HI　　B. M　　C. CR　　D. ET

10. 目前我国 CINRAD-SA 降水模式中使用的体扫模式为(AB)。

A. VCP11　　B. VCP21　　C. VCP31

11. 风暴结构字符型产品包括了由 SCIT 算法计算的单体属性(ABC)。

A. 风暴单体的最大反射率

B. 风暴单体顶高度

C. 风暴单体最大反射率高度

12. 超折射一般发生在(BC)大气层。

A. 温度随高度升高而降低

B. 湿度随高度升高而迅速减少

C. 温度随高度升高而增加

三、填空题

1. 多普勒天气雷达资料可以应用于高分辨率数值天气预报模式__初值场__的形成。

2. 多普勒天气雷达主要由雷达__数据采集__子系统、雷达产品生成子系统、主用户终端子系统组成。

3. 当距离折叠发生时,雷达所显示的回波位置的方位角是正确的,但距离是__错误__的。

4. 多普勒天气雷达测速时,如果目标移向雷达,则其速度为__负值__。

5. 对于一个运动的目标,向着雷达运动或远离雷达运动所产生的频移量是__相同__的,符号不同。

6. 最大不模糊距离 r_{max} 与脉冲重复频率 PRF 成反比,而最大不模糊速度 V_{max} 与脉冲重复频率 PRF 成__正比__。

7. 雷暴单体的生命史分为__塔状积云阶段或初始__阶段、成熟阶段、消亡阶段三个阶段。

8. 强冰雹的产生与风暴上升气流的强度和__尺度__以及跨越上升气流的相对风暴气流有关。

9. 新一代天气雷达观测采用的是__北京__时。计时方法采用 24 小时制,计时精度为秒。

10. 超级单体风暴最本质的特征是具有一个深厚持久的几千米尺度的__中气旋__。

11. 多普勒天气雷达可获取的基数据有__反射率因子、平均径向速度和速度谱宽__。

12. 我国新一代天气雷达系统主要由__雷达数据采集子系统(RDA)、雷达产品生成子系统(RPG)、主用户处理器(PUP)__。

13. 多普勒雷达提供了__三__种基本产品;揭示了所有回波中最高反射率因子的产品是__组合反射率因子__;__风暴相对平均径向速度__与基本速度产品类似,只不过减去了由风暴跟踪信息(STI)识别的__所有风暴的平均运动速度__(缺省值),或减去由操作员选定的__风暴运动速度__。

14. 垂直累积含水量表示的是将反射率因子数据转换成等价的__液态水值__,并且假定反射率因子是完全由__液态水__反射得到的。

15. 涡旋特征(TVS)是业务上用以探测强烈龙卷的一种方法。TVS 的定义有三种指标:__切变、垂直方向、伸展厚度__。

16. 垂直剖面产品只能通过用户处理器中(PUP)中的“__请求日常产品集(RPS)__”获取。

17. 雷达接收到的降水回波信号是降水粒子对雷达所发射电磁波的<u>　散射　</u>产生的，因此电磁波在降水粒子上的<u>　散射　</u>是天气雷达探测降水的基础。

18. 当波源和观测者做相对运动时，观测者接收到的频率和波源的频率不同，其频率变化量和相对运动速度大小有关，这种现象就叫作<u>　多普勒效应　</u>。

19. 当脉冲重复频率 PRF 增大时，最大探测距离 R_{max}<u>　减小　</u>，最大不模糊速度 V_{max}<u>　增大　</u>；当重复频率 PRF 减小时，最大探测距离 R_{max}<u>　增大　</u>，最大不模糊速度 V_{max} 却<u>　减小　</u>，这就是多普勒两难问题。

20. 某点的径向速度为零，实际上包含两种情况。一种是该点处的<u>　真实风向　</u>与该点相对于雷达的径向互相<u>　垂直　</u>；另一种情况是该点的<u>　真实风速为零　</u>。

21. 根据对流云强度回波的结构特征，风暴分为单体风暴、<u>　多单体风暴　</u>和超级单体风暴。

22. <u>　多单体风暴　</u>由几个处于不同发展阶段的单体所组成，通常在<u>　多单体风暴　</u>前进方向的右侧不断有新单体生成和并入，并在风暴内部继续发展增强成为主要单体，而原来老单体则减弱消散。

23. 中尺度气旋常和强烈上升气流相伴，可用<u>　组合蓝金　</u>模型来描述。

24. 超级单体风暴是一种具有特殊结构的强风暴，常伴有强风、局地暴雨、冰雹、下击暴流，龙卷，在低层风暴的运动右后方为<u>　钩状　</u>回波。

25. 下击暴流的尺度很小，持续时间很短。对大量观测事实研究表明，下击暴流按尺度可分为两种：<u>　微　</u>下击暴流和<u>　宏　</u>下击暴流。

26. 飑线是满足线状或窄带状 MCS 标准的<u>　中尺度对流天气　</u>系统，是一条规则、活跃的风暴线。

27. 超级单体最本质的特征是具有一个深厚持久的<u>　中气旋　</u>。

28. 中气旋判据中，转动速度指的是<u>　最大入流速度和最大出流速度绝对值之和的二分之一　</u>。

29. 非超级单体非强风暴低层反射率因子的大值区位于<u>　中心　</u>，非超级单体强风暴低层反射率因子的核心区<u>　偏向一侧　</u>，超级单体反射率因子的核心区<u>　偏向一侧　</u>，而且在风暴右后侧出现<u>　钩状回波　</u>。

30. 多普勒雷达主要是由<u>　雷达数据采集子系统 RDA、雷达产品生成子系统 RPG、主用户处理器 PUP　</u>三个部分构成。

31. 在线性风的假定条件下，雷达获取的径向风速数据通过 VAD 处理，可得到不同高度上的<u>　水平风向和风速　</u>，因而可以得到<u>　垂直风廓线　</u>随时间的演变图。

32. 在 0 ℃层附近，反射率因子回波突然<u>　增加　</u>，会形成零度层亮带。零度层亮带通常在<u>　高于 2.4°　</u>的仰角比较明显。

33. “弓形回波”是<u>　地面大风　</u>的一个很好指标。

34. 非降水回波包括<u>　地物　</u>回波、<u>　海浪　</u>回波、昆虫和鸟的回波、<u>　大气折射指数脉动　</u>引起的回波、<u>　云　</u>的回波等。

35. 压、湿随高度变化的不同，导致了折射指数分布的不同，使电磁波的传播发生弯曲，一般有<u>　标准大气折射　</u>、<u>　临界折射　</u>、超折射、<u>　负折射、零折射　</u>五种折射现象。

36. 气象上云滴、雨滴和冰雹等粒子一般可近似地看作是圆球。当雷达波长确定后，球形粒子的散射情况在很大程度上依赖于<u>　粒子直径 D　</u>和<u>　入射波长 λ　</u>之比。对于<u>　D 远小于 λ　</u>情况下的球形粒子散射称为瑞利散射；而<u>　D 与 λ 尺度相当　</u>情况下的球形粒子散射称为米(Mie)散射。

37. S波段和C波段的雷达波在传播过程中主要受到降水的衰减,衰减主要是降水粒子(雨滴、雪花,尤其是冰雹)对雷达波的_散射_和_吸收_造成的。

38. 由于衰减,雷达所显示的降水回波将_小于_实际的降水区,尤其是在降水区_远离雷达_的一侧。

39. PUP显示雷达回波时,所标注的回波所在高度是假定大气为_标准大气_情况下计算得到的高度。

40. 从雷达回波中提取的反映降水系统状态的三个基本量是:_反射率因子_、_平均径向速度_和_径向速度谱_。

41. 多普天气雷达使用低脉冲重复频率PRF测_反射率因子_,用高脉冲重复频率PRF测_速度_。

42. 我国新一代天气雷达的降水估测只使用最低的4个仰角:0.5°、1.5°、2.4°、_3.4_°,分别使用在50 km以外、35～50 km、20～35 km和_0～20 km_的距离范围内。

43. 速度图上等风速线呈反“S”形,表示实际风向随高度_逆时针_旋转,在雷达有效探测范围内为_冷平流_存在;当等风速线呈“S”形时,表示实际风向随高度顺时针旋转,在雷达有效探测范围内为_暖平流_存在。

44. 降水粒子产生的回波功率与降水粒子集合的反射率因子成_正比_,与取样体积到雷达的距离的平方成_反比_。

45. 速度图上等风速线呈弓形时风速_相同_,当弓形弯向负速度时,表示大尺度风场为_辐散;_当弓形弯向正速度时,表示大尺度风场为_辐合_。

探测技术——卫星

一、单项选择题

1. 中国第一颗业务静止气象卫星是(B)。

A. FY-1C　　B. FY-2C　　C. FY-3C　　D. FY-2D

2. 风云二号C气象卫星的可见光通道的波长范围是(A)。

A. 0.4～1.1 μm　　B. 10～12 μm

C. 6～7 μm　　D. 3.7 μm

3. 通常根据云或云区的哪六个基本特征来识别云图？(B)

A. 云型、云顶温度、云区大小、云顶反照率、云系类别、对流或非对流性质

B. 形式、范围大小、边界形状、色调、暗影、纹理

C. 种类、亮度、云区范围、形状、尺度、演变

D. 形式、尺度、边界、色调、纹理、厚度

4. 可见光云图上，水体表现为(D)色。

A. 灰　　B. 白　　C. 深灰　　D. 深黑

5. 在一片混合云团中，有一块云在可见光云图和红外云图上都较为白亮，那么这块云最有可能是(A)。

A. 积雨云　　B. 层积云

C. 高积云　　D. 卷云

6. 根据斯蒂芬·波尔兹曼(Stefan Boltzmann)定律，物体发射的总能量与其绝对温度的(D)次方成正比。

A. 一　　B. 二　　C. 三　　D. 四

7. 关于卫星云图，下列描述错误的是(C)。

A. 水汽图像中的暗区和灰白区，分别代表着对流层中上部干暖和湿冷区

B. 作为一种分析工具，卫星图像对追踪常规资料稀少的高原、沙漠、海洋等处的各种不同尺度天气系统特征尤为重要

C. 红外云图中云区越白亮，代表着水汽含量高、反照率越高

D. 通常把通过大气而较少被反射、吸收或散射的电磁辐射波段称为大气窗口

8. 静止气象卫星观测范围约为(C)地球表面。

A. 全部　　B. 1/4　　C. 1/2　　D. 1/3

二、多项选择题

1. 截至目前，云导风产品在天气分析和预报中的应用包括(ABC)。

A. 对流层上部环流形势与我国主要雨带位置的关系(环流形势)

B. 台风/热带气旋发展分析：热带气旋是发展还是不发展，与对流层上部的环流型密切相关

C. 对流层上部槽脊辐合体对副热带高压的指示意义

三、填空题

1. 气象卫星按照轨道可以分为近极地太阳同步轨道卫星、地球同步轨道卫星和非同步轨道卫星。

2. 高空急流云系常表现为带状，并且最常出现在槽前，一般地面都有锋面或气旋对应。

3. 较强的东风波在卫星云图上具有较强的涡旋状云系，有的甚至可发展为台风。

4. 根据物体的吸收或发射能力，通常将物体分为黑体、灰体和选择性辐射体三类。

5. 积雪在可见光云图上表现出的颜色，主要取决于冰雪覆盖的厚度，但卫星云图只对积雪深度超过 3 cm 的地区才能清楚表现。

6. 暗影只出现在可见光云图上，在可见光、红外、水汽三种云图上，可见光云团上反映云的纹理最清楚。

7. 根据卫星云图上云的外形将云分为三个类别，即积状云、层状云和卷状云。

8. 下图分别是气象卫星哪个通道的图像？图中 B 和 M 分别代表什么云类？

(a)是可见光通道，(b)是红外通道；B 代表高云，M 代表中云。

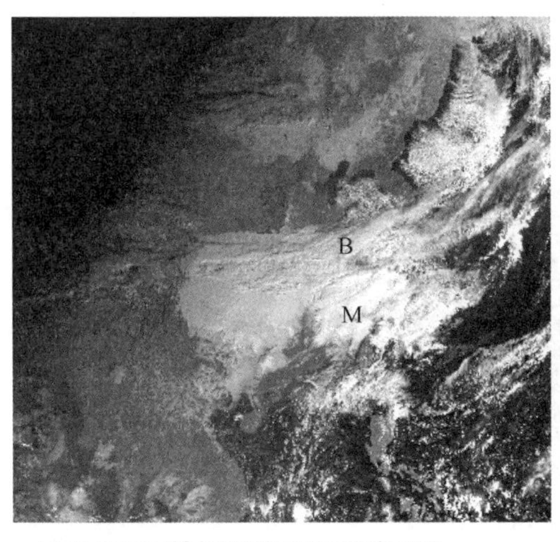

(a) 1999年11月26日08时GMS可见光云图

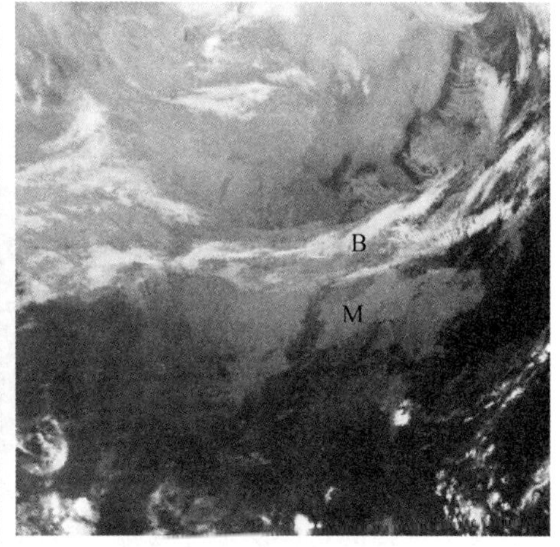

(b) 1999年11月26日08时GMS红外云图

9. 以下三张图分别代表了什么现象的什么过程？

雾的消散状况。

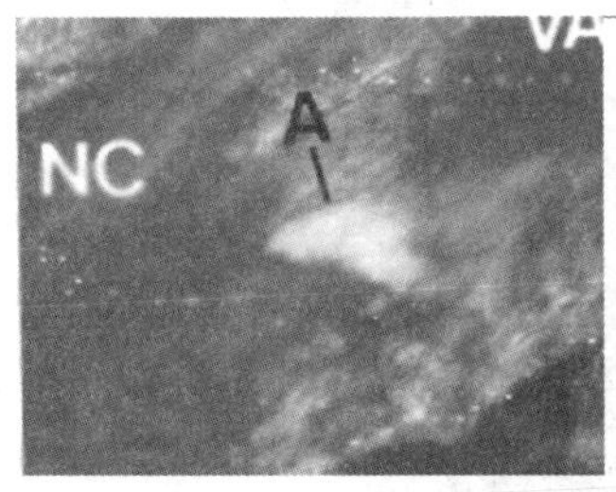

(a)1975.9.27.1530UTC

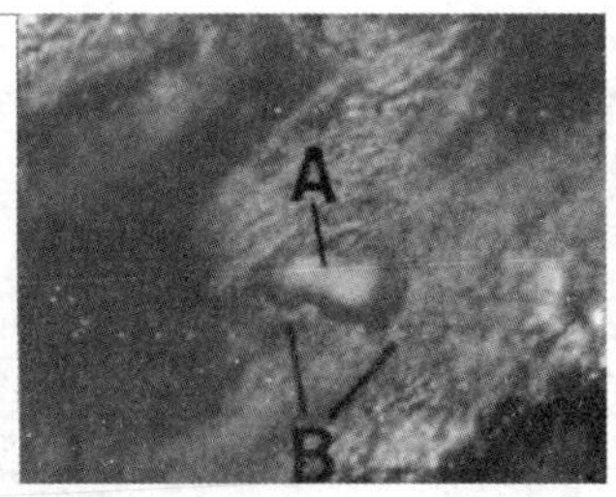

(b)1975.9.27.1700UTC

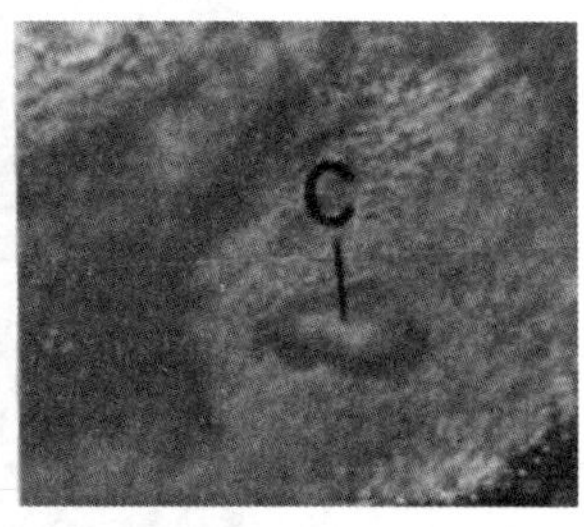

(c)1975.9.27.1730UTC

10. 图中是什么云系？它分为哪两种？

细胞状积云，分为开口细胞状云系和闭合细胞状云系。

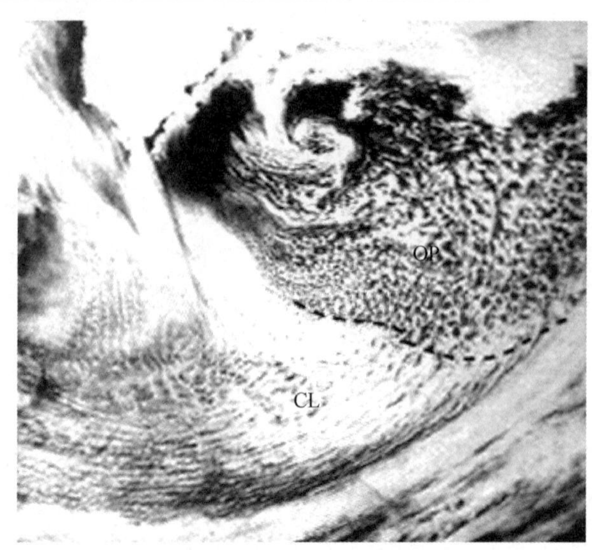

11. 下图是什么通道的云图？箭头所指是什么边界？

水汽图上的内边界。

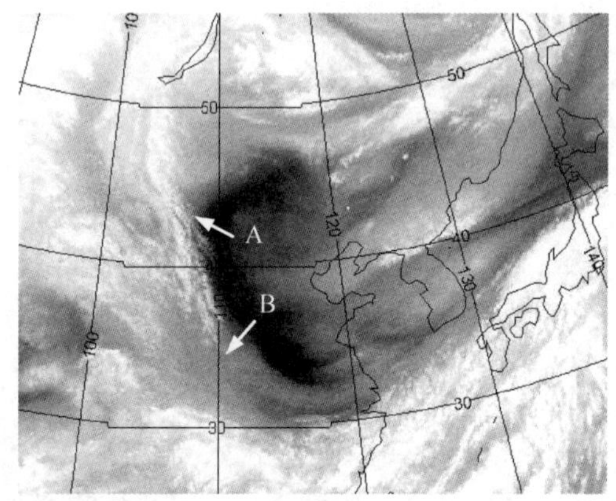

12. 下图显示的是什么天气系统对应的云系？

锋面气旋云系或气旋云系。

13. 图中白色箭头所指的是什么云系？

带状急流云系或急流云系。

14. 在下面可见光云图上，箭头所指为对流云中的什么部分？

外流的卷云、上冲云顶。

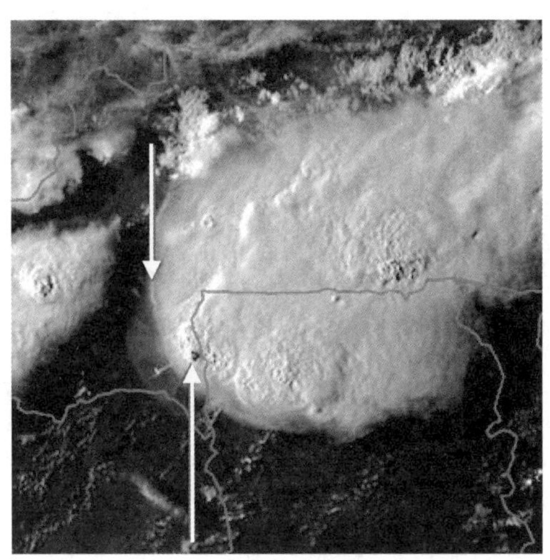

15. 下面红外云图中的箭头所指部分是什么云类？

层云、对流云、卷云。

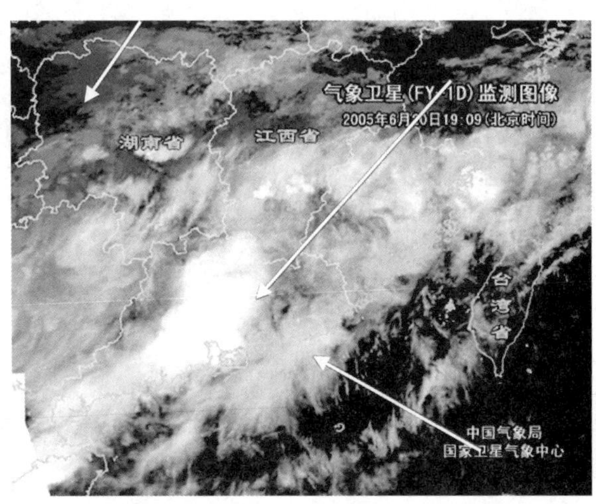

16. 在下面中红外 3.9 μm 通道中图像上，哪种箭头所指的是水云？哪种所指的是冰云？ 白色是水云；深色是冰云。

17. 下面水汽通道图像上，什么颜色区域表示下沉区？ 黑色。

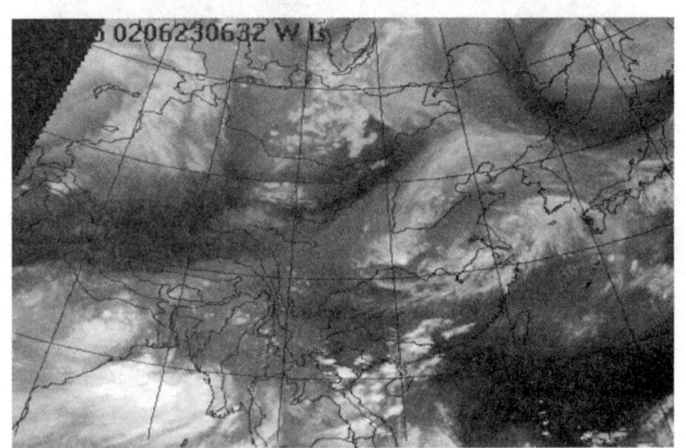

18. 分别说出下图四种热带气旋不同发展阶段云型的名称(或者选择四张图分别对应什么云型)。

弯曲云带型、切变型、中心密闭云区型、眼型。

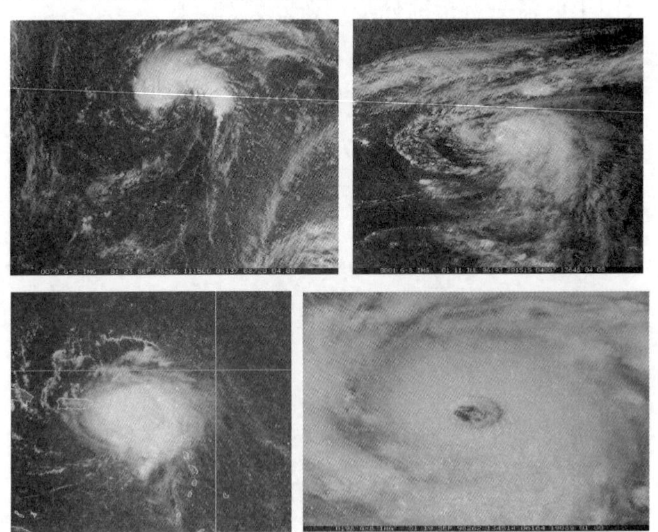

19. 下面四张图是什么天气现象的通道特征图像？ 沙尘暴。

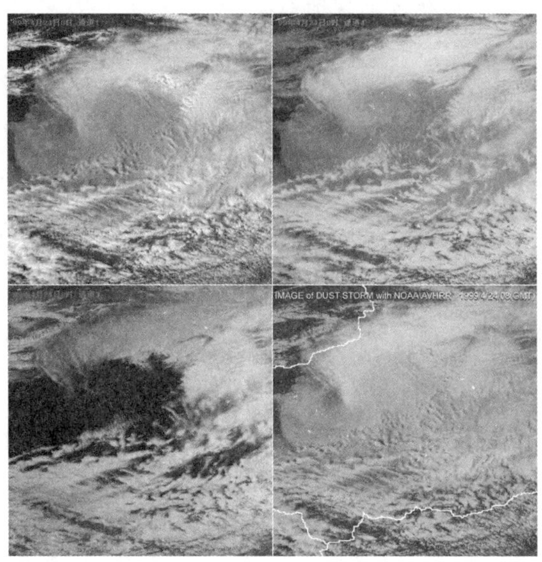

20. 下图中是什么天气系统的云系？ 华南静止锋、云贵静止锋。

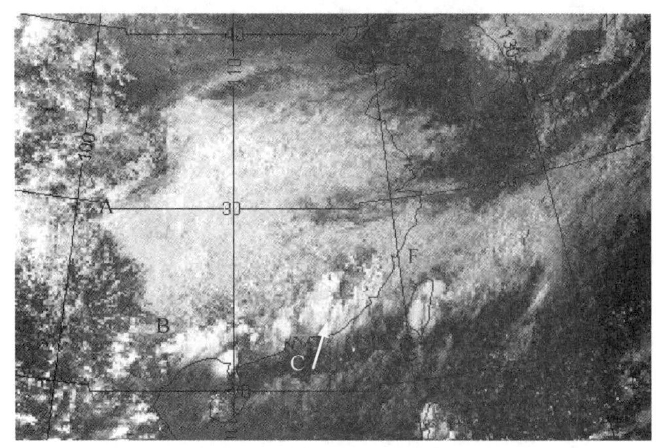

2000.5.28.17GMS-5可见光

21. 下图描述的是什么系统演变的图像？

北方冷锋南下与冷锋云带弯曲。

(a)1999.7.29.14 GMS-5 红外云图

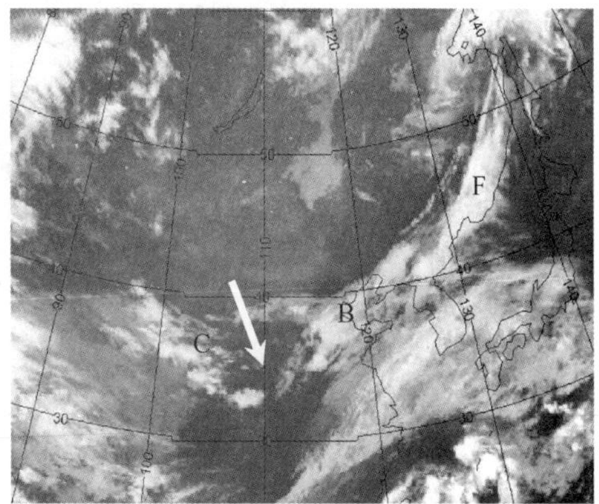

(b) 1999.7.30.11 GMS-5 红外云图

22. 下图白色线条所指部分分别是什么通道的图像？ 左图为白天中红外通道图像，右图为可见光通道图像 。对应是什么天气现象？ 雾。

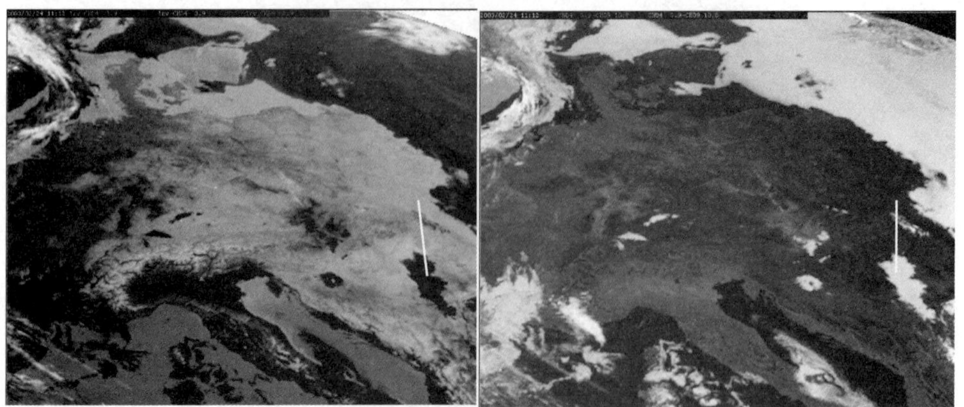

23. 下图是 FY-1D 的 6、7、10 通道的合成图像，图中主要发生的两种天气现象是什么？分别发生在什么区域？ 沙尘、大雾，发生在内蒙古中东部、华北中南部和黄淮地区。

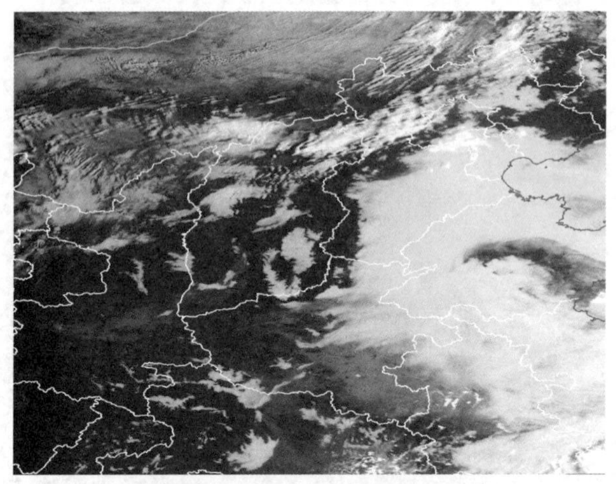

24. 图中是什么云系？ 赤道辐合带云系或季风云系。

探空应用

一、单项选择题

1. 采用定向天线(雷达)观测系统的高空气象观测站应四周开阔,障碍物对观测系统天线形成的遮挡仰角不得高于(　　),特别是观测站盛行风(　　)方向 120°范围内的障碍物对观测系统的天线形成的遮挡仰角不得高于(　　)。在观测气球施放场地半径(　　)m 范围内要求平坦空旷,无架空电线、建筑、林木等障碍物。(D)

A. 2°,下风,5°,30　　B. 5°,上风,2°,50

C. 2°,下风,5°,50　　D. 5°,下风,2°,50

2. 高空气象观测站制(储、用)氢要求,制(储、用)氢室与民用建筑的距离必须大于(　　)以上,与重要建筑的距离大于(　　)以上。(C)

A. 25 m,40 m　　B. 20 m,50 m　　C. 25 m,50 m　　D. 25 m,30 m

3.* 探空仪传感器的测量范围分别为:温度从(　　);湿度从 1%至 100%(RH);气压从(　　),观测精度应符合规定要求。(A)

A. −90～50 ℃,1～1050 hPa　　B. −90～60 ℃,5～1050 hPa

C. −80～50 ℃,5～1050 hPa　　D. − 90～60 ℃,1～1050 hPa

4. 高空气象观测业务所使用的装备必须具有(B)机构颁发的使用许可证。

A. 县级气象主管　　B. 国务院气象主管

C. 省、自治区气象主管　　D. 市级气象主管

5. 探空数据处理终端(计算机)的时间应于每日(　　)与标准时间(北京时)进行对时,当计算机时间与标准时间相差大于(　　)时,要对计算机时间进行修正。(A)

A. 19 时,30 s　　B. 07 时,30 s　　C. 07 时,20 s　　D. 19 时,20 s

6. 为避免近地层记录出现不连续或丢失部分资料,气球施放时探空仪高度与本站气压表应在同一水平面上(高度差不大于(D)m),高度差≥1 m 时,必须订正。

A. 1　　B. 2　　C. 3　　D. 4

7. 测风海拔高度以(D)海拔高度为基。

A. 测站水银槽面　　B. 观测场

C. 探空仪　　D. 定向天线光电轴中心或经纬仪镜筒的

8. 观测原始数据是指(C)来自探空仪器的压、温、湿及测风数据。

A. 经过计算机质量控制了的

B. 部分经过人工质量控制

C. 地面接收设备直接接收到的未经任何人工或计算机自动质量控制

9. L 波段(1 型)高空气象观测系统软件是基于 Windows 中文版操作系统的(A)应用软件。

A. 32 位　　B. 16 位　　C. 64 位　　D. 128 位

10. 测风分钟数据时，计算量得风层的时间间隔为21分钟，以前的计算分钟数据间隔为（ B ）。

A. 2分　　B. 1分　　C. 4分　　D. 3分

11. 探空每次观测的数据文件存放在下列哪个目录中？（ C ）

A. datap　　B. datbak　　C. dat　　D. gcode

12. * 下列固定编码中表示高空气象观测资料类的是（ A ）。

A. UPAR　　B. BURF　　C. SURF

13. 探空参加国际交换的报文，在“标志”中输入（ A ）。

A. 10　　B. 20　　C. 30　　D. 40

14. 探空湿度片高湿活化时阻值R应（　　），时间为（　　）。（ C ）

A. ＞400 kΩ，1分钟左右　　B. ＞400 kΩ，＞1分钟

C. ＞300 kΩ，＞1分钟　　D. ＞300 kΩ，1分钟左右

15. 每月高空气候月报正常发报时间应在次月的4日（　　）之前发出，其更正报必须在正常发报时限后的（　　）小时之内编发。（ D ）

A. 12:00，5　　B. 10:00，5　　C. 10:00，6　　D. 09:00，6

16. 基值测定温度变量的合格标准为（ B ）

A. $-0.5\ ℃\leqslant\Delta t\leqslant 0.5\ ℃$　　B. $-0.4\ ℃\leqslant\Delta t\leqslant 0.4\ ℃$

C. $-4\ ℃\leqslant\Delta t\leqslant 4\ ℃$　　D. $-5\ ℃\leqslant\Delta t\leqslant 5\ ℃$

17. 探空地面瞬间各气象要素由地面仪器获取，并应在放球前或后（ D ）进行。

A. 2分钟　　B. 3分钟　　C. 4分钟　　D. 5分钟

18. 在计算风向风速以前应对雷达所测仰角和距离进行（ A ）订正。

A. 大气折射　　B. 反射辐射　　C. 海拔高度　　D. 重力

19. * 某次探空观测因故全部缺测，TTAA报编码正确的是（ C ）。

A. TTAA.　YYGG/　IIIii　NIL＝

B. TTAA.　YYGGG　IIIii　/////　NIL＝

C. TTAA.　YYGG/　IIIii　/////　NIL＝

D. TTAA.　YYGG/　IIIii　/////　NUL＝

20. 高空气象综合观测每次观测TTAA报告电码必须在正点后（ B ）分钟内上传，遇有重放球、迟放球等其时间顺延。

A. 60　　B. 75　　C. 70　　D. 65

21. ** 当出现高空温度（ A ）的层次时，该层次以后的规定等压面、特性层、对流层顶等不再求取露点温度。

A. ≤－60.0 ℃　　B. ≤－50.0 ℃　　C. ≤－70.0 ℃　　D. ≤－40.0 ℃

22. ** 特性层的上层气压与下层气压比值小于（ C ）时，该两特性层之间任意加选一层。

A. 0.4　　B. 0.5　　C. 0.6　　D. 0.7

23. L波段雷达天线由（ A ）个直径0.8 m的抛物面组成。

A. 4　　B. 5　　C. 3　　D. 6

24. GFE(L)波段雷达接收机工作频率（ A ）MHz。

A. 1675±6　　B. 1672±6　　C. 1673±6　　D. 1674±6

25. GFE(L)波段雷达方位角测角范围（ D ）。

A. 0°～270°　　B. 0°～180°　　C. 0°～90°　　D. 0°～360°

26. GTS1 系列探空仪属于(C)探空仪。

A. 模拟智能型　　B. 模拟型　　C. 数字型

27. * 重放球应在正点放球后(B)内进行，分为非人为重放球和人为重放球。

A. 60 分钟　　B. 75 分钟　　C. 65 分钟　　D. 70 分钟

28. 探空综合观测中，探空、测风平均高度达标标准分别为(A)m。

A. 26000 和 24000　　B. 25000 和 23000

C. 26000 和 23000　　D. 26000 和 25000

29. * 下列文件字母组合，哪一个表示高空压、温、湿月报表文件？(D)

A. mv　　B. mw　　C. ma　　D. ms

30. 每日进行常规高空综合观测时次的 TTAA 报文，正常发报时间为每日的(A)之前。

A. 8:30 或 20:30　　B. 8:20 或 20:20

C. 8:35 或 20:35　　D. 8:10 或 20:10

二、多项选择题

1. 常规高空气象观测是指采用气球携带无线电探空仪，以自由升空方式对自地球表面到几万米高度空间的大气三项气象要素(ABC)和两项运动状态(DE)等的变化进行观测、收集、处理的活动和工作过程。

A. 气压　　B. 温度　　C. 湿度

D. 风向　　E. 风速

2. 定时高空气象观测时次是指北京时(ABCD)。

A. 02 时　　B. 08 时　　C. 14 时　　D. 20 时

3. 高空气象观测技术人员需具有(ABCD)。

A. 良好的职业道德

B. 掌握常规高空气象观测所需的基础理论和方法

C. 熟练掌握高空气象观测系统装备的基本工作原理和操作、检测、维护、校准等方法

D. 必须持有省级及以上气象主管机构考核颁发的高空气象观测岗位证书

4. ** 探空在下列哪几种情况下必须重放球？(BCD)

A. 500 hPa 以下，湿度缺测大于 5 分钟

B. 观测获取的可用数据已达 500 hPa，但时间不足 10 分钟，应在规定时间(正点放球后 75 分钟)内重放球

C. 500 hPa 以下，温度缺测大于 5 分钟

D. 当观测获取的可用数据未达 500 hPa，应在规定时间(正点放球后 75 分钟)内重放球

5. * 探空数据质量控制包括(BC)。

A. 计算机辅助控制　　B. 自动质量控制　　C. 人工质量控制

6. ** 编制探空月报表时当地面气温处在 0 ℃左右，遇有地面气温低于 0 ℃(含只有一次)时，则 0 ℃层只挑取(AB)。

A. 气压的最低值　　B. 高度的最高值

C. 气压最高值　　D. 高度最低值

7. ** 探空终止时间大于测风终止时间气球定位的计算方法(AD)。

A. 当探空资料时间与测风终止分钟时间差大于等于 5 分钟，该层探空资料定位数据作失测处理

B. 当探空资料时间与测风终止分钟时间差大于等于 5 分钟，该层探空资料定位数据作

正常处理

C. 当探空时间与测风终止分钟时间差小于 5 分钟时，采用内插方法计算定位数据

D. 当探空时间与测风终止分钟时间差小于 5 分钟时，采用外延方法计算定位数据

8. ** 探空选取对流层顶选取顺序为（ AC ）。

A. 第一对流层顶（气压小于等于 500 hPa 至气压大于 150 hPa 之间选取）

B. 第一对流层顶（气压小于等于 500 hPa 至气压大于 100 hPa 之间选取）

C. 第二对流层顶（气压小于等于 150 hPa 至气压大于 40 hPa 之间选取）

D. 第二对流层顶（气压小于等于 100 hPa 至气压大于 40 hPa 之间选取）

9. L 波段（1 型）高空气象观测系统软件由（ ABCD ）组成。

A. 放球软件　　B. 数据处理软件

C. 模拟训练软件　　D. 文件备份软件和若干工具软件组成

10. 放球软件主要用于（ ABC ）工作。

A. 高空实时观测的雷达控制　　B. 雷达监测

C. 数据录取　　D. 探空报文传输

11. ** 探空雷达仰角低于测站雷达最低工作仰角的处理正确的是（ BD ）。

A. 当仰角从某分钟开始低于测站"雷达最低工作仰角"，而后又回升到此值以上，测风记录不处理

B. 当仰角从某分钟开始低于测站"雷达最低工作仰角"，而后又回升到此值以上，测风记录照常处理

C. 当仰角从某分钟开始低于测站"雷达最低工作仰角"直至球炸分钟，测风记录则测风记录照常处理

D. 当仰角从某分钟开始低于测站"雷达最低工作仰角"直至球炸分钟，测风记录则只处理到等于或大于测站"雷达最低工作仰角"之时

12. 高空探测中因（ ABD ）等引起的迟测，可视为非人为迟测。

A. 台风过境　　B. 暴雨、暴风雪　　C. 突然停电

D. 雷达故障　　E. 大风

13. 探空仪热敏电阻的温度元件存在着下列哪些误差？（ ABC ）

A. 长波辐射误差　　B. 太阳辐射误差

C. 滞后误差　　D. 短波辐射误差

14. GFE(L)波段雷达标定包括下列（ ABC ）步骤。

A. 水平标定　　B. 角度标定　　C. 三轴一致检查

15. GFE(L)波段雷达三轴一致检查中三轴是指（ ACD ）。

A. 光轴　　B. 水平轴　　C. 几何轴　　D. 电轴

16. ZXG01F 型经纬仪光学系统主要有（ ABCDE ）。

A. 主望远镜　　B. 辅助望远镜　　C. 大小反光镜

D. 目镜　　E. 分化

17. 经纬仪方位角定向所采用的方法有下列哪几种？（ ABD ）

A. 北极星法　　B. 固定目标物法

C. 目测法　　D. 磁针法

18. 目前中国气象局使用的 GTS1 系列探空仪共有下列哪几种？（ ABD ）

A. GTS1-1　　B. GTS1-2　　C. GTS1-3　　D. GTS1

19. ** 探空月报表包括(ABCDE)。

A. 规定层　　B. 特性层　　C. 矢量风

D. 风的稳定度　　E. 气候月报

20. 属于每天正点放球时段的是(ABCD),此时段外不要施放其他试验仪器。

A. 00—03　　B. 06—09　　C. 12—15　　D. 18—21

21. 探空记录缺测是指(ABCD)。

A. 某时次高空观测工作全部未进行

B. 虽进行了观测,但未获得本站探空最低等压面的资料

C. 本站最低一个规定高度层风的资料

D. 或放球时间超过规范所达到的最次放球时间

22. * 探空放球软件主要用于(ABCD)。

A. 放球过程中控制监测雷达状态　　B. 输入地面各种参数

C. 接收并初步整理各种数据　　D. 存储观测数据文件

23. 放球软件主界面左边为雷达工作状态的(AC)区。

A. 监视　　B. 操作　　C. 控制　　D. 处理

24. ** 高空观测数质量控制码含义表述正确的是(ACD)。

A. 0:数据正确(未发现可疑)　　B. 1:数据可疑

C. 4:数据有订正值　　D. 8:数据缺测

25. L 波段 1 型高空气象探测系统生成的报文文件中,Up270010. epk、Up270020. epk、Up270030. epk 分别为(BCD)。

A. TTBB 第一更正报　　B. TTAA 第一更正报

C. TTAA 第二更正报　　D. TTAA 第三更正报

26. * 施放不合格仪器是指(BC)。

A. 使用了外包装破损的仪器　　B. 施放了基值测定不合格的探空仪

C. 用错探空仪参数文件　　D. 使用了频率超出正常值范围的仪器

27. **《常规高空气象观测业务手册》规定,选择最大风应符合以下条件(ABCD)。

A. 高度在 500 hPa 以上,从某一高度开始到某一高度结束,出现风速连续均大于 30 m/s 的区域为"大风区"。

B. 在某大风区以上,又出现符合条件的大风区,且最大风速与前一大风区后的最小风速之间的差值在 10 m/s 及以上时,则该大风区中风速最大层也选为最大风层

C. 当大风区跨越 500 hPa(或出现在 500 hPa 以下)时,该大风区内无论风速最大的层次出现在 500 hPa 以上或以下(包括 500 hPa),作为特殊情况,该风速最大的层次也应选为最大风层

D. 若"大风区"的开始和终止都已观测到,称为"闭合大风区"

28. * L 波段雷达数据处理软件具有对原始数据进行(ABCD)功能。

A. 平滑　　B. 修正

C. 查询　　D. 恢复

29. * L 波段雷达高空气象观测系统由(ABCDE)部分组成。

A. 探空气球　　B. 数字探空仪　　C. L 波段雷达

D. 数据终端　　E. 附属设备

30. 安装经纬仪，包括（ ABC ）。

A. 架设三脚架　　B. 水平调整　　C. 方位调整　　D. 仰角调整

三、判断题

1. 制（储、用）氢室具备良好的防雷和防静电设施，其接地电阻应小于 4 Ω，并定期检查防雷和防静电接地的有效性，确保接地牢固可靠。（ √ ）

2. 各高空气象观测站具体进行观测的时次及项目由各省气象主管机构规定。（ × ）

解析：应由国务院气象主管机构规定。

3. 需临时增加高空气象观测时，须经省、自治区、直辖市以上气象主管机构批准，并报国务院气象主管机构备案。（ √ ）

4. 定时常规高空气象观测应在正点进行，特殊情况可以提前施放。（ × ）

解析：定时常规高空气象观测应在正点进行，不得提前施放。

5. * 施放时探空仪与瞬间观测的仪器应处于同一环境，两者的水平距离不应超过 100 m。（ √ ）

6. * 施放瞬间值作为地面层要素值，当气温≤－10.0 ℃时，探空仪取得的湿度值为湿度瞬间值。（ √ ）

7. 探空数据的人工质量控制是根据压、温、湿等曲线的正常趋势，剔除明显误值，并对曲线通过最小二乘法多项式曲线拟合进行平滑。（ × ）

解析：应为自动质量控制。

8. 探空观测资料，特别是基础资料要定期转录到专用的独立存储设备中永久保存，同时做好异地备份保存。（ √ ）

9. * 特性层月报表和高空风记录月报表既编制又统计。（ × ）

解析：只编制不统计。

10. 探空月报表中，当地面气压位于某一规定等压面附近，遇有地面气压低于该规定等压面值（包括只有一次）时，则该规定等压面只挑选高度月最高值，其余各值均不作统计。（ √ ）

11. 探空某时次观测获取两份及以上记录时，选取观测高度最高的一次记录编制月报表。（ √ ）

12. 高空风特性层是指风速、风向变化曲线的显著转折点。（ √ ）

13. 考虑探空零度层选择条件时，如施放瞬间地面温度不低于 0 ℃，高度最高的气温为 0 ℃的气层选为零度层。（ × ）

解析：应是高度最低的气温为 0 ℃的气层。

14. * 探空系统故障是指因观测系统主要设备（雷达、基测设备、计算机、制氢设备、发电设备等）发生故障而造成记录缺失、重放、迟测、启用备份设备进行观测等事件。（ √ ）

15. 探空涂改记录是指为了掩盖观测中出现的错误，而涂改（含采用工具软件）原始观测记录、报文等，使记录失去客观真实性。（ √ ）

16. * 考虑探空最大风层选择条件时，高度在 500 hPa 以上（进行经纬仪小球测风时，其高度为 5500 m），从某一高度开始至某一高度结束，出现风速均大于 30 m/s 的大风区，在该大风区中，风速最大的气层为最大风层。在该大风区中，有两个或以上风速相同的最大风层时，则选取高度最高的一层作为最大风层。（ × ）

解析：在该大风区中，有两个或以上风速相同的最大风层时，则选取高度最低的一层作为最大风层。

17. 探空基测时，如果基测检定箱与水银槽面不在同一海拔高度，需将探空仪测得仪器值按公式订正到水银槽面海拔高度上。 （ √ ）

18. 探空基测瓶干燥剂应定期更换，一般一星期更换一次，湿度大的季节2～3天更换一次。 （ √ ）

19. 由于迟放球，探空报所有报的发报时间可按迟放球的时间顺延。 （ × ）

解析：由于迟放球，TTAA报的发报时间按迟放球的时间顺延。但超过顺延时间发出的报，则算过时报。其他报文和数据文件必须在规定时间内发出，不予顺延。

20. 探空放球软件上的"气高"显示的是探空仪距地面的高度，单位为米，但此高度是根据探空仪发回的温、压、湿数据计算出来的。 （ √ ）

四、填空题

1. 当遇气球出现下沉后又上升的记录，可用数据处理软件作下沉记录删除处理，一次观测最多可处理__10__次下沉记录。

2. 埃玛图是分析__高空观测资料__的基本工具。

3. * 高空风量得风层是指__两个规定高度__间的平均风层。

4. 为了避免丢球，首先要根据探空信号对雷达的接收机__频率__和__增益__进行认真的调整。

5. 探空仪的气压基测合格标准是__$-2.0 \leqslant \Delta P \leqslant 2.0$__ hPa。

6. * GFE(L)1型雷达采用了__比相假单脉冲__二次测风工作体制。

7. 探空早测是指在__规定正点__时间前开始进行的观测。

8. GCOS台站：探空达标平均高度__≥30000__ m。

9. L波段二次测风雷达水平波瓣宽度__≤6__度。

10. * 高空综合观测中，当雷达发射及故障或探空仪凹口不清时，可通过修改文件属性，选择__无斜距测风__方式来测风。

11. 每月高空气候月报正常发报时间应在次月的4日__09:00__时之前发出。

12. 不得将气瓶内的气体用尽，瓶内至少应保留__0.05 MPa__以上的压力，以防空气进入气瓶。

13. 根据《气瓶安全监察规程》的规定，氢气瓶应定期每__3__年进行检验，气瓶上应有检验钢印及检验色标。

14. 探空仪测量低湿度中的阻值R_0，其正常的标准范围应是__$8.0 \leqslant R_0 \leqslant 20$__ kΩ。

15. * 单测风缺测报必须分别在每日的__15:00__或__03:00__时之前发出。

16. 选择使用的"GFE(L)1型"雷达型号，气压测量方式选择__气压传感器__。

17. 探空放球前、后__5__分钟内，输入瞬间数据。

18. 高空气象观测站的电磁环境应满足观测系统的要求。由__国家无线电频率管理部门__审定的气象探空系统所使用的无线电频段，不允许其他部门或个人非法使用。

19. 高空气象观测站业务要求是，保护探测环境，保证观测资料的__完整性和连续性__。

20. * 制（储、用）氢室应选择远离繁华的市区、住宅和火源区域；不宜位于明火源的下风方；制（储、用）氢室与民用建筑的距离必须大于__25 m__以上。

地面观测及气象数据格式

一、单项选择题

1. 某日13时50分观测到有少量白色不透明的球形颗粒固态降水，直径2～5 mm，下降时呈非阵性，着硬地反跳，颗粒呈破碎状。14时定时数据文件中的天气现象应编报（ A ）。

A. 70　　B. 75　　C. 86　　D. 87

2. 雨和阵雨的强度，主要根据观测时段的降水量大小进行区分，以08时为例，此观测时段指的是（ B ）。

A. 07:01—08:00　　B. 07:46—08:00

C. 20:01—08:00　　D. 02:01—08:00

3. 雨点清晰可辨，没有飘浮现象，地面水洼形成很慢，降后至少2分钟以上始能完全滴湿石板。观测时段内降水量为0.5 mm，则电码为（ A ）。

A. 60;61　　B. 62;63　　C. 64;65

4. 按照现用业务规定，A文件中基准站的云量方式位，X=（ C ）。

A. 0　　B. 9　　C. A　　D. B

5. 根据现行业务规定，目前不观测的天气现象是（ D ）。

A. 积雪　　B. 浮尘　　C. 霜　　D. 闪电

6. 有电线积冰观测任务的台站，应伺机测定每次积冰过程的最大直径和厚度，积冰直径、积冰厚度应符合以下（ C ）规定。

A. 积冰直径≥积冰厚度≥26.8 mm　　B. 积冰厚度≥积冰直径≥26.8 mm

C. 积冰直径≥积冰厚度≥27 mm　　D. 积冰厚度≥积冰直径≥27 mm

7. 树叶及小枝摇动不息，旗子展开；高的草，摇动不息；海面波高约1 m；波峰开始破裂；浪沫光亮，有时有散见的白浪花。渔船开始簸动，此时风力等级为（ B ）。

A. 2　　B. 3　　C. 4　　D. 5

8. 与其他的测湿方法对比，（ D ）是在低温条件下测湿的唯一有效方法。

A. 干湿球湿度表　　B. 毛发湿度表　　C. 湿敏电容　　D. 露点仪

9. 按照惯例，任何一支气压表的对比工作至少（ C ）进行一次。

A. 每半年　　B. 每年　　C. 每两年　　D. 每三年

10. 以下哪种仪器的感应原理基本上抛弃了利用辐射的热效应，而采用电离效应、光电效应或摄影感光？（ C ）

A. 直接辐射　　B. 总辐射

C. 紫外辐射　　D. 散射辐射

11. 若一天内对电线积冰进行了两次测量（无论是一次积冰过程还是两次积冰过程），应将第二次记录按照电线积冰栏的格式记入该日（ B ）栏。

A. 纪要　　B. 备注　　C. 记事　　D. 天气现象

12. 电线积冰重量是测量(C)m 长导线上冰层的重量。

A. 0.25　　B. 0.5　　C. 1.0　　D. 2.0

13. 无人值守的自动气象站由业务部门每(B)派技术人员到现场检查维护。

A. 一个月　　B. 三个月　　C. 半年　　D. 一年

14.《地面气象观测规范(2003 版)》中,(B)是根据全国气候分析和天气预报的需要所设置的地面气象观测站,大多担负区域或国家气象信息交换任务。

A. 基准站　　B. 基本站　　C. 一般站　　D. 观象台

15.《地面气象观测规范(2003 版)》中,辐射表(传感器) 的安装误差为(C)。

A. 支架高度 1.50 m±15 cm

B. 方位正北,误差为±0.05°

C. 纬度以本站纬度为准,误差±0.1°

16.《地面气象观测业务技术规定(2016 版)》中,由省级气象主管机构指定台站观测的项目是(B)。

A. 蒸发　　B. 雪压　　C. 辐射　　D. 冻土

17. 地面观测中海平面气压计算采用的压高公式为(C)。

A. 均质大气压高公式　　B. 等温大气压高公式

C. 简化拉普拉斯公式　　D. 多元大气压高公式

18. 气象站海拔高度定义为安装(B)的地面距平均海平面的高度。

A. 百叶箱　　B. 雨量器　　C. 雨量计　　D. 温湿传感器

19. 某日 08 时观测雪深时,因风大导致观测地段没有积雪,则正确的处理方法(D)。

A. 本次雪深不测量,相应栏空白

B. 本次雪深不测量,相应栏空白,但应在备注栏注明

C. 可以在观测场内观测雪深

D. 在就近有积雪的地方,选择有代表性的地点测量雪深

20. 一个完整的大气探测仪器或系统,包括观测平台、(A)和资料处理单元三个部分。

A. 观测仪器　　B. 观测设备　　C. 仪器设备

21. 统一仪器的规格指标、(B)和操作步骤,可使系统性误差的数值比较稳定,使观测资料在时间和空间上具有“可比较性”。

A. 安装位置　　B. 安装方法

C. 性能指标　　D. 安装环境

22.《现代气象观测(第 2 版)》指出,湿球湿度表系数 A 的特性,元件的特征直径 d 越(B),A 值随风速的变化越不明显,即在小风速时就可较早地趋近于临界值。

A. 大　　B. 小

23.《现代气象观测(第 2 版)》指出,ScTi 公司生产的光学雨强计,这种仪器的工作原理是测量雨滴经过一束光线时,由于雨滴的(A)引起光的闪烁,闪烁光被接收后进行谱分析,其谱分布与单位时间通过光路的雨强有关。

A. 衍射效应　　B. 反射效应　　C. 散射效应　　D. 漫反射效应

24. 在较大的电流下,热敏电阻的(B)有可能导致过热失控。

A. 正电流系数　　B. 负温度系数

C. 正温度系数　　D. 负电流系数

25. 传送和指示风向标所在方位的方法很多，其中最常用的是（ B ）。

A. 电触点盘　　B. 格雷码盘

C. 自整角机　　D. 光电码盘

26. 统一仪器的规格指标、安装方法和操作步骤，可使系统性误差的数值比较稳定，使观测资料在时间和空间上具有（ C ）。

A. 准确性　　B. 可靠性　　C. 可比较性　　D. 比较性

27. 下列说法错误的是（ B ）。

A. ISOS 中溢流水位数值设置过小，会导致蒸发量长时间为 0

B. ISOS 中溢流水位数值设置过大，会导致蒸发量过大

C. 如果蒸发水位达到或超过溢流水位时，软件自动将该时的蒸发修订为 0

D. 因降水（蒸发桶溢流等）或维护导致小时蒸发量异常，则按 0 处理

28. 某日，04 时 50 分有 0.2 mm 的降水量，07 时 20 时巡视仪器的时候发现称重式雨量传感器承水口内沿有积雪，07 时 23 分将内沿的积雪收集到容器内，产生 0.5 mm 的降水量。下面记录处理正确的是（ C ）。

A. 07—08 时和 07 时 01 分—07 时 23 分降水量缺测，04—05 时小时及 04 时 01 分到 05 时 00 分的分钟降水按缺测处理

B. 07—08 时和 07 时 23 分降水量置空，04—05 时小时降水量及 04 时 01 分到 05 时 00 分的分钟降水按缺测处理

C. 07—08 时和 07 时 23 分降水量置空，07 时 23 分的 0.5 mm 降水加到 04—05 时小时降水量中，04 时 01 分到 05 时 00 分的分钟降水按缺测处理

D. 07—08 时和 07 时 23 分降水量缺测，07 时 23 分 0.5 mm 降水加到 04—05 时小时降水量中，04 时 01 分到 05 时 00 分的分钟降水按缺测处理

29. 能见度为 35 m 时，重要天气报 95 VVV 编码为（ B ）。

A. 95030　　B. 95003　　C. 95004　　D. 95035

30. 常规日数据中，下列蒸发量记录处理中，不正确的是（ A ）。

A. 某时蒸发记录异常，可以用正点前后十分钟数据代替

B. 全天结冰时，各时蒸发量和日合计均记为“B”

C. 非全天结冰时，即有正常时次的记录，按正常处理，不人工干预

D. 某时次蒸发记录异常，若备份站记录正常，用备份站代替；若备份站记录异常或无备份站时，内插处理

31. 世界气象组织对地面观测中气温测量的元件要求为：当通风速度为 5 m/s 时，热滞系数在（ D ）之间。

A. 10～20 s　　B. 10～30 s　　C. 30～50 s　　D. 30～60 s

32. 仪器的惯性指的是（ C ）。

A. 单位待测量的变化所引起的指示仪表输出的变化

B. 测量值与实际值（真值）接近的程度

C. 仪器的响应速率

D. 仪器的系统误差

33. 根据《地面气象观测业务技术规定实用手册》，复验日照需要更正的，在次日（ D ）时前更正上传。

A. 07　　B. 08　　C. 09　　D. 10

34.《气象仪器和观测方法指南》指出，观测能见度时，在适光的视觉下，眼睛的相对感光效率随入射光的波长而变化。在适光条件下眼睛的感光效率在波长为(D)时达到最大值。

A. 500 nm　　B. 520 nm　　C. 560 nm　　D. 550 nm

35.《地面气象观测规范》对我国自动气象站测量相对湿度的技术性能要求是：测量范围为(B)。

A. 10%～100%　　B. 0%～100%　　C. 1%～100%　　D. 5%～100%

36.《地面气象观测规范》规定，自动观测日照采用(D)。

A. 世界时　　B. 北京时　　C. 真太阳时　　D. 地方平均太阳时

37. 一般把 pH 值小于(B)的降水称为酸雨。

A. 5.5　　B. 5.6　　C. 5.61

D. 7　　E. 14

38. 霾重要报的发报标准是：测站视区出现霾且能见度小于(C)km。

A. 10　　B. 7.5　　C. 5.0　　D. 1.0

39. 审核员发现某国家基本气象站 2014 年 2 月地面 A 文件中，18 日 08 时的云量记录为 8，云状记录空白。以下做法正确的是(D)。

A. 要求台站补记云状　　B. 云状按缺测处理

C. 删除云量记　　D. 不作任何处理

E. 上述做法均不对

40. 为了保持观测方法和观测手段的延续性，根据中国气象局的部署，全国有 8 个(A)长期保留人工器测观测任务。

A. 基准站　　B. 基本站　　C. 一般站

D. 区域站　　E. 大气本底站

41. 能见度人工观测时，选址目标物的大小要适度。近的目标物可以小一些，远的目标物则应适当大一些。目标物的大小以视角表示，目标物的视角以(B)之间为宜。

A. 0.5°～3.0°　　B. 0.5°～5.0°　　C. 1.0°～3.0°　　D. 1.0°～5.0°

42. 仪器是大气探测的工具，充分了解仪器的性能，才能发挥它应有的功效。仪器性能的首要因素是(A)。

A. 感应原理　　B. 灵敏度　　C. 精确度　　D. 时间常数

43. Z_SURF_I_IIIii_YYYYMMDDHHmmss_O_AWS-SS_DAY.txt 是(A)数据文件。

A. 日照数据文件　　B. 日数据文件

C. 实时土壤水分观测数据文件　　D. 实时气象辐射数据文件

44. 气象辐射观测月数据文件的文件名为(B)。

A. TIIIii-YYYYMM.txt　　B. RIIIii-YYYYMM.txt

C. FIIIii-YYYYMM

45. 气象辐射观测月数据文件的质量控制指示码 C=0 表示(A)。

A. 文件无质量控制部分

B. 质量控制后，数据正确

C. 原始数据，未经质量控制

46. 根据现行业务规定，需要记录起止时间的天气现象有（ C ）种。

A. 13　　B. 14　　C. 15

47. 某定时观测时次观测到能见度 800 m（自动观测），07 时 46 分开始出现毛毛雨，49 分出现雪，则该时现在天气电码 WW 编报为（ C ）。

A. 59　　B. 68　　C. 69　　D. 70

48.《地面气象观测规范》指出，若某次雪压观测（使用体积量雪器）时，其中 1 个样本重量为 321 g，则该样本雪压为（ B ）g/cm²。

A. 3.21　　B. 3.2　　C. 3　　D. 3.14

49. 太阳辐射到达地球大气层外时，97％的能量集中在（ A ）μm 之间，称作短波辐射。

A. 0.29～3　　B. 0.29～4　　C. 0.29～5

50. E-601B 型蒸发器的蒸发桶器口正圆，口缘为内直外斜的刀刃形。器口向下（ C ）器壁上设置测针座。

A. 5～6 cm　　B. 6～7 cm　　C. 6.5 cm　　D. 7.5 cm

51. 某站经度为 115°15′E，7 月 1 日的时差为－4 分，该站该日的正午时刻对应的北京时应是（ D ）。

A. 11 时 37 分　　B. 12 时 15 分　　C. 12 时 19 分　　D. 12 时 23 分

52. 气象站应设计成能按照气象站的类型进行有代表性的测量（或观测），天气站网中的站应进行能满足（ C ）要求的观测。

A. 中小尺度　　B. 中尺度　　C. 天气尺度　　D. 气候尺度

53. 受水口与地面齐平的雨量器已用作测量液体降水的标准雨量器。由于不存在风引起的误差，这种雨量器所收集的降水量比高于地面的雨量器要（ A ）。

A. 多　　B. 少　　C. 多 20％　　D. 少 20％

54. 非结冰期，降水量观测以翻斗雨量传感器记录为准，当翻斗雨量传感器出现故障时，按照（ B ）顺序进行代替。

A. 备份自动翻斗雨量传感器、称重式雨量传感器、人工补测

B. 称重式雨量传感器、备份自动翻斗雨量传感器、人工补测

C. 人工补测、称重式雨量传感器、备份自动翻斗雨量传感器

D. 人工补测、备份自动翻斗雨量传感器、称重式雨量传感器

55. 基本站的云量方式位采用（ A ）定时观测方式。

A. 3 次　　B. 4 次　　C. 5 次　　D. 6 次

56. 日照计底座北高南低或安装纬度大于当地实际纬度，感光迹线偏（ C ）。

A. 东　　B. 西　　C. 南　　D. 北

57. 各台站均须观测的项目共有（ C ）项。

A. 9　　B. 10　　C. 11　　D. 12

58. 以下现在天气现象编报原则中错误的是：（ D ）。

A. 如果现在天气现象可以用几个码来编报，一般应选择其中最大的一个码来编报，但是 28 应比 40 优先选用

B. 当观测时 15 分钟内先后出现两种或以上现象时，尽量合并选码，不能合并选码时，则按大码的原则编报

C. 有些天气现象编报时需要区分强度。强度分为小（轻）、中常、大（浓、强）三级，根据观测时的降水情况或有效能见度参照天气现象强度电码表进行判定

D. 地面观测业务软件根据一定的规则，编报现在天气现象电码，由于不能获取天气状况的全部信息，其编码可能与天气实况不符，值班员不需修改

59. E-601B 型蒸发器的防水圈口缘低于蒸发桶口（ B ）。

A. 3～5 cm　　B. 5～6 cm　　C. 7～8 cm　　D. 8～10 cm

60. WMO 为了使全球日照时数测量统一化，建议以康培司托式（Campbell-stokes）日照计作为“暂定标准日照计”（IRSR）。该仪器辐照度阈值平均值为 120 Wm^{-2} 并允许（ D ）误差。

A. ±5%　　B. ±10%　　C. ±15%　　D. ±20%

61.《气象仪器和观测方法指南（第 6 版）》指出，气象观测根据其用途应具有代表性，例如，天气观测站典型的必须代表其周围达到（ B ）km 的范围，以便确定中尺度和较大尺度的现象。

A. 10　　B. 100　　C. 200　　D. 500

62.《气象仪器和观测方法指南（第 6 版）》对正确安装日照计的要求：当太阳处于地平线以上大于（ B ）时，在全年测量时段内，日照计对太阳的视野应无遮挡。

A. 2°　　B. 3°　　C. 4°　　D. 5°

63. 除非特别说明，作为区域的和国家的基准指定的仪器应该借助移动式标准器至少每（ D ）年比对一次。

A. 2　　B. 3　　C. 4　　D. 5

64. 一支正常长度（约 90 cm）的具有对称性的气压表自由悬挂不垂直时，若其底部偏离垂直位置约 6 mm，则气压示值将偏高（ A ）hPa。

A. 0.02　　B. 0.03　　C. 0.2　　D. 0.3

65. 世界辐射测量基准被接受为全辐照度的物理单位，其不确定度不超过测量值的（ C ）%（RMS）。

A. ±0.1　　B. ±0.2　　C. ±0.3　　D. ±0.5

66. 申请地面气象应急加密观测，一般应提前（ C ）提出申请。

A. 3 小时　　B. 6 小时　　C. 12 小时　　D. 24 小时

67. 仪器的修正值是对（ C ）的补偿。

A. 测量误差　　B. 仪器误差　　C. 系统误差　　D. 随机误差

68.（ D ）在降水测量中是特别尖锐的问题。降水测量对仪器的安置、风和地形等都非常敏感，而描述测量环境历史沿革的资料对降水资料的用户是至为重要的。

A. 客观性　　B. 比较性　　C. 准确性　　D. 代表性

69. 气象光学视程（Meteorological optical range）是指由白炽灯发出的色温为 2700 K 的平行光束的光通量在大气中削弱至初始值的（ A ）所通过的路径长度。

A. 5%　　B. 10%　　C. 15%　　D. 20%

70. 已实现自动观测的气温、相对湿度、气压、地温、草温等记录异常时，正点时次的记录如下，应按照（ C ）的顺序代替。

①备份自动站记录

②正点后 10 分钟内（01－10 分）接近正点的正常记录

③正点前 10 分钟内（51－00 分）接近正点的正常记录

④内插记录

A. ①②③④　　B. ②①③④　　C. ③②①④　　D. ③④②①

71. 目前气象站主要观测波长在(C)范围内的这部分太阳辐射。

A. 0.2～10 μm　　B. 0.4～0.76 μm

C. 0.29～3.0 μm　　D. 0.29～100 μm

72. 天气现象代码16代表的天气现象为(A)。

A. 积雪　　B. 大风　　C. 极光　　D. 沙尘暴

73. 日落后换日照纸,(B)上传日照数据文件,复验日照需更正的,在次日10时前更正上传。

A. 20时至20时45分

B. 20时至23时45分

C. 次日0时前

74. 各时段年最大降水量及开始时间,只有当1440分钟(24小时)年最大降水量达到(B)mm时。

A. 5.0　　B. 10.0　　C. 20.0　　D. 50.0

75. 湿球通常都采用一块棉纱布或类似的纺织品紧紧地贴在感应元件的四周,使其保持着一层均匀的水套,纱布套上端延伸至温度表球部上端表身至少(C)。

A. 0.5 cm　　B. 1 cm　　C. 2 cm　　D. 5 cm

76. 下面观测项目中不是各台站均须观测的项目是(C)。

A. 天气现象　　B. 气温　　C. 云　　D. 雪深

77. 根据最新业务规定,以下哪种观测项目已取消?(B)

A. 冰雹　　B. 龙卷　　C. 雾凇　　D. 雨夹雪

78.《地面气象观测规范》规定,观测场的防雷设施必须符合(D)规定的防雷技术标准的要求。

A. 气象部门　　B. 中国气象局

C. 自治区气象局　　D. 气象行业

79. 草温的观测区域的草株高度超过(B)时,应修剪草层高度。

A. 6 cm　　B. 10 cm　　C. 20 cm　　D. 周围草株高度

80. 对大多数雨量器而言,(B)是造成固体降水量少测的最主要的环境因素。

A. 气温　　B. 风　　C. 气压　　D. 湿度

81. 由于直接接触液态水会严重损害用吸湿性电介质制作的湿度传感器,故要强制性地使用保护性(C)。

A. 电加热装置　　B. 百叶箱　　C. 过滤罩　　D. 防风网

82.《气象仪器和观测方法指南(第6版)》指出,对于大多数的用途而言,湿度测量的时间常数为(B)较为合适。

A. 1～2 s　　B. 1分钟　　C. 2 s　　D. 30 s

83. 地面状态观测中,微雨,地面颜色基本未变,应观测为(D)。

A. 微湿　　B. 微干　　C. 湿　　D. 干

84.《地面气象观测业务技术规定(2016)》规定,当前保留观测和记录的天气现象共有(C)种。

A. 19　　B. 20　　C. 21　　D. 35

85. 观测场防雷系统接地电阻一般需≤(B)Ω,处在高山、海岛等岩石地面的台站可适当放宽。

A. 3　　B. 4　　C. 5　　D. 6

86. 观测场外四周(C)m 范围内地表面与观测场内下垫面一致。

A. 0.5　　B. 1　　C. 2　　D. 5

87. 按照《地面气象观测业务技术规定(2016 版)》规定,由国务院气象主管机构指定台站观测的项目共有(D)种(浅层与深层地温计算为 1 种)。

A. 4　　B. 5　　C. 6　　D. 7

88. 为校准辐射仪器,必须使用一台世界标准组仪器的读数或一台直接溯源于世界标准组的仪器读数。在国际比对时,世界辐射测量基准的数值至少用(B)台参加世界标准组的仪器的平均值计算。

A. 2　　B. 3　　C. 5　　D. 10

89. 雪深是从积雪表面到地面的垂直深度,以厘米(cm)为单位,取整数;雪压是单位面积上的积雪重量,以(C)为单位,取一位小数。

A. hPa　　B. kg/m^2　　C. g/cm^2　　D. g/m^2

90. 地面气象观测规范规定,日照计的纬度允许误差是(B)。

A. 0.1°　　B. 0.5°　　C. 1.0°　　D. 5.0°

91. 地面气象要素数据文件中质量控制码“6”代表(D)。

A. 数据可疑,未作过修改　　B. 原数据可疑,对数据进行过修改

C. 数据错误,未作过修改　　D. 原数据错误,对数据进行过修改

92. 出现中常或浓的毛毛雨,并有雨凇结成,ww 编码编报(D)。

A. 54　　B. 55　　C. 56　　D. 57

93. 前向散射式能见度仪通过测量散射光强度,可以得出散射系数,从而估算出消光系数。根据柯西米德定律,计算气象光学视程(MOR)的公式中的 σ 称为(B)。

A. 散光系数　　B. 消光系数

C. 反光系数　　D. 对比阈值

94. 根据异常记录处理原则,不能采用替代和内插记录代替异常记录的要素为(C)。

A. 蒸发　　B. 风向风速

C. 能见度　　D. 相对湿度

95. 用一般雨量器测出的降水量可能比实际到达地面的降水量要少(D)甚至更多。

A. 5%　　B. 10%　　C. 20%　　D. 30%

96. 蒸发器应位于相当平坦的地方,并避开树、建筑物、灌木或仪器百叶箱等障碍物,这些障碍物距蒸发器的距离,应大于它们高出蒸发器高度的(D)。

A. 2 倍　　B. 2.5 倍　　C. 2.5～5 倍　　D. 5 倍

97. 用于安放蒸发传感器的百叶箱箱门应朝向(C)。

A. 东　　B. 西　　C. 南　　D. 北

98. 陆上地物征象“能吹起地面灰尘和纸张,树枝动摇;高的草,呈波浪起伏”代表的风力名称为(B)。

A. 微风　　B. 和风　　C. 轻风　　D. 清劲风

99. 在《地面气象观测规范》中,对于观测仪器安装要求,“高度以便于操作为准”的仪器共有(A)种。

A. 5　　B. 6　　C. 7　　D. 8

100.《地面气象观测业务技术规定(2016 版)》规定:每日观测任务中,日落后换日照纸,20 时至 23 时 45 分上传日照数据文件,复验日照需更正的,在次日(C)前更正上传。

A. 20 时　　B. 14 时　　C. 10 时　　D. 9 时

101.《气象仪器和观测方法指南(第6版)》指出,人的头发是最广泛被用作测湿传感器的材料。合成纤维可以代替人发。但是,由于合成纤维的滞后性太大,因此,它在低于(A)℃时就不能用。

A. 10　　B. 0　　C. −10　　D. 5

102. 气象站的(D)是决定其代表性的关键因素。

A. 站址　　B. 探测环境　　C. 设备性能　　D. 暴露状况

103. 不同任务需要制定不同的观测方法,但也有共同需要遵守的原则,其中最主要的一条是(D)。

A. 资料的及时性　　B. 资料的可用性

C. 资料的准确性　　D. 资料的代表性

104. 贴近场地周围的风场影响可引起当地降水量的增多或减少。通常,雨量器离障碍物的距离应大于障碍物与雨量器受水口高度差的(A)倍以上。

A. 2　　B. 4　　C. 5　　D. 10

105.《气象仪器和观测方法指南(第6版)》规定,所有陆地天气站和主要的气候站至少每(B)年检查一次。

A. 1　　B. 2　　C. 0.5　　D. 3

106.《气象仪器和观测方法指南(第6版)》指出,世界辐射观测中心位于(C)。

A. 开罗(埃及)　　B. 东京(日本)

C. 达沃斯(瑞士)　　D. 北京(中国)

107. 在地面气象观测中,露点温度的计算公式中,E_0的取值为(B)。

A. 6.11　　B. 6.1078　　C. 6.112

108. 以下(B)文件是58320站2012年4月8日20时的地面新长Z文件。

A. Z_SURF_I_58320_20120408000000_O_AWS_FTM.txt

B. Z_SURF_I_58320_20120408120000_O_AWS_FTM.txt

C. Z_SURF_I_58320_20120408080000_O_AWS_FTM.txt

D. Z_SURF_I_58320_20120408200000_O_AWS_FTM.txt

109. 某新型站的正点小时常规气象要素数据文件(AWS_H文件)中某行数据内容如下:

0110　302　12 294　15 294　250959 284　25 309　260958……

则该时最大风速是(D)。

A. 1.2　　B. 1.5　　C. 2.6　　D. 2.5

110. 某站某时的新长Z文件中降水量段为RE 0001 00002 00008 00020 ///// // ///// ////,则一小时降水量是(A)mm。

A. 0.1　　B. 0.2　　C. 0.8　　D. 2

111. ISOS软件业务部分(MOI)读取的新型站数据取"X:\smo\dataset\省名\IIIii\AWS\新型自动站"下的(C)文件夹。

A. 设备　　B. 订正　　C. 质控　　D. 数据

112. 某台站使用ISOS业务软件,在2014年6月30日20时后更换自动站计算机,漏拷贝了BIIIii_2014.db文件,在新计算机中形成6月J文件时(C)要素会无数据。

A. 本站气压　　B. 相对湿度

C. 降水量　　D. 气温

113. 在 ISOS 软件业务部分(MOI)中形成 J 文件在以下哪个菜单中完成?(C)

A. 观测与编报→常规日数据　　B. 数据维护→常规要素

C. 数据维护→分钟要素　　D. 报表→地面月报表

114. 在“风力等级表”的“陆上地物征象”栏中,“大树枝摇动,电线呼呼有声,撑伞困难,高的草不时倾伏于地”。其风力等级为(C)级。

A. 4　　B. 5　　C. 6　　D. 7

115. IIIii_weather_value_yyyymmdd. txt 是(　　)文件,在 ISOS 软件中保存在(　　)文件夹中。(A)

A. 天气现象设备观测要素 X:\smo\dataset\省名\IIIii\AWS\weather

B. 天气现象设备观测要素 X:\smo\dataset\省名\IIIii\AWS\天气现象综合判断

C. 视程障碍天气现象综合判别 X:\smo\dataset\省名\IIIii\AWS\weather

D. 视程障碍天气现象综合判别 X:\smo\dataset\省\IIIii\AWS\天气现象综合判断

116. 地面气象要素上传数据文件 Z_SURF_I_IIIii_yyyyMMddhhmmss_O_AWS_FTM[－CC×]. txt,文件名中 FTM 为固定代码,表示(A)。

A. 定时观测资料　　B. 观测类资料

C. 国内交换的资料　　D. 地面观测

117. 按照《气象仪器和观测方法指南(第 6 版)》要求,若雨量器高度为 0.7 m,障碍物高度为 1.5 m,请问障碍物离雨量器距离大于(B)m 比较合理。

A. 1　　B. 2　　C. 3

D. 4　　E. 5

118. 作为气压测量的一级标准器通常是(A)。

A. 活塞式压力计　　B. 空盒电容电子气压计

C. 振筒式气压计　　D. 巴塘管气压表

119. WMO 建议在风速 5 m/s 时,温度表的时间常数应当在 30 s 和 60 s 之间,这里的时间常数指的是温度表显示一个气温阶跃变化(B)所需要的时间。

A. 60%　　B. 63.2%　　C. 66.7%　　D. 77.7%

120.《地面气象应急加密观测管理办法》规定,综合观测司或各区域中心、各省(区、市)气象局综合观测业务土管部门接到本级业务服务单位加密观测申请后在(A)小时内进行审核。

A. 2　　B. 3　　C. 4　　D. 6

121.《地面气象应急加密观测管理办法》规定,地面气象应急加密观测的观测要素一般为(B)等未实现自动化的观测要素,特殊需要时可临时增加其他观测要素。

A. 云、能见度、天气现象、固态降水、雪深、电线积冰

B. 云、天气现象、固态降水、雪深、电线积冰、冻土

C. 云、能见度、天气现象、雪深、电线积冰、冻土

D. 云、能见度、天气现象、固态降水、雪深、电线积冰、冻土

122. 标准的地面气象观测场(25 m×25 m)中,仪器布设需遵循北高南低的原则,以下(A)观测设备的感应部分距地高度最高。

A. 能见度　　B. 雪深传感器

C. 称重雨量传感器　　D. CL51 激光云高仪

123. 以下(A)文件是 57832 站 2012 年 4 月 8 日 08 时的地面新长 Z 文件。

A. Z_SURF_I_57832_20120408000000_O_AWS_FTM. txt

B. Z_SURF_I_57832_20120408120000_O_AWS_FTM. txt

C. Z_SURF_I_57832_20120408080000_O_AWS_FTM. txt

D. Z_SURF_I_57832_20120408200000_O_AWS_FTM. txt

124. ISOS 软件中新型自动站能见度数据保存在(A)中。

A. Z:\smo\dataset\省名\ IIIii \AWS\新型自动站

B. Z:\smo\dataset\省名\ IIIii \AWS\visibility

C. Z:\smo\dataset\省名\ IIIii \AWS\天气现象综合判断

D. Z:\smo\dataset\省名\ IIIii \AWS\ radiation

125. 某台站使用 ISOS 业务软件，在 6 月 30 日 20 时后更换自动站计算机，仅将参数拷贝入新计算机中而未拷贝任何数据文件，8 时正点观测编报时(B)要素会缺测。

A. 本站气压　　B. 海平面气压　　C. 最高、最低气压

D. 3 小时变压　　E. 24 小时变压

126. 在 ISOS 软件业务部分(MOI)中形成 A 文件在以下哪个菜单中完成？(B)

A. 观测与编报→常规日数据　　B. 数据维护→常规要素

C. 报表→地面月报表　　D. 工具→报表查看

127. 总辐射传感器玻璃罩为半球形双层石英玻璃构成，它既能防风，又能透过波长 0.3～3.0 μm 范围的短波辐射，其透过率为常数且接近(C)。

A. 0.75　　B. 0.8　　C. 0.9　　D. 1

128. 蒸发传感器根据超声波测距原理，测量蒸发器内的水面高度变化，从而测得蒸发量。它的测量范围为 0～100 mm，分辨率 0.1 mm，测量准确度为(B)。

A. ±0.5%　　B. ±1.5%　　C. ±15%　　D. ±5%

129. 日照纸涂药的两步涂药法是指将已配制好的(　　)药液，按要求涂在日照纸上，阴干后供逐日使用。每天换下日照纸后，再在感光迹线处用脱脂棉涂上(　　)，便可显出蓝色的迹线。(B)

A. 枸橼酸铵，铁氰化钾　　B. 枸橼酸铁铵，赤血盐

C. 赤血盐，枸橼酸铁铵　　D. 铁氰化钾，枸橼酸铵

130. 温度下降时最高温度表狭管处水银柱中断，这是因为(D)。

A. 水银收缩力加重力＞狭管摩擦力　　B. 狭管摩擦力＝水银内聚力

C. 水银内聚力＞狭管摩擦力　　D. 狭管摩擦力＞水银内聚力

131. 20 cm 口径雨量筒专用量杯的放大倍率为 25，雨量筒倾斜，与地面的夹角为 θ，测得降雨量为 1 mm(降雨为铅直下落)，则实际降雨量为(B)mm。

A. $1/\cos\theta$　　B. $1/\sin\theta$

C. $1/\tan\theta$　　D. $1/\cot\theta$

132. 关于称重式降水传感器的日常维护，下列说法不正确的是(B)。

A. 当内筒内的液体较多或杂物过多时，应清空，然后添加相应的防冻液和蒸发抑制油

B. 如遇有承水口沿被积雪覆盖，应及时将口沿和口沿以外的积雪及时清除

C. 维护之前应先断开称重式传感器电源，拔下的数据线。维护完毕后，再接上电源线和数据线

D. 预计将有沙尘天气但无降水，应及时将桶口加盖；沙尘天气结束后及时取盖

133. TQZZ_M_Z_IIIii_yyyymmdd. txt 是(　　)文件，在 ISOS 软件中保存在(　　)文件夹中。(D)

A. 天气现象设备观测要素 Z:\smo\dataset\省名\IIIii\AWS\weather

B. 天气现象设备观测要素 Z:\smo\dataset\省名\IIIii\AWS\天气现象综合判断

C. 视程障碍天气现象综合判别 Z:\smo\dataset\省名\IIIii\AWS\weather

D. 视程障碍天气现象综合判别 Z:\smo\dataset\省名\IIIii\AWS\天气现象综合判断

134. 铂电阻地表温度传感器被积雪埋住时，应该(B)。

A. 将其置于积雪表面上进行观测

B. 仍按正常观测，但需在观测簿备注栏注明

C. 将雪扫开，做到传感器一半埋入土中，一半露出地面，确保露出地面部分保持干净，然后观测

D. 在降雪或吹雪停止后，应小心将传感器从雪中取出，水平地安装在未被破坏的雪面上，感应部分和表身埋入雪中一半

135.《气象仪器和观测方法指南(第 6 版)》指出，由于大气的自然变率尺度小，也由于电子设备把噪声带入了测量过程，并且使用了短时间常数的传感器，使得平均过程成为减少编报资料不确定度的一个最理想的过程，对于气压、气温、空气相对湿度、海洋表面温度和能见度的平均算法的标准化，建议是：(A)。

A. 以传感器输出线性化值的 1 分钟至 10 分钟的平均编报

B. 以传感器输出线性化值的 2 分钟至 10 分钟的平均编报

C. 以传感器输出线性化值的 10 分钟至 20 分钟的平均编报

D. 以传感器输出线性化值的 20 分钟至 30 分钟的平均编报

136. 某站 1 小时(60 分钟)年最大降水量为 38.9 mm，开始时间出现在 2012 年 6 月 18 日 23 时 56 分(北京时)，在 YIIIii-YYYY. txt 文件中，记录为(C)。注：□表示半角空格。

A. 0389□201206182356　　B. 00389□06182356

C. 00389□06□18□23□56　　D. 00389□06□19□23□56

137. 某时次实际空气温度为－25.7 ℃，在地面气象要素上传数据文件 Z_SURF_I_IIIii_yyyymmddhhmmss_O_AWS_FTM[－CC×]. txt 中应当记录为(B)。

A. －257　　B. 1257　　C. 0743　　D. －25.7

138.《地面气象要素数据文件格式 V1.0》规定，数据质量控制码段的国家级码后面加上(D)，表示单站数据结束。

A. <CR><LF>　　B. NNNN<CR><LF>

C. NNNN　　D. ＝<CR><LF>

139.《地面气象应急加密观测管理办法》规定，国家气象中心等国家级专项业务服务单位或各区域气象中心、省(区、市)气象局相关业务服务单位申请开展地面气象应急加密观测时，需填报地面气象应急加密观测申请表，说明加密观测的(A)。

A. 理由、站点、观测要素、起止时间和时次

B. 站点、观测要素、起止时间和时次

C. 理由、观测要素、起止时间和时次

D. 以上都不是

140. 根据《前向散射能见度仪观测规范》要求，前向散射能见度仪每(C)应校准一次。

A. 半年　　B. 一年　　C. 两年　　D. 三年

141. 根据《前向散射能见度仪观测规范》要求，仪器现场校准时，设备至少稳定工作(　　)分钟，稳定输出值在标准信号值(　　)以内，才能说明仪器工作正常。(D)

A. 5，±5%　　B. 15，±15%　　C. 3，±3%　　D. 10，±10%

142. 根据《降水观测规范——称重式降水传感器(试行)要求》，称重式降水传感器测试合格后，当历年最低平均气温为－8.0 ℃时，乙烯乙二醇和甲醇应按照以下哪种比例添加？(B)

A. 0.7、0.9　　B. 1.1、1.7　　C. 1.6、2.2　　D. 1.8、2.7

143. 某次辐射作用层状态观测，作用层状况和作用层情况数码分别记为 4、3，则反映的是(C)。

A. 裸露硬土上泛碱　　B. 裸露沙土上积水

C. 裸露沙土上降新雪　　D. 裸露黏土上积水

144. 下列日期中聚焦式日照计用长弧形纸片的是(C)。

A. 2 月 28 日　　B. 3 月 15 日　　C. 5 月 1 日　　D. 10 月 1 日

145. 用于天气气候站网的空间加密，观测项目和发报时次可根据需要而设定的台站为(D)。

A. 国家基准气候站　　B. 国家基本气象站

C. 国家一般气象站　　D. 无人值守气象站

E. 专业服务气象站

146. 测站地面雪花被强风卷起，使能见度降为 300 m，同时有雪降自云中，此时天气现象应记载为(C)。

A. 雪、雪暴　　B. 雪、吹雪　　C. 雪

D. 吹雪　　E. 雪暴

147. 在 A 文件中，某组数据对应的质量控制码为“013”表示该数据(D)。

A. 台站级认为数据正确，省级认为数据可疑，国家级认为数据错误

B. 台站级认为数据正确，省级认为数据错误，国家级认为数据有修改

C. 台站级认为数据正确，省级认为数据错误，国家级认为数据正确

D. 台站级认为数据正确，省级认为数据可疑，国家级认为数据有订正值

148. 以下是某台站 14 时上传的长 Z 文件人工观测连续天气现象数据段，正确的是(C)。

A. 10,60 0800-0809′1000…1120,42 1033-1408[500],.

B. 0800-0809′1000…1120,42 1033-1400[500].

C. 0800-0809′1000…1120,42 1033-1400[500],.

D. 0800-0809′1000…1120,42 1033-1400[500],

149.《气象仪器和观测方法指南(第 6 版)》指出，地球上的太阳辐照度在其平均值的(B)之间变化。

A. ±2.5%　　B. ±3.3%　　C. ±4.0%　　D. ±5.5%

150.《气象仪器和观测方法指南(第 6 版)》指出，对于 8 mm 的玻璃管，其弯月面变化 1 mm(从1.8 mm变为 0.8 mm)会引起气压读数约(D)hPa 的误差。

A. 0.1　　B. 0.2　　C. 0.3

D. 0.5　　E. 0.8

151. 当月最后一天 20 时至下月 1 日 08 时有微量降水时，下跨降水量录入(D)。

A. 相应位数的空格　　B. 相应位数的“/”

C. 相应位数的“0”　　D. 相应位数的“,”

152. 预报等级中浓雾的标准是(C)。

A. 0.2 km<能见度<0.5 km　　B. 0.2 km<能见度≤ 0.5 km

C. 0.5 km≤能见度<0.5 km

153. (B)一般不易造成灾害。

A. 粒状雾凇　　B. 晶状雾凇　　C. 雨凇

154. 形成雾凇的天气条件是气温较低,在(A) ℃以下,有雾或湿度大时。

A. −3　　B. −5　　C. −10　　D. −15

155. 轻便风向风速表是测量风向和(B)平均风速的仪器。

A. 3 s　　B. 1 分钟　　C. 2 分钟

D. 5 分钟　　E. 10 分钟

156. 某站 9 月 4 日、5 日均为晴天,因 4 日晚漏放日照纸致使 5 日日照时数全天缺测,则该站 5 日的日照时数(B)处理。

A. 参照 4 日日照记录　　B. 按缺测　　C. 按 0

157. 温度露点差是判断空气的(B)的物理量。

A. 水汽含量　　B. 饱和程度　　C. 水汽温度　　D. 空气干燥度

158. 甲站纬度为 30°N,乙站纬度为 40°N,两站的水银气压表完全相同(仪器差均为 0.0),气压表安装的海拔高度也相同。假如某时观测,两站的气压表的附温和气压表的读数也相同,则两站的本站气压相比较的结果是(B)。

A. 甲站和乙站相同　　B. 甲站低于乙站

C. 甲站高于乙站　　D. 说不清谁高谁低

159. 目标物的最大能见度距离有两种定义法,一种是消失距离,一种是发现距离,目标的消失距离与发现距离之间比较关系有(A)。

A. 消失距离>发现距离　　B. 消失距离≥发现距离

C. 消失距离<发现距离　　D. 消失距离≤发现距离

160. 太阳直接辐射指来自日盘(C)立体角内与该立体角轴垂直的面的太阳辐射。

A. 0.2°　　B. 0.3°　　C. 0.5°　　D. 0.65°

161. 前向散射能见度仪的接收器和发射器的支架呈南北向,接收器在南测,发射器在北侧,采样区中心高度(A)。

A. 2.8 m(±0.1 m)　　B. 2.8 m(±0.05 m)

C. 1.5 m(±0.1 m)　　D. 1.5 m(±0.05 m)

162. 称重式降水传感器安装在观测场内混凝土基础上。承水口保持水平,根据冬季地面积雪情况,承水口距地面高度一般选择(B)。

A. 90±3 cm　　B. 120±3 cm

C. 150±3 cm　　D. 160±5 cm

163. 新型自动气象站下载分钟常规观测数据的命令(D)。

A. DOWN　　B. DMDG　　C. SETDATA

D. DMGD　　E. DHGD

164. 根据现行业务规定,国家基本气象站目前的 A 文件降水量的方式位 Z,取值(C)。

A. X=0　　B. X=4　　C. X=6　　D. X=B

165. 前向散射能见度仪测量性能要求中的测量范围为（ B ）。

A. 0～30 km　B. 10 m～30 km　C. 10 m～50 km　D. 0～50 km

166. 地面气象要素上传数据文件(新长 Z 文件)格式内容共 13 段，第 10 段为小时内每分钟降水量数据，该段标识符为（ B ）。

A. WI　B. MR　C. CW　D. MW

167. 甲乙两站经度分别为 100°24′W 和 100°30′E，若乙站当地时间为 2012 年 9 月 14 日 12 时，那么此时甲站的地方时是（ B ）。

A. 2012 年 9 月 13 日 1 时 23 分 36 秒

B. 2012 年 9 月 13 日 22 时 36 分 24 秒

C. 2012 年 9 月 15 日 1 时 23 分 36 秒

D. 2012 年 9 月 15 日 22 时 36 分 24 秒

168. 编制 2011 年气表－21 时，当上年度终霜日为 2 月 4 日，本年度初霜日为 12 月 26 日，则无霜期日数为（ B ）天。

A. 323　B. 324　C. 325　D. 326

169. 下列情况中，只有（ C ）需在地面气象观测数据文件的备注栏中记录。

A. 本地范围内进行人工影响局部天气作业

B. 本站视区内出现的罕见特殊现象，如海市蜃楼、峨眉宝光等

C. 台站周围环境变化情况

D. 未造成灾害的电线积冰情况

170. 日照纸采用混合涂药法时，赤血盐与柠檬酸铁铵的比例一般为（ A ）。

A. 1∶3　B. 2∶3　C. 1∶2　D. 2∶1

171. DEM6 型轻便风向风速表，在观测风向时，必须待风杯转动约（ B ）后，才能按下风速按钮。

A. 1 分钟　B. 半分钟　C. 1 分半钟　D. 2 分钟

172. 凡与水平能见度有关的天气现象，均以（ C ）为准。

A. 最小水平能见度　B. 最大水平能见度　C. 有效水平能见度　D. 平均水平能见度

173. 某站降冰雹，测得最大冰雹的最大直径为 18 mm，取 4 个最大冰雹放入 20 cm 专用量杯中溶化后为 6 mm，则该次降雹的最大平均重量是（ C ）。

A. 4.7 g　B. 5 g　C. 47 g　D. 47.1 g

174. 长 Z 文件质量控制码为 3，表示（ A ）。

A. 数据缺测，未作修改　B. 数据可疑，未作修改　C. 数据错误，未作修改　D. 数据有订正值

175. 目测能见度时，根据 850 m 处的能见度目标物推断该目标物所在方位水平能见度为 2.5 km，则该目标物的颜色、细微部分（ B ）。

A. 清晰可辨　B. 隐约可辨　C. 很难分辨　D. 不能确定

176. 每一次降水过程将雨量传感器的计数值与自身排水总量比较，如多次发现遇有 10 mm以上降水量的差值（ A ），则应及时进行检查，必要时应调节基点位置。

A. ＞±4％　B. ≥±4％　C. ＞±5％　D. ≥±5％

177. 视程障碍现象由前一日持续至本日 20 时后的，拍发一次重要天气报，此时 GGggW0 中的 GGgg 报（ B ）。

A. 2000　　B. 2001　　C. 2005　　D. 2006

178. 某站某日 13 时 28 分出现冰雹，13 时 30 分出现大风，达到发报标准，13 时 31 时出现雷暴，下列说法正确的是（ B ）。

A. 冰雹、大风、雷暴合并编发一份重要天气报，编报时间为 13 时 28 分

B. 冰雹、大风、雷暴合并编发一份重要天气报，编报时间为 13 时 31 分

C. 冰雹、雷暴合并编发一份重要天气报，编报时间为 13 时 31 分；大风合并在正点长 Z 文件中，不另发重要天气报

D. 冰雹、大风合并编发一份重要天气报，编报时间为 13 时 30 分；雷暴合并在正点长 Z 文件中，不另发重要天气报

E. 冰雹、雷暴合并编发一份重要天气报，编报时间为 13 时 28 分；大风合并在正点长 Z 文件中，不另发重要天气报

179. 某站启动降雪应急加密观测，11 时三个雪深测量点测得雪深分别为 5 cm、6 cm、6 cm，则 11 时，雪深录入（ B ）。

A. 6　　B. 60　　C. 56　　D. 57

180. 某台站 19 时 58 分至 20 时 03 分出现冰雹，其中 19 时 58 分观测到的冰雹直径为 8 mm，20 时 02 分为 16 mm，20 时 03 分为 18 mm，则下列说法正确的是（ C ）。

A. 20 时 01 分编发一份重要天气报，冰雹直径以 8 mm 编发

B. 20 时 02 分编发一份重要天气报，冰雹直径以 16 mm 编发

C. 20 时 03 分编发一份重要天气报，冰雹直径以 18 mm 编发

D. 20 时后不编发冰雹重要天气报

181. 当同时有两种或两种以上重要天气现象达到发报标准（包括前一种现象的报还没有发出，又有另一种或几种现象达到发报标准）时，合并编发一份重要天气报告，各有关电码组一一编发。此时，0 段中的 GGgg 编报（ B ）现象达到发报标准的时间。

A. 第一种　　B. 最后一种　　C. 最重要一种

182. 雪深自动观测记录与积雪现象不匹配时，仅对定时观测时次记录进行处理，有积雪无雪深时（ C ）。

A. 人工补测雪深　　B. 雪深按缺测处理

C. 维持原记录　　D. 删除积雪现象

183. AIIIii-YYYY. txt 文件中，电线积冰全月只有 1 段，每天 9 组，指示码和方式位是（ F ）。

A. K0　　B. K1　　C. K2

D. G0　　E. G1　　F. G2

184. 某站 10 日 14 时气温台站上报的 A 文件为－4.8 ℃，国家级修改的数据为－5.8 ℃，则在质量控制部分更正数据段写为（ D ）。

A. 4 T 1 10 06 3 [－048] [－058]　　B. 4 T 1 10 14 2 [－048] [－058]

C. 4 T 1 10 14 3 [－048] [－058]　　D. 4 T 1 10 18 3 [－048] [－058]

185. 因降大雨，E-601B 型蒸发器溢流筒内的水，用 20 cm 直径的专用雨量杯测得水量为 30.0 mm，则此量相当于 E-601B 型蒸发器内的水深（ B ）mm。

A. 31.4　　B. 3.1　　C. 0.3

186. 地面气象要素上传数据文件 Z_SURF_I_IIIii_yyyymmddhhmmss_O_AWS_FTM[-CC×].txt,文件名中 AWS 为固定代码,表示(F)。

A. 定时观测资料　B. 观测类资料　C. 地面观测
D. 国内交换的资料　F. 自动气象站地面气象要素资料

187. AIIIii-YYYY.txt 文件中的观测项目标识由 20 个字符 y1、…、y20 组成,分别表示 20 个要素全月数据状况。那么 y11 表示(C)要素的标识。

A. 能见度　B. 降水量　C. 天气现象
D. 蒸发量　E. 积雪　F. 电线积冰

188. 称重式降水传感器日常维护应(B)检查承水口水平、高度情况。

A. 每日　B. 每周　C. 每月　D. 每季

189. 某观测员用体积量雪器取得三个样本,将其混合,称得重量 600 g,计算雪压平均值为 2 g/cm^2,并将其值 2 记入观测簿-1 平均栏,那么观测员(C)。

A. 观测方法有误,记录正确　B. 观测方法和记录均正确
C. 观测方法和记录均错误　D. 观测方法正确,记录错误

190. 在 AIIIii-YYYY.txt 文件附加信息中的"月报封面"标识符和该段记录的条数分别是(C)。

A. YF 和 10　B. YF 和 11　C. YF 和 12
D. FM 和 10　E. FM 和 11　F. FM 和 12

191. 在天气条件为(B)的情况下雨才可能降落。

A. 气层稳定　B. 气层较稳定
C. 气层较不稳定　D. 气层不稳定

192. 雪深观测中,每次观测须作(　　)次测量,测量的地点彼此相距应在(　　)m 以上(丘陵、山地气象站因地形所限,距离可是当缩短)。(C)

A. 3,5　B. 5,10　C. 3,10　D. 5,5

193. 在观测场附近(或观测场内)选择一块约(D)m^2 面积的自然地面作为观测地面状态的特选场地,用于观测干、湿、积水和地面冻结这四种地面状态。

A. 2×2　B. 2×3　C. 3×5　D. 2×5

194. 目测风力共分为(B)级。

A. 12　B. 13　C. 16　D. 18

195. 强风将地面大量尘沙吹起,使空气相当混浊,水平能见度小于 0.05 km。这是(C)。

A. 沙尘暴　B. 强沙尘暴　C. 特强沙尘暴

196. ISOS 软件默认每小时自动根据计算机系统时间对自动站采集器校时(A)次。

A. 1　B. 2　C. 3　D. 6

197. ISOS 业务软件台站参数设置中,"视程障碍现象风速"为自动判别扬沙和沙尘暴现象的(B)取值。

A. 1 分钟平均风速　B. 2 分钟平均风速
C. 10 分钟平均风速　D. 瞬时风速

198. ISOS 业务软件中,进行日照编报时,如果日照为人工观测,每日(C)时后开放当日的日照数据录入,在日出日落时段内录入小时日照时数,日出之前、日照之后的小时日照显示为"NN"。

A. 18　B. 19　C. 20　D. 21

199. 视程障碍综合判断用的是（ A ）的10分钟滑动平均值。

A. 10分钟能见度　　B. 1分钟能见度

C. 10分钟最低能见度　　D. 5分钟能见度

200. 当使用湿敏电容测定湿度时，除在湿敏电容数据位写入相应的数据值外，同时应将求出的相对湿度值存入相对湿度数据位置，在湿球温度位置一律存入（ C ）作为识别标志。

A. ----　　B. ////　　C. ＊＊＊＊

201. A文件中，质量控制段质量控制码为一天一条记录，每天的数据组数与观测数据部分每天数据组数相等，质量控制码为3位整数，分隔符为（ C ）。每个要素段全月质量控制码结束符为"＝＜CR＞"，置于最后一天数据组之后。

A. ，　　B. ；　　C. 空格

202.《地面气象观测规范》规定，地面气象观测站使用的自动气象站气温分辨力为（ A ）℃。

A. 0.1　　B. 0.2　　C. 0.3

D. 0.4　　E. 0.5

203.《地面气象观测规范》规定，风向SSE的中心角度是（ D ）度。

A. 155　　B. 155.5　　C. 157　　D. 157.5

204. 能见度自动观测已正式业务运行的观测站，业务软件自动将正点前（ A ）内最小的10分钟平均能见度值（以0.1 km为单位）写入正点时次的长Z文件CW段能见度数据栏。

A. 15分钟　　B. 10分钟　　C. 3分钟　　D. 1分钟

205. 若已自动发送的日数据异常（或分钟数据文件未按时上传），在次日（ B ）前通过业务软件更正（或重新）上传。

A. 07时　　B. 08时　　C. 09时　　D. 10时

206. 湿度传感器保护罩，需要（ C ）清洁，确保测量准确性。

A. 每日　　B. 每周　　C. 每月

D. 每季　　E. 每年

207. 用普通量杯测得雨量筒中的雨量为1000 ml，则降水量为（ B ）mm。

A. 15.9　　B. 31.8　　C. 63.7　　D. 127.4

208. 电线积冰观测时间不固定，以能测得一次过程的（ A ）为原则。

A. 最大值　　B. 最小值　　C. 平均值　　D. 最低值

209. 地面气象观测场四周障碍物影子应不会投射到日照和辐射仪器的（ B ）。

A. 感应面　　B. 受光面　　C. 上面　　D. 表面

210. 能见度人工观测时，当沙尘暴、雾及浮尘、霾等现象出现能见度小于1.0 km时，都应观测和记录最小能见度，记录加（ B ）。

A. ()　　B. []　　C. ""　　D. ''

211. 每月5、10、15、20、25日和月末最后1天，或雪深已达到（ B ）或以上时，在雪深观测（或补测）后，应在观测雪深的地点附近进行雪压观测。

A. 3 cm　　B. 5 cm　　C. 6 cm　　D. 10 cm

212. E-601蒸发器的蒸发桶器口面积为（ A ）cm^2。

A. 3000　　B. 3140　　C. 6000　　D. 6280

213. E-601蒸发器安装时，蒸发桶放入坑内，必须使器口离地（ C ）cm。

A. 10　　B. 20　　C. 30　　D. 50

214. 天文可照时数是指在无任何遮蔽条件下，太阳中心从某地东方地平线到进入西方地平线，其光线照射到(D)所经历的时间。

A. 大气　　B. 天空　　C. 日照计　　D. 地面

215. 气表-21 中，极端最高(最低)本站气压和气温等年极值，同一极值若出现在(A)个或以上月份时，则月份栏记个数。

A. 两　　B. 三　　C. 四　　D. 五

216. 气象仪器的精确程度越高，(B)。

A. 观测资料的代表就越好　　B. 观测资料的准确性就越好

C. 观测资料的可信息论性就越好　　D. 观测资料的可用性就越好

217. 某站 2003 年度霜的终日为 2003 年 12 月 29 日，2004 年度的霜的初日为 2004 年 12 月 31 日，则 2004 年的无霜期为(B)天。

A. 365　　B. 366　　C. 367　　D. 368

218. 雾凇常在微风严寒，即气温在(B)℃以下的天气时，由空气中水汽直接凝华而成。

A. −10　　B. −15　　C. −20　　D. −25

219. 安装自动站 5、10、15、20 cm 地温传感器，其感应头朝(B)。

A. 东　　B. 南　　C. 西

D. 北　　E. 任意方向均可

220. 利用小型蒸发皿测量蒸发，某日，降水量为 14.1 mm，蒸发原量为 30.0 mm，用米尺量得蒸发皿中蒸发余量的深度为 41.0 mm，则该日蒸发量为(C)mm.

A. 0.3　　B. 1.3　　C. 3.1　　D. 13.1

221. 若无 20 cm 口径专用量杯，仅知某次雨量筒内降水重 200 g，则该次降水量为(B)mm。

A. 0.6　　B. 6.4　　C. 12.7　　D. 127

222. 整理日照纸时，日照时数以(B)为准。

A. 感光迹线

B. 换下后划的铅笔线

C. 感光迹线或铅笔线均可

223. 某站经度为 124°30′E，该站北京时 08 时的地方平均太阳时为(C)。

A. 7 时 42 分　　B. 8 时 00 分　　C. 8 时 18 分

224. 进行风力目测时，观测到的现象为“可折毁小树枝，人迎风前行感觉阻力甚大”，此时风速应记录为(C)。

A. 12.0 m/s　　B. 16.0 m/s　　C. 19.0 m/s　　D. 23.0 m/s

225. 各种天气现象和界限温度的初终间日数(A)。

A. 包括初日和终日　　B. 不包括初日和终日

C. 仅包括初日　　D. 仅包括终日

226. 常用估测云量的方法有(C)种。

A. 1　　B. 2　　C. 3　　D. 4

227. 在相同大气压下，内管粗细不同的两支气压表的水银柱高度(A)。

A. 相等　　B. 细的高　　C. 粗的高　　D. 不等

228. 薄薄一层干松沙尘掩盖全部地面，地表状态编码为（ C ）。

A. 04　　B. 05　　C. 06　　D. 07

229. 土壤温度随深度的增加而降低，一般出现在（ A ）。

A. 白天或夏季　　B. 白天或春季

C. 夜晚或冬季　　D. 夜晚或秋季

230. 水银气压表安装不垂直，一般使（ A ）。

A. 气压读数偏高　　B. 气压读数偏低　　C. 气压读数不变

231. 在“风力等级表”的“陆上地物征象”栏中，“人面感觉有风，树叶有微响，旗子开始飘动。高的草开始摇动”，其风力等级为（ B ）级。

A. 1　　B. 2　　C. 3　　D. 4

232. 风力的分级和估计是按（ A ）进行的。

A. 风力大小分为 13 级，按 8 个方位估计

B. 风力大小分为 12 级，按 8 个方位估计

C. 风力大小分为 13 级，按 16 个方位估计

D. 风力大小分为 12 级，按 16 个方位估计

233. 降水时降时止，或降水虽未停止而强度却时大时小，但这些变化都很缓慢，在降水停止或强度变小的时间内，天空和其他要素没有什么显著变化。这种降水可辨别为（ B ）。

A. 阵性降水　　B. 间歇性降水　　C. 连续性降水　　D. 稳定性降水

234. 在气压的日变化中，一天中有（ A ）。

A. 两个高值，两个低值　　B. 两个高值，一个低值

C. 一个高值，一个低值　　D. 一个高值，两个低值

235. 一月中，24 次观测各定时风向风速缺测（ D ）时，月、年各风向频率按缺测处理。

A. 10 次　　B. 11 次　　C. 60 次　　D. 61 次

236. 2003 年度的霜的初日出现在 2003 年 12 月 4 日，终日出现在 2004 年 3 月 4 日，则初终间日数为（ D ）天。

A. 89　　B. 90　　C. 91　　D. 92

237. 某站 07 时观测到毛毛雨，有效水平能见度为 1.1 km，强度无明显变化，持续到 7 时 51 分，有效水平能见度为 0.9 km，08 时 ww 可编报（ D ）。

A. 50　　B. 51　　C. 52　　D. 53

238. 日照纸所涂的药剂中，赤血盐的作用是（ B ）。

A. 感光　　B. 显影

C. 去除其他药剂的毒性　　D. 防止日照纸受潮

239. 气表-21 中，冻土深度按观测簿记录顺序，抄录第一、第二栏冻土深度的上限和下限值；第三栏冻土深度的上限和下限值，抄入（ A ）。

A. 纪要栏　　B. 备注栏

C. 天气气候概况栏　　D. 记事栏

240. 冰雹的透明层是在云内（ A ）的云层生长起来的。

A. 温度高，含水量大　　B. 温度高，含水量小

C. 温度低，含水量小　　D. 温度低，含水量大

241. 气表-21 中，各种天气现象和界限温度的初终间日数为（ A ）。

A. 初终间日数＝终日累积日数－初日累积日数＋1

B. 初终间日数＝终日累积日数－初日累积日数

C. 初终间日数＝终日累积日数－初日累积日数－1

242. 能见度、冰雹的最大平均重量、雪压、电线积冰最大重量等观测记录的单位和精度要求是（ A ）。

A. km，一位小数；g，整数；g/m^2、一位小数；g/m，整数

B. km，一位小数；g，一位小数；g/m^2、一位小数；g/m，整数

C. km，一位小数；g，整数；g/m^2、整数；g/m，整数

D. km，一位小数；g，整数；g/m^2、一位小数；g/m，一位小数

243. 以下不是由国务院气象主管机构指定地面气象观测站观测的项目是（ E ）。

A. 辐射　B. 冻土　C. 浅层和深层地温

D. 雪深　E. 雪压

244. 雪与毛毛雨同时下降时，天气现象栏应（ D ）。

A. 记雨夹雪　B. 记雪

C. 记毛毛雨　D. 毛毛雨和雪分别记载

245. 自动站正点数据缺测时，（ B ）要素可以采用内插求取。

A. 气温、露点温度、相对湿度、本站气压

B. 气温、相对湿度、气压、蒸发

C. 气温、水汽压、蒸发、能见度

D. 蒸发、相对湿度、地温、雨量

246. 同一观测场内，E-601 蒸发器所测得的蒸发量与小型蒸发皿所测得的蒸发量相比（ B ）。

A. 偏大　B. 偏小　C. 完全一样

247. 当冰雹的最大直径（ C ）时，还需要测定冰雹的最大平均重量。

A. 大于 5 mm　B. 大于等于 5 mm

C. 大于 10 mm　D. 大于等于 10 mm

248. 在地面观测中，所记录的云量是（ D ）。

A. 实际云量　B. 总云量　C. 低云量　D. 视云量

249. 有效水平能见度是指四周视野中（ C ）以上范围里能看到的目标物的最大水平能见距离。

A. 四分之一　B. 三分之一　C. 二分之一　D. 三分之二

250. 因雾使天空的云量部分辨明时，总低云量记（ C ）。

A. "0/0"　B. "－/－"　C. "10/10"　D. 空白

251. 有一电线杆，深灰色，距测站 1000 m，高度角为 34 分，宽度角为 2 分，则（ C ）。

A. 可选作能见度目标物

B. 不能选作目标物，因为不是黑色

C. 不能选作目标物，因为它的视角太小

D. 不能选作目标物，因为它的仰角太小

252. 雨量筒安装不水平，一般情况下，观测值比实际降雨量（ A ）。

A. 小　B. 大　C. 可能小也可能大

253. 大风是指瞬时风速（ D ）m/s 的风。

A. 大于 17.0　B. 大于 17.2　C. 大于等于 17.0　D. 大于等于 17.2

254. 用 20 cm 专用量杯测得 E601 型蒸发器流入溢流桶的量为 50.0 mm，则在蒸发器中的实际高度为（ C ）。

A. 50.0 mm　　B. 52.3 mm　　C. 5.2 mm　　D. 5.0 mm

255. 某次观测雪压，用体积量雪器进行了三次取样，待雪融化后，用 20 cm 口径专用量杯量得毫米数分别为 7.8、7.9、7.9，则此次雪压为（ D ）g/cm^2.

A. 2　　B. 3　　C. 2.4　　D. 2.5

256.（ B ）在一天中任何时候均可出现。

A. 浮尘　　B. 霾　　C. 轻雾　　D. 扬沙

257. 下面人工观测项目仅在 08 时进行观测的是（ C ）。

A. 雪深　　B. 雪压　　C. 冻土

D. 电线积冰　　E. 地面状态

258. 电线积冰架一般由两组支架组成，一组呈南北向，一组呈东西向，两组之间的距离约（ B ），以互不影响，方面操作。

A. 100～150 cm　　B. 150～200 cm

C. 200～250 cm　　D. 150～220 cm

259. "枯草上溶化雪"，作用层状态记录为（ C ）。

A. 14　　B. 15　　C. 16　　D. 17

260. 某日冻土观测有以下三个冻结层，0～5 cm，10～18 cm，23～32 cm。下面记录正确的是（ C ）。

A. 第一栏上限 0，下限 5；第二栏上限 10，下限 18；第三栏上限 23，下限 32

B. 第一栏上限 32，下限 23；第二栏上限 18，下限 10；第三栏上限 5，下限 0

C. 第一栏上限 23，下限 32；第二栏上限 10，下限 18；第三栏上限 0，下限 5

261. 某站 08 时测得平均雪深为 0.5 cm，雪深栏记为（ E ）。

A. "0"　　B. "0.0"　　C. "0.5"

D. "1.0"　　E. "1"　　F. "10"

262. 某种天气现象正好出现在 20 时，不管该现象持续与否，该天气现象应记入（ B ）。

A. 当日　　B. 次日　　C. 当日和次日

263.《地面气象观测规范》规定，（ C ）应检查暗筒式日照计的安装情况，仪器的水平、方位和纬度等是否正确，发现问题，及时纠正。

A. 每日　　B. 每周　　C. 每月

E. 每季　　F. 每年

264. 称雪器维护时，（ B ）部件需要涂油防锈。

A. 秤杆　　B. 秤杆上的三棱刀　　C. 带盖圆桶的活动环

265. 冻土器内管为一根有厘米刻度的橡皮管，管内有链子或铜丝、线绳，其作用是（ D ）。

A. 减少橡胶内管所受压力

B. 减缓橡胶管老化

C. 增加导热率，利于内管中水快速响应土壤温度

D. 固定冰

266.（ B ）是大量极细微的干尘粒等均匀地浮游在空中，使水平能见度小于 10.0 km 的空气普遍混浊现象，出现时气团稳定、较干燥。

A. 浮尘　　B. 霾　　C. 轻雾　　扬沙

267.《地面气象观测规范》规定，蒸发器用水要求，应尽可能使用（ D ）。

A. 自来水　　B. 井水

C. 蒸馏水　　D. 自然水体（江、河、湖）的水

268. 日照感光迹线上、下午两条迹线理论上是对称的，与 14 时迹线对称的迹线时间是（ D ）时。

A. 7　　B. 8　　C. 9　　D. 10

269. 电线积冰当一个方向上达到测重标准，另一个方向上未达到测重标准时（ C ）。

A. 两个方向均需要测量电线积冰重量

B. 两个方向均不测量电线积冰重量

C. 达到测重标准的方向测量电线积冰重量，未达到测重标准的方向不测量电线积冰重量

270. 当雪水单独存在，并无冰雪时，地面状态应观测为（ B ）。

A. 湿雪　　B. 地面湿　　C. 地面冻结　　D. 地面有雨凇

271. 下列内容中，需要录入年报表备注栏的是（ B ）。

A. 影响气象探测环境的障碍物的仰角

B. 影响日照记录的障碍物的最大仰角

C. 观测人员的变动情况

D. 测报软件的升级情况

272. 对 24 次定时记录日平均栏的候、旬、月平均值进行横行统计时，一候、旬、月中，各定时平均值缺测（ A ）个或以下时，日平均栏按实有定时平均值作候、旬、月统计。

A. 5　　B. 6　　C. 7　　D. 8

273. 不适合非常开阔的测点的仪器是（ B ）。

A. 蒸发器　　B. 雨量器　　C. 温度计　　D. 湿度计

274. 某站能见度为人工观测，其观测能见度的时间为 50—55 分；某日雾在 07 时 48 分结束，当次观测的能见度记录（ B ）。

A. 大于 1.0 km　　B. 小于 1.0 km

C. 大于 1.0 km，并备注　　D. 小于 1.0 km，并备注

275. 紫外辐射分为三个亚区，其中对人类无明显影响的是 UV-A 波段，其波段范围是（ B ）。

A. 0.400～0.515 μm　　B. 0.315～0.400 μm

C. 0.280～0.315 μm　　D. 0.100～0.280 μm

276. 辐射传感器内硅胶的颜色由（ C ），说明干燥剂已经受潮。

A. 红变蓝　　B. 白变蓝

C. 蓝变红或白　　D. 蓝变黄

277. 均匀密实雪层或湿雪层完全覆盖地面，其地面状态编码是（ C ）。

A. 11　　B. 12　　C. 13

D. 14　　E. 15　　F. 16

278. 某台站某日出现固态降水，特征为白色不透明，扁长小颗粒，直径小于 1 mm，着地不反跳，则天气现象应该记录（ B ）。

A. 米雪　　B. 雪　　C. 冰针

D. 冰粒　　E. 霰

279. 冬季晴朗微风的夜间，气温为－3.2 ℃，能见度 700 m 左右，地面及地物上形成了比较均匀松脆的白色冰晶层，厚度达 3 mm，该现象应记为（ B ）。

A. 露　　B. 霜　　C. 结冰

D. 雨凇　　E. 雾凇　　F. 积雪

280. 某站某日先后出现轻雾、雾、霾、扬沙、沙尘暴、浮尘天气现象，该日可能编发的重要天气报最多为（ C ）份。

A. 5　　B. 6　　C. 8

D. 9　　E. 10

281. 日照计的纬度允许误差为（ B ）。

A. ±0.1°　　B. ±0.5°　　C. ±1°

D. ±2.5°　　E. ±5°

282. 过冷毛毛雨滴在物体(低于 0 ℃)上冻结而成的冻结物，记为（ C ）。

A. 霜　　B. 结冰　　C. 雨凇　　D. 雾凇

283. 电线积冰架上导线和下导线之间的高度差为（ C ）cm。

A. 50　　B. 55　　C. 60　　D. 100

284. 用 20 cm 专用量杯从 E-601 型蒸发器中取水 8 次，每次取水 20 mm，则实际从 E-601蒸发器中取水（ C ）mm。

A. 10.5　　B. 15.1　　C. 16.7　　D. 17.1

285. ISOS 软件中，分钟数据文件存放在（ B ）目录下。

A. bin　　B. dataset　　C. configure　　D. metadata

286. 在 A 文件中，最小能见度与终止时间之间的分隔符是（ C ）。

A. 1 个半角空格　　B. [　　C. ;　　D. :

287. 在 A 文件附加信息中，当台站地理环境有变化时，其变动标识码为（ B ）。

A. "05"　　B. "55"　　C. "07"　　D. "77"

288. 在 A 文件质量控制码中，下列正确的是（ C ）。

A. 0 数据正确；1 数据可疑；2 数据错误；4 数据已修改；9 数据缺测

B. 9 数据正确；1 数据可疑；2 数据错误；3 数据已修改；8 数据缺测

C. 0 数据正确；1 数据可疑；2 数据错误；4 数据已修改；8 数据缺测

D. 0 数据正确；2 数据可疑；3 数据错误；4 数据已修改；9 未作质量控制

289. 下面是某站 1 月 A 文件中的记录，错误的是（ D ）。

A. 06/01/E/建筑物/08/11/00100

B. 06/01/ESE/建筑物/06/10/00110

C. 06/01/W/建筑物/08/08/00070

D. 06/01/WNW/建筑物/15/26/00080

290. 在 A 文件中，相对湿度为 100％时，记为（ D ）。

A. "00"　　B. "100"　　C. "％"　　D. "％％"

291. Y 文件中，最大风速、极大风速的风向为 3 位数，如位数不足，高位补（ B ）。

A. "0"B. "P"　　C. "/"　　D. "空格"

292. 基准站 A 文件中，云量的方式位为（ C ）。

A. X＝0　　B. X＝9　　C. X＝A　　D. X＝B

293. 在 A 文件中，某个降水量的存储格式为“;234”，则表示降水量为（ C ）。

A. 234　　B. 1234　　C. 2234　　D. 3234

294. A 文件中，当云量为“10－”时，存入格式为（ C ）。

A. 10　　B. 10－　　C. 11　　D. [10]

295. 在 J 文件中，降水数据段某日仅一行记录，且为“/.<CR>”，表示（ A ）。

A. 该日全天自动观测降水量缺测

B. 该日 19－20 时之间的自动观测降水量缺测

C. 该日 08 时－20 时自动观测降水量缺测

D. 该日 20 时－08 时自动观测降水量缺测

296. 电线积冰观测用的合页箱用来截取导线上的积冰物，它是一个（ B ）cm 长，两端封闭的金属圆筒，筒分开上下两半，一边用合页连接。

A. 20　　B. 25　　C. 30　　D. 40

297. 地面状态划分为两种类型，二十种状况，并以（ C ）二十个数码表示。

A. “01－20”　　B. “01－19”

C. “00－19”　　D. “00－20”

298. 对于一般气象工作，观测到的温度应当能代表气象站周围一个尽可能大的面积上高度为地面以上 1.25 m 到（ C ）m 的自由空气的温度。

A. 0.5　　B. 1.8　　C. 2　　D. 2.2

299. 降水测量的系统性误差将随降水形态（雨、雨夹雪、雪）的不同而变化。固体降水测量中的系统误差通常要（ C ）液体降水测量中的系统误差，而且两者差值可能高达一个数量级。

A. 小于　　B. 等于　　C. 大于　　D. 远大于

300. 日照时数定义为在一给定时段内直接太阳辐照度超过（ B ）W/m^2 的各分段时间的总和。

A. 110　　B. 120　　C. 150　　D. 200

301. A 文件台站参数由（ D ）组数据构成，排列顺序为区站号、纬度、经度、…、年份、月份。各组数据间隔符为空格。

A. 9　　B. 10　　C. 11　　D. 12

302. 一个月中，降水量、蒸发量、日照时数缺测（ B ）天或以下时，按实有记录做月合计。

A. 两　　B. 六　　C. 七　　D. 九

303. A 文件“本月天气气候概况”01 和 05 项记录为必报项目。下列正确的是（ D ）。

A. 01:主要天气气候特点;05:重大灾害性、关键性天气及其影响

B. 01:主要天气过程;05:天气气候综合评价

C. 01:天气气候综合评价;05:持续时间较长的不利天气影响

D. 01:主要天气气候特点;05:天气气候综合评价

304. 根据能见度，将雾分为三个等级：雾、浓雾和强浓雾。浓雾的能见度范围是（ C ）。

A. 大于 0.05 km　　B. 0.5～1.0 km

C. 0.05～0.5 km　　D. 小于 0.05 km

305. 某日天气现象如下：42 0342-0818　60 1301-1309（大雨，连续性）　70 1309-1324 1344-1550（中等，间歇性）　83 1324-1344，14 时 $7WWW_1W_2$ 组编报为（ D ）。

A. 78376　　B. 77264　　C. 77276　　D. 77286

306. 在 AIIIii-YYYYMM. txt 文件中，“备注”数据段属于不定长记录的为（ B ）。

A. 变动时间　　B. 观测时制
C. 观测场海拔高度　　D. 仪器距地或平台高度

307. 已知雨量杯的直径为 4 cm，若用它来测量口径 20 cm 的雨量器收集的降水量、雨量杯的放大率是（ E ）倍。

A. 5　　B. 10　　C. 15
D. 20　　E. 25

308. 关于 ISOS 业务软件观测项目挂接，说法有误的是（ C ）。

A. 基本原则是配置了某要素的观测设备就挂接该设备
B. 地面综合观测主机必须挂接
C. 视程障碍判别必须挂接
D. 能见度要根据能见度的接入方式选择对应的挂接

309. ISOS 业务软件中，数据的质控码为“8”表示（ D ）。

A. 可疑　　B. 错误数据，已超过给定界限
C. 没有传感器，无数据　　D. 缺失数据

310. SMO 软件在运行中首页出现红灯，并且观测成功率没有达到 100%，查看新型自动站通信记录文件中某条记录如下：

请求时间：153220
应答时间：153220
通信用时：0 s
重试次数：0
命令：dmgd

dmgd. 59287 2014－07－02 15：311111111110000101111111111111111110000000000000000000000000000000000000000 359 17 359 17 350 20 0 0 10 33 79 37 10171 34 45 80 125 142 150 155 171 203 235 744 0 758 6666

请问该如何处理，才能保证数据采集正常？（ A ）

A. 校时　　B. 校日期
C. 停用　　D. 不做任何操作

311. 2014 年地面气象观测业务改革后取消记录的天气现象包括（ B ）。

A. 雪暴、霰、米雪、冰粒、浮尘、尘卷风、吹雪、闪电、雷暴、飑、龙卷、极光、冰针
B. 雪暴、霰、米雪、冰粒、烟幕、尘卷风、吹雪、闪电、雷暴、飑、龙卷、极光、冰针
C. 雪暴、霰、米雪、冰粒、烟幕、扬沙、尘卷风、吹雪、闪电、雷暴、龙卷、极光、冰针
D. 雪暴、霰、米雪、冰粒、烟幕、尘卷风、冰雹、闪电、雷暴、飑、龙卷、极光、冰针

312. 如果要对 SMO 的数据进行备份，可以进行以下何种操作？（ B ）

A. 数据备份　　B. 数据归档
C. 数据复制　　D. 历史数据下载

313. 我国使用的散射辐射表遮光环订正系数最大订正值可达（ B ）左右。

A. 1.2　　B. 1.3　　C. 1.5　　D. 1.6

314. 清洗百叶箱的时间以（ A ）为宜。

A. 晴天上午　　B. 晴天下午
C. 阴天上午　　D. 阴天下午

二、多项选择题

1. 根据现行业务规定，以下说法正确的有（ ABE ）。

A. 《地面气象观测规范》定义了 34 种天气现象

B. 当前保留观测和记录的天气现象有 21 种，取消了 13 种

C. 保留雨、阵雨、毛毛雨、雪、阵雪、雨夹雪、阵性雨夹雪、冰雹、露、霜、雾凇、雨凇、雾、轻雾、霾、沙尘暴、扬沙、浮尘、大风、积雪、雪暴的观测与记录

D. 取消雷暴、闪电、飑、龙卷、烟幕、尘卷风、极光、霰、米雪、冰粒、吹雪、冰针、结冰天气现象

E. 雪暴、霰、米雪、冰粒出现时，记为雪，这 4 种天气现象与雨同时出现时，记为雨夹雪

2. 根据《地面气象观测业务技术规定》，目前一般站不再进行的观测项目有（ CDEF ）。

A. 电线积冰　B. 雪压　C. 蒸发

D. 云量　E. 云状　F. 云高

3. 根据现行业务规定，需要编发重要天气报的天气现象有（ ABCD ）。

A. 雷暴　B. 龙卷　C. 大风

D. 浮尘　E. 雨凇　F. 积雪

4. ISOS 软件 MOI 参数设置中，如果“自动观测数据源选择”不正确，MOI 软件不能正确读取 SMO 软件采集数据文件中的（ BC ）。

A. 天气现象数据　B. 自动观测降水量数据

C. 自动观测能见度数据　D. 自动观测向风数据

5. ISOS 软件中，SMO 参数设置观测项目挂接，下列说法正确的是（ ABCD ）。

A. 地面综合观测主机及新型自动站必须挂接

B. 如果挂接了能见度自动观测设备，视程障碍综合判别项目必须挂接

C. 如果挂接了视程障碍综合判别项目，能见度自动观测设备必须挂接

D. 挂接天气现象自动观测设备时，只需挂接降水类天气现象传感器

6. MOIFTP 的主要参数有（ ABDE ）。

A. FTP 通信参数　B. MOI 软件路径

C. 值班员手机号码　D. 软件监控路径

E. 文件发送时间

7. 百叶箱的作用是（ ABC ）。

A. 防止太阳对仪器的直接辐射和地面对仪器的反射辐射

B. 保护仪器免受强风、雨、雪等的影响，并使仪器感应部分有适当的通风

C. 能真实地感应外界空气温度和湿度的变化

D. 防止太阳对仪器的各类辐射

8. 保证能见度仪能够精确测量应注意的技术关键有（ BCD ）。

A. 波段多选 30～110 nm 之间　B. 及时清洁镜面

C. 保持光电系统的温度控制　D. 精确测定出射光的强度

9. 造成测温仪器滞后的原因有（ AB ）。

A. 元件与四周环境的热交换需要一个过程

B. 指示系统有延迟特性

C. 环境温度不恒定

D. 辐射误差

E. 自然通风的不均匀分布

10. 大气科学工作范围内的温度测量包括（ ACD ）的测量。

A. 气温　　B. 草温　　C. 土壤温度

D. 水温　　E. 地温

11. 当所测的直径达到以下数值时，尚须测定一次积冰最大重量，以（ A ）为单位，取整数：单纯的雾凇（ C ），雨凇、湿雪冻结物或包括雾凇在内的混合积冰（ E ）。

A. g/m　　B. g/cm　　C. 38

D. 37　　E. 31

12. 地面观测资料进行内部一致性检查时，正确的检验规则有（ ACD ）。

A. 极大风速≥最大风速

B. 海平面气压≥本站气压

C. 积雪深度≥5 cm 时，应有雪压值

D. 风向为“C”时，风速≤0.2 m/s

E. 露点温度<气温

13. 地面气象观测数据质量控制的一般顺序为（ ADBCGFE ）。

A. 格式检查　　B. 界限值检查　　C. 主要变化范围检查

D. 缺测检查　　E. 空间一致性检查　　F. 时间一致性检查

G. 内部一致性

14. 地面气象观测在（ BCDF ）等方面要保持高度统一。

A. 技术要求　　B. 观测时间　　C. 数据处理

D. 观测仪器　　E. 观测记录　　F. 观测方法

15. 地面气象观测在（ ABD ）方面要充分满足记录的代表性要求。

A. 选择站址　　B. 仪器性能

C. 观测方法　　D. 仪器安装位置

16. 地面月报表纪要页主要记载（ ABCD ）等内容。

A. 重要天气现象及其影响　　B. 台站附近江、河、湖、海状况

C. 台站附近道路状况　　D. 台站冬季高山积雪状况

17. 地面月报表中 A 文件包括（ ABCD ）几部分。

A. 参数部分　　B. 观测数据部分

C. 质量控制部分　　D. 附加信息部分

18. 地区间传递国际温标 ITS-90 所需要的一级标准温度表常用（ B ）材料制成。（ A ）是适用于二级标准器的材料。

A. 铜　　B. 纯铂　　C. 铂合金

D. 钨　　E. 黄金

19. 对液态降水，采用与地面齐平的雨量器可以有效地减少风的影响和场地对风的影响，或采用下列方法使气流在雨量器受水口上方水平流动，具体包括（ CD ）。

A. 将雨量器安装在斜坡

B. 将雨量器安装在建筑物的顶部

C. 在雨量器周围装防风圈

D. 将雨量器安装在有稠密而均匀的植被的地方，植被应当经常修剪，使其高度与雨量器受水口高度保持相同

20. 对于风速传感器,可以达到的且又令人满意的特征是:量程 0.5～75（1～150 kn）;线性（ A ）m/s（±1 kn）;响应长度（ D ）m。

A. ±0.5　　B. ±1.0　　C. 2～3　　D. 2～5

21. 风力等级表中,6 级和 8 级相当于 10 m 高处的风速范围分别是（ CE ）m/s。

A. 10.7～13.6　　B. 10.7～13.8　　C. 10.8～13.8

D. 17.1～20.8　　E. 17.2～20.7

22. 风向的测量仪器是风向标,可以分为（ ACDE ）这几个部分。

A. 风尾　　B. 单尾　　C. 指向杆

D. 平衡重锤　　E. 旋转主轴　　F. 旋转力矩

23. 干湿表系数的影响因子有（ ABCD ）。

A. 干湿表的设计　　B. 通风速率　　C. 空气温度

D. 空气湿度　　E. 气压

24. 高的草,不时倾伏于地,大树枝摇动,电线呼呼有声,撑伞困难;轻度大浪开始形成,到处都有更大的白沫峰(有时有些飞沫)。这时目测风的等级与速度(中值)应为（ EC ）。(此题为顺序题)

A. 7.0 m/s　　B. 9.0 m/s　　C. 12.0 m/s

D. 5 级　　E. 6 级　　F. 7 级

25. WMO 建议,性能良好的毛发湿度表应能在 0～30 ℃,相对湿度为 20%～80%时,在（ C ）内指示出相对湿度阶跃变化的 90%,并仅有（ E ）的不确定度。

A. 1 分钟　　B. 2 分钟　　C. 3 分钟

D. 1%　　E. 3%　　F. 5%

26. 关于地面气象记录月报表中观测记录的统计,下列方法有误的是（ BCDE ）。

A. 水汽压月极值及出现日期从逐日各定时记录中挑取

B. 冻土深度的月极值及出现日期,从冻结层的上限深度中挑取

C. 月最大、极大风速的风向,若出现两个或以上时,风向记并记

D. 全月无降水时,最长连续无降水日数、起止日期栏,均空白

E. 日平均云量量别日数按总、低云量分别统计其日平均云量(3 次平均)为 0～2、3～7、8～10 成的日数

27. 某时次自动气象站风速记录异常,该正点时次的记录按（ BCA ）的顺序代替。

A. 备份自动站记录　　B. 正点前 10 分钟记录

C. 正点后 10 分钟记录　　D. 内插

28. 湿度传感器的每月维护情况应在（ ABC ）中记录。

A. 气簿-1 备注栏　　B. MDOS 元数据　　C. ASOM 月维护

29. 仪器坚固性是一个一般性的概念,它大致用下述这几方面的内容进行考量。（ ABCD ）

A. 仪器无故障平均运行时间

B. 仪器运行对环境温度、湿度等要素变化范围的数值要求

C. 电源电压波动允许的范围

D. 仪器外装饰(例如涂层)出现明显锈蚀的时间长短

30. 总辐射是指水平面上,天空 2π 立体角内所接收到的（ C ）和（ D ）之和。

A. 短波辐射　　B. 长波辐射　　C. 散射辐射

D. 直接辐射　　E. 反射辐射

31.《地面气象观测规范(2003版)》规定,关于极值项目统计正确的是(ABCD)。

A. 日极值有缺测时,则从各日实有的日极值中挑选月极值

B. 水汽压定时记录有缺测时,则从各日实有定时记录中挑取月极值

C. 日降水量有缺测时,则从各日实有日总量中挑取一日最大降水量

D. 月极值有缺测时,则从各月实有月极值中挑取年极值;降水自记记录(或自动观测每分钟降水量)有缺测时,缺测时段人工观测的定时降水量记录应参加各时段年最大降水量及开始时间的挑选

32.《地面气象观测规范(2003版)》指出,(ABCD)属于要素的相关性检查。

A. 干球温度≥湿球温度　　B. 定时温度≥露点温度

C. 总云量≥低云量　　D. 极大风速≥最大风速

F. 定时风速≤日最大风速

33. 传感器安装时,应考虑方向的是(CE)。

A. 气温　　B. 雨量　　C. 风向

D. 风速　　F. 日照

34. 只要日照计安装正确,当(CD)阳光直射赤道时,感光迹线为通过筒身横切面的一条直线。

A. 冬至　　B. 夏至　　C. 春分　　D. 秋分

35. 人工观测云量与自动观测云高记录矛盾时,仅对定时观测时次记录进行处理。下列处理方法正确的是(AD)。

A. 有云量无云高时,维持原记录　　B. 有云量无云高时,删除云量记录

C. 无云量有云高时,维持原记录　　D. 无云量有云高时,删除云高记录

36.《气象仪器和观测方法指南(第6版)》指出,下列所述哪些是电阻温度表的误差来源?(ABCD)

A. 温度表元件自身加热

B. 导线电阻补偿不当

C. 传感器或处理仪器非线性补偿不当

D. 开关接触电阻的突变

E. 导线电阻随温度而变

37.《气象仪器和观测方法指南(第6版)》规定,(BD)的降水总量,至少应精确到1 mm。

A. 候　　B. 周　　C. 旬　　D. 月

38.《气象仪器和观测方法指南(第6版)》指出,测量结果的复现性是指在不同条件下,对相同的被测量物进行测量的结果之间相一致的程度。以下属于复现性“变化的条件”的是(ABC)。

A. 测量原理　　B. 测量方法　　C. 来源标准　　D. 测量误差

39.《天气现象电码表》指出00—99中不用的天气现象电码包含(BCE)。

A. 01,02,03,04,05　　B. 08,11,12,13

C. 17,18,19　　D. 28,29

E. 76,77,78,79　　F. 90至99

40.《气象仪器和观测方法指南(第6版)》建议测风仪器的标准安置高度是地面以上(B);风速表与任何障碍物之间的距离至少是障碍物高度的(E)。

A. 8 m　　B. 10 m　　C. 3倍

D. 8倍　　E. 10倍

41.《气象仪器和观测方法指南(第6版)》中对气象仪器最重要的要求包括(ACE)。

A. 准确度　　B. 代表性　　C. 可靠性

D. 比较性　　E. 操作与维护方便

42.《现代气象观测(第2版)》指出,仪器性能的首要因素是感应原理,由感应原理决定了它的主要性能指标,包括(ABCD)。

A. 灵敏度　　B. 精确度

C. 惯性(时间常数)　　D. 坚固度(含稳定性)

43.《现代气象观测(第2版)》指出,紫外辐射的测量仪器的感应原理基本上采用(ABD),这三种方法适用于不同的紫外波段。

A. 电离效应　　B. 光电效应　　C. 热效应　　D. 摄影感光

44. 根据现行业务规定,需在值班日记中记录的内容包括(ABCE)。

A. 台站探测环境变化情况　　B. 14时或20时补测雪深、雪压

C. 出现雷暴的天气现象记录　　D. 出现雨凇(或雾凇)的天气现象记录

E. 备用站的运行情况

45. 关于观测处仪器的布设,高的仪器设施安置在(C),低的仪器设施安置在(D);各仪器设施东西排列成行,南北布设成列,相互间东西间隔不小于(B)m,南北间隔不小于(A)m,仪器距观测场边缘。

A. 3　　B. 4　　C. 北边　　D. 南边

46. 关于日照的观测与记录说法正确的是(ABC)。

A. 日照时数全天缺测量,若全日为阴雨天气,则日照时数日合计栏记0.0,否则,该日日照时数按缺测处理,日合计栏记"—"

B. 日照计安装不正确将导致日照记录"失真"。在实际工作中,可用晴朗无云的日子里的感光迹线来检查仪器的安装情况

C. 仪器方位安装不正确时,若北端偏西,则冬半年上午MT长,下午MT短,夏半年相反

D. 日照计底座安装北高南低或安装纬度大于当地实际纬度,感光迹线偏北;反之,感光迹线偏南

47. 关于时极值异常处理的说法正确的是(ABCD)。

A. 某时次的气温、相对湿度、风速、气压、地温、草温(雪温)因分钟数据异常而影响时极值挑取时,时极值应从本时次正常分钟实有记录和经处理过的正点值中挑取

B. 若极值从本时次正常分钟实有记录中挑得,则极值和出现时间正常记录

C. 若极值为经处理过的正点值,且该正点值为正点后10分钟内的代替数据、备份站正点记录、前后时次内插值或人工补测记录值,则极值出现时间记为正点00分

D. 不能从以上记录中挑取时,时极值按缺测处理

48. 观测场最多风向的上风方向(A)范围内(C)、其他方向(D),在此范围内不宜规划工矿区,不宜建设易产生烟幕等污染大气的设施。

A. 90°　　B. 180°　　C. 5000 m

D. 2000 m　　E. 1 km

49. 海平面气压计算:气柱平均温度 t_m 公式中,t 为(　　)的气温(℃);t_{12} 为(　　)的气温(℃);γ 为(　　),规定采用(　　);h 为气压传感器(水银槽)海拔高度(m)。(BACF)

A. 观测前12小时　　B. 观测时

C. 气温垂直梯度　　D. 观测时平均

E. 0.65 ℃/100 m　　F. 0.5 ℃/100 m

50. 减小辐射误差是气温观测中的关键问题，防止辐射误差的途径有（ ABCD ）。

A. 屏蔽，使太阳辐射和地面反射辐射不能直接照射到测温元件上

B. 增加元件的反射率

C. 人工通风，促使元件散热

D. 采用极细的金属丝元件，细丝具有较大的散热系数

51. 降水强度是指单位时间的降水量，通常测定（ BCD ）时间内的最大降水量。

A. 1 分钟　　B. 5 分钟　　C. 10 分钟

D. 1 小时　　E. 24 小时

52. 可安装在天空条件符合要求的屋顶平台上的气象观测设备开展观测的项目有（ ABDEF ）。

A. 总辐射　　B. 风　　C. 净全辐射

D. 日照　　E. 散射辐射　　F. 直接辐射

53. 空盒测压的温度补偿的方法有（ BC ）。

A. 反复老化　　B. 双金属片补偿法

C. 残余气体法　　D. 防辐射措施

54. 霾现象自动观测的台站，日数据文件中霾的记录说法正确的有（ ABCD ）。

A. 日内正点时次的现在天气现象（wwW_1W_2中的 ww）为霾且持续 6 个（含）以上时次，则当日日数据文件连续天气现象段记霾

B. 日内正点时次的现在天气现象（wwW_1W_2 中的 ww）为霾且持续记录不足 6 个时次，但 20 时日界前后达 6 个（含）以上时次，若日界前或日界后持续霾现象记录达 4 个（含）以上时，则在相应日记霾；若日界前和日界后持续霾记录均为 3 个时次，只在日界前记霾

C. 08 时白天与夜间时段霾的记录原则，参照 20 时跨日界情况处理

D. 若某时次现在天气现象缺测，则该时次按无霾现象记录处理

55. 每次测定积冰重量后，随即还应观测 1 次（ AC ），记录在观测簿当天"南北"向的相应栏中。

A. 气温　　B. 湿度

C. 2 分钟平均风向风速　　D. 10 分钟平均风向风速

56. 每次定时观测后，登录 MDOS、ASOM 平台查看本站数据完整性，根据系统提示疑误信息，及时处理和反馈疑误数据，按要求填报（ BCD ）等。

A. 疑误信息　　B. 元数据信息

C. 维护信息　　D. 系统日志

57. 目前基准、基本站需观测，一般站取消观测的观测项目有（ ABD ）。

A. 云高　　B. 云量　　C. 云状

D. 蒸发　　E. 雪深

58. 目前业务中，不需观测记录的天气现象有（ ABE ）。

A. 冰粒　　B. 雷暴　　C. 雨凇

D. 积雪　　E. 雪暴

59. 气象观测的分钟要素存储时将原值扩大 10 倍的有哪几项？（ ABD ）

A. 气温　　B. 气压　　C. 相对湿度　　D. 风速

60. 气象观测仪器的一般要求有（ ACDEF ）。

A. 应具有业务主管部门颁发的使用许可证，或经业务主管部门审批同意用于观测业务

B. 具有足够的观测精度

C. 准确度满足规定的要求

D. 可靠性高，保证获取的观测数据可信

E. 仪器结构简单、牢靠耐用，能维持长时间连续运行

F. 操作和维护方便，具有详细的技术及操作手册

61. 气象上通常使用（ ABD ）测量气压。

A. 水银气压表　　B. 电子气压表

C. 沸点气压表　　D. 空盒气压表

62. 气象探测环境受到破坏后，直接影响到地面观测资料的（ ABC ）。

A. 代表性　　B. 准确性　　C. 比较性　　D. 连续性

63. 气象温度表的结构有几种主要形式，包括（ ABCD ）。

A. 标尺刻在温度表表柱上的套管型

B. 标尺刻在固定于温度表柱上乳白色玻璃板上的套管型

C. 标尺刻在表柱上并固定于一个金属、瓷或木质的有标度数值的背板上，无套管型

D. 标尺刻在表柱上的无套管型

64. 气象学需要测量的温度主要有（ ABCDE ）。

A. 近地面气温　　B. 地表温度

C. 不同深度的土壤温度　　D. 海面和湖面的温度

E. 高空气温　　F. 草面温度

65. 气象业务中不得使用（ A ）或者被（ C ）许可后生产的气象观测专用技术装备。

A. 未经许可　　B. 超检仪器　　C. 注销、撤销报废

66. 强风劲吹，最大阵风 8 级，持续了近一个小时，风向由 SSW 转 N，同时地面尘沙吹起，气温下降，气压上升，能见度降至 800 m。这时天气现象应记为（ BD ）。

A. 飑　　B. 大风　　C. 扬沙　　D. 沙尘暴

67. 人眼的对比视感大小与（ ACD ）有关。

A. 观测者的视力

B. 目标物与背景的亮度对比

C. 观测时光照条件

D. 目标物视角的大小

68. 日数据文件第 2 条记录的电线积冰现象可以是（ ABCD ）。

A. 0056　　B. 0048　　C. 5648

D. ////　　E. 5600

69. 日照计在春秋分这一天的感光迹线不是一条直线，且感光迹线偏南，可能原因有（ CE ）。

A. 仪器安装方位不正确，北段偏西

B. 仪器安装方位不正确，北段偏东

C. 日照计南北方向不水平，仪器底座北高南低

D. 日照计南北方向不水平，仪器底座北低南高

E. 安装纬度大于当地实际纬度

F. 安装纬度小于当地实际纬度

70. 日照数据文件中第一条记录为本站基本参数,包括(ABCF)。

A. 区站号　　B. 经度　　C. 纬度

D. 仪器类型　　E. 观测方式　　F. 日照时制

71. 日照仪器安装不正确,安装后日照仪器北端偏西,下列说正确的是(AD)。

A. 冬半年上午 MT 长,下午 MT 短

B. 冬半年上午 MT 短,下午 MT 长

C. 夏半年上午 MT 长,下午 MT 短

D. 夏半年上午 MT 短,下午 MT 长

72. 如某次测到两个冻结层,上面一段冰柱在 0 cm 至 7 cm 间,下面一段冰柱在 20 cm 至 150 cm 间,在中间段未冻结,则第一栏记(B)一段冰柱的测定值,上限深度记(E)cm,下限深度记(F)cm。

A. 上面　　B. 下面　　C. 0　　D. 7

E. 20　　F. 150

73. 散射式能见度仪可以分为(ABD)。

A. 前向散射型　　B. 后向散射型

C. 分向散射型　　D. 侧向散射型

74. 散射式能见度仪中,(B)的工作原理最为接近透射仪,(C)安装最为方便,常制成便携式,(D)能接收较宽视角散射光,还能测得代表性较好的资料。

A. 反向散射式　　B. 前向散射式

C. 后向散射式　　D. 侧向散射式

75. 台站数据文件上传到省级中心站视为无效的文件并删除的有(ACD)。

A. 上传时间在应观测时间之前的文件

B. 内容有错误的文件

C. 内容全部为缺测的文件

D. 文件名完全相同的后一份文件。

76. 土壤含水量的表示方法有(ABC)。

A. 质量比　　B. 体积比　　C. 每米土壤深度中含水的厘米数

77. 土壤含水量的测量方法有(ABCD)。

A. 烘干失重法　　B. 中子散射法　　C. 时域反射法　　D. 张力计法

78. 为了使不同时间、不同地点的水银气压表读数转换成可用的大气压值,应作下列修正:(ABC)。

A. 器差修正　　B. 重力修正　　C. 温度修正　　D. 标准差修正

79. 温湿度传感器距地面高度在合理范围之内的有(ABCD)。

A. 1.46 m　　B. 1.50 m　　C. 1.53 m

D. 1.54 m　　E. 1.56 m

80. 我国气象站使用的 E-601B 型蒸发器由(ABDE)等组成。

A. 蒸发桶　　B. 水圈　　C. 土圈

D. 溢流桶　　E. 测针

81. 雾凇是指：空气中水汽直接（ D ），或过冷却雾滴直接（ E ）在物体上的乳白色冰晶物，常呈毛茸茸的（ C ）或表面起伏不平的（ B ），多附在细长的物体或物体的迎风面上，有时结构（ A ）。

A. 松脆　　B. 粒状　　C. 针状

D. 凝华　　E. 冻结

82. 下列哪些项目不需要在备注栏备注？（ BD ）

A. 不完整记录的统计方法说明

B. 台站视区内高山积雪的简单描述

C. 观测项目、方法和观测仪器的变动情况

D. 在本地范围内进行人工影响局部天气作业情况

83. 下列内容应录入年报表备注栏的有（ ACD ）。

A. 影响日照记录的障碍物最大仰角

B. 某日 03 时气温由内插求得

C. 某一新建筑物对观测环境造成影响

D. 某日 02—11 时定时风向风速缺测 10 小时

E. 某日自动站各时降水量用翻斗式雨量计记录代替

84. 下列时极值异常记录处理正确的是（ ABCD ）。

A. 若极值从本时次正常分钟实有记录中挑得，则极值和出现时间正常记录

B. 若极值为正点后 10 分钟内的代替数据，极值出现时间记为正点 00 分

C. 若极值为备份站正点记录代替，极值出现时间记为正点 00 分

D. 若极值为前后时次内插值或人工补测记录值，则极值出现时间记为正点 00 分

85. 下列说法不正确的是（ ABC ）。

A. 当前保留的 23 种天气现象中，记录起止时间的有 15 种

B. 由于降水现象影响，自动观测能见度小于 7.5 km，要记录视程障碍现象

C. 视程障碍现象自动判识的台站，沙尘暴、雪暴、雾、浮尘、霾现象自动能见度小于 0.75 km 时，每天每一种现象记录一个最小能见度

D. 视程障碍现象方面，能见度人工观测的台站，其判识阈值分别为 10.0 km 和 1.0 km

86. 毛毛雨定义内容包含（ CE ）。

A. 下降时清楚可见，强度变化较缓慢

B. 落在水面上会激起波纹和水花

C. 稠密、细小而十分均匀的液态降水

D. 常缓缓飘落，强度变化较缓慢

E. 下降情况不易分辨

87. 下面哪些情况下，指定需观测雪压的台站需观测雪压（ BCD ）。

A. 1 月 1 日 08 时雪深 6 cm(12 月 31 日雪深 5 cm)

B. 1 月 5 日 08 时雪深 5 cm

C. 1 月 6 日 08 时雪深 10 cm

D. 1 月 31 日 08 时观测雪深 7 cm

E. 2 月 1 日 08 时雪深 10 cm

88. 下面哪些要素自动观测记录异常时可以采取内插记录代替（ ABD ）。

A. 气压　　B. 相对湿度　　C. 风速　　D. 草温

89. 选出以下天气现象中不记起止时间的天气现象（ BD ）。

A. 浮尘　　B. 轻雾　　C. 雨凇　　D. 霾

90. 以下 A 文件中，纪要项目与标识正确的有（ CD ）。

A. 01—重要天气现象及其影响；02—台站附近道路状况

B. 03—台站附近江、河、湖、海状况；04—台站附近高山积雪状况

C. 05—冰雹记载；06—罕见特殊现象

D. 07—人工影响局部天气情况；08—其他事项记载

91. 以下关于地面气象观测站分类的说法，错误的是（ BCD ）。

A. 国家基准气候站是国家气候站网的骨干，必要时可承担观测业务试验任务

B. 国家基本气象站大多担负区域或国际气象情报交换任务，是国家天气气候站网中的主体

C. 国家一般气象站是按国家行政区划设置的地面气象观测站，获取的观测资料主要用于本省（区、市）和当地的气象服务，也是国家天气气候站网观测资料的补充

D. 无人值守气象站用于天气站网的空间加密，观测项目和发报时次可根据需要而设定

92. 以下哪些地面观测记录要标记为错误？（ AC ）

A. 冻土深度上限≥下限　　B. 风向为北东北，记为 NNE

C. 时间为 0≤小时≤24，0≤分钟≤60　　D. 各时日照时数≤1.0 小时

93. 以下是国务院气象主管机构指定台站观测的项目的有（ ABCD ）。

A. 云　　B. 电线积冰　　C. 辐射　　D. 蒸发

94. 以下选项中可用于 A 文件（AIIIii-YYYYMM.txt）中气温（T）方式位的有（ ACD ）。

A. 0　　B. 6　　C. 9　　D. B

95. 影响能见度的因子有（ ACD ）。

A. 大气透明度　　B. 目标物的视角大小

C. 目标物和背景的亮度对比　　D. 观测者的视觉感应能力

96. 用水银作温度表的优点是（ ABCDF ）。

A. 纯水银容易得到　　B. 比热小　　C. 导热系数高

D. 对玻璃无湿润　　E. 膨胀系数小　　F. 饱和蒸汽压小

97. 由于制造条件的技术限制，水银气压表具有一定的误差，其中一部分误差可以通过与标准表的比较，找到仪器在各个刻度上的订正值，还有一部分则包含在读数中无法加以校准的误差，气压表的主要仪器误差有（ BCD ）。

A. 水银不纯　　B. 仪器的基点和标尺不准确

C. 管顶的真空度不高　　D. 气压表管内的毛细管现象

98. 在 08、14、20 时整点前半小时（31—00 分）内观测到（ BD ）现象达到发报标准时，其相关内容合并在正点长 Z 文件中，不另发重要天气报。

A. 雷暴　　B. 大风　　C. 龙卷

D. 冰雹　　F. 大雾

99. 对于重要天气报 GGggW$_0$组，下列说法正确的有（ BC ）。

A. GGgg：为重要天气现象达到发报标准的时间（世界时）

B. 按本省（区、市）要求的发报标准编发的重要天气报告，W$_0$ 报 1

C. 按国家气象中心要求的发报标准编发的重要天气报告，W$_0$ 报 0

D. 同时符合本省（区、市）和国家气象中心要求的发报标准时，W$_0$ 报 1

100. 在地面气象记录月报表的备注栏填写规定中，台站周围环境变化情况的内容应包括（ ABCDEF ）。

A. 台站周围建筑物　　B. 道路、河流、湖泊

C. 树木　　D. 绿化

E. 土地利用、耕作制度　　F. 距城镇的方位距离

101. 造成前向散射仪 MOR 测量值产生误差的主要原因，除受系统的电子器件的不稳定性或设备光学系统受大气污染的沾污外，还包括以下哪些原因？（ ABCD ）

A. 校准误差（在能见度太低或在影响消光系数不稳定条件下进行校准；校准过程中使用不透明散射体，在程序或材料上缺乏重复性）

B. 日出日落的干扰，以及仪器初始取向的不良

C. 散射系数以较弱的电流或电压信号进行远程传输时，受电磁场的干扰

D. 大气条件（雨、雪、冰晶、沙、局地污染等）得出的散射系数不同于相应的消光系数

102. 重要天气报种类包括（ ABD ）。

A. 雾　　B. 大风

C. 扬沙　　D. 冰雹

103.《地面气象应急加密观测管理办法》规定，出现以下（ ABD ）情况之一时，可根据需要启动地面气象应急加密观测。

A. 重大灾害性天气过程预报服务需要

B. 重大活动气象保障服务需要

C. 三级以上（含三级）气象灾害应急响应需要

D. 其他经批准需要开展的地面气象应急加密观测

104. 某站某时的长 Z 文件中，某行内容为"VV 06226 06220 05391 1101…"，该行各数据项分别对应的是（ BACD ）。

A. 10 分钟平均水平能见度　　B. 1 分钟平均水平能见度

C. 最小能见度　　D. 最小能见度出现时间

105. 在 ISOS 软件采集部分（SMO）首次运行时，必须进行配置的参数有（ ABCD ）。

A. 台站参数　　B. 观测项目挂接

C. 分钟极值参数设置　　D. 小时极值参数设置

E. 报警参数

106. 某站 9 月 10 日前地面气象测报业务软件运行正常，该日 08 时后误删除了 BaseData.mdb 文件，下列操作中将会出现错误有（ CD ）。

A. 9 月 10 日逐日地面数据维护

B. 9 月 11 日 14 时天气报

C. 9 月 30 日逐日地面数据维护

D. 10 月 1 日定时观测

107. 下列传感器或设备在进行安装时需要考虑方向的有（ BDF ）。

A. 雪深传感器　　B. 风向传感器

C. 风速传感器　　D. 前向散射能见度仪

E. 称重式雨量传感器　　F. 日照计

108.《地面气象观测规范》对地面气象观测站使用的自动气象站基本技术性能进行了明确的规定，以气温为例，测量范围：－50～＋50 ℃；分辨力：0.1 ℃；准确度：0.2 ℃；平均时间：1 分钟；自动采样速率：6 次/分钟 。以下说法正确的有（ ABCD ）。

A. “测量范围”表示在保证主要技术性能情况下，仪器能测量的最大值和最小值区间

B. “准确度”表示测量结果与被测量真值的一致程度

C. “分辨力”表示仪器测量时能给出的被测量值的最小间隔

D. “采样速率”表示自动观测时获取被测量数据的时间间隔

109. 关于前向散射能见度仪的现场校准，下列说法正确的是（ AC ）。

A. 现场校准应选择能见度很好(超过 10 km)的天气条件下进行

B. 冬季校准时，雪后能见度很好(超过 10 km)也可进行校准

C. 仪器现场校准时，设备至少稳定工作 10 分钟

D. 现场校准时，必须关闭电源

110. 关于称重式降水传感器的现场测试，下列说法错误的是（ BD ）。

A. 应选择晴朗的天气进行现场测试

B. 测试过程中，数据线是否拔下无所谓

C. 使用雨量校准仪进行现场测试时，应重复进行 3 次，并分别进行误差计算

D. 测试过程中，无须断开称重式传感器电源

111. 在日常对总辐射表维护时，需要做以下哪些检测与维护？（ ABCD ）

A. 检查总辐射表是否水平，如不平则利用水准器调整底座螺旋

B. 检查总辐射表的感应面和玻璃罩是否完好，若损坏则需报修

C. 检查总辐射表的玻璃罩是否有灰尘、雨霜等，若有则用镜头刷或麂皮擦拭干净

D. 检查干燥器内硅胶是否受潮，若变成红色或白色则要及时更换

E. 当有降水出现时，为防止总辐射表进水，需要对总辐射表加盖，雨停后即把盖打开

112. 以下内容中，不需要在 AIIIii-YYYYMM.txt 文件中作备注的有（ ABCD ）。

A. 17 日因结冰，小型蒸发量采用台秤称重量得到

B. 2 日因降水影响，总辐射表 8 时 36 分至 10 时 28 分加盖

C. 18—20 时因气压传感器海拔高度错误，A 文件中海平面气压用更正后的海拔高度重新计算得到

D. 28 日因草株高度超过 10 cm，09 时 35 分对草面温度传感器场地的草层进行了修剪

E. 7 日 20—08 时人工雨量筒有明显不水平，对降水量测量有影响

113. 目前业务中，需要发重要天气报的天气现象有（ AD ）。

A. 大风　B. 降水　C. 雨凇　D. 冰雹

114. 下列选项中，属于目前需要观测和记录的天气现象的是（ BCDEF ）。

A. 米雪　B. 冰雹　C. 霜

D. 露　E. 雾凇　F. 浮尘

115. 以下属于取消的现在天气现象电码是（ BD ）。

A. 08、09　B. 18、19　C. 28、29

D. 38、39　E. 78、79

116. 目前中国气象局许可的称重式降水传感器所采用的测量技术有（ AC ）。

A. 应变电阻　B. 压敏电容　C. 振弦　D. 继电器

117.《仪器与观测方法指南》规定，陆地天气站和主要的气候站至少每两年检查一次。检查内容包括（ ABCD ）。

A. 仪器的位置与安装状况是否已经测知和是否合乎要求

B. 仪器是否属于被批准的型号，是否属于良好的等级，以及是否根据需要定期用标准器作了检定

C. 观测方法以及由观测值计算导出量的程序是否统一

D. 观测员是否胜任其职责

118. 关于前向散射能见度仪日常维护，下列说法正确的是（ ABCD ）。

A. 一般每两个月定期清洁传感器透镜，可根据设备附近环境的情况，延长或缩短擦拭镜头的时间间隔

B. 每日日出后和日落前巡视能见度仪，发现能见度仪（尤其是采样区）有蜘蛛网、鸟窝、灰尘、树枝、树叶等影响数据采集的杂物，应及时清理

C. 可在基座、支架管内放置硫黄，预防蜘蛛

D. 维护过程中切忌长时间直视发射端镜头

119. 根据《前向散射能见度仪观测规范》，前向散射能见度仪安装地点应满足以下条件：（ ABCDE ）。

A. 装在对周围天气状况最具代表性的地点

B. 应不受干扰光学测量的遮挡物和反射表面的影响

C. 要远离大型建筑物

D. 远离产生热量及妨碍降雨的设施

E. 避免闪烁光源、树荫、污染源的影响

F. 距离大型水体至少 500 m

120. 称重式降水传感器安装完成后，应使用雨量标准器对传感器进行现场测试。测试方法如下：（ ABCD ）。

A. 先将数据线拔下，将其与雨量校准器的数据线相接

B. 并将雨量校准器清零

C. 采用雨量校准专用量杯量取 10 mm 水量，缓慢倒入内筒，模拟雨强为 2～4 mm/min

D. 每次现场测试重复进行 3 次，并分别进行误差计算

121. 根据《降水观测规范——称重式降水传感器》，以下哪项符合称重式降水传感器维护要求？（ ABCD ）

A. 当内筒内的液体较多或杂物过多时，应清空，然后添加相应的防冻液和蒸发抑制油

B. 当内筒内的防冻液和蒸发抑制油过少时，应适量添加

C. 维护之前应先断开称重式传感器电源，拔下的数据线。维护完毕后，再接上电源线和数据线

D. 每年春季应对称重式降水传感器进行防雷安全检查

122. 在长 Z 文件中，按原值输入的要素有（ ABCDEF ）。

A. 冻土深度　　B. 冰雹直径　　C. 云量

D. 风向　　E. 电线积冰直径　　F. 云高

123.《气象仪器和观测方法指南》规定了下列（ ABDE ）测量臭氧总量的方法。

A. 直接对准太阳光测量　　B. 直接对准月光测量

C. 前向散射紫外辐射的测量　　D. 天顶测量

E. 后向散射紫外辐射的测量　　F. 一定宽度角内散射积分的测量

124. WMO 在《气象仪器与观测方法指南》中建议采用以下哪些阵风参量？（ BCD ）

A. 响应长度　　B. 标准偏差　　C. 阵风峰值　　D. 阵风持续时间

125. 地面气象观测的（ CE ）须进行纬度状态检查。

A. 风向传感器　　B. 风速传感器　　C. 日照

D. 气压传感器　　E. 天空散射辐射　　F. 能见度传感器

126. 按规范的要求对观测场内仪器设施进行布置，其目的是使观测员的观测活动尽量减少对观测记录（ AB ）的影响。

A. 代表性　　B. 准确性　　C. 比较性　　D. 连续性

127. E-601B 型蒸发器的蒸发桶器口高于地面（ D ）cm、高于土圈（ B ）cm、高于水圈口缘（ A ）cm，土圈宽度（ D ）cm。

A. 5～6　　B. 7.5　　C. 22.5　　D. 30

128. 气表-1 中，日照量别日数分别统计当月逐日的日照时数占本站纬度该月（ B ）日可照时数的（ F ）及以上和（ C ）及以下的日数。

A. 14　　B. 16　　C. 20％

D. 30％　　E. 50％　　F. 60％

129. （ ABC ）是表示空气性质的气象要素。

A. 气压　　B. 温度　　C. 湿度

D. 风向　　E. 风速

130. Y 文件维护中，异常气候现象指月、年平均（ AD ）等主要气候要素出现 30 年以上一遇，或离散程度达到（ E ）倍标准差以上的极端情况。

A. 气温　　B. 气压　　C. 日照时数

D. 降水总量　　E. 2　　F. 3

131. 前向散射能见度仪传感器部分包括（ ABD ）。

A. 接收器　　B. 发射器　　C. 中央处理单元　　D. 控制处理器

132. 测量空气湿度的主要方法有（ ABDEF ）。

A. 光学法　　B. 热力学方法　　C. 电学法

D. 露点法　　E. 吸湿法　　F. 称量法

133. 在 AIIIii-YYYY.txt 文件中，数据可能录入“,,,”的要素有（ CDE ）。

A. 能见度　　B. 降水量　　C. 雪深

D. 蒸发量　　E. 冻土　　F. 湿球温度

134. 在 AIIIii-YYYY.txt 文件中，下列数据或格式有误的有（ ABD ）。

A. 天气现象：42 0800 1320；300，50 0800 0910，10，70 1248 1710 1812，.

B. 降水量：0002 30/12/2011 0054＝

C. 云量：11 06 04＝

D. 备注：11/03/08；14；20

135. 关于天气现象栏与电线积冰记事栏，下述叙述错误的有（ AB ）。

A. 天气现象栏有雨凇（或雾凇）时，电线积冰记事栏必须有雨凇（或雾凇）

B. 电线积冰记事栏无雨凇（或雾凇）时，天气现象栏必须无雨凇（或雾凇）

C. 电线积冰记事栏有雨凇（或雾凇）时，天气现象栏必须有雨凇（或雾凇）

136. 在称重式降水传感器停用期间，应将内筒（ AB ）。

A. 清空　　B. 加盖　　C. 添加防冻液　　D. 添加抑制蒸发油

137. 目前我国使用遮光环订正系数来源理论值订正散射辐射，是在遮光环订正系数理论值基础上，又考虑了（ ABF ）等情况。

A. 月份　　B. 纬度　　C. 经度

D. 日照　　E. 降水量　　F. 总云量

138. 下列天气现象记起止时间的有（ ABDE ）。

A. 阵性雨夹雪　　B. 雪　　C. 积雪

D. 大风　　E. 浮尘　　F. 雷暴

139. 称重式降水传感器外壳的外形设计呈“凸”字形，具有上部窄下部宽的特点，可起到（ AD ）的作用。

A. 防风　　B. 防雨滴溅失　　C. 防外壳变形　　D. 减少蒸发

140. 在 AIIIii-YYYY. txt 文件中，下列要素（ BDEF ）的数据段随方式位的不同而发生变化。

A. 湿球温度　　B. 降水量　　C. 蒸发量

D. 电线积冰　　E. 浅层地温　　F. 深层地温

141. 有下列观测项目（ BD ）的气象站，应观测作用层状态。

A. 总辐射　　B. 净全辐射　　C. 散射辐射　　D. 反射辐射

142. ISOS 业务软件中进行“数据归档”时，将在归档文件路径下形成下列哪些文件或文件夹？（ BCE ）

A. “bin”文件夹　　B. “dataset”文件夹

C. “metadata”文件夹　　D. “smo. loc”文件

E. “区站号 . prj”文件

143. A 文件中，若降水量≥1000. 0 mm，取整数（小数四舍五入），四位数中第一位用一特定符号表示，即（ B ）表示 1000＋，（ A ）表示 2000＋，后 3 位为降水量。

A. “:”　　B. “;”　　C. “,”　　D. “?”

144. A 文件中，降水上下连接值每月 3 组。第一组由 4 位数组成，录入当月最后一天 20 时至下月 1 日 08 时降水量，无降水量录入（ B ），缺测录入相应位数的（ D ）。

A. 4 个空格　　B. “0000”　　C. “----”　　D. “////”

145. A 文件中，小型蒸发皿或 E-601B（大型）蒸发桶结冰。若有记录时，只录入量，结冰符号不予考虑；若无记录时，录入（ B ）。若 E-601B 型蒸发器全月无记录时，在小型记录月结束符“（ C ）”后，接着录入“＝＜CR＞”。

A. “,”　　B. “,,,”

C. “＝＜CR＞”　　D. “＜CR＞”

146. A 文件中，积雪微量，雪深录入（ A ），雪压录入（ B ）。

A. “,,,”　　B. “000”　　C. “///”

147. A 文件中，冻土深度为微量者，上下限分别录入（ A ）。冻土超刻度记录，在实有值上加（ E ）录入。

A. “,,,”　　B. “000”　　C. “///”

D. “50”　　E. “500”

148. A 文件中，质量控制码含义：0 为数据正确，1 为数据可疑，（ B ）为数据有订正值，（ A ）为数据错误，（ C ）为数据已修改，8 为数据缺测，9 为数据未作质量控制。

A. 2　　B. 3　　C. 4

D. 5　　E. 6

149. 在J文件中,用作数据区分和控制的字符主要有:1小时结束为(A),1日结束为(B),全月结束为(C)。

A. “,<CR>” B. “.<CR>” C. “=<CR>” D. “,.<CR>”

150. 地面气象年报台站参数中,观测方式和测站类别(S×1×2),“S”为测站类别标识符(保留字),用大写字母表示。“×1×2”由2位数字组成,“×1”表示(A),“×2”表示(B)。(C)时器测项目为人工观测;(D)时,器测项目为自动站观测。

A. 观测方式 B. 测站类别 C. ×1=0

D. ×1=1 E. ×2=0 F. ×2=1

151. 地面气象年报质量控制指示码(CCC):第一位“C”为(A)质量控制指示码,第二位“C”为(C)质量控制指示码,第三位“C”为(B)质量控制指示码。C=0表示年报文件没有经过某级“质量控制”,C=1表示年报文件经过某级“质量控制”。

A. 台站 B. 国家级 C. 省(地区)级

152.《地面气象观测规范》规定,观测场一般为25 m×25 m的平整场地;确因条件限制,也可取16 m(东西向)×20 m(南北向),(ABC)不受此限。

A. 高山站 B. 海岛站 C. 无人站 D. 自动站

153.《地面气象观测规范》规定,国家基本站迁站对比观测的时间可为(CD)三个月。

A. 1、3、5 B. 2、6、8 C. 1、4、7 D. 7、10、1

154. 以下气象要素缺测时,可用内插法处理的有(ADE)。

A. 气温 B. 降水 C. 能见度

D. 气压 E. 蒸发 F. 水汽压

155. 下列要素缺测时,可用分钟数据代替的有(ABDE)。

A. 气温 B. 气压

C. 能见度 D. 两分钟风向风速

E. 十分钟风向风速 F. 瞬时风向风速

156. Y文件中,风要素项目由以下(ACE)数据段组成。

A. 风速 B. 年平均风速

C. 风的统计 D. 平均风向

E. 最多风向

157. 一般来说,海拔高度、季节、昼夜对云底高度的影响为(AC)。

A. 云底高度随海拔高度的增高而降低

B. 云底高度冬季高于夏季

C. 早晚低于中午

D. 云底高度夏季低于冬季

158. 在长Z文件中,(BCDEF)存在时,用基值1000减去原值后再扩大10倍后存入。

A. 气压 B. 变压 C. 气温

D. 地温 E. 变温 F. 露点温度

159. A文件中,在月定时回数统计中,能见度出现回数分别统计各定时能见度为(ACDEF)km的出现回数。

A. 0.0～0.9 B. 0.0～1.9 C. 1.0～1.9

D. 2.0～3.9 E. 4.0～9.9 F. ≥10.0

160.《气象仪器和观测方法指南(第6版)》指出,使用直接辐射表测量日照时数的典型误差包括(ABCD)。

A. 倾斜效应　　B. 对温度的依赖性
C. 非线性　　D. 零点漂移
E. 响应率

161. 当某些强度很大的天气现象,在本地范围内造成灾害时,应迅速进行调查,并及时记载。调查的内容包括(ACD)。

A. 影响的范围、地点、时间　　B. 伴随的天气现象
C. 受灾范围、损害程度　　D. 强度变化、方向路径

162. 总辐射表的余弦响应指标规定如下:太阳高度角为10°、30°时,余弦响应误差分别小于或等于(BA)%。

A. 5　　B. 10　　C. 15　　D. 20

163. 根据《气象仪器和观测方法指南(第6版)》,影响资料质量的因素包括(ABD)。

A. 仪器的校准　　B. 仪器的选择
C. 自然环境　　D. 仪器的安装

164. 下列目测风的记录中,正确的是(BE)。

A. NE,3.5 m/s　　B. NE,4.0 m/s
C. NNE,5.0 m/s　　D. NE,6.0 m/s
E. E,7.0 m/s

165. 目测风力时,当海面和渔船发生以下征象"小浪,波长变长;白浪成群出现。渔船满帆时,可使船身倾于一侧 "或陆上地物发生以下征象"能吹起地面灰尘和纸张,树枝动摇。高的草,呈波浪起伏",此时相当于平地10 m高处的风速(AD)。

A. 中数值7.0 m/s　　B. 中数值9.0 m/s
C. 范围5.5～9.9 m/s　　D. 范围5.5～7.9 m/s
E. 范围8.0～10.7 m/s　　F. 范围8.1～10.8 m/s

166. 日照的测量,除可使用暗筒式日照计、聚焦式日照计测量外,还可使用(ABCD)进行测量。

A. 直接辐射测量法　　B. 总辐射测量法
C. 对比法　　D. 扫描法

167. 在A文件中,以下要素可有2段或以上的是(ACDEF)。

A. 气压　　B. 日照　　C. 降水量
D. 电线积冰　　E. 浅层地温　　F. 蒸发量

168.《气象仪器和观测方法指南(第6版)》指出,气压表玻璃管的内径最好为(D)mm,不应小于(B)mm。

A. 6　　B. 7　　C. 8　　D. 9

169. 国家基本气象站,简称基本站。是根据全国(A)和(C)的需要所设置的地面气象观测站,大多担负区域或国家气象信息交换任务,是国家天气气候站网中的主体。

A. 气候分析　　B. 气象服务　　C. 天气预报　　D. 科学研究

170. 某台站某月5日雪深5 cm,6日雪深7 cm,10日雪深4 cm,11日雪深6 cm,12日雪深15 cm,15日雪深11 cm。需要观测雪压的日子有(ADEF)。

A. 5日　　B. 6日　　C. 10日
D. 11日　　E. 12日　　F. 15日

171. 总辐射表感应件的热电堆由（ AD ）构成。

A. 康铜　B. 康铜丝

C. 康铜镀锌　D. 康铜镀铜

172. 在自动观测数据中，当某定时（ ACD ）数据缺测时，不能用前后两定时数据内插求得。

A. 降水量　B. 气温　C. 水汽压

D. 风向风速　E. 蒸发量　F. 相对湿度

173. 下列属于系统误差的是（ ACD ）。

A. 水银气压表读数的重力差　B. 估计云量不准产生的误差

C. 地温表安装深度不准造成的误差　D. 风向传感器安装方位不准造成的误差

E. 日照纸涂药不良造成的误差

174. 以下时段中，（ ABCE ）是年最大降水量的 15 个时段之一。

A. 5 分钟　B. 45 分钟　C. 180 分钟

D. 300 分钟　E. 540 分钟

175. 对于百叶箱，以下说法正确的有（ ABCD ）。

A. 保护温、湿度仪器免受强风、雨、雪等的影响

B. 它的内外部分均应为白色

C. 防止太阳对仪器的直接辐射和地面的反射辐射

D. 使仪器感应部分有适当的通风，能真实地感应外界空气温度和湿度的变化

176. A 文件中，降水量的方式位有 3 个，分别是（ ABC ）。

A. 0　B. 2　C. 6　D. 8

177. 下列现象按强度编制现在天气现象电码的有（ BCE ）。

A. 雾　B. 雨　C. 阵雨

D. 雨凇　E. 沙尘暴

178. 在实际观测中，降水误差主要有（ ABCD ）。

A. 溅水误差　B. 蒸发误差　C. 风造成的误差　D. 沾水误差

179. 下列内容应录入年报表备注栏的有（ BCD ）。

A. 某日 12 时气温由内插求得

B. 某日更换气压传感器

C. 影响日照记录的障碍物最大仰角

D. 某一新建筑物对观测环境造成影响

E. 某日 05—11 时定时风向风速缺测

180. 在 A 文件中，“,,,”可能表示（ BCD ）。

A. 微量降水　B. 蒸发结冰　C. 微量冻土

D. 微量雪深　E. 雪深小于 5 cm，雪压录入值

181. 总结《地面气象观测规范》的仪器安装要求有如下规律，完全正确的有（ BE ）。

A. 安装要求与允许误差范围高度为：$H<50$ cm，误差为±1 cm

B. 安装要求与允许误差范围高度为：50 cm$<H<$100 cm，误差为±3 cm

C. 安装要求与允许误差范围高度为：100 cm$<H<$300 cm，误差为±5 cm

D. 安装要求与允许误差范围高度为：$H>300$ cm，误差为±10 cm

E. 温度表的基准部位均为感应部分中心

182. 地面年报表Y文件比月报表A文件少(BDF)等要素。

A. 水汽压　　B. 湿球温度　　C. 云量

D. 能见度　　E. 冻土　　F. 云高

183. 把蒸发器埋入地中，有助于减少不良边界影响，诸如侧壁上的辐射和大气与蒸发器本身之间的热交换。但其不利之处在于(ABCD)。

A. 导致蒸发器内会聚集更多的杂物，难以消除

B. 渗漏不易检测与纠正

C. 邻近蒸发器的植被影响更大

D. 在蒸发器与土壤之间存在明显的热交换

184. 每次测定积冰重量之后，随即还应观测气温和(B)风向、风速一次，记录在观测簿当天“(C)”向的相应栏中。若遇上只测定积冰直径、厚度而不测定重量的情况，此项观测应在测定厚度之后进行。

A. 10分钟平均　　B. 2分钟平均　　C. 南北　　D. 东西

三、判断题

1. 水平有效能见度小于1.0 km时，应观测和记录最小能见度。(×)

解析：沙尘暴、雾以及浮尘、霾现象出现，人工能见度小于1.0 km或自动能见度小于0.75 km时，都应观测和记录最小能见度，记录加方括号[]。

2. 若同一降水现象某两段的相隔时间虽在15分钟内，但其间歇时间却跨在日界两边时，则起止时时间照抄，不必进行综合。(√)

3. 出现冰雹时应测定最大冰雹的最大直径、最大平均重量。(×)

解析：当最大冰雹的最大直径大于10 mm时，应同时测量冰雹的最大平均重量，以克为单位，取整数，记入纪要栏。

4. 草温传感器高度距地为6 cm，当草层高于传感器时，应及时修剪草。(×)

解析：当草株高度超过10 cm时，应修剪草层高度。

5. 能见度仪有故障，人工补测时，四周视野一半的能见度是1000 m，另一半的能见度是950 m，能见度应记录0.9。(√)

6. 白天人工观测能见度，目标物的视角以≥0.5°为宜。(×)

解析：目标物的视角以0.5°～5.0°之间为宜。

7. 能见度自动观测或判别出现故障时，守班期间按人工观测方式每小时进行观测。(×)

解析：仅在定时观测时次进行补测。

8. 雨是指由云中落下的水滴构成的降水，其直径一般在0.5～5.0 mm之间。(×)

解析：雨的直径一般≥0.5 mm。

9. 在A文件中，冻土超刻度记录，在实有值上加“500”录入。(√)

10. 蒸发皿的口径越小，皿壁对测量值的附加增大越为明显。为此必须对实测值乘以一个大于1的折算系数。(×)

解析：乘以一个小于1的折算系数。

11. 总辐射传感器的感应面距地高度应为1.5±0.1 m，感应面应处于水平状态。(√)

12. 蒸发百叶箱安装在蒸发桶北侧，门朝向南，两者中心相距3 m。(√)

13. 遮光环除了遮去太阳辐射和太阳周围的天空散射外，还整整遮住了一个环形带的天空散射，因此记录下来的散射辐射显著偏小。在强辐射的季节，订正值可以高达10%以上。(×)

解析：在强辐射的季节，订正值可以高达20%以上。

14. 因气温下降至 0 ℃下而冻结少量的冰，不作为电线积冰。（ √ ）

15. 在记录云顶低于测站的高度时，云高按缺测处理。（ × ）

解析：观测时遇有云顶低于测站的云，应在观测簿纪要栏尽可能记录其云状、云量及利用已知高度的物体确定其云顶距离测站水平线下高度。

16. 降雹时应测定冰雹的最大直径，以毫米(mm)为单位，取整数，同时应记入备注栏。（ × ）

解析：应记入纪要栏。

17.《地面气象观测规范(2003 版)》规定，记录有缺测时，日合计栏及降水量的 20—08、08—20、08—08 时栏的候、旬、月合计值，由各栏横行或纵行累加而得。（ √ ）

18.《地面气象观测规范(2003 版)》，冻土器的安装为深度 50～350 cm，误差为±5 cm。（ × ）

解析：误差为±3 cm。

19. 标准大气压定义：纬度 40°的海平面上，温度为 0 ℃时，760 mm 水银柱高的大气压强称为一个标准大气压。（ × ）

解析：应为纬度 45°的海平面上。

20. 在积冰严重地区，积冰架上有发生上下两根导线上的积冰过于靠近，甚至相连情况的气象站，可在两个方向上多设置几组支架，上导线和下导线的距离可视积冰的严重情况而定。（ × ）

解析：应是可在两个方向上多设置几组支架，并将每组支架改为只挂置离地 220 cm 高的一根导线。

21. 雪枕是用来直接测量积雪深度的一种仪器。（ × ）

解析：雪枕用于测量枕上的积雪重量。

22. 风力是指风的强度，气象上用蒲福风级表示。（ √ ）

23. 雪深观测记录，以厘米(cm)为单位，四舍五入取整数，扩大 10 倍录入，如 1.4 cm 录入 14。（ × ）

解析：应四舍五入取整，录入 10。

24. 湿度元件的时间常数与水汽流量成反比关系，在低温低湿环境下，反应速度明显降低。（ √ ）

25.《气象仪器和观测方法指南(第 6 版)》指出，风杯风速表比螺旋桨风速表测风更为有利，因为螺旋桨风速表实质上没有垂直分量的超速问题。（ × ）

解析：螺旋桨风速表比风杯风速表测风更为有利。

26.《气象仪器和观测方法指南(第 6 版)》中定义的白天气象能见度为，相对于雾、天空等散射光背景下观测时，一个安置地面附近的适当尺度的黑色目标物能被看到和辨认出的最大距离。（ √ ）

27. 根据《气象仪器和观测方法指南(第 6 版)》，非常开阔的场地对雨量传感器来说并不合适，一定程度的屏障是需要的。（ √ ）

28. 对于大多数用于天气分析的气压表来说，合理的时间常数是 10 s(一定不要大于 20 s)。但是对于水银气压表来说时间常数不重要。（ √ ）

29. 在开阔的环境中，用面对着风的方法可以相当精确地估计出地面风向。云(尤其是低云)的移动方向很值得考虑的。（ × ）

解析：云(无论多低)的移动方向是不宜考虑的。

30.《气象仪器和观测方法指南(第 6 版)》指出，所有玻璃液体温度表都应全浸时定标。（√）

31.《气象仪器和观测方法指南(第 6 版)》指出，积雪的水当量是融化积雪而得到的水的垂直深度。（√）

32.《气象仪器和观测方法指南(第 6 版)》指出，降水测量仪器安置场地可选择在稠密而均匀的植被的地方。（√）

33.《气象仪器和观测方法指南(第 6 版)》指出，对于一般气象工作，观测到的温度应当能代表气象站周围一个尽可能大的面积上高度为地面以上 1.25～2 m 的自由空气的温度。（√）

34. 时间常数又称滞后系数，它是阶跃变化之后，仪器到达最后稳定读数所需的时间。（√）

35. 所有测量可见光、红外波段、紫外波段的辐射仪器都是利用其热辐射原理实现。（×）

解析：紫外辐射计是利用光电转换原理测量其辐射通量。

36. 从原理上来看，风杯风速计测量的是风速模量，与测量风速矢量的风速计对比，其值明显偏低。（×）

解析：与测量风速矢量的风速计对比，其值将明显偏高。

37. 透射式能见度仪，是利用光波在传播过程中的衰减程度确定出当时的能见距离，属于遥感探测原理。（√）

38. 大气探测发展的第二阶段是一系列定量测量地面气象要素仪器的出现，其标志性仪器为 1643 年托里拆利发明的水银气压表。（×）

解析：大气探测发展的第二阶段是无线电技术的发展。

39. 惯性指仪器的响应速率，它与电子仪器常用的时间常数的意义是相同的。（√）

40.《现代气象观测(第 2 版)》指出，由于大气湍流的存在，大气要素随时间和空间有较强的脉动起伏，一次瞬间的读数很难具有代表性，必须在一定空间尺度之间取多次或多点的平均。取样时间的长短和空间尺度取决于要素本身变化的趋势，其空间分布特点，以及仪器的惯性系数大小。（√）

41.《现代气象观测(第 2 版)》指出，两种不同性能的仪器测量同一要素时，或在同一气象台站更换新型仪器时都必须进行平行对比，以确定两者之间系统误差的矢量和。（×）

解析：应是代数和而非矢量和。

42. 大气科学向深度和广度的进展，依赖于大气探测的实验基础。（√）

43. 日照纸涂药前，必须先用脱脂药棉把需涂药的日照纸表面逐张擦净。（√）

44. 影响湿敏电容滞后系数最主要的因素是电容内部金属镀层的工艺特性。（×）

解析：是电容表面金属镀层的工艺特性。

45. CW 段的能见度为正点前 15 分钟(46—00 分)内的最小能见度，以 km 为单位，取一位小数，小数点后第二位及之后的数值直接舍去。（×）

解析：CW 段的能见度为正点前 15 分钟(46—00 分)内的最小 10 分钟平均值。

46. 有电线积冰观测任务的台站，当 08、14、20 时有雨凇(包括混合积冰)结成或留存，应通过业务软件录入雨凇直径。（×）

解析：没有电线积冰观测任务的台站，当 08 时有雨凇(包括混合积冰)结成或留存，14、20 时过去 6 小时内雨凇直径有增加时，在相应时次通过业务软件录入雨凇直径。

47. 已实现自动观测的气温、相对湿度、风向、风速、气压、地温、草温记录异常时，正点时次的记录按照正点前 10 分钟内(51—00 分)接近正点的记录、正点后 10 分钟内(01—10 分)接近正点的记录、备份自动站记录、内插记录的顺序代替。其中，风向、风速异常时，均不能内插，瞬时风向、瞬时风速异常时按缺测处理。（ × ）

解析：已实现自动观测的气温、相对湿度、风向、风速、气压、地温、草温记录异常时，正点时次的记录按照正点前 10 分钟内(51—00 分)接近正点的正常记录、正点后 10 分钟内(01—10 分)接近正点的正常记录、备份自动站记录、内插记录的顺序代替。其中，风向、风速异常时，均不能内插，瞬时风向、瞬时风速异常时按缺测处理。

48. 从夜间持续到 07:30 之后的重要天气现象，如达到始发或续发标准，则龙卷、视程障碍现象以 07:31 分为发报时间编发；雷暴以 07:30 以后第一声闻雷时间编发；大风、冰雹现象合并在 08 时长 Z 文件中，不单独编发。（ × ）

解析：从夜间持续到 07:30 之后，但未编发重要报的重要天气现象，如达到始发或续发标准，则龙卷、视程障碍现象以 07:31 分为发报时间编发；雷暴以 07:30 以后第一声闻雷时间编发；大风、冰雹现象合并在 08 时长 Z 文件中，不单独编发。

49. 最高温度表的构造与一般温度表不同，它的感应部分内有一金属针，深入毛细管，使感应部分和毛细管之间形成一窄道。（ × ）

解析：应是玻璃针，而非金属针。

50. 电线积冰架一般由两组支架组成，一组呈南北向，其上的导线成为“第一对”导线；另一组呈东西向，其上的导线成为“第二对”导线。（ × ）

解析：南北向支架和东西向支架上的上导线，合称为“第一对”导线；两个方向上的下导线，称为“第二对”导线。

51. 降水滞后(一般在 2 小时之内，降水量一般在 0.1～0.3 mm 之间)，需将滞后的降水量前提至降水现象停止的当前小时和分钟；否则相应记录清空。（ √ ）

52. 每次定时观测后，观测人员需要登录 MDOS、ASOM 平台查看本站数据完整性，根据系统提示疑误信息，及时处理和反馈疑误数据；按要求填报元数据信息、维护信息、系统日志等。（ √ ）

53. 08 时定时观测时，对夜间出现的所有天气现象按规定配合编报。如果只有一种现象编报“过去天气”，而又不能确定该现象是否占满过去一小时之前的整个时段时，按未占满处理，W_1 编报该现象，W_2 编报 0。（ √ ）

54. 当测温元件从一个环境迅速地转移到另一个温度不同的环境时，温度表的示度不能立即指示新的环境温度，而是逐渐趋近于新的环境温度，这种现象称为温度表的热滞现象。（ × ）

解析：这种现象称为温度表的热滞(或滞后)现象。

55.《气象仪器和观测方法指南(第 6 版)》对自动气象站的基本技术性能要求是：风速传感器的距离常数为 2～5 m。（ √ ）

56.《地面气象观测规范》对我国风速传感器采样速率性能指标要求为每秒 1 次。（ √ ）

57. 当直接辐射表出现故障时，可以用总辐射减去散射辐射的值表示直接辐射。（ × ）

解析：不可以。

58. 我国《地面气象观测规范》规定，自动气象站的风速以 1 s 为步长，从而求出 3 s、1 分钟、2 分钟和 10 分钟滑动平均风速。（ × ）

解析：风速以 1 s 为步长，求 3 s、1 分钟和 2 分钟滑动平均风速；以 1 分钟为步长，求 10

分钟滑动平均风速。

59.《地面气象观测业务技术规定(2016)》规定，白天正点记录异常时，定时观测时次的记录应及时处理，其他正点时次的记录应在下一定时观测前完成修改、上传。（ √ ）

60.《地面气象观测业务技术规定(2016)》规定，对于异常记录处理中，4 次平均值和 24 次平均值可以互相代替。（ √ ）

61. 气象光学视程是指白炽灯发出色温为 2700 K 的平行光束的光通量，在大气中削弱至初始值的 7%所通过的路径长度。（ × ）

解析：5%而非 7%。

62. 极大风速是指在某个时段内出现的最大 10 分钟平均风速值。（ × ）

解析：极大风速(阵风)是指某个时段内出现的最大瞬时风速值。

63. 若 08 时未达到测定雪深的标准，之后因降雪而达到测定标准时，则应在 14 时和 20 时各补测一次。（ × ）

解析：14 时或 20 时补测一次即可。

64. 大型蒸发桶安装时土圈口缘高度低于蒸发桶约 7.5 cm。（ √ ）

65. 国家基准气候站自动观测项目每天 5 次定时观测。（ × ）

解析：国家基准气候站定时人工观测次数为每天 5 次。

66. 日落后换日照纸，20 时至 23 时 45 分上传日照数据文件，复验日照需更正的，在次日 10 时前更正上传。（ √ ）

67. 浅层地温场面积为 3 m×4 m。（ × ）

解析：应为 2 m×4 m。

68. 如果观测时降水量小于 1.0 mm，则记为小雨。（ × ）

解析：小雨指雨点清晰可辨，没有飘浮现象；下到地面石板或屋瓦不四溅，地面泥水浅洼形成很慢，降后至少两分钟以上始能完全滴湿石板或屋瓦，屋上雨声缓和，屋檐只有滴水。

69. 当日大风天气现象结束时间为 19:55，次日大风开始时间 20:05，则当日大风的终止时间记录为 19 时 55 分，次日大风的开始时间记录为 20 时 05 分。（ × ）

解析：当日大风的终止时间记录为 20 时 00 分，次日大风的开始时间记录为 20 时 00 分。

70. 利用红外辐射测量温度的方法被国际度量组织认定为高温测量的标准。（ √ ）

71. 气象站海拔高度定义为安装雨量器的地面距平均海平面的高度。（ √ ）

72. 气压传感器的基准部位在静压气孔口。（ × ）

解析：应在静压气孔口中部。

73. 因降水(蒸发桶溢流等)或维护导致小时蒸发量异常，则按 0 处理。（ √ ）

74. 分钟滑动平均能见度是指当前分钟前 10 分钟内的平均能见度的滑动平均值，又叫 10 分钟滑动能见度。（ × ）

解析：分钟滑动平均能见度是指当前分钟前 10 分钟内的 10 分钟平均能见度的滑动平均值。

75. 某日因日照纸涂药不均，导致 09—10 时日照时数缺测，该日日照时数应按实有记录做日合计，并在备注栏注明。（ × ）

解析：该日日照按缺测处理。

76. 标准雨量器的主要设计特点是减少或控制风对降水捕捉率的影响。（ √ ）

77. 因维护可能导致连续两个或者以上时次蒸发异常，此时不能进行内插，为简化处

理，故维护期间的蒸发按 0 处理。（ √ ）

78. 安装自动站传感器的百叶箱不能用水洗，只能用湿布擦拭或毛刷刷拭。（ √ ）

79. 凡新旧两地水平距离超过 1000 m，或海拔高度差在 100 m 以上，或地形环境有明显差异者，迁站时须在新旧站址同时进行对比观测。（ × ）

解析：新旧两地水平距离超过 2000 m。

80. 在城市或工矿区，观测场应选择在城市或工矿区的下风方。（ × ）

解析：上风方而非下风方。

81. 大风的起止时间，凡两段出现的时间间歇小于 15 分钟时，应作为一次记载。（ × ）

解析：间歇在 15 分钟或以内。

82. 降水量是指从天空降落到地面上的液态或固态（经融化后）的水，未经蒸发、渗透、流失，在水平面上积累的深度。（ × ）

解析：降水量是指某一时段内的未经蒸发、渗透、流失的降水，在水平面上积累的深度。

83. 电线积冰厚度是指在导线切面上垂直于积冰直径方向上冰层积结的最大数值线，厚度一般大于直径。（ × ）

解析：厚度一般小于直径，最多与直径相等。

84. 冬季某日 07 时 40 分，观测员巡视仪器时发现冻土器内管水位偏低 1 cm，立即补加水。08 时冻土观测记录为：上限为 3 cm，下限为 5 cm。该日冻土记录可用。（ × ）

解析：临近观测前不能加水，故该记录不可用。

85. 从 2014 年 1 月 1 日起，地面气象观测中的天气现象由原来的 34 种调整为 21 种。其中，取消了雷暴等 9 种现象，合并了米雪等 4 种现象。（ √ ）

86. 2 分钟平均风速与 10 分钟平均风速有缺测时，不能相互代替。（ √ ）

87. 金属电阻温度表是利用金属电阻在常温下随温度的上升而增大的原理制成的，所以电阻的温度系数为一常数。（ √ ）

88. 观测雪压取样时，要注意清除样本中夹入的泥土、杂草。所取样本不应包括雪面上、下和地面上的水层和冰层，但应包括积雪层中的冰层，此情况时应在观测簿备注栏中注明。（ × ）

解析：应包括积雪层上或积雪中的冰层。

89. 附着在导线上的霜、干雪花和黏附的雨滴，因气温下降至 0 ℃下而冻结少量的冰，也作为电线积冰观测记录。（ × ）

解析：不作为电线积冰观测记录。

90. 电线积冰是按一次积冰过程进行观测，而天气现象栏、记事栏对冻结现象的记载是按日进行。（ √ ）

91. 临近冻土观测时，发现冻土器内管水量不足，应及时补充加水，灌水时应注意不能使水柱中余留气泡。（ × ）

解析：不能加水。

92. 若电线积冰两个方向上的最大值出现在同一天的不同观测时间时，则气温、风向、风速栏只抄录其中重量值（或直径＋厚度总值）最大的一个最大值对应的气温、风向、风速记录。（ √ ）

93. 某日 13 时 40 分，观测员巡视仪器时，发现冻土器内管水量不足，随即进行加水操作，此操作不当。（ × ）

解析：冻土仅在 08 时观测，故此操作无不当。

94. 雨凇、雾凇单独出现，不需编现在天气电码。（ √ ）

95. 浮尘是指由于风大将地面大量尘沙吹起，使空气很混浊，水平能见度在 750～7500 m 以内的天气现象。（ × ）

解析：扬沙是指由于风大将地面大量尘沙吹起，使空气很混浊，自动能见度在 750～7500 m，人工水平能见度大于等于 1.0～10.0 km 以内的天气现象。

96. 气象光学视程是指白炽灯发出色温为 2700 K 的光的通量在大气中削弱至初始值的 5%所通过的路途长度。（ × ）

解析：应为平行光。

97. 总辐射表玻璃罩为半球形双层石英玻璃构成。它既能防风，又能透过波长 0.3～3.0 μm 范围的短波辐射，其透过率为常数且接近 0.9。双层罩的作用是为了防止外层罩的红外辐射影响，减少测量误差。（ √ ）

98. 要想获得最准确的降水量，应将雨量器安装在有稠密而均匀的植被的地方，并且植被应当经常修剪，使其高度与雨量器受水口高度保持相同。（ √ ）

99. 地面太阳辐射能 97%限制在 0.29～3.0 μm 光谱范围内，称作短波辐射。（ × ）

解析：太阳辐射到达地球大气层外时，97%的能量集中在 0.29～3 μm，称作短波辐射。

100. 月数据文件中，雾、沙尘暴、浮尘、霾等视程障碍天气现象出现能见度小于 1000 m 时，除录入起止时间外，应加录最小能见度。（ × ）

解析：自动能见度小于 750 m，人工水平能见度小于 1000 m。

101. 月数据文件中，降水量方式位×＝6。定时降水量段每天 3 组；自记降水量段每天(21—20 时)共 24 组，分为 2 个记录，每个记录为 12 组；降水上下连接值段每月 3 组。（ √ ）

102. 月数据文件中，降水量方式位 ×＝B。每天 24 次定时值和自动观测日最小值及出现时间共 26 组，分为 2 个记录，第 1 个记录(21—08 时)为 12 组，第 2 个记录(09—20 时和最小值及出现时间)为 14 组，除出现时间为每组 4 位数外，其余每组 5 位数。（ √ ）

103. A 文件中，基本站、一般站均按 3 次定时观测录入。（ √ ）

104.《全国地面自动站实时观测资料质量评估办法》适用于所有国家级自动站实时观测资料的质量评估。（ × ）

解析：适用于所有国家级自动站(简称国家站)、区域自动站(简称区域站)实时观测资料的质量评估。

105. 根据《全国地面自动站实时观测资料质量评估办法》，当正点观测数据文件提前于正点 20 s 以上到达的视为无效。（ × ）

解析：应为 30 s。

106. 霜是由水汽直接凝华而成，而露是由水汽冷却凝结而成。（ √ ）

107. 因夜间不守班，所有台站夜间出现的重要天气现象一律不编发重要天气报。（ × ）

解析：夜间出现时间可以确定且在编发时效内的重要天气现象，尽量编发。不能确定具体时间的可不编发。

108.《地面气象要素数据文件格式》中规定，冻土深度为微量者，上下限分别录入“,,,,”。当地表略有融化，土壤下面仍有冻结时，上限为“,,,,”，下限可以有数值。（ × ）

解析：微量冻土录入“,,,”。

109. 白天正点记录出现异常时，定时观测时次的记录应立即进行处理，其他正点时次的记录应在下一次定时观测前完成修改、上传。夜间正点记录出现异常时，应在 10 时前完成修改、上传。（ × ）

解析：白天正点记录异常时，定时观测时次的记录应及时处理。

110.《降水观测规范——称重式降水传感器(试行)》规定，称重式降水传感器的现场测试由省局气象主管机构完成，若测试误差大于4%时，需检查调试，必要时更换。（ × ）

解析：现场测试由台站完成。

111. 地面气象要素数据文件(新长Z文件)中第2～11段，每段的段标识或分级标识位于该段观测数据的行首，与观测数据之间用1个全角空格分隔。（ × ）

解析：用1个半角空格分隔。

112. 非结冰期，所有降水记录原则上以翻斗雨量传感器为准，以称重降水传感器或备份站翻斗雨量传感器作为备份。（ √ ）

113. 对称重式降水传感器的日常维护，应每周定时进行仪器清洁，口沿以外的积雪、沙尘等杂物应及时清除。如遇有盛水口沿被积雪覆盖，应及时将口沿积雪扫入桶内，口沿以外的积雪及时清除。（ × ）

解析：每日定时进行仪器清洁。

114.《前向散射能见度仪观测规范》规定，测量范围为10 m～30 km的前向散射能见度仪，当能见度≤1.5 km时，最大允许误差为±15%。（ × ）

解析：当能见度≤1.5 km时，最大允许误差为±10%。

115.《降水观测规范——称重式降水传感器》规定，抑制蒸发油应采用航空液压油，加入量应能完全覆盖液面。（ √ ）

116. 视程障碍现象自动判识的台站，扬沙、浮尘、轻雾、霾的能见度判识阈值为10.0 km，沙尘暴、雾的能见度判识阈值为1.0 km。（ × ）

解析：视程障碍现象自动判识的台站，扬沙、浮尘、轻雾、霾的能见度判识阈值为7500 m，沙尘暴、雾的能见度判识阈值为750 m。

117. 冬季某日某站出现固态降水，该站未安装称重式雨量传感器，台站值班人员应及时进行人工观测降水量。（ × ）

解析：出现非随降随化的固态降水。

118. 对于大多数风杯传感器和螺旋桨传感器，加速时的响应比减速时的响应快。

（ √ ）

119. 惯性指仪器的响应速率，与电子仪器常用的时间常数的意义是不同的。（ × ）

解析：是相同的。

120. 大气探测中，被动遥感是直接测量来自大气的声、光、电磁波信号，例如水汽在1.35 cm波长处有强辐射信号，接收其微波辐射强度可反演出大气中水汽的含量。（ √ ）

121. 电学湿度表元件用溶胀性较好的高分子聚合物，其吸湿后膨胀，使悬浮于其中的碳粒子接触概率减小，元件的电阻减小；反之，当湿度降低时，聚合物脱水收缩，使碳粒子相互的接触概率增加，元件的电阻值增大。通过测量元件的电阻值可以确定空气的相对湿度。（ × ）

解析：高分子聚合物吸湿后膨胀，使悬浮于其中的碳粒子接触概率减小，元件的电阻增大；反之，当湿度降低时，聚合物脱水收缩，使碳粒子相互的接触概率增加，元件的电阻值减小。通过测量元件的电阻值可以确定空气的相对湿度。

122. 承担净全辐射观测任务的辐射观测站，夜间有降水时净全辐射表可不加盖，待08时定时观测后及时清除薄膜罩上的水滴、尘埃、积雪等，并使薄膜罩呈半球凸起。（ × ）

解析：应在北京时08时前检查辐射表。

123. 深层地温应自西向东一字排开，分别为 40 cm、80 cm、160 cm、320 cm，每只地温表（或传感器）之间间隔 50 cm。　（ × ）

解析：应自东向西。

124. 当冻结层的下限深度超出最大刻度范围时，应记录最大刻度数字，并在数字前加记“>”符号。　（ √ ）

125. 由国务院气象主管机构指定台站观测的项目有云、浅层和深层地温、蒸发、冻土、电线积冰、辐射、地面状态。　（ √ ）

126.《地面气象应急加密观测管理办法》规定，综合观测司或各区域中心、各省（区、市）气象局综合观测业务主管部门接到本级业务服务单位加密观测申请后在 2 小时内进行审核。　（ √ ）

127. A58123-201401. txt 文件中，某日天气现象记录为“60 0900 1241’1301 1604，18 1257-1259，.”，该条记录是错误的。　（ √ ）

128. 在 ISOS 软件采集部分（SMO）安装过程中涉及选择省份、填写台站号等一些台站基本信息的选择和录入。　（ √ ）

129. ISOS 软件采集部分（SMO）的极值参数设置中的“导入”按钮仅提供了从原 OSSMO 2004 软件参数库文件 SysLib. mdb 文件中导入相关极值的功能。　（ × ）

解析：可以从 OSSMO 2004 软件的参数库文件 SysLib. mdb 或备份的极值参数文件 *. txt 中导入极值数据。

130.《气象仪器和观测方法指南（第 6 版）》中指出，在丘陵或滨海地区的气象站，对于较大尺度或中尺度来说，似乎不具代表性。这些不具代表性的气象站，虽然其观测时间具有同一性，这些资料不宜使用。　（ × ）

解析：即使在不具代表性的气象站，其观测时间上的同一性，仍能使应用者有效地使用这些资料。

131. 浮尘是指尘土、细沙均匀地浮游在空中，使人工水平能见度小于 1.0 km。浮尘多为远处尘沙经上层气流传播而来，或为沙尘暴、扬沙出现后尚未下沉的细粒浮游空中而成。　（ × ）

解析：人工水平能见度小于 10.0 km。

132.《气象仪器和观测方法指南（第 6 版）》对自动气象站的基本技术性能要求，风速传感器的距离常数为 2～5 m。　（ √ ）

133. 称重式降水传感器在使用过程中，需要添加防冻液和抑制蒸发油。其中防冻液添加量根据年平均最低温度来配比，抑制蒸发油能完全覆盖液面即可。　（ √ ）

134. 前向散射能见度仪的发射器与接收器在成一定角度和一定距离的两处。接收器不能接收到发射器直接发射的光，但能接收大气的前向散射光和后向散射光。　（ × ）

解析：接收器不能接收到发射器直接发射和后向散射的光，而只能接收大气的前向散射光。

135. 散射能见度仪是测量散射系数从而估算出气象光学视程的仪器。这种仪器的缺点是采样体积空间小，代表性较差。　（ √ ）

136. 积分能见度仪并未广泛地用于测定 MOR，但这种仪器却常用于测定污染物。　（ √ ）

137. 近地面层的气象要素存在着空间分布的不均匀性和时间变化的脉动性，因此地面气象观测记录必须具有代表性、准确性和比较性。　（ √ ）

138. 因雪、雾、轻雾使天空的云量无法辨明或不能完全辨明时，总、低云量记 10；可完全

辨明时，按正常情况记录。（ √ ）

139. 因霾、浮尘、沙尘暴、扬沙等视程障碍现象使天空云量全部完全不能辨明时，总、低云量记"—"，若能部分或完全辨明时，则按正常情况记录。（ × ）

解析：因霾、浮尘、沙尘暴、扬沙等视程障碍现象使天空云量全部或部分不能辨明时，总、低云量记"—"，若能完全辨明时，则按正常情况记录。

140.《前向散射能见度仪观测规范（试行）》规定，前向散射能见度仪进行数据采样时，每分钟采样 3 次。（ × ）

解析：每分钟至少采样 4 次。

141. 为了便于称重降水传感器维护，需要打开防风圈，称重降水传感器防风圈开口应朝南。（ × ）

解析：防风圈开口应朝北。

142. 根据《前向散射能见度仪观测规范（试行）》，仪器现场校准必须关闭电源。（ × ）

解析：不能关闭电源。

143. 观测、记录和各类数据文件中的能见度（含最小能见度）均取自动观测的 1 分钟平均值，以米为单位。（ × ）

解析：取自 10 分钟平均值。

144. 称重式降水传感器启用前，应进行安装调试、现场测试，测试结果应在值班日记中。（ × ）

解析：应在当日观测记录备注栏中备注。

145. 根据《降水观测规范——称重式降水传感器》，预计将有沙尘天气时，应及时将桶口加盖；沙尘天气结束后及时取盖。（ × ）

解析：预计将有沙尘天气但无降水时，应及时将桶口加盖；沙尘天气结束后及时取盖。

146. 在长 Z 文件中，项目或要素缺测，相应记录或编码用相应位长的"/"填充。（ √ ）

147. 能见度：以千米（km）为单位，取一位小数，第二位小数舍去，不足 0.1 km 记 0.0。（ × ）

解析：人工观测能见度：以千米（km）为单位，取一位小数，第二位小数舍去，不足 0.1 km 记 0.0。

148. 北回归线以南的地面气象观测站观测场内仪器设施的布置可根据太阳位置的变化灵活掌握。（ √ ）

149. 使能见度小于 1.0 km 的天气现象，都观测和记录最小能见度。（ × ）

解析：视程障碍天气现象才观测和记录最小能见度。

150. 在长 Z 文件中，质量控制标识"1"为软件自动作过质量控制，"0"为由人机交互进一步作过质量控制，"9"为没有进行任何质量控制。（ √ ）

151. 在长 Z 文件中，当器测项目为人工观测时存入 1，器测项目为自动站观测时存入 0。（ × ）

解析：器测项目为自动站观测时存入 4。

152. 在长 Z 文件中，数据质量控制码对应各数据项，每个数据项对应 1 位的数据质量控制码。（ × ）

解析：数据质量控制码对应 2～10 段。

153. 毛发湿度表和湿敏电容湿度传感器是采用《气象仪器和观测方法指南（第 6 版）》指出的吸收法进行测定空气湿度的。（ √ ）

154.《气象仪器和观测方法指南(第 6 版)》指出,为了做出风速的估计,观测者必须站在开阔平坦的地域上并尽可能靠近障碍物。（ × ）

解析:尽可能远离障碍物。

155. RIIIii-YYYYMM. txt 文件的第一条记录,由 8 组数据组成,排列顺序是区站号、纬度、经度、观测场海拔高度、测站级别、观测项目标识码、质量控制指示码、年份和月份。（ × ）

解析:无观测项目标识码。

156. A 文件和 J 文件各要素基本数据格式的组成相同。（ √ ）

157. J 文件比 A 文件的台站参数少了质量控制指示码。（ √ ）

158. 在 J 文件中,各要素的方式位均为“0”。（ √ ）

159. 在 A 文件中,“L0＝<CR>”表示蒸发器全月结冰。（ √ ）

160. 在 R 文件中,只有一级站和二级站每日录入辐射表观测场地的作用层状况。（ √ ）

161. 视程障碍类天气现象,每日累计最多可编发 3 份重要天气报。（ × ）

解析:同一视程障碍类天气现象,每日累计最多可编发 3 份重要天气报。

162. 冰雹重要天气报,一日内最多能发两份报。（ × ）

解析:冰雹重要天气报以过程编发,每一过程最多能发两份报。

163. 当风向风速传感器出现故障时,改用备份自动站或人工观测大风数据编发重要天气报。（ √ ）

164. 冰雹随降随化或来不及测量时,编发重要天气报时,其直径以“0”编报。（ × ）

解析:以目测直径编报。

165. 视程障碍现象自动判识的台站,该类重要天气现象由业务软件自动编发,自动观测能见度编发标准为人工观测能见度编发标准的 0.75 倍。（ √ ）

166. 若某台站能见度为自动观测,视程障碍类天气现象重要天气报自动编发,则业务软件中,视程障碍现象重要天气报编发标准按人工能见度编发标准的 0.75 倍设置。（ × ）

解析:设置标准与人工能见度编发标准相同。

167. 由前一日持续至本日 20 时后的重要天气现象,以 20 时 01 分编发重要天气报。（ × ）

解析:由前一日持续至本日 20 时后的视程障碍现象,以 20 时 01 分为发报时间编发;由前一日持续至本日 20 时后的雷暴以第一声闻雷时间编发。

168. 夜间 20:01—07:30,出现时间可以确定的重要天气现象,尽量编发重要天气报。（ × ）

解析:出现时间可以确定且在编发时效内的重要天气现象,尽量编发。

169. 重要天气报为不定时编发,即观测到编发项目中所列现象时,就应在 10 分钟内编发出重要天气报告。（ × ）

解析:观测到编发项目中所列现象达到发报标准时才编发。

170. 时极值异常,重新挑取极值时,极值为经处理过的正点值,且该正点值为正点后 10 分钟内的代替数据,则极值出现时间按缺测处理。（ × ）

解析:极值出现时间记为正点 00 分。

171. 若在日出后至日落前(为阴天或地面有积雪反射辐射很强时除外),净辐射值出现负值,或日落后至日出前净辐射出现正值,当时曝辐量的绝对值＞0.10 MJ/m^2 时,可将该时的值作缺测处理,再用内插法求得该时值。（ × ）

解析:应为在日出第 2 个小时至日落前 2 个小时之间。

172. 能见度自动记录缺测时不做内插处理,用正点前后 10 分钟接近正点的记录代替。（ × ）

解析:能见度自动记录缺测不内插处理,也不用分钟记录代替。

173. 在 A 文件附加信息的备注数据段中,减少观测要素,其变动标识用"07";增加观测要素,其变动标识用"77"。（ × ）

解析:减少观测要素,其变动标识用"77";增加观测要素,其变动标识用"07"。

174. 称重式降水传感器接入现行自动气象站时使用脉冲输出,观测数据的数据格式和记录处理方法同翻斗雨量传感器。（ √ ）

175. 雪深雪压的观测地段,应选择在观测场内或附近平坦、开阔的地方。入冬前,应将选定的地段平整好,清除杂草,并做上标志 。（ × ）

解析:不应选在观测场内。

176.《地面气象观测规范》规定,总、净、直、散、反辐射的日最大辐照度值为"0"时,出现时间栏为空白。（ × ）

解析:全天因降水或其他原因,日最大辐照度值为"0"时,则日最大值填"0",出现时间栏空白(但净全辐射最大值为"0"时,应填出现时间)。

177. 地面气象月报表中,天气日数的统计从天气现象"摘要"栏的记录中分别统计,若扬沙的日数为 3,则表示该月扬沙出现了 3 日。（ × ）

解析:扬沙和沙尘暴同时出现时,只摘记沙尘暴,故月报表中扬沙日数为 3,并不能表示该月扬沙只出现了 3 日。

178. 值班观测员应随时观测天气现象的发生和变化,记录出现在视区内的全部天气现象,若视区内出现降水但未达到地面,也需要在气簿-1 中天气现象栏中记录。（ × ）

解析:未达地面的降水不需要在天气现象栏中记录。

179. 编制 2016 年年报表,在初、终日期统计时,上年度系指 2015 年度,即从 2015 年 7 月 1 日至 2016 年 6 月 30 日,本年度系指 2016 年 7 月 1 日至 12 月 31 日。（ √ ）

180.《地面气象观测规范》规定,所有地面气象观测站观测场内仪器安置在紧靠东西向小路南面,观测员应从北面接近仪器。（ × ）

解析:北回归线以南的地面气象观测站观测场内仪器设施的布置可根据太阳位置的变化进行灵活掌握。

181. 使用称重式降水传感器时,若在降水过程中取水,则该时段降水按缺测处理。（ √ ）

182. 观测云量时,当天空部分为降水和固定障碍物(如山、房屋等)所遮蔽时,这部分天空应作为云所遮蔽来看待。（ × ）

解析:当天空部分为障碍物(如山、房屋等)所遮蔽时,云量应从未被遮蔽的天空部分中估计;如果一部分天空为降水所遮蔽,这部分天空应作为被产生降水的云所遮蔽来看待。

183. 所有测站当天气现象中记有雾时,应记录最小能见度。（ × ）

解析:高山站高雾时,不记录最小能见度。

184. 轻便风向风速表在观测风向时,待风杯转动约半分钟后,按下风速按钮,启动仪器,又待指针自动停转后,读出风速示值(m/s),此值即为实际风速。（ × ）

解析:读出的风速示值要从该仪器的订正曲线上才能查出实际风速。

185. 天气现象是指发生在大气中、地面上的一些物理现象,这些现象都是自然形成的,

与人类活动无关。 （ × ）

解析：有的天气现象与人类活动有关。

186. 前向散射能见度仪现场校准周期第一次使用1个月后现场校准一次；之后每6个月现场校准一次；每次维修仪器之后都应做现场校准。 （ × ）

解析：第一次使用一个半月后现场校准1次。

187. 在A文件附加信息中的记要数据段由若干条记录组成，每条记录由项目标识码、日期、文字描述3组数据组成。项目标识码07表示人工影响局部天气情况。 （ √ ）

188. 能见度的观测应选在视野开阔的地方，为能看到目标物有时可在平台或建筑物上进行。 （ × ）

解析：观测能见度必须选择在视野开阔，能看到所有目标物的固定地点作为能见度的观测点。

189. 使用称重式降水传感器时，在降水过程中，伴随有沙尘、树叶等杂物时，按正常降水记录处理。 （ √ ）

190. 在地面气象要素上传数据文件（新长Z文件）格式内容中，除人工观测连续天气现象的长度为不定长外，其他数据项长度均为定长。 （ √ ）

191. 各风向频率的统计，一月中，若24次观测各定时风向风速缺测31次或以上时，月各风向频率按缺测处理。 （ × ）

解析：缺测61次或以上时，按缺测处理。

192. 连续降水日数出现两次或以上相同时，降水量和起止日期记其降水量最大者；若两次或以上降水量都相同时，起止日期栏记第1次降水的起止日期。 （ × ）

解析：若两次或以上降水量都相同时，起止日期栏记出现次数。

193. 在ISOS业务软件中，进行设备标定时，在设备标定期间，该传感器观测数据均置为“—”。 （ √ ）

194. 维护终端是ISOS软件通过规定命令与采集设备进行交互的通道，操作员可以通过终端命令直接对采集器、传感器进行数据读取、参数设置等操作。 （ √ ）

195.“地面气象观测数据文件”（简称A文件）为文本文件，文件名由17位字母、数字、符号组成，其结构为“AIIIii-YYYYMM. txt”。 （ √ ）

196. A文件中，当气压方式位×＝3时，气压由2段数据组成，第1段为本站气压，第2段为海平面气压。 （ √ ）

197. A文件中，若天气现象符号后，只有起时无止时，则录完起时后接着录入“，”。若只有天气现象，无起止时间，在录完天气现象编码后接着录入“，”。 （ √ ）

198. J文件观测数据部分为全月观测数据，时间尺度为分钟，由台站参数部分要素项目标识中标识为“1”的要素构成，排列顺序如下：本站气压（P）、气温（T）、相对湿度（U）、风（F）、降水量（R）。 （ × ）

解析：排列顺序为P、T、U、R、F。

199. 某站1月5日作用层状态组原来录入数据“00”，该省质量检查发现原始数据错误，经查询台站，确认录入错误，修改为“02”。则录入：3(4) Z 01 05 2 [00] [02]<CR>。

（ × ）

解析：录入：4 Z 01 05 2 [00] [02]<CR>。

200. Y文件中，各时段年最大降水量若出现两次或以上记次数时，月份（MM）、日期（DD）按次数加“50”表示，时（GG）、分（gg）分别记“——”。 （ √ ）

201. Y文件中的附加信息部分由“年报封面”“本年天气气候概况”“备注”“现用仪器”四个数据段组成，其标识符分别为FM、GK、BZ、YQ。各段结束符为“=<CR>”。（√）

202.《地面气象观测规范》规定，雪深是从积雪表面到地面的垂直深度，以厘米(cm)为单位，取整数。（√）

203.《前向散射能见度仪观测规范》规定，前向散射能见度仪传感器实验室校准每三年应校准一次。（×）

解析：实验室校准为每两年一次。

204. 雨量传感器的自身排水量与计数、记录值差值为−3%时，可将计量翻斗的一个定位螺钉往外旋动一圈。（√）

205. 根据《地面气象观测业务技术规定(2016版)》，仅有雪压是由省级气象主管机构指定台站观测的项目。（×）

解析：指定台站观测的还有根据服务需要增加的观测项目。

206. 有两套自动站的台站，撤除气温、相对湿度、气压、风向、风速、蒸发专用雨量、地温等人工观测设备；仅有一套自动站的台站，应保留人工观测设备作为备份，并按要求进行维护。（×）

解析：应为“有两套自动站(包括便携式自动站)的台站”。

207. 已实现自动观测的观测项目，取消该项目的人工观测。（×）

解析：已实现自动观测且正式业务运行的观测项目，取消该项目的人工观测。

208. 人工观测的天气现象白天需连续观测，夜间应尽量判断记录。（√）

209. 电线积冰观测时间不固定，以能测得一次过程的最大值为原则。（√）

210. 每日20时后换日照纸，20时至23时45分上传日照数据文件，复验日照需更正的，在次日10时前更正上传。（×）

解析：日落后换日照纸。

211. 因硬件故障导致整套自动站无法正常工作，经排查在1小时内无法恢复时，及时启用备份自动站或便携式自动站。（×）

解析：缺少前提条件“守班期间”。

212. 由于降水现象影响，自动观测能见度小于7.5 km，对误判的视程障碍现象，应随时删除。（×）

解析：仅在定时观测时次进行删除，而非随时删除。

213. 已实现自动观测的观测项目，其相关记录不再记入气簿-1。（×）

解析：已实现自动观测且正式业务运行的观测项目，其相关记录不再记入气簿-1。

214. 承担辐射观测任务的台站，辐射表夜间需要加盖。（×）

解析：辐射表夜间可不加盖。

215. 若日极值出现时间恰为24时，一律记录为24时00分。（×）

解析：对于辐射极值，一律记录为24时00分，其他要素记录为24时00分和00时00分均可。

216. 在电线积冰观测中，若两个方向导线上的积冰不是一次相继测定的，则在每一个方向积冰测定后，都须观测气温和风向、风速，并区别方向填入观测簿。（√）

217. 每次测定电线积冰重量后，随即应观测气温和风向、风速(2分钟平均)一次，记录在观测簿当天“东西”向的相应栏中。（×）

解析：记录在“南北”向的相应栏中。

218. 能见度记录有缺测时，以定时为单位统计能见度出现回数；某定时能见度缺测五次或以下时，按实有记录做统计；缺测六次或以上时，该时能见度出现回数按缺测处理。 （ × ）

解析：某定时能见度缺测六次或以下时，按实有记录做统计；缺测七次或以上时，该时能见度出现回数按缺测处理。

219. 确由降水现象影响，使能见度小于 10.0 km，不必加记视程障碍现象，但确有现象与视程障碍现象同时存在时，应按实况记载。 （ √ ）

220. 气象站海拔高度定义为安装雨量器的地面距平均海平面的高度。假如无雨量器，则定义为百叶箱下方地面的平均海拔高度。假如既无雨量器，又无百叶箱，则定义为该站附近地面的平均海拔高度。 （ √ ）

221. 一月中，四次定时记录的某定时记录缺测五次或以下时，各定时按实有记录做月统计，日平均栏的月平均值按横行统计。 （ × ）

解析：应为“某定时记录缺测六次或以下时”。

222. 雨量筒的绕流作用，导致筒口上方出现局部的上升气流，使降落速度低于上升气流的雨滴或雪片随风飘去而不落入筒口之内，这是使降水测量偏低的系统误差的主要原因。 （ √ ）

223. 云幕球测云高时，气球入云时间是指气球开始消失时间。 （ × ）

解析：气球入云时间是指气球开始模糊时间。

224. 凡与水平能见度有关的现象，均以有效水平能见度为准，并在能见度观测地点观测判断天气现象。 （ √ ）

225. 当气温为 23.5 ℃时，长 Z 文件中气温组为 0865。 （ × ）

解析：应为“0765”。

226. 在长 Z 文件中，对于可能出现负值的要素，给出了基值的概念，基值即为小于该要素可能出现最大值的相对最小值，以此来表示要素的正负号。 （ × ）

解析：基值即为大于该要素可能出现最大值的相对最小值。

227. 在长 Z 文件中，使用基值的要素只有温度、变温、变压三个。 （ × ）

解析：使用基值的要素还有露点温度。

228. 长 Z 文件中，气温和湿度数据段标识符为 DT。 （ × ）

解析：应为“TH”。

229. 自动站出现缺测或异常值时，A 文件相应栏作缺测处理，并备注。 （ × ）

解析：A 文件相应栏应按数据缺测或异常情况进行相应处理。

230. 当积雪掩没草温传感器时，应立即将传感器置于原来位置的雪面上，测量雪面温度，并在观测簿备注栏内注明起止日期。 （ × ）

解析：草面温度与雪面温度测量的转换应在 20 时进行。

231. 由于地形影响，测站四周积雪面积过半，但测站附近无积雪存在时，雪深不测量（雪压同），但应在观测簿备注栏注明。 （ √ ）

232. 最小能见度缺测，在间隔符“[]”内录入“///”。 （ √ ）

233. 一日中，自动观测各时降水量、蒸发量、日照时数、辐射曝辐量缺测数小时，但不是全天缺测时，按实有记录做日合计。 （ × ）

解析：应按缺测处理。

234. 发现冻土器内管水量不足时，应及时补充加水。 （ × ）

解析:临近观测前不应加水。

235. 轻便风向风速表是测量1分钟平均风向和风速的仪器。 （ × ）

解析:轻便风向风速表测量2分钟平均风向和1分钟平均风速。

236. 编制2012年年报表,在初、终日期统计时,上年度系指2011年度,即从2011年7月1日至2012年6月30日,本年度系指2012年7月1日至12月31日。 （ √ ）

237. 某自动站气温19时52分至20时01分缺测,则20时正点值用20时02分数据代替。 （ × ）

解析:应用19时51分数据代替。

238. 云量是指云遮蔽天空的成数。 （ × ）

解析:云量是指云遮蔽天空视野的成数。

239. 降水是指某一时段内未经蒸发、渗透、流失,在水平面上积累的深度。 （ × ）

解析:降水是指从天空降落到地面上的液态或固态(经融化后)的水。降水量是指某一时段内的未经蒸发、渗透、流失的降水,在水平面上积累的深度。

240. 冻土器内管缺水时,可以添加井水、河水、自来水或蒸馏水。 （ × ）

解析:不应添加蒸馏水。

241. 日照时数缺测时可找相似日的记录代替。 （ × ）

解析:不能用相似日的记录代替。

242. 每日日出前和日落后巡视观测场和仪器设备,具体时间,各站自定,但站内必须统一。 （ × ）

解析:时间为每日日出后和日落前。

243. 日照以日落为日界,辐射以地方平均太阳时24时为日界,其余观测项目均以北京时20时为日界。 （ × ）

解析:人工器测日照以日落为日界,辐射和自动观测日照以地方平均太阳时24时为日界,其余观测项目均以北京时20时为日界。

244. 当天空部分为障碍物(如山、房屋等)所遮蔽时,云量应从未被遮蔽的天空部分中估计。 （ √ ）

245. 云高指云底距测站的距离,以m为单位。 （ × ）

解析:应为垂直距离。

246. 云和雾没有本质上的不同,区别仅在于雾的下界是地面,而云底则和地面有一段距离。 （ √ ）

247. 温湿传感器过滤罩在雨、雪、大雾结束后或春秋季节的早晨,若实际相对湿度已明显减小,但湿敏电容传感器测得的相对湿度仍达到100%或保持很高时,等天气晴朗自然就可以恢复正常,不必立即更换。 （ × ）

解析:应及时更换。

248. 凡与水平能见度有关的现象,均以有效水平能见度为准,并在观测场中心观测判断天气现象。 （ × ）

解析:应在能见度观测地点判断天气现象。

249. 凡规定记起止时间的现象,当其出现时间不足一分钟即已终止时,则只记开始时间,不记终止时间。 （ √ ）

250. 高山站记雾时,不记最小能见度。 （ √ ）

251. 电线积冰是指雨淞、雾淞凝附在导线上的现象。 （ × ）

解析:还包括“湿雪冻结在导线上”。

252. E-601B 型蒸发桶器口面积为 300 cm^2。（ × ）

解析:应为 3000 cm^2。

253. 预计可能降大到暴雨时,可将 E-601B 型蒸发器蒸发桶和专用雨量筒同时盖住,该时段蒸发量按缺测计算。（ × ）

解析:因降水(蒸发桶溢流等)或维护导致小时蒸发量异常,则按 0 处理。

254. 如全日阴雨,无日照记录,可不换日照纸。（ × ）

解析:每日均应换日照纸。

255. 直管地温表的木棒上几处缠有绒圈,其作用是减小直管地温表放入套管时震动,以免损坏直管温度表。（ × ）

解析:木棒上几处缠有绒圈,金属盖内装有毡垫,以阻滞管内空气对流和管内外空气交换,也可防止降水等物落入。

256. 一次积冰过程是指从积冰架上的导线开始形成积冰起,至积冰开始融化。（ × ）

解析:一次积冰过程是指从积冰架上的导线开始形成积冰起,至积冰消失。

257. 地面状态的观测只在观测场观测,不能在观测场场地四周观测。（ × ）

解析:地面状态可以在观测场内也可以在观测场附近观测。

258. 冻土深度为微量时,上下限分别录入“,,,”。当地表略有融化,土壤下面仍有冻结时,上限为“,,,”,下限可以有数值。（ √ ）

259.《气象仪器与观测方法指南(第 6 版)》指出,为了防范出现不测,在老的测量系统退役前,必须对新仪器进行相当长时间(至少 1 年)的对比观测。当测点变更时,则要进行同样的对比观测。（ √ ）

第二部分

综合气象保障

业务防雷技术

一、单项选择题

1. * 进行防雷装置年度检测时，应使用的主要技术标准为：（ C ）。

A. GB 50057—2010《建筑物防雷设计规范》、GB/T 21431—2015《建筑物防雷装置检测技术规范》

B. GB 50057—2010《建筑物防雷设计规范》、DB52/T 537—2008《防雷装置安全检测技术规范》

C. GB/T 21431—2015《建筑物防雷装置检测技术规范》、DB52/T 537—2008《防雷装置安全检测技术规范》

D. GB 50601—2010《建筑物防雷工程施工与质量验收规范》、GB/T 21431—2015《建筑物防雷装置检测技术规范》

2. 防雷装置检测单位在检测过程中，（ C ）。

A. 执行自己的规定　　B. 执行本部门技术规定

C. 必须执行国家有关标准和规范　　D. 行业规定

3. 建筑图样（平、立、剖面图）中所标注的尺寸以（ C ）为单位。

A. m　　B. dm　　C. mm　　D. cm

4. ** 防雷装置存在不合格项时，检测单位应向客户提供（ B ）。

A. 检测报告　　B. 检测报告、整改意见书

C. 整改意见书　　D. 检测报告、整改通知书

5. 我省各气象站低压配电系统应安装（ B ）级 SPD 进行保护。

A. 1　　B. 2　　C. 3　　D. 4

6. 第二类防雷建筑物引下线不应少于（　　）根，其间距不应大于（　　）m。（ C ）

A. 2 根，12 m　　B. 1 根，12 m

C. 2 根，18 m　　D. 1 根，25 m

7. * 接地装置的作用是把雷电流从接闪器尽快散逸到大地，以避免高电位反击和跨步电压危险。因此对接地装置的要求是（ D ）。

A. 足够小的接地电阻　　B. 接地体的形式和长度

C. 形成环行接地网　　D. 良好的散流能力

8. 人工垂直接地体的长度宜为 2.5 m，其间距宜为（ A ）。

A. 5 m　　B. 3 m　　C. 2.5 m　　D. 1.5 m

9. 人工接地体在土壤中的埋设深度不应小于 0.5 m，距墙或基础不宜小于（ D ）。

A. 5 m　　B. 3 m　　C. 2.5 m　　D. 1.0 m

10. 为减少线路感应雷击电磁脉冲，应采取的重要措施是（ D ）。

A. 建筑物或房间的外部设屏蔽措施　　B. 设备屏蔽

C. 静电屏蔽　　D. 以合适的路径敷设线路，实施线路屏蔽

11. 8/20 μs 冲击电流是指波前时间为（ C ）的冲击电流。

A. 8 μs，峰值时间为 20 μs　　B. 8 μs，恢复时间为 20 μs

C. 8 μs，半峰值时间为 20 μs　　D. 8 μs，脉冲下降时间为 20 μs

12. ** 标称放电电流（I_n）是指流过浪涌保护器，具有（ A ）波形的电流值，用于浪涌保护器的Ⅱ类试验以及Ⅰ类、Ⅱ类试验的预处理试验。

A. 8/20 μs　　B. 8/350 μs

C. 1.2/20 μs　　D. 1.2/350 μs

13. 最大放电电流（I_{max}）是指流过浪涌保护器，具有（ D ）波形的电流峰值，其值按Ⅱ类动作负载试验的程序确定。

A. 1.2/350 μs　　B. 8/350 μs

C. 1.2/20 μs　　D. 8/20 μs

14. ** 最大持续工作电压（U_c）是指可连续加在浪涌保护器上的最大（ D ）。

A. 交流电压　　B. 交流电压有效值

C. 直流电压　　D. 交流电压有效值或直流电压

15. 第一级电源线路浪涌保护器接地端连接的铜导线截面积不宜小于（ B ）mm^2。

A. 16　　B. 10　　C. 8　　D. 25

16. 信号线路浪涌保护器接地端宜采用截面积不小于（ B ）mm^2 的铜芯导线与设备机房等电位连接网络连接。

A. 10　　B. 1.0　　C. 1.5　　D. 2.0

17. 气象雷达站室内线缆敷设时，应（ A ）。

A. 穿金属管或在电缆沟中穿金属管敷设

B. 应直接埋地

C. 应直接埋地并将线缆金属屏蔽层接地

D. 穿 PVC 管埋地离开防雷接地装置 3 m

18. * 雷达站应优先利用建筑物的基础钢筋网做自然接地体。当雷达站所在地土壤电阻率大于 1000 Ω·m 时，共用接地装置的接地电阻不宜大于（ D ）Ω。

A. 2　　B. 4　　C. 10　　D. 5

19. 雷达站机房内设备距外墙、结构柱及梁的距离应大于（ B ）m。

A. 2　　B. 1　　C. 1.5　　D. 2

20. 对低电压电涌保护器的使用，当电源采用 TN 系统时，从建筑物内总配电箱开始引出的配电线路和分支线路必须采用（ B ）系统。

A. TT　　B. TN−C−S　　C. TN−C　　D. TN−S

21. 防直击雷的专设引下线距出入口或人行道边沿不应小于（ A ）。

A. 3 m　　B. 4 m　　C. 5 m　　D. 6 m

22. 人工接地体在土壤中的埋设深度不应小于（ A ）。

A. 0.5 m　　B. 0.8 m　　C. 1.0 m　　D. 0.6 m

23. ** 气象台站电源 SPD 宜根据当地电网质量适当提高 U_c 值，不应小于当地电网电压波动的（ A ）。

A. 最高值　　B. 平均值　　C. 最低值　　D. 有效值

24. 气象台站使用直流电源供电的设备，应在直流电源后端安装 U_c 大于直流工作电压（ C ）的 SPD。

A. 2.5 倍　　B. 1.5 倍　　C. 1.2 倍　　D. 2 倍

25. 气象台站室外观测设备的数据传输线均应使用(C)并穿金属线槽(管)敷设。

A. 双绞线　　B. 数据电缆　　C. 屏蔽电缆　　D. 传输电缆

26. 气象观测场的金属护栏、金属支柱等金属物应进行整体电气连接，并与环形接地体或接地干线做等电位连接，连接点间隔不宜大于(C)。

A. 12 m　　B. 25 m　　C. 18 m　　D. 24 m

27. ** 气象台站建筑物没有基础钢筋网可利用时，应在建筑物四周埋设(D)接地体。

A. 方形　　B. 混合型　　C. 线形　　D. 环形

28. 信息系统接地装置与室内总等电位接地端子板的连接导体截面积不应小于 50 mm^2，当采用扁钢时，扁钢厚度不小于(D)。

A. 2.5 mm　　B. 2.0 mm　　C. 1.0 mm　　D. 4.0 mm

29. 防雷装置检测仪表、量具应鉴定合格，并在(C)内使用。

A. 正常期　　B. 检定期　　C. 有效期　　D. 合格期

30. ** 防雷装置性能检测单位为防雷装置权属单位提供的检测服务，属于公共服务，根据《产品质量法》，防雷装置性能检测单位(B)。

A. 应取得计量认证合格证

B. 属于积极申请计量认证合格单位

C. 必须取得计量认证合格证

D. 应取得计量认证合格证及 ISO9000 认证

二、多项选择题

1. 应当安装防雷装置的建筑场所是(ABCD)。

A. 建筑物防雷设计范围规定的一、二、三类防雷建(构)筑物

B. 石油、化工生产或者储存场所

C. 电力生产设施和输配电系统

D. 邮电通信、广播电视、医疗卫生、金融证券、计算机信息等社会公共服务系统的主要设施

2. 防雷减灾是指防御和减轻雷电危害的活动，包括对雷电灾害的(ABCD)。

A. 研究　　B. 监测　　C. 预警　　D. 防护

3. 用滚球法确定防雷装置的保护范围，需要了解(ABCD)等数据。

A. 建筑物的防雷类别　　B. 防雷装置的高度

C. 被保护物的高度　　D. 被保护物至防雷装置的水平距离

4. 接闪器可采用下列材料制成：(ABCD)。

A. 避雷针长 1～2 m 时，圆钢直径为 12 mm，钢管直径 20 mm

B. 避雷带(网)用圆钢直径不小于 8 mm，扁钢截面不小于 48 mm^2，厚度不小于 4 mm

C. 架空避雷线用截面不小于 35 mm^2 的镀锌钢绞线

D. 钢管、钢罐壁厚不小于 2.5 mm，但钢管、钢罐一旦被雷击穿，其介质对周围环境造成危险时，其壁厚不小于 4 mm

5. ** 防直击雷的人工接地体距建筑物出入口或人行道小于 3 m 时，(AB)。

A. 水平接地体埋设深度不小于 1.0 m

B. 采用沥青碎石地面或在接地体上面敷设 50～80 mm 厚的沥青层，其宽度应超过接地体 2.0 m

C. 采用网格状接地体

D. 采用环形接地装置

6. 等电位连接网格的连接宜采用(ABCD)。

A. 焊接　　B. 熔接

C. 压接　　D. 焊接、熔接、压接组合

7. ** 环形等电位连接带的连接宜采用(CD)。

A. 焊接　　B. 熔接

C. 压接　　D. 焊接、熔接、压接组合

8. 信号线路浪涌保护器的选择应考虑下列参数:(ABCD)。

A. 工作频率　　B. 传输带宽

C. 工作电压　　D. 接口形式

9. 电源浪涌保护器的设置应考虑(ABC)等因素。

A. 保护距离　　B. 安装点预计的放电电流

C. 标称放电电流等　　D. 工作频率

10. 在高土壤电阻率地区,降低接地电阻通常(ABC)。

A. 深井接地　　B. 换土

C. 采用降阻剂　　D. 采用铜材

11. ** 人工影响天气作业点作业平台,应在距离作业平台(D)6 m 外适当位置设置独立接闪杆,使高炮(或火箭)处于 $LPZ0_B$ 区内。

A. 边沿　　B. 北面

C. 任意位置　　D. 中心点

12. 人工影响天气作业点作业平台及其附近地面应采取(AB)。

A. 防跨步电压措施　　B. 防接触电压措施

C. 等电位接地措施　　D. 接地措施

13. 建筑物的防雷应根据其(ABC),按防雷要求分类。

A. 重要性　　B. 使用性质

C. 发生雷电事故的可能性和后果　　D. 容纳人数

14. ** 地处年平均雷暴日大于或等于 30 d/a 的(ACD)气象台(站)属于一级防雷气象台站。

A. 国家基本站　　B. 一般站

C. 高空战　　D. 高山站

15. 气象台(站)年预计雷击次数为(C)。观测场截收面积按 GB 50057—2010 的 4.5.5 对(D)截收面积的计算方法计算。

A. 观测场年预计雷击次数

B. 建筑物年预计雷击次数

C. 观测场年预计雷击次数与建筑物年预计雷击次数之和

D. 露天堆场

16. * 计算气象观测场截收面积时,(ABC)计算。

A. 高度按风杆高度　　B. 长度按观测场长度

C. 宽度按观测场宽度　　D. 按等效面积

17. 属于二级防雷气象台(站)的有(BCD)。

A. 一般气象站

B. 地处年平均雷暴日 25 d/a 的国家基本站

C. 地处年平均雷暴日 25 d/a 的高山站

D. 地(市)级气象台

18. 气象台站是用于(BCD)的专业场所。

A. 气象专业服务　　B. 气象观测

C. 气象数据收集和处理　　D. 天气预报等业务

19. 气象台(站)机房内(BCD)应以最短距离与等电位连接网络连接。

A. 台式空调接地端　　B. 电子设备机柜接地端

C. 屏蔽线缆外层　　D. SPD 接地端

20. 气象观测场与值班室所在建筑物应将其接地装置互相连接,等电位连接导体可通过(ABCD)等连接。

A. 金属线槽　　B. 电缆沟的钢筋

C. 金属管道　　D. 专用接地干线

21. * 对于第二、第三类防雷建筑物,没有得到屋面接闪器保护(BCD)的屋顶孤立金属物,可不要求附加的保护措施。

A. 高出屋面 0.4 m　　B. 高出屋面不超过 0.3 m

C. 上层表面总面积不超过 1.0 m^2　　D. 上层表面的长度不超过 2.0 m

22. ** 对于第二、第三类防雷建筑物,(ABD)没有处于屋面接闪器保护范围,可不要求附加增设接闪器的保护措施。

A. 直径 100 mm、高出屋面 0.4 m 的塑料通气管

B. 直径 100 mm、高出屋面 0.45 m 的塑料散放管

C. 直径 100 mm、高出屋面 0.6 m 的塑料散放管

D. 直径 20 mm、高出屋面 0.45 m 的塑料水管

23. 地区雷暴日等级划分是标识某地区雷暴发生频繁程度的方式。地区雷暴日等级应根据(AB)划分。

A. 年平均雷暴日

B. 雷电监测网监测资料换算得到的年平均雷暴日

C. 雷电监测网监测资料

D. 雷电监测网监测资料及气象雷达观测资料

24. * 建筑物防直接雷击引下线,(BC)符合防雷技术要求。

A. 从屋檐开始,穿 PVC 管保护保护至地下 0.3 m

B. 从距离地面 2.7 m 开始至地下 0.3 m,用耐 1.2/50 μs 冲击电压 100kV 的绝缘层包裹引下线

C. 从距离地面 2.7 m 开始至地下 0.3 m,用 4 mm 厚的交联聚乙烯材料包裹引下线

D. 从距离地面 2.7 m 开始至地下 0.3 m,用 2 mm 厚的交联聚乙烯材料包裹引下线

25. ** 建筑物采用多根专设引下线时,可在各引下线上距离地面(ABCD)处装设测试卡。

A. 0.3 m　　B. 0.7 m　　C. 1.0 m　　D. 1.5 m

26. (ABCD)均可作为信息系统接地装置与室内总等电位接地端子板的连接导体。

A. 截面积为 50 mm^2 的多芯铜线　　B. 20 mm×3 mm 的扁铜

C. 20 mm×4 mm 的扁钢　　D. 直径为 12 mm 的圆钢

27. 信息系统机房采用 S 形等电位连接时,(ACD)均可作为单点连接的等电位接地基准点。

A. 25 mm×3 mm 的扁铜　　B. 20 mm×2 mm 的扁铜

C. 30 mm×3 mm 的扁铜　　D. 25 mm×4 mm 的扁铜

28.（ BCD ）可作为气象台(站)室内金属装置至等电位连接带的连接导体。

A. 截面积为 4 mm^2的铜芯线　　B. 截面积为 6 mm^2的铜芯线

C. 截面积为 16 mm^2的多芯铝导线　　D. 截面积为 10 mm^2的铜芯线

29.（ ACD ）可作为气象台(站)电子系统信号 SPD 的连接导体。

A. 截面积为 2 mm^2的铜芯线　　B. 截面积为 1 mm^2的铜芯线

C. 截面积为 1.5 mm^2的铜芯线　　D. 截面积为 6.0 mm^2的铜芯线

30. 建筑物内部防雷系统由等电位连接（ ABCD ）等组成。

A. 共用接地装置　　B. 屏蔽

C. 合理布线　　D. 浪涌保护器

三、判断题

1. 防雷专业技术人员必须通过省级气象学会组织的考试,并取得相应的资格证书。（ × ）

解析:国务院令再次取消 47 项职业资格许可通知,防离包含在内。

2. ** 气象部门事业编制单位可以从事防雷技术服务工作。（ √ ）

3. ** 易燃易爆场所建筑物属于第二类防雷建筑物。（ × ）

解析:参见 GB 50057—2010《建筑物防雷设计规范》第 3 章。

4. GB/T 21431—2015 可用于建筑物视频监控系统、电子广告牌防雷检测。（ × ）

解析:参见 GB/T 21431—2015 第一章的范围。

5. 防雷装置的防护效果,主要取决于地网的接地性能,接地电阻越小防雷效果越好。（ × ）

解析:参见《现代防雷技术基础》,清华大学出版社;《雷电与避雷工程》(苏邦礼),中山大学出版社。

6. ** 信息系统中安装电涌保护器对系统没有任何影响。（ × ）

解析:参见《雷电与避雷工程》(苏邦礼),中山大学出版社。

7. 防雷接地电阻测试只能使用接地电阻电子表。（ × ）

解析:中华人民共和国计量法、产品质量法规定,计量检定合格期内,仪表正常的均可使用。

8. 人工影响天气作业点防雷装置应符合 GB 50057、QZ/T 226—2013 的规定。（ √ ）

9. 检定合格有效期内的测试仪表,即可用于防雷检测。（ × ）

解析:参见 DB52/T 537－2008《防雷装置安全检测技术规范》中检测流程的规定。

10. 防雷装置检测机构在检测过程中,可以执行 IEC 等国际标准。（ √ ）

11. ** 加油站设置的独立避雷针属于第二类防雷构筑物。（ × ）

解析:GB 50057 仅规定了建筑物防雷类别,构筑物可以参照计算方法确定其防雷类别。

12. 人工影响天气作业点营房屋面的金属设施,宜采用接闪杆保护,并与接闪杆距离不小于 3 m。（ √ ）

13. 厂房用建筑物外墙跨度分别为 17 m、21 m、15 m、17 m 的钢柱作为防直击雷引下线。（ √ ）

14. 根据人工雷电观测记录,贵州省年平均雷暴日在 40～90 d,属于多雷区。（ √ ）

15. * 雷电监测网在山区存在雷电漏测情况。（ √ ）

16. 雷电监测资料不能完全取代人工雷电观测资料,两者应是互补关系。（ √ ）

17. 气象观测场值班室建筑物应与观测场接地装置相连。 （ √ ）

18. 气象观测场宜采用线缆屏蔽和线缆合理布设措施。 （ √ ）

19. 现代防雷技术主要包括接闪、分流、等电位连接、屏蔽、合理布线、接地等六部分。 （ √ ）

20. * 直线法测量接地电阻时，d_{GP}与 d_{GC}的比值在 0.6～0.7 之间符合工程测量规定。 （ √ ）

四、填空题

1. ** 防雷装置性能检测单位属于计量认证_积极申请_单位，不属于强制认证单位。

2. 对需要在全国范围内统一的技术和管理要求，应当制定国家标准。国家标准分为_强制性_标准和_推荐性_标准。

3. 行业标准由国务院有关行政主管部门制定，并报国务院标准化行政主管部门备案。在公布国家标准之后，该项行业标准_自行废止_。

4. ** 防雷减灾是指防御和减轻雷电灾害的活动，包括雷电和雷电灾害的_研究、监测、预警、防护_以及雷电灾害的调查、鉴定等。

5. 防雷减灾工作，实行_安全第一、预防为主、防治结合_的原则。

6. 具有甲、乙两级防雷装置检测资质的机构可以从事_《建筑物防雷设计规范》_规定的第三类建(构)筑物的防雷装置检测。

7. 防雷装置检测资质证由国务院气象主管机构统一印制，资质证有效期为_五_年。

8. 防雷装置不合格的单位，防雷装置检测机构应向其出具检测报告并提供_整改意见书_。

9. 人工影响天气作业点共用接地装置的工频接地电阻不宜大于_4_Ω。

10. 气象观测场应处于 $LPZ0_B$内，观测人员活动区域防直击雷最低保护高度不宜小于_2.5_m。

11. * 进入防雷建筑物的低压线路至少应使用一段金属铠装电缆或护套电缆穿钢管直接埋地引入，其埋地长度不应小于_$2\sqrt{\rho}$ m_。

12. 独立避雷针和架空避雷线支柱及其接地装置至被保护建筑物之间的距离不得小于_3_m，即针或避雷线支柱与建筑物_外墙_的距离应大于_3 m_。

13. 地区雷暴日等级根据_年平均雷暴日数_划分。该数据来源于国家公布的_当地年平均雷暴日数_，而非_雷电监测网_监测统计数据。

14. ** 在雷达天线平台，接闪杆与天线罩边缘垂直投影的水平距离不宜小于_3_m。

15. 防雷装置接地电阻现场测试应在连续天晴_3_日后才能进行。

16. 气象观测场建筑物基础钢筋网作为共用接地装置时，接地体的接地电阻不宜大于_4_Ω。

17. 气象台(站)主机房内设备外壳距离建筑物结构柱距离不宜小于_1_m。

18. 电源 SPD 的主要元件是_压敏电阻_，其正常情况下是高阻状态，泄漏电流仅是_微安_级。

19. ** 信号线路电涌保护器内部一般串联一个限流电阻。当该电阻值小于_1_Ω 时，对网速几乎没影响；该电阻值在 1～2 Ω 时，网速显著变慢；该电阻值大于_2_Ω 时，将造成网络阻塞甚至断网。

20. * 带视窗的电源电涌保护器视窗颜色为_绿_色时，表明该 SPD 模块正常；颜色为黄色时，表明该 SPD 模块性能已劣化；颜色为_红_色时，表明该 SPD 模块已损坏应更换。

雷达技术与应用

一、单项选择题

1. 强度不变的同一积雨云从雷达站的315°方向200 km处向东南方向移动，在雷达上看起来积雨云回波的强度愈来愈强，是因为(D)。

A. 积雨云高度愈来愈高　　B. 积雨云尺度愈来愈大

C. 大气的衰减愈来愈小　　D. 距离衰减愈来愈小

2. 天气雷达站所在地气象台的责任区一般为天气雷达扫描半径(E)千米范围内地形遮挡角较小的区域，或在雷达3 km等高度射束图的有效探测区域；次责任区为天气雷达可探测范围内责任区以外的区域。

A. 100　　B. 150　　C. 200

D. 100～150　　E. 150～200

3. 对流云在雷达RHI上的回波呈(D)，底部不及地。

A. 块状　　B. 圆点状　　C. 片状

D. 柱状　　E. 细胞状

4. 如果多普勒天气雷达观测到的一个模糊的径向速度值是35 m/s，它的邻近值是－45 m/s，最大径向速度是50 m/s，那么这个径向速度的最可能值是(A)。

A. －65 m/s　　B. －75 m/s　　C. 65 m/s　　D. 75 m/s

5. 在多普勒速度图上，某一点所谓零速度是指该点处的实际风向(A)。

A. 垂直于该点的径向　　B. 平行于该点的径向

C. 与该点的径向呈45°交角　　D. 不确定

6. 雷达速度图上回波零线呈“S”形，以下说法正确的是(C)。

A. 风随高度呈顺时针旋转，有冷平流　　B. 风随高度呈逆时针旋转，有冷平流

C. 风随高度呈顺时针旋转，有暖平流　　D. 风随高度呈逆时针旋转，有暖平流

7. 沿雷达径向方向，若最大入流速度中心位于右侧，则为(A)。

A. 反气旋性旋转　　B. 气旋性旋转

C. 辐合　　D. 辐散

8. 在雷达径向速度图上雷达站的北方有两个相邻的冷暖色块区域，暖色块位于冷色块的西北方，那么可以判定该区域为(C)。

A. 纯辐散　　B. 气旋式辐散

C. 反气旋式辐散　　D. 中气旋

9. 暖季(C)的存在使新一代天气雷达在大气边界层的厚度内可以探测到几个回波强度到十几个回波强度的回波。

A. 雾　　B. 鸟群　　C. 昆虫　　D. 超折射现象

10. 在雷达产品中，反射率因子产品的最高显示分辨率为（ B ）。

A. 0.5 km　　B. 1 km　　C. 2 km　　D. 3 km

11. * 以下不是飑线一定具有的雷达回波特征是：（ D ）。

A. 5 dBz 以上部分长宽之比超过 5：1　　B. 长度超过 50 km

C. 构成飑线的单体呈线性排列　　D. 后侧入流缺口

12. * 风暴回波的前方一定距离处有一条狭长的弱窄带回波，这可能是（ B ）。

A. 边界层辐合线　　B. 阵风锋

C. 地物回波　　D. 昆虫回波

13. 冷锋接近但尚未到达雷达站时，径向速度图上零速度线的特征是（ C ）。

A. 通过雷达站的零线呈 S 形弯曲

B. 通过雷达站的零线呈反 S 形弯曲

C. 通过雷达站的零线呈 S 形弯曲，未过雷达站的零线呈反 S 形弯曲

D. 通过雷达站的零线呈反 S 形弯曲，未过雷达站的零线呈 S 形弯曲

14. 新一代天气雷达业务观测主要以（ B ）扫描模式为主。

A. PPI　　B. 体积　　C. RHI　　D. CAPPI

15. 由于地球曲率、波束展宽和充塞系数等因素影响，雷达估测降水时应尽可能使用（ C ）。

A. 远距离资料　　B. 中间仰角资料

C. 近距离低仰角资料　　D. 高仰角资料

16. 已知雷达的 $R_{max}=250$ km，在雷达图上，距离雷达 100 km 处有一块降水回波，而事实上那个地方是晴空，那么这块降水云最可能在距离雷达（ C ）处。

A. 100 km　　B. 150 km　　C. 350 km　　D. 600 km

17. 云滴相对于天气雷达都是（　　），大雨滴对 C 波段天气雷达属于（　　），大雨滴对 S 波段天气雷达属于（　　）。（ C ）

A. 米散射，瑞利散射，米散射　　B. 瑞利散射，瑞利散射，米散射

C. 瑞利散射，米散射，瑞利散射　　D. 米散射，米散射，瑞利散射

18. 利用 PUP 显示雷达回波时，在超折射回波区，图上所标注的回波高度（ C ）实际回波高度。

A. 远小于　　B. 等于　　C. 大于　　D. 小于

19. 建成新一代天气雷达网并投入业务，具有每（ A ）分钟以内上传一次数据的能力。

A. 10　　B. 20　　C. 15　　D. 25

20. 多单体风暴通常指（ A ）构成。

A. 全部由普通单体　　B. 单体和超级单体混合

C. 线风暴（飑线）　　D. 超级单体

21. 剖面产品中垂直分辨率为（ B ）。

A. 0.25 km　　B. 0.5 km　　C. 1 km　　D. 2 km

22. 新一代天气雷达的有效测雨范围不超过（ B ）。

A. 100 km　　B. 150 km　　C. 200 km　　D. 230 km

23. 雷达基本产品包括反射率因子、径向速度和（ A ）。

A. 谱宽　　B. 风廓线

C. 中气旋　　D. 组合反射率因子

24. 有利于形成超折射的气象条件是(C)。

A. 有逆温　　B. 有逆湿

C. 有逆温,湿度随高度迅速减小　　D. 有降水

25. 人们把雷达观测到早上所出现的超折射回波,作为一种预测午后可能产生强雷暴的指标是因为(D)。

A. 低空有大量水汽　　B. 低空有冷空气

C. 低空有风切变　　D. 低空有暖干盖

26. 超级单体风暴区别于其他类型风暴的特征是(A)。

A. 持久深厚的中气旋　　B. V形缺口

C. 钩状回波　　D. 三体散射

27. 下列特征中哪个不是超级单体风暴的特征?(C)

A. 钩状回波　　B. 有界弱回波区

C. 中层径向辐合　　D. 中气旋

28. 大冰雹的后向散射截面随着降落过程其表面开始融化而(A)。

A. 增大　　B. 减小　　C. 不变　　D. 大减

29. 多普勒天气雷达的径向速度场,零速度线呈"S"形,表示实际风随高度(　　),在雷达有效探测范围内(　　)。(A)

A. 顺时针旋转,有暖平流　　B. 逆时针旋转,有暖平流

C. 逆时针旋转,有冷平流　　D. 不旋转,无平流

30. 新一代天气雷达图像中,积状云降水通常具有比较密实的结构,反射率因子空间梯度较大,其强度中心的反射率因子通常在(C)以上。

A. 25 dBz　　B. 30 dBz　　C. 35 dBz　　D. 40 dBz

31. BWER(有界弱回波区)对应的是一个(B)区。

A. 强下沉气流　　B. 强上升气流

C. 强水平涡度　　D. 相对气流

32. 脉冲风暴的初始回波出现的高度较高,通常在(D)之间。

A. 2～4 km　　B. 3～5 km　　C. 9～12 km　　D. 6～9 km

33. 下列因素中哪些有利于对流性暴雨的产生?(A)

A. 低层反射率因子较大　　B. 高层反射率因子较大

C. 环境垂直风切变较大　　D. 中层风较强

34. 超级单体龙卷的预警主要建立在探测到(D)的基础上,有经验的预报员有可能提前10～30分钟预报这种龙卷的发生。

A. 弱回波区　　B. 有界弱回波区

C. 悬垂回波　　D. 较强中气旋

35. S波段雷达是指雷达波长为(A)。

A. 10 cm　　B. 5 cm　　C. 3 cm　　D. 8 mm

36. 最强的地面风出现在弓形回波的(C)。

A. 前进方向的左端　　B. 前进方向的右端

C. 顶点处　　D. 后侧

37. 辐合(或辐散)在雷达径向风场图像中表现为一个最大和最小的径向速度对,两个极值中心的连线与雷达射线的关系是(C)。

A. 有夹角　　B. 垂直　　C. 一致　　D. 不一致

38. 新一代天气雷达系统的应用主要在对灾害性天气，特别是与（ B ）相伴随的灾害性天气的监测和预警。

A. 对流风暴　　B. 冰雹

C. 大范围降水　　D. 高分辨率数值天气预报模型

39. 在 RPG 中产生的数据属于第（ D ）数据。

A. 0 级　　B. 1 级　　C. 2 级　　D. 3 级

40. 用位相矢计算模糊速度时，已知 $V_{max}=100$ kn＝180°相移；位相矢＃1：$I_1=+4$ 和 $Q_1=0$；位相矢＃2：$I_2=0$ 和 $Q_2=-4$。从位相矢＃1 到位相矢＃2 的说法正确的是（ A ）。

A. 实际脉冲对相移是 270°，逆时针旋转，目标物是以 150 km 的速度移向雷达

B. 实际脉冲对相移是 270°，顺时针旋转，目标物是以 150 km 的速度远离雷达

C. 实际脉冲对相移是 90°，逆时针旋转，目标物是以 50 km 的速度移向雷达

D. 实际脉冲对相移是 90°，顺时针旋转，目标物是以 50 km 的速度远离雷达

41. 对于相同的脉冲重复频率，C 波段雷达的测速范围大约是 S 波段的（ C ）。

A. 2 倍　　B. 4 倍　　C. 1/2　　D. 1/4

42. 某 C 波段的雷达，其最大不模糊速度 V_{max} 为 15 m/s，则最大不模糊距离应是（ C ）。

A. 150 km　　B. 250 km　　C. 125 km　　D. 62.5 km

43. 业务上用 dBz 代替 Z 的原因是（ B ）。

A. Z 值太小　　B. Z 值变化区间太大

C. Z 值无规律性　　D. Z 值摆动

44. 下列多普勒雷达径向速度图中，在约 40 km 范围内，速度特征正确的是（ B ）。

A. 暖平流＋辐合　　B. 冷平流＋辐合

C. 暖平流＋辐散　　D. 冷平流＋辐散

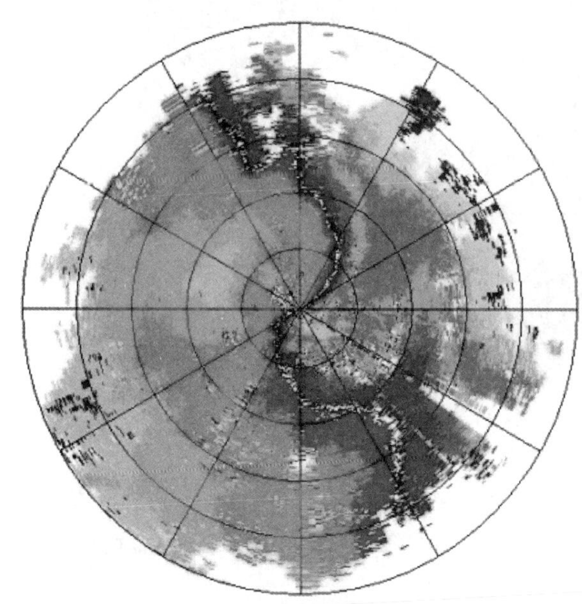

雷达站名：内蒙古气象台呼和浩特

雷达型号：CINRAD/CD

海拔高度：2060.0 m

日期：2004/10/20

时间：13：03：03

扫描方式：速度

重复频率：900/599 Hz

显示距离：75 km

天线仰角：1.50°

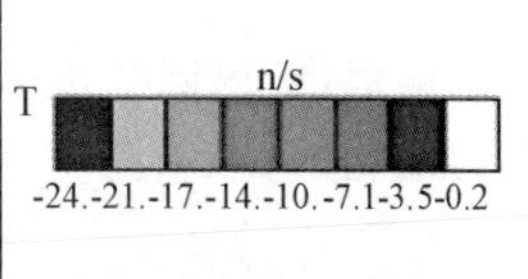

45. 下列中尺度多普勒速度示意图中，所在区域位于雷达探测区的正南方。其中说法正确的是（ A ）。

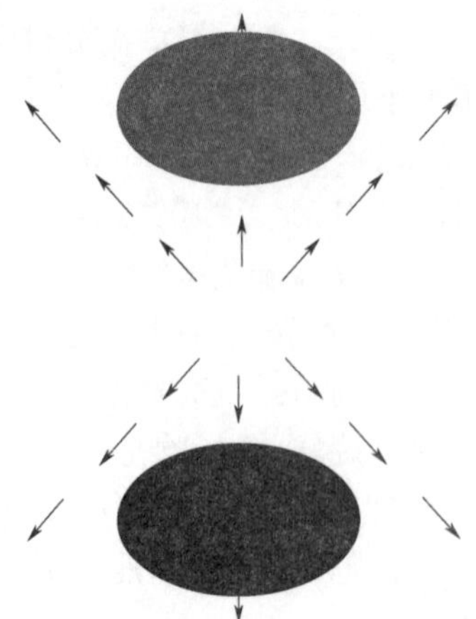

A. 纯辐合流场　　　　B. 纯辐散流场

C. 纯气旋式流场　　　D. 纯反气旋式流场

46. 根据下图判断雷达站周围风随高度变化描述正确的是（ A ）。

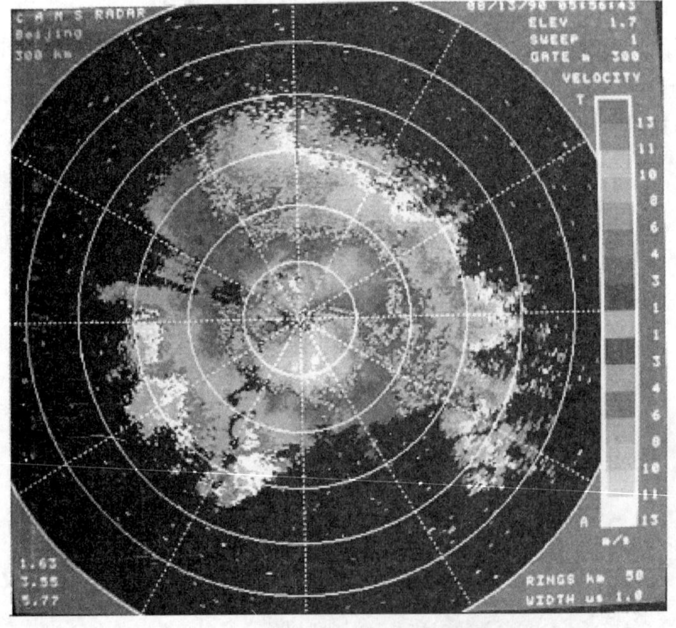

A. 低空为偏北风，风随高度略做顺时针转变，风速先增后减。上空为 SW，最大 16～18 m/s

B. 低空为偏南风，风随高度做逆时针转变，上空为偏 SW 风，最大风速为 16～18 m/s

C. 低空为偏北风，风随高度略做逆时针转变。上空为偏 SW，风速随高度增加，最大为 16～18 m/s

D. 低空为偏南风，风随高度做顺时针转变，上空为偏 SW 风，最大风速为 16～18 m/s

47. 下图箭头中所指区域说明了什么现象？（ C ）

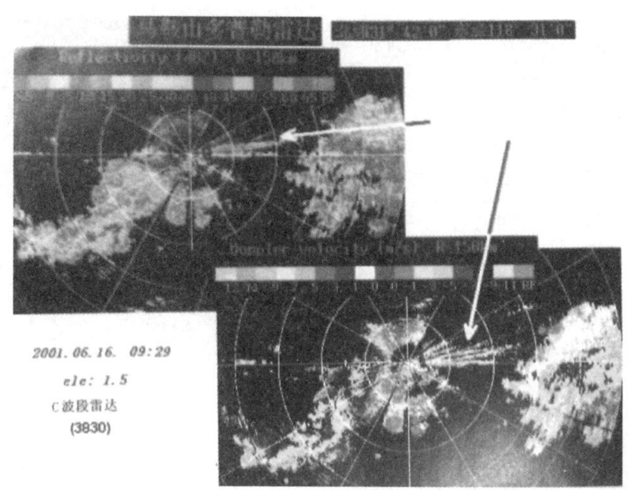

A. 地物杂波
B. 三体散射
C. 第二程回波
D. 超折射

48. 从下图中可以看出的现象是（ C ）。

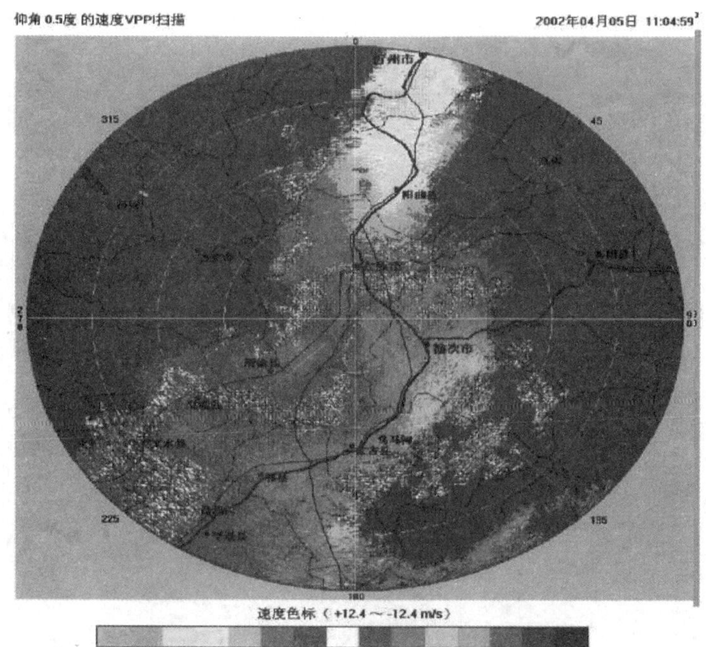

A. 超折射
B. 距离折叠
C. 速度模糊
D. 三体散射

49. 下面多普勒雷达径向速度图中，速度特征正确的是（ B ）。

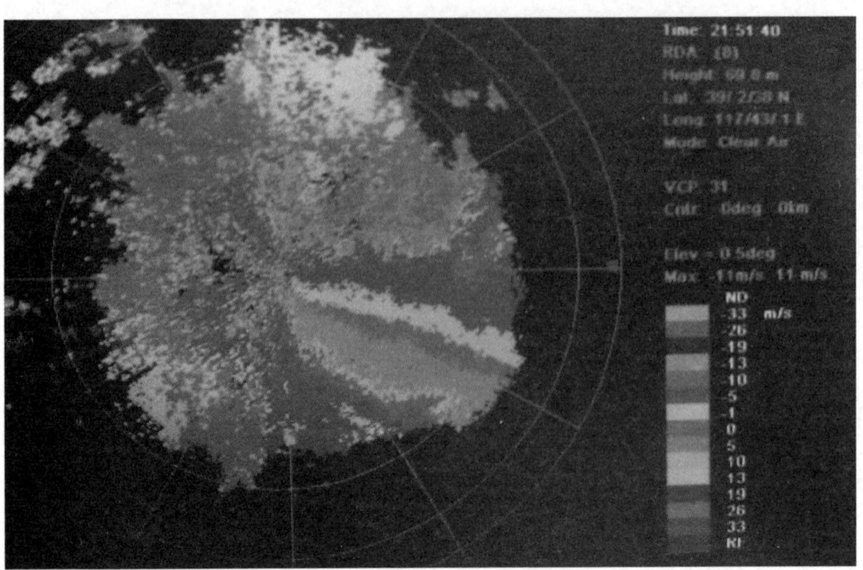

A. 暖平流＋辐合　　　　B. 冷平流＋辐合

C. 暖平流＋辐散　　　　D. 冷平流＋辐散

50. 下面径向速度图中，在 30 km 距离圈以内，速度特征正确的是（ AC ）。

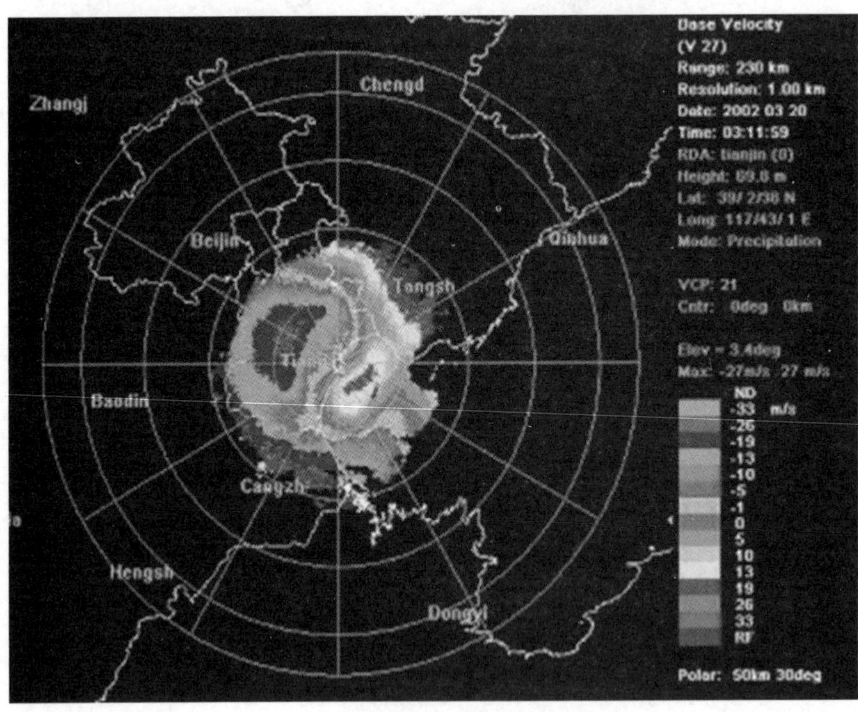

A. 暖平流＋辐合　　　　B. 冷平流＋辐合

C. 暖平流＋辐散　　　　D. 冷平流＋辐散

51. 下面径向速度图中，在 45 km 距离圈以内，速度特征正确的是（ A ）。

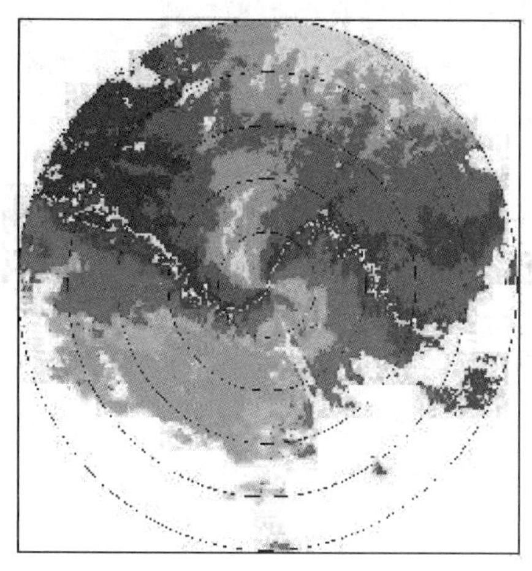

A. 暖平流＋辐合　　　　B. 冷平流＋辐合

C. 暖平流＋辐散　　　　D. 冷平流＋辐散

52. 关于边界层辐合线，说法错误的是（ B ）。

A. 属于中小尺度系统

B. 最大强度可达二十几回波强度

C. 边界层辐合线上有利于风暴的产生

D. 两条边界层辐合线交点附近有利于风暴产生

53. 下列选项中，（ A ）不是多普勒天气雷达的主要应用领域。

A. 沙尘暴的探测和预警　　　　B. 强对流的探测和预警

C. 降水估计　　　　D. 改进数值预报模式的初值场

54. 下列条件中，（ B ）不是对流性暴雨的有利条件。

A. 大的降水率　　　　B. 高悬的强回波

C. 缓慢的回波移动速度　　　　D. 高的降水效率

55. 冰雹、雪花和冰晶落到 0 ℃高度以下开始融化时，它的后向散射截面比未融化时（ A ）。

A. 明显增大　　B. 不变　　C. 变小　　D. 略增大

56. 分析下图（图中细虚线代表入流，实线代表出流，粗虚线代表等零速度线，黑点代表速度最大值所在处），下列说法正确的是（ A ）。

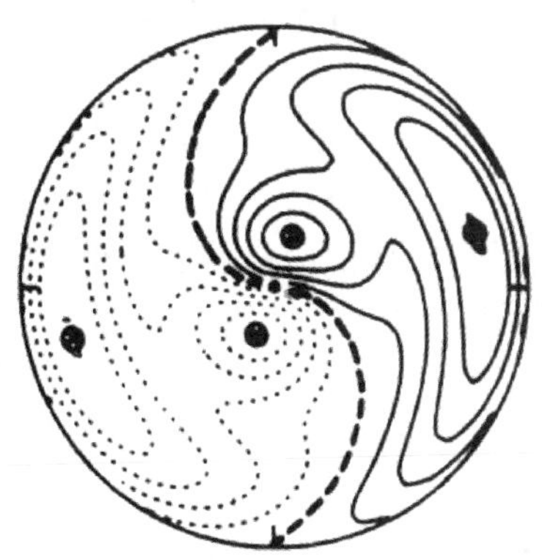

A. 风随高度顺转,风速随高度先增后减再增再减

B. 风随高度先顺转再逆转,风速随高度先增后减

C. 风随高度先逆转再顺转,风速随高度先增后减再增再减

D. 风随高度先逆转再顺转,风速随高度先增后减

57. 超级单体风暴和多单体风暴的风矢量垂直切变的最大差别在于,超级单体风暴在(C)有强的风切变。

A. 高层　　B. 中层　　C. 低层　　D. 中高层

58. 中气旋的生成起源于风暴(B)。

A. 低层　　B. 中层　　C. 高层　　D. 底层

59. 天气雷达在灾害性天气,尤其是(C)灾害性天气的监测预警中发挥着重要作用。

A. 大尺度　　B. 天气尺度

C. 突发性中小尺度　　D. 较大范围内

60. 天气雷达是专门用来探测大气中降水区的(A)、大小、强度及其变化的雷达。

A. 位置　　B. 高度　　C. 形状　　D. 特点

61. CINRAD-SA 雷达的导出产品在(B)子系统中生成。

A. RDA　　B. RPG　　C. PUP　　D. 信号处理器

62. 用 C 波段雷达探测很强的冰雹云时,由于衰减的影响,回波图中会出现(A)。

A. V 形缺口　　B. 指状回波

C. 有界弱回波区　　D. 悬垂回波

63. 在利用 PUP 显示雷达回波时,所标注的回波高度是假定大气为(A)情况下计算得到的高度,由于实际大气与这种假设是有差别的,所以标注的回波高度与实际回波高度是有差别的。

A. 标准大气折射　　B. 超折射

C. 无折射　　D. 负折射

64. 多普勒雷达在离开雷达的任何一点只能测量该处降水物质的(B)。

A. 切向速度　　B. 径向速度

C. 水平速度　　D. 垂直速度

65. 当某高度的实际风向、风速均匀时,雷达以某个仰角作 360°扫描,在与这个高度相应的距离圈上,雷达径向速度随方位角的分布是典型的(C)。

A. 圆形曲线　　B. 抛物线

C. 正(余)弦曲线　　D. 正(余)切曲线

66. 在某一仰角的径向速度图中,从雷达站开始向外,零等速度线先呈"S"形分布,然后呈反"S"形分布,表示(C)。

A. 风速随高度顺转　　B. 风速随高度逆转

C. 风速随高度先顺转再逆转　　D. 风速随高度先逆转再顺转

67. 在某一仰角的径向速度图中,从雷达站开始向外,零等速度线先呈反"S"形分布,然后呈"S"形分布,表示雷达探测范围内(D)。

A. 有冷平流　　B. 中低层有暖平流,中上层有冷平流

C. 有暖平流　　D. 中低层有冷平流,中上层有暖平流

68. 在某一仰角的径向速度图中,零等速度线呈直线跨过雷达站,等径向速度线表现为闭合等速度区所包围的最大径向速度区,表示(B)。

A. 风向不变,风速随高度减小　　B. 风向不变,风速随高度先增后减
C. 风向不变,风速随高度增大　　D. 风向不变,风速随高度先减后增

69. 当一对最大入流/出流中心距雷达不是等距离且也不在同一个雷达径向时,若最大出流中心更靠近雷达,且最大入流中心位于雷达径向的左侧时,表示该区域有(A)存在。

A. 气旋性辐合　　B. 气旋性辐散
C. 反气旋性辐合　　D. 反气旋性辐散

70. 在雷达径向速度 PPI 图中,"S"形零等速度线表示实际风向随高度(B)。

A. 不变　　B. 顺时针旋转
C. 逆时针旋转　　D. 先顺转再逆转

71. 在雷达径向速度 PPI 图中,"S"形零等速度线表示在雷达有效探测范围内有(C)。

A. 有冷平流　　B. 无冷平流
C. 有暖平流　　D. 无暖平流

72. 多普勒天气雷达是利用(B)来测量质点相对于雷达的径向速度。

A. 粒子散射效应　　B. 多普勒效应
C. 粒子辐射效应　　D. 大气折射

73. 以低仰角探测到在雷达站西北方位 300 km 处有一块 30～35 dBz 回波区,可是当时雷达站及其周围地面观测均无降水(雷达站天线高度为 200 m,以 0°仰角探测)。这块回波可能是(C)。

A. 地物回波　　B. 层状云的云顶回波
C. 发展中积状云的中部回波　　D. 层状云的零度层亮带

74.《新一代天气雷达系统功能需求书》对新一代雷达系统的性能有这样的要求:对雹云、中气旋等小尺度强对流现象的有效监测和识别距离应(C)。

A. 大于 300 km　　B. 大于 230 km
C. 大于 150 km　　D. 大于 400 km

75.《新一代天气雷达系统功能需求书》对新一代雷达系统的性能有这样的要求:对台风、暴雨等大范围降水天气的监测距离应不小于(A)。

A. 400 km　　B. 460 km
C. 230 km　　D. 300 km

76.《新一代天气雷达系统功能需求书》对新一代雷达系统的性能有这样的要求:S 波段雷达探测能力在 50 km 处可探测到的最小回波强度(D)。

A. 不小于－3 dBz　　B. 不大于－3 dBz
C. 不小于－7 dBz　　D. 不大于－7 dBz

77.《新一代天气雷达系统功能需求书》对新一代雷达系统的性能有这样的要求:C 波段雷达探测能力在 50 km 处可探测到的最小回波强度(B)。

A. 不小于－3 dBz　　B. 不大于－3 dBz
C. 不小于－7 dBz　　D. 不大于－7 dBz

78. 阵风锋在雷达反射率因子产品的表现为(B)。

A. 强的带状回波　　B. 弱的窄带回波
C. 强的片状回波　　D. 弱的片状回波

79. 径向速度图上,零等速度线穿过雷达所在位置并呈弓形,入流速度位于弓形外侧,则实际风在各高度层上为(C)。

A. 随高度顺转　　B. 不变的
C. 发散的　　D. 汇合的

80. 等高度的融化层在基本反射率因子产品中表现为（ A ）。
A. 较高反射率因子值构成的环形　　B. 较低反射率因子值构成的环形
C. 较高反射率因子值构成的 V 形　　D. 较低反射率因子值构成的 V 形

81. 圆形的中气旋流场，在多普勒速度图上表示为有（ C ）。
A. 沿径向方向的正负速度对　　B. 大的正风速或负风速区
C. 沿切向（方位）方向的正负速度对　　D. 逆风区

82. 在比较大的环境垂直风切变条件下，产生地面直线型大风的系统有多单体风暴、飑线和超级单体风暴。它们的一个共同预警指标是（ D ）。
A. 弱回波区　　B. 钩状回波　　C. 弓形回波　　D. 中层径向辐合

83. 新一代天气雷达回波顶高产品中的回波顶高度（ B ）。
A. 与云顶高度相等　　B. 小于云顶高度　　C. 大于云顶高度　　D. 不确定

84. 对于显著弓形回波来说，其前进方向的左端，气流呈（ A ）。
A. 气旋式旋转　　B. 反气旋式旋转
C. 辐合　　D. 辐散

85. 右图中，雷达位于箭头矢量末端的圆点，箭头指向为雷达波束方向，灰色代表速度流向雷达，黑色代表速度离开雷达。据此可判断出中尺度系统类型为（ A ）。

A. 气旋性辐合
B. 气旋性辐散
C. 反气旋性辐合
D. 反气旋性辐散

86. 右图给出了水平均匀风情况下等仰角面上的一种径向速度分布图，其中细虚线表示入流，细实线表示出流，粗虚线表示等零速度线，黑色实心圆点表示最大速度所在处，则下面说法不正确的是（ D ）。

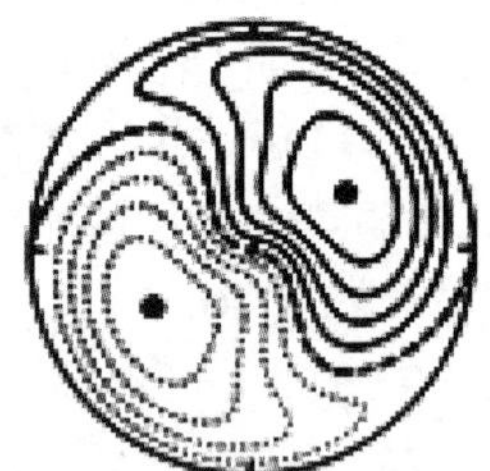

A. 中低层有暖平流，中高层有冷平流
B. 风随高度先由南风顺转成西南风再逆转成南风
C. 最大速度所在高度的风为西南风
D. 图像显示区域最远端所在高度处的风为西北风

87. 飑线出流边界在雷达反射率因子产品的表现为（ D ）。
A. 强的带状回波　　B. 强的片状回波
C. 弱的团状回波　　D. 弱的窄带回波

88. 在风暴单体的塔状积云阶段，初始回波形成后，回波向上、向下同时增长，但是，回波不及地，此时，最强回波强度一般在云体的（ C ）。
A. 上部　　B. 下部　　C. 中上部　　D. 中下部

89.（ D ）一律属于强风暴。
A. 普通单体风暴　　B. 多单体风暴
C. 飑线　　D. 超级单体风暴

90. 超级单体风暴与其他类型风暴的本质区别在于它有(A)存在。

A. 深厚持久的中气旋　　B. 悬垂回波

C. 弱回波区　　D. 有界弱回波区

91. 上升气流较强的对流风暴能产生严重的灾害性天气,强风暴上升速度通常超过(C)。

A. 10 m/s　　B. 20 m/s　　C. 30 m/s　　D. 40 m/s

92. 对流风暴的组织程度和强度与环境风的垂直切变有密切关系。脉冲风暴是在(A)垂直风切变下形成的一种强风暴。

A. 弱　　B. 中等强度　　C. 强　　D. 很强

93. 脉冲风暴的强中心高度较高,一般在(B)的高度左右。

A. 0 ℃　　B. −10 ℃　　C. −20 ℃　　D. 5 ℃

94. 中气旋的水平尺度一般不超过(A)。

A. 10 km　　B. 2 km　　C. 20 km　　D. 200 km

95. 业务上通常将中气旋划分为弱、中等和强三个级别。在距离雷达 50 km 处,中等强度的中气旋对应的旋转速度为(B)。

A. 12 m/s　　B. 16 m/s　　C. 22 m/s　　D. 8 m/s

96. 特别简单有效的判断有无大冰雹的方法是,根据强回波区相对于(A)等温线高度的位置来确定。

A. 0 ℃和−20 ℃　　B. 0 ℃和−10 ℃　　C. 0 ℃和−30 ℃　　D. 0 ℃和−40 ℃

97. 除了由反射率因子三维空间结构判断大冰雹的存在外,还可以根据(D)的大小判断大冰雹的可能性。

A. 组合反射率　　B. 径向速度

C. 回波顶高　　D. 垂直累积液态水含量

98. (B)是对流风暴最常产生的强对流天气现象。

A. 暴洪　　B. 地面灾害性大风

C. 冰雹　　D. 雷暴

99. 与脉冲风暴相伴随的最常见的强对流天气是(C)。

A. 暴洪　　B. 冰雹

C. 下击暴流　　D. 龙卷

100. 对于显著弓形回波来说,其前进方向的右端,气流呈(B)。

A. 气旋式旋转　　B. 反气旋式旋转

C. 辐合　　D. 辐散

101. 在经典超级单体生命期的某些阶段,经常出现一个位于其右后方(相对于风暴的运动而言)的低层钩状回波。最严重的龙卷往往发生在钩状回波(C)。

A. 出现之前　　B. 消失以后

C. 出现之后、消失之前　　D. 出现之前、消失以后

102. 强降水超级单体的入流区大多位于其移动方向的(A)。

A. 前侧　　B. 后侧　　C. 右后侧　　D. 右侧

103. 超级单体中深厚的辐合区 DCZ 的探测和识别可以用来预警(B)。

A. 冰雹　　B. 极端的地面大风

C. 短时强降水　　D. 龙卷

二、多项选择题

1. S波段雷达回波上出现三体散射是大冰雹存在的（ AD ）。

A. 充分条件　　B. 必要条件

C. 非充分条件　　D. 非必要条件

2. 对于新一代天气雷达，积状云降水通常具有（ C ）结构，反射率因子（ F ），其强度中心的反射率因子通常在（ J ）以上。而层状云降水通常具有（ A ）结构，反射率因子（ G ），其强度中心的反射率因子通常在（ L ）。

A. 均匀　　B. 絮状　　C. 密实

D. 时间梯度大　　E. 时间梯度小　　F. 空间梯度大

G. 空间梯度小　　H. 15 dBz 以上　　I. 30 dBz 以上

J. 35 dBz 以上　　K. 15～30 dBz　　L. 15～35 dBz

3. 雷达数据采集子系统由（ ABCD ）组成。

A. 发射机　　B. 天线　　C. 接收机　　D. 信号处理器

4. 根据雷达回波形态，可以将对流风暴分为（ ABCD ）。

A. 单单体风暴　　B. 多单体风暴　　C. 超级单体风暴　　D. 飑线

5. 强冰雹的雷达回波特征主要有（ ABCDE ）等。

A. 高悬强回波

B. 50 dBz 回波扩展到−20 ℃等温线以上高度

C. 风暴顶强辐散

D. 中气旋

E. 弱回波区和有界弱回波区

6. 粒子对电磁波作用的两种基本形式是（ AD ）。

A. 散射　　B. 反射　　C. 折射　　D. 吸收

7. 非强对流风暴包括（ ABC ）。

A. 普通单体　　B. 多单体　　C. 线风暴（飑线）　　D. 超级单体

8. 对流云降水的回波特征有（ ABC ）。

A. 具有比较密实的结构，反射率因子梯度比较大

B. 回波高度比较高，顶部不平整

C. 强度中心的反射率因子比较大，通常在 35 dBz 以上

D. 回波水平纹理比较光滑

9. 在雷达反射率因子 PPI 图上，层状云降水的回波特征有（ ABCD ）。

A. 降水回波结构比较均匀

B. 反射率因子空间梯度小

C. 反射率因子比较小，通常在 15～35 dBz 之间

D. 比较厚的层状云降水回波中出现零度层亮带

10. 对流风暴可以分为（ ABCD ）。

A. 普通单体风暴　　B. 多单体风暴　　C. 飑线　　D. 超级单体风暴

11. 降水的反射率因子回波大致可分为（ ACD ）三种类型。

A. 积云降水回波　　B. 卷云降水回波

C. 层状云降水回波　　D. 积云层状云混合降水回波

12. 层状云降水反射率因子回波“零度层亮带”形成的原因是(ABCD)。

A. 融化作用　　B. 碰并聚合效应

C. 速度效应　　D. 粒子形状的作用

13. CINRAD-SA 雷达系统提供了较高灵敏度及分辨率的(BCD)三种基数据。

A. 反射率　　B. 反射率因子　　C. 平均径向速度　　D. 谱宽

14. 天气雷达站所在地气象台的责任区一般为(BD)。

A. 天气雷达扫描半径 150～250 km 范围内地形遮挡角较大的区域

B. 天气雷达扫描半径 150～200 km 范围内地形遮挡角较小的区域

C. 在雷达 2 km 等高度射束图的有效探测区域

D. 在雷达 3 km 等高度射束图的有效探测区域

15. 下列因子中哪些是有利于强冰雹产生的环境因素?(ACD)

A. CAPE 值较大　　B. 对流层中层相对湿度较大

C. 0 ℃层高度不过高　　D. 环境垂直风切变较大

16. PUP 可以通过(ABC)方式向 RPG 申请产品。

A. 常规产品清单　　B. 一次性请求

C. 产品-预警配对　　D. 二次请求

17. 雷达所探测到的强降水超级单体风暴在低层的反射率因子回波特征有(ABC)。

A. 宽广的钩状、逗点状或螺旋状回波　　B. 前侧 V 形缺口回波

C. 后侧 V 形缺口回波　　D. 悬垂回波

18. 雷达探测脉冲风暴较有效的方法是要注意(ABC)。

A. 出现初始回波的高度　　B. 最大回波强度值

C. 最大回波强度所在高度　　D. 弱回波区

19. 能够触发深对流的中尺度系统包括(ABCDE)等。

A. 锋面　　B. 干线　　C. 阵风锋

D. 海陆风锋　　E. 重力波

20. 以下关于超折射回波说法正确的有(BCDE)。

A. 超折射回波常发生在距雷达较近的地方

B. 超折射回波每时每刻都在变化

C. 超折射回波主要出现在最低扫描仰角

D. 超折射回波容易出现在逆温和/或湿度随高度迅速减小的情况下

E. 超折射回波在径向速度上的表现是大片零速度区镶嵌着一些孤立的非零值

21. 多普勒天气雷达通常采用体积扫描的方式观测,常用的体扫模式有(CDE)。

A. 降水模式　　B. 晴空模式　　C. VCP11

D. VCP21　　E. VCP31

22. 中气旋是风暴尺度环流,它能由(ABC)来衡量。

A. 切变尺度　　B. 持续时间尺度

C. 垂直方向伸展厚度　　D. 最大径向速度

23. 湿下击暴流的预警指标是(BD)。

A. 强的垂直风切变　　B. 云底以上的气流辐合

C. 悬垂回波　　D. 反射率因子核心的下降

24. 下列特征中哪些是雷暴大风的雷达回波特征？（ ABC ）

A. 反射率因子核心不断下降　　B. MARC

C. 低层强烈辐散　　D. 低层强烈辐合

25. 总的降水量取决于降水率的大小和降水持续时间，降水持续时间取决于（ ABC ）。

A. 降水系统的大小

B. 降水系统的移动速度

C. 降水系统的走向与移动方向的夹角

D. 降水系统的移动方向

26. 国内新一代天气雷达正在生产、安装和逐步投入使用中，共有7种型号，其中S波段的有（ ABC ）。

A. SA型　　B. SB型　　C. SC型　　D. SD型

27. 国内新一代天气雷达共有7种型号，其中C波段有（ ABCD ）。

A. CB型　　B. CC型　　C. CD型　　D. CCJ型

28. 新一代天气雷达由若干个子系统构成，分别是（ ABCD ）。

A. 雷达数据采集系统RDA　　B. 雷达产品生成器RPG

C. 主要用户终端PUP　　D. 通讯线路

29. 雷达数据采集子系统(RDA)的主要功能有（ ABC ）。

A. 产生和发射射频脉冲　　B. 接收目标物对脉冲的散射能量

C. 通过数字化处理形成基本数据　　D. 雷达产品生成

30. 天气雷达的主要局限性有（ ACD ）。

A. 波束中心的高度随离开雷达的距离增加而增加

B. 波束障碍

C. 波束宽度随离开雷达的距离增加而展宽

D. 静锥区的存在

31. 相比雨量计估计降水量，雷达估计降水量的优点有（ BD ）。

A. 时间分辨率高　　B. 空间分辨率高

C. 不以地面为基础　　D. 范围大

32. 多单体风暴和超级单体风暴的垂直风切变特征有（ ABC ）。

A. 风向随高度朝一致方向偏转

B. 风向、风速随高度变化分布是有序的

C. 风速随高度的变化值比较大

D. 风向、风速随高度变化是杂乱无章的

33. 普通单体风暴的垂直风切变特征有（ AC ）。

A. 风向随高度的分布杂乱无章　　B. 风向随高度朝一致方向偏转

C. 风速随高度的变化较小　　D. 风速随高度的变化较大

34. 强垂直风切变的作用有（ ABCD ）。

A. 能够产生强的风暴相对气流

B. 能够决定上升气流附近阵风锋的位置

C. 能够延长上升气流和下沉气流共存的时间

D. 能够产生影响风暴组织和发展的动力效应

35. 影响风暴组织和种类的最重要的两个因子为(AC)。

A. 热力不稳定　B. 水汽条件　C. 垂直风切变　D. 抬升条件

36. 出现超级单体风暴的有利环境条件为(ABCD)。

A. 大气层结不稳定　B. 云底低层的环境风速较强

C. 风速垂直切变很强　D. 风向随高度强烈顺转

37. 产生对流风暴的环境条件包括(ABCD)。

A. 大气热力层结　B. 垂直风切变

C. 水汽分布　D. 触发机制

38. 脉冲风暴是在弱的垂直风切变下产生的,其可能产生的强烈天气包括(ABC)。

A. 下击暴流　B. 冰雹

C. 弱龙卷　D. 暴洪

39. 脉冲风暴是发展迅速的强风暴,它产生的环境特征有(ABD)。

A. 弱的垂直风切变　B. 较厚的低层湿层

C. 较薄的低层湿层　D. 高度的垂直不稳定

40. 对流造成的灾害性天气指的是(ABCD)。

A. 下沉气流造成的地面阵风速度超过 18 m/s

B. 任何形式的龙卷

C. 直径大于 2 cm 的冰雹

D. 暴洪

41. 超级单体风暴的环境具有(ABD)。

A. 深厚的低层湿层　B. 强的垂直不稳定

C. 弱的垂直不稳定　D. 对流前逆温层顶盖

42. 有利于 F2 级以上龙卷产生的环境条件是(AC)。

A. 强烈的低层垂直风切变　B. 充足的水汽

C. 低的抬升凝结高度　D. 大的对流有效位能

43. 一般来说,反射率因子越大,雨强就越大,但这个关系式会受到(BC)的很大影响。

A. 衰减　B. 零度层亮带　C. 冰雹　D. 距离

44. 以下哪些是大冰雹在雷达图上的回波特征?(ABCD)

A. 宽广的弱回波区或有界弱回波区

B. 强烈的风暴顶辐散

C. VIL 季节高值

D. 三体散射

45. 显著的弓形回波的特征有(ABCD)。

A. 前沿存在高反射率因子梯度区

B. 早期入流一侧存在弱回波区

C. 回波顶位于弱回波区或高反射率因子梯度区之上

D. 后侧存在弱回波通道

46. 雷达探测层状云降水时表现为(ABCD)。

A. 比较弱的反射率因子　B. 顶部比较平整

C. 比较薄的垂直厚度　D. 相当小的水平反射率梯度

47. 雷达探测对流云降水时表现为（ ABCD ）。

A. 强的反射率因子　　B. 顶部不平整

C. 大的垂直厚度　　D. 大的水平反射率梯度

48. 超折射强度回波的特征有（ ABD ）。

A. 呈辐辏状排列的短线　　B. 回波强度大

C. 回波水平纹理光滑　　D. 一般只存在于低仰角中

49. 以下关于地物杂波抑制说法正确的有（ ABCD ）。

A. 固定的地物杂波位置是由雷达测试程序得到的杂波过滤旁路图自动确定的

B. 超折射地物杂波所在区域是根据具体观测人工识别和划定的区域

C. 地物杂波抑制的主要依据是其径向速度接近为零

D. 抑制地物杂波的做法是将距离库内径向速度在零值附近的那部分功率滤掉

50. 天气雷达通过天线的方向性可以获取目标物的（ BC ）。

A. 斜距　　B. 方位　　C. 仰角　　D. 回波特性

51. 关于固定地物杂波的特点，下面说法正确的有（ ABCD ）。

A. 发生在距雷达较近的地方

B. 变化较少

C. 在径向速度图大片零速度区中镶嵌着非零值

D. 出现在低仰角

52. 以下是非气象回波的有（ ABD ）。

A. 地物回波　　B. 异常折射回波

C. 晴空回波　　D. 海浪回波

53. 以下关于超折射回波说法正确的有（ ABC ）。

A. 超折射回波容易出现在逆温和/或湿度随高度迅速减小的情况下

B. 超折射回波容易出现在子夜、清晨以及大雨刚刚过后

C. 超折射回波主要出现在最低扫描仰角

D. 超折射回波是一种气象回波

54. 从径向速度图中可分析出以下不连续面：（ ABC ）。

A. 锋面　　B. 切变线　　C. 辐合线　　D. 干线

55. 在径向速度图上分析 γ 中尺度系统特征时，下列说法正确的是（ ABCD ）。

A. 选择一小区域

B. 找小区域相对雷达的位置

C. 把小区域视为同一高度

D. 判断小区域中入流和出流速度相对于雷达的位置

56. 下面是 TVS 的切变判据的是（ AC ）。

A. 距离 $R<60$ km 时，相邻方位角之间的速度差 $|V_{入流}|+|V_{出流}|\geqslant 45$ m/s

B. 距离 $R<60$ km 时，相邻方位角之间的速度差 $|V_{入流}|+|V_{出流}|\geqslant 40$ m/s

C. $60\leqslant$ 距离 $R\leqslant 100$ km 时，相邻方位角之间的速度差 $|V_{入流}|+|V_{出流}|\geqslant 35$ m/s

D. $60\leqslant$ 距离 $R\leqslant 100$ km 时，相邻方位角之间的速度差 $|V_{入流}|+|V_{出流}|\geqslant 30$ m/s

57. 对于飑线来说，灾害性天气易发生在（ AD ）。

A. 飑线的断裂处　　B. 飑线连续处

C. 飑线的后侧　　D. 飑线和边界的交汇处附近

三、判断题

1. 新一代天气雷达回波顶高产品可以真实反映实际风暴的云顶高度。（ × ）

解析：它只能探测雷达最高仰角以下的云顶高度。

2. 超折射回波容易出现在逆温或湿度随高度迅速增大的情况下。（ × ）

解析：参见《多普勒天气雷达原理及业务应用》第 51 页。

3. 降水结束后的雷达反射率图上有出现超折射的可能。（ √ ）

4. 超折射回波容易出现在逆温或湿度随高度迅速减小的情况下。（ √ ）

5. 在雷达估测降水反射率因子 Z 与降水率 R 的关系式 $Z=aR^b$ 中，Z 的单位为 mm^3/m^3。（ × ）

解析：单位为 mm^6/m^3。

6. 在距离雷达一定范围的一个小区域内，通过对该区域内沿雷达径向速度特征分析，可以确定该区域内气流的辐合、辐散和旋转等特征。（ √ ）

7. 边界层辐合线是在边界层内形成的风场辐合系统，它们的反射率因子强度一般为几个至十几个回波强度。（ √ ）

8. 速度方位显示风廓线产品（VWP）展示了雷达上空 30 km 左右范围内风向，风速随高度的变化。（ × ）

解析：应为 60 km。

9. 雷达图上出现弓形回波时，往往容易产生地面大风。（ √ ）

10. 雷达气象回波可分为降水回波和非降水回波两大类。（ √ ）

11. 雷达的最大不模糊距离取决于它的脉冲重复频率（两个连续脉冲之间的时间间隔）。（ √ ）

12. 多普勒天气雷达速度图像中出现的零多普勒速度表示该点的实际风速一定是零。（ × ）

解析：不一定。一种是该点的实际风向与该点相对于雷达的径向相垂直，另一种情况是该点的实际风速为零。

13. 距离折叠是指雷达对产生雷达回波的目标物位置的一种辨认错误。（ √ ）

14. S 波段天气雷达的波长一定是 10 cm，C 波段天气雷达的波长一定是 5 cm。（ × ）

解析：C 波段波长 3.75～7.5 cm，S 波段波长 7.5～15 cm。

15. 积状云降水回波通常具有比较密实的结构，反射率因子空间梯度小，强度中心的反射率因子一般大于 35 dBz。（ × ）

解析：反射率因子空间梯度大。

16. 我国产生大范围暴雨的系统在不少情况下是积云—层状云的混合结构。（ √ ）

17. 降水持续时间取决于降水系统的大小、移动速度的大小和系统的走向与移动方向的夹角。（ √ ）

18. 从雷达回波上看，风暴单体开始消散时，回波强中心由较高高度迅速下降到地面附近，回波垂直高度迅速降低，回波强度减弱，并且分裂消失。（ √ ）

19. 对于非超级单体强风暴，低层有反射率因子梯度大值区。中层反射率因子高值区一部分在低层高值区之上，一部分向低层入流一侧延伸到低层反射率因子大梯度区和弱回波区的上空，形成悬垂回波。风暴顶位于低层反射率因子大梯度区之上。（ √ ）

20. 多普勒雷达具有确定发射脉冲与接收脉冲之间相位差的功能，这种相位差可用来测量粒子的平均多普勒速度。它表示在脉冲体积内水凝物的径向位移速度分量的加权平均

反射率。 （√）

21. 在瑞利散射条件满足的情况下，降水粒子集合的反射率因子只与降水粒子本身的尺寸和数密度有关。 （√）

22. 在线性风的假定条件下，雷达获取的径向风速数据通过 VAD 处理，可以得到不同高度上的水平风向和风速，因而可以得到垂直风廓线随时间的演变图。 （√）

23. 在比较大的环境垂直风切边条件下，产生地面直线型大风的系统有多单体风暴、飑线和超级单体风暴。它们的一个共同预警指标为弱回波区。 （×）

解析：共同预警指标应为中层气流辐合。

24. 在雷达强度回波图上，飑线是呈线状排列的对流单体族，其长宽之比大于 5∶1。（√）

25. 新一代天气雷达回波顶高产品可以真实反映实际风暴的云顶高度。 （×）

解析：只能探测雷达最高仰角以下的云顶高度。

26. 我国 S 波段新一代天气雷达有 SA、SB 和 SC 三种型号。 （√）

27. 我国 C 波段新一代天气雷达有 CB、CC、CCJ 和 CD 四种型号。 （√）

28. 我国新一代天气雷达有 7 种型号，分别由 7 个不同的厂家生产。 （√）

29. 只要 C 波段雷达观测到三体散射，一定表明大冰雹的存在。 （×）

解析：三体散射是大冰雹的充分条件，但不是必要条件，所以三体散射在业务上被用做大冰雹预警的一个指标（三体散射又称火焰回波或雹钉）。而 C 波段三体散射出现的机会大一些，所以 C 波段雷达观测到的三体散射不一定表明大冰雹存在。

30. 我国新一代天气雷达业务组网的建设目标是：在我国东部和中部地区装备新一代 S 波段和 C 波段多普勒天气雷达系统，对强对流、热带气旋、暴雨等重要天气系统进行有效的监测和预警，并对降水量进行估测。 （√）

四、填空题

1. 雷达估测降水除受雷达本身的精度限制外，还受<u>降水类型</u>、雷达探测高度、地面降水的差异和<u>风</u>等多种因素影响。

2. 多普勒天气雷达发射脉冲形式的电磁波。电磁波在向前传播过程中遇到降水天气系统或其他目标物会将电磁波向四面八方散射，其中<u>后向散射</u>的部分电磁波可以回到雷达，被雷达接收和处理。

3. 风暴运动可以从雷达回波图上获得，它是平流和<u>传播</u>的合成。

4. 对于 S 波段雷达，出现<u>三体散射</u>现象表明风暴中存在大冰雹。

5. 在雷达硬件标定正确的情况下，雷达基数据的质量主要受地物杂波、距离折叠和<u>速度模糊</u>三个因素的影响。

6. 天气雷达中，天线的主要功能有两个：一是将发射机经馈线送来的<u>电磁波</u>辐射出去，二是接收目标<u>散射</u>回来的电磁波。

7. 一般情况下雷达的波长为<u>厘米波（1～20 cm）</u>。

8. 在盲区以内的目标，雷达是<u>无能力</u>探测。

9. 天气雷达探测的目标物是<u>云、雨、雪、雹</u>等降水粒子群，它所吸收的回波信息是被雷达波束照射的粒子群后向散射电磁波能量的合成。

10. 风廓线雷达利用<u>大气湍流对电磁波产生的散射</u>的原理对大气三维风场进行连续性探测的设备。

11. 激光气象雷达是利用大气气体分子和气溶胶对激光的<u>散射、吸收</u>特性来判断和推断大气状况的探测仪器。

12. 激光雷达测量的对象主要是 晴空大气 。

13. 声雷达是利用气象要素起伏对声波产生 折射、散射、吸收和衰减 的物理特性来获取气象要素分布特征的大气探测设备。

14. 在多普勒雷达径向速度图上，零等速度线上的实际风向与雷达波束 垂直 。

15. 层状云降水回波的反射率因子通常不超过 35 dBz 。

16. 根据天气雷达的工作原理，天线波束与角分辨能力有关，波束宽度越窄，其角分辨能力 越强 。

17. 超级单体风暴与其他强风暴的本质区别在于超级单体风暴含有一个 持久深厚的中气旋 。

18. 组合反射率表示的是在一个体积扫描中，将常定仰角方位扫描中发现的 最大反射率因子 投影到笛卡尔格点上的产品。

19. 当实际风速为零或 雷达波束与实际风向垂直 时，径向速度为零，称为零速度。

20. 多普勒天气雷达发射脉冲形式的电磁波向前传播，气象目标 后向散射 的部分电磁波被雷达接收和处理形成雷达回波。

21. 新一代多普勒天气雷达能测量 反射率因子 、径向速度 和 速度谱宽 。

22. 我国新一代天气雷达的英文缩写为 CINRAD 。

23. 截至 2017 年 12 月，我国新一代天气雷达网在全国布设 191 部新一代天气雷达。

24. 我国新一代天气雷达的布网原则有：在沿海和多强降水地区布设 S 波段雷达，在强对流天气发生和活动频繁、经济比较发达的中部地区布设 C 波段雷达。

25. 我国新一代业务天气雷达共有 7 种型号，其中 S 波段有 3 种，C 波段有 4 种。

26. 多普勒天气雷达主要由 雷达数据采集子系统 RDA 、雷达产品生成器 RPG 和 主要用户处理器 PUP 构成。

27. 主要用户处理器 PUP 的主要功能是：①产品请求（ 获取）；②产品数据 存储和管理 ；③ 产品显示 ；④ 状态监视 ；⑤产品编辑注释。

28. 雷达数据采集子系统由四个部分构成： 发射机 、天线 、接收机 和 信号处理器 。

29. 新一代天气雷达 RPG 的主要功能有 作为整个雷达的控制中心 和 具有一系列气象算法 。

30. 天气雷达发射机发射脉冲主要由 速调管 来完成。

31. VCP21 的定义是： 规定 6 分钟内对 9 个具体仰角的扫描 。

32. 新一代天气雷达第一级数据是由接收机输出的模拟数据；第二级数据是由信号处理器产生的最高时空精度的高分辨率数据，称为 基数据 ；第三级数据是由 RPG 生成的数据，称为 产品数据 。

33. 对于 S 波段和 C 波段雷达来说， C 波段雷达更容易发现弱的气象目标。

34. 天气雷达的 静锥区存在 的局限性使得雷达对于非常近的目标物的探测能力有限。

35. 天气雷达的 波束中心高度随距离增加而增加 的局限性使得雷达看不到远距离的低层目标物。

36. 雷达回波最常用的显示方式是 PPI 。

37. 在雷达 PPI 图上，以雷达为中心，沿着雷达波束向外，随径向距离的增加波束中心距地面的高度 增加 。

38. 在雷达探测中需要确定目标物的空间位置及其回波特性，如<u>强度、径向速度和速度谱宽</u>。目标的空间位置是用目标离雷达站的<u>方位角</u>、<u>仰角</u>和<u>斜距</u>来表示的。

39. 边界层辐合线在新一代天气雷达反射率因子图上呈现为<u>窄带回波</u>，强度从<u>几个回波强度到十几个回波强度</u>。

40. 降水回波的反射率因子一般在<u>15</u>dBz 以上，层状云回波的强度很少超过<u>35</u>dBz。

41. 降水的雷达反射率因子回波大致可分为三种类型：<u>积云降水回波</u>、<u>层状云降水回波</u>、<u>积云层状云混合降水回波</u>。

42. <u>零度层亮带</u>是大范围层状云降水或层状－积云混合降水反射率因子回波的特征，呈弧状或环状，通常在比较高的仰角上较明显。

43. 有时在雷达图上可以看到飑线前方有一条弱的窄带回波，它指示飑线对流降水下沉气流造成的外流边界，即<u>阵风锋</u>的位置。

44. 超级单体风暴是对流风暴中最强烈的一种形式，可伴随强烈龙卷、大冰雹、灾害性地面大风和暴洪，其低层反射率因子最明显的特征是<u>钩状回波</u>。

45. 在 0 ℃附近，层状云降水的反射率因子回波突然<u>增加</u>，形成<u>零度层亮带</u>。

46. 因<u>逆温</u>引起的超折射主要出现在子夜和清晨，因为<u>湿度随高度迅速减小</u>而出现的超折射大多出现在大雨刚刚过后。

47. 地物杂波主要有<u>固定地物杂波</u>和<u>超折射地物杂波</u>。

48. 地物杂波主要影响<u>最低</u>仰角的产品。

49. 在径向速度图上，径向速度的大小和正负是通过颜色变化表示的，作为一种约定俗成，一般暖色表示<u>正</u>径向速度，代表<u>离开雷达</u>方向的径向速度，称为<u>出流</u>速度。

50. 从某一仰角的径向速度图分布也可以判断速度不连续面，常见的有<u>锋面</u>、<u>切变线</u>和<u>辐合线</u>。

51. 在雷达硬件标定正确的情况下，新一代天气雷达基数据的质量主要受到<u>地物杂波</u>、<u>距离折叠</u>、<u>速度模糊</u>等三个因素的影响。

52. 多普勒天气雷达测量的是降水粒子沿着雷达的<u>径向速度分量</u>，雷达波束与实际风向夹角越大，则径向速度值越<u>小</u>；实际风速越大，则径向速度值越<u>大</u>。

53. 在探测采样较好的情况下，若某一高度层出现最大入流或出流径向速度中心，这就是该高度的<u>实际风向</u>。最大多普勒速度一般出现在距等零速度线方位＋(－)90°的位置。

54. 若等零速度线呈直线，且从南到北经过雷达站并跨越整个图像显示区范围，表明实际风向从雷达站到图像显示区边缘对应高度都是<u>均匀一致的</u>。

55. 在雷达径向速度 PPI 图中，零等速度线的走向可以表示风向随高度的变化以及冷暖平流。反“S”形零等速度线表示实际风向<u>随高度逆时针旋转</u>有<u>冷平流</u>存在。

56. 如果实际风向在各高度层上为汇合的，则径向速度图上的零等速度线呈<u>弓形</u>，径向入流位于其<u>内侧</u>。

57. 在小区域内，一对最大入流/出流速度中心距雷达是等距离的，并且沿雷达径向方向。若最大入流速度中心位于左侧，表示有<u>气旋性旋转</u>存在；若最大入流速度中心位于右侧，表示有<u>反气旋性旋转</u>存在。

58. 沿同一雷达径向方向有两个最大径向速度中心，若最大入流速度中心位于靠近雷达一侧，则该区域为<u>径向辐散区</u>；若最大出流速度中心位于靠近雷达一侧，则该区域为<u>径向辐合区</u>。

59. 在径向速度图中，具有辐合或辐散的气旋或反气旋表现出最大、最小值的连线与雷达射线走向__呈一定的夹角__,根据两个极值中心连线的长度、径向速度最大、最小值及连线与射线的夹角,可以半定量地估算气旋或反气旋的__散度__和__涡度__。这使得多普勒天气雷达在监测龙卷、气旋、下击暴流等以风害为主的强对流天气中有独到之处。

60. 对于靠近雷达的强对流回波,应尽量用__高__仰角观测资料。

61. 脉冲风暴是发展迅速的强风暴,它产生于__弱__垂直风切变环境中,同时环境具有较厚的低层湿层和高度的垂直不稳定。

62. __深厚持久的中气旋__是超级单体风暴最本质的特征,它是与强对流风暴的上升气流和后侧下沉气流紧密相连的小尺度涡旋,其水平尺度一般不超过__10__ km。

63. 大量的观测和研究表明,回波顶高本身对对流风暴强弱的指示性并不是很好,回波顶相对于__低层反射率因子回波__的位置却可以很好地指示对流风暴的强弱。

64. 普通风暴单体的演化过程通常包括三个阶段:__塔状积云阶段__、__成熟阶段__和__消亡阶段__。

65. 对于强风暴来说,低层相对于风暴的入流常位于低层反射率因子梯度__较大__的一侧,同时弱回波区和回波顶也偏向于__低层入流__一侧。

66. 所谓中气旋是相对风暴而言的,为了更好地识别中气旋,最好使用__相对风暴径向速度__图而不是__本径向速度__图。

67. 超级单体的反射率因子结构除了核心区偏向一侧,导致该侧反射率因子梯度很大外,还在风暴右后侧出现(__钩状回波__),低层有__弱回波区__,中高层有__悬垂回波__结构,同时还有有界弱回波区的存在,回波顶位于有界弱回波区之上。

68. 暴洪发生的前提条件是短时间内(48 小时以内)降暴雨,要求有较大的__降水率__和一定的__持续时间__。

69. 在比较大的环境垂直风切变条件下,产生地面直线型大风的系统有多单体风暴、飑线和超级单体风暴,它们的一个共同预警指标是__中层径向辐合__。

70. 中气旋是与强对流风暴的上升气流和后侧下沉气流紧密相联的小尺度涡旋,该涡旋满足一定的__切变__、__垂直伸展__和__持续性__判据。

气象装备

一、单项选择题

1. 国家级自动气象站采集软件中，其他各要素显示正常，但湿度无显示或数值小于10%，检查前几个小时的湿度记录，均为100%，则最大可能是（ B ）损坏。

A. 采集器　　B. 湿度传感器

C. 软件或计算机　　D. 蓄电池

2. 铂电阻温度传感器在温度每变化1 ℃时，其电阻值变化（ C ）Ω。

A. 0.185　　B. 0.285　　C. 0.385　　D. 0.485

3.（ A ）是设备管理、使用、维修等各项工作的基础，也是台站观测技术人员的主要职责之一。

A. 常规维护　　B. 日常维护　　C. 采集器维护　　D. 故障处理

4. UPS的标准使用温度为（ B ）。

A. 20 ℃　　B. 25 ℃　　C. 30 ℃　　D. 15～30 ℃

5. 为延长UPS蓄电池的使用寿命，应每隔（ C ）个月人为放一次电。

A. 1　　B. 2　　C. 3　　D. 6

6. 气压传感器应每（ A ）年进行1次检定。

A. 1　　B. 2　　C. 3　　D. 半

7. 当用万用表在主板印制板的传感器故障判断测量点测量温度传感器的电阻时，其电阻值显示应在（ B ）之间，否则可判断为温度传感器故障。

A. 100～150 Ω　　B. 80～120 Ω　　C. 100～120 Ω　　D. 80～150 Ω

8. 湿度传感器对应于相对湿度0～100%，其信号电压为（ B ）。

A. 0～0.1 V　　B. 0～1 V　　C. 0～5 V　　D. 0～10 V

9. 当草面温度传感器观测区域的草高超过（ B ）cm时，应修剪草层高度。

A. 5　　B. 10　　C. 20　　D. 30

10. 湿度传感器长期处于（ D ）环境条件下，会使测量失效，要经过很长时间才能恢复正常。这是湿度传感器的固有缺陷，使用时应引起注意。

A. 低温低湿　　B. 低温高湿　　C. 高温低湿　　D. 高温高湿

11. 双翻斗雨量传感器的测量误差等于（ B ）。

A.（传感器实际排水量－传感器测得的降水量）÷传感器测得的降水量

B.（传感器实际排水量－传感器测得的降水量）÷传感器实际排水量

C.（传感器测得的降水量－传感器实际排水量）÷传感器实际排水量

D.（传感器测得的降水量－传感器实际排水量）÷传感器测得的降水量

12. 安装浅层地温传感器的板条用不易导热的材料制成，全长（ B ）mm。

A. 200　　B. 250　　C. 300　　D. 350

13. 大型蒸发桶的器口离观测场地面(C)cm。

A. 20　　B. 25　　C. 30　　D. 35

14. 安装在室内采集器的气压传感器应避免靠近空调,且距离应在(B)以上。

A. 1 m　　B. 1.5 m　　C. 2 m　　D. 2.5 m

15. 以下对检定和校准用标准器的描述错误的是(B)。

A. 标准器是量值传送和溯源的主体

B. 必须使用由中国气象局统一配置的标准器

C. 标准器必须按照规定在检定有效期内按时送检溯源,任何情况下都不得使用超检仪器

D. 现场校准使用的标准器每年送检一次

16. 自动气象站温湿度传感器测气温采用的是什么感应元件?(B)

A. 电容式薄膜聚合物　　B. 铂电阻

C. RC 振荡电路　　D. 硅电容

17. 自动气象站中测量温度的铂电阻使用的是几线制?(C)

A. 二线制　　B. 三线制　　C. 四线制　　D. 五线制

18. 关于 HMP45D 的铂电阻温度传感器,下面哪项说法是正确的?(A)

A. 温度 0 ℃时的电阻值等于 100 Ω

B. 温度 0 ℃时的电阻值等于 0 Ω

C. 温度 100 ℃时的电阻值等于 0 Ω

D. 温度 100 ℃时的电阻值等于 100 Ω

19. 电容式薄膜聚合物湿度传感器是利用薄膜聚合物材料吸湿后(B)的原理来测量相对湿度的。

A. 体积发生变化　　B. 介电特性发生变化

C. 重量发生变化　　D. 电压值发生变化

20. 自动气象站气压传感器的测量范围是(B)。

A. 0～1100 hPa　　B. 500～1100 hPa

C. 550～1050 hPa　　D. 800～1100 hPa

21. 无锡 ZQZ-TF 型风速传感器的感应元件为三杯式回转架,信号变换电路为(B)。

A. D/A 转换电路　　B. 霍尔开关电路

C. RC 振荡电路　　D. A/D 转换电路

22. 无锡 ZQZ-TF 型风向传感器的感应元件为风向标组件,角度变换采用七位码盘及(A)。

A. D/A 转换电路　　B. 霍尔开关电路

C. RC 振荡电路　　D. A/D 转换电路

23. 华云 EL15-1/1A 型风速传感器风杯转速在风速测量范围内与风速有良好的线性关系,使输出的(B)与风速成正比。

A. 电压　　B. 脉冲速率　　C. 电流　　D. 电阻

24. 华云 EL15-1/1A 型风速传感器的输出信号为(C)。

A. 0～2.5 V 电压　　B. 4～20 mA 电流

C. 0～1221 Hz 方波脉冲　　D. RS232C

25. 关于华云 EL15-1/1A 型风速传感器，说法错误的是哪一项？（ B ）

A. 测量范围为 0.3～60 m/s

B. 分辨率为 0.1 m/s

C. 风速≤10 m/s 时，准确度为±0.3 m/s

D. 风速≥10 m/s 时，准确度为±0.03%

26. 下面哪个是华云 EL15-2D 型风向传感器的输出信号？（ D ）

A. 0～5 VDC 电压　　B. 方波脉冲

C. 电阻　　D. 4～20 mA 电流

27. 华云 EL15-2D 型风向传感器的测量范围为 0～360°，准确度为（ D ）。

A. ±1°　　B. ±2°　　C. ±3°　　D. ±5°

28. SL3-1 型雨量传感器调整上翻斗的方法：当上翻斗出现向下滴流但不翻转现象时，将对应的上翻斗定位螺钉向内旋进，减小上翻斗倾角；调整后，在小降水强度（ A ）时，上翻斗与计量翻斗能同步翻转，不出现岔开翻转现象。

A. 小于等于 0.5 mm/min　　B. 小于等于 1 mm/min

C. 小于等于 2 mm/min　　D. 小于等于 4 mm/min

29. SL3-1 型雨量传感器计量翻斗对进入的降水以（ A ）的分辨率进行计量。

A. 0.1 mm　　B. 0.2 mm　　C. 0.5 mm　　D. 1 mm

30. 关于 SL3-1 型雨量传感器，下面哪种说法是正确的？（ C ）

A. 计量翻斗翻转一次，其翻斗中部的小磁钢使上面的干簧管开关闭合一次，产生一个机械接点脉冲信号

B. 计量翻斗翻转一次，其翻斗中部的小磁钢使上面的干簧管开关闭合一次，产生一个电流信号

C. 计数翻斗翻转一次，其翻斗中部的小磁钢使上面的干簧管开关闭合一次，产生一个机械接点闭合信号

D. 计数翻斗翻转一次，其翻斗中部的小磁钢使上面的干簧管开关闭合一次，产生一个电压信号

31. SL3-1 型雨量传感器容量调节螺钉每向内或向外旋转一圈，测量误差减少或增加（ C ）。

A. 1%左右　　B. 2%左右　　C. 3%左右　　D. 4%左右

32. 超声波蒸发量测量传感器是利用波长（ A ）的超声波测量蒸发器内的水面高度变化，从而测得蒸发量。

A. 0～3.2 μm　　B. 0.5～3.2 μm

C. 0.17～3.2 μm　　D. 0.27～3.2 μm

33. 总辐射传感器 TBQ-2-B 用来测量水平表面上、2π 立体角内所接收到的波长为（ D ）的太阳直接辐射和天空散射之和（W/m^2）。

A. 0～3.2 μm　　B. 0.5～3.2 μm

C. 0.17～3.2 μm　　D. 0.27～3.2 μm

34. 新型自动气象站 DZZ4 的气象传感器通信参数已由自动站生产厂家在出厂设置为：波特率（ C ）、无校验、数据位 8、停止位 1。

A. 1200 bps　　B. 2400 bps　　C. 4800 bps　　D. 9600 bps

35. 新型自动气象站气压传感器一般安装在采集箱内。数据采集器为气压传感器提供的电源电压为(B)。

A. +5 V　　B. +12 V　　C. +9 V　　D. +24 V

36. 关于新型自动气象站 DZZ4 的风速传感器,正确的是(A)。

A. 输出脉冲的频率与风速成正比　　B. 输出脉冲的频率与风速成反比

C. 输出电流的频率与风速成正比　　D. 输出电流的频率与风速成反比

37. 若发现温湿度传感器头部保护罩内的滤膜有灰尘,可用(D)。

A. 清水冲洗　　B. 抹布清洗

C. 酒精清洗　　D. 干软毛刷轻轻刷除

38. 自动气象站雨量值偏小,可能是什么原因?(A)

A. 雨量传感器漏斗、翻斗或滤网堵塞

B. 干簧管损坏

C. 雨量信号电缆损坏

D. 采集器主板雨量信号电路损坏

39. 自动气象站气象要素测量性能下降,这类故障的判断和排除比较容易,故障原因多半是由(C)引起的。

A. 电缆生锈　　B. 电缆被鼠咬

C. 传感器性能下降　　D. 采集器损坏

40. 自动气象站发现故障时,(A)。

A. 除非危及人身安全或设备财产,一般不要关电源

B. 应当立即关闭电源

C. 应当立即关闭计算机

D. 应当关闭总闸

41. 自动气象站不能正常采集数据时,应首先检查(C)。

A. 数据采集器　　B. 计算机

C. 电源系统　　D. 防雷系统

42. 新型自动站主采集器主要有接入管理、(A)、状态监控、时钟管理、配置管理等功能。

A. 运行方式管理　　B. 运行状态管理　　C. 运行方式和状态管理

43. 自动站维护中对总辐射观测数据存疑,用数字万用表检测确认。当某时刻自动观测的太阳总辐照度为 550 $W \cdot m^{-2}$,用数字万用表 200 mV 档测得该时刻总辐射表输出电压值为 5.0 mV,而该传感器所标定的灵敏度为 11 $\mu V/(W \cdot m^{-2})$,则可判断该传感器的状态(C)。

A. 无法确定　　B. 无法判断　　C. 正常　　D. 故障

44. 超声波蒸发传感器在不考虑环境温度影响的情况下,在 A 时刻测量到的返回时间为 0.32 ms,在 B 时刻测量到的返回时间为 0.38 ms,则 A 到 B 时段内的蒸发量是(A)。

A. 10.2 mm　　B. 6.8 mm　　C. 5.1 mm　　D. 3.4 mm

45. 风向传感器多使用 6 位或 7 位格雷码盘,某型号风向传感器输出为 7 位格雷码信号,则该传感器风向观测的分辨力是(C)。

A. 11.2°　　B. 5.6°　　C. 2.8°　　D. 3°

46. 以下哪种传感器的输出信号类型是RS232串行输出？（ D ）

A. 风向传感器　　B. 温度测量传感器

C. 翻斗式雨量传感器　　D. 气压传感器

47. 新型自动气象（气候）站主采集器内部存储（ B ）的瞬时气象（分钟）值。

A. 1小时　　B. 7天　　C. 15天　　D. 1个月

48. 新型自动气象站监控操作命令的数据采集器自检不包括以下哪项？（ A ）

A. 采集器软件版本号

B. 通信端口的通讯参数

C. 采集器机箱温度、电源电压

D. 各分采集器挂接状态，各传感器开启或关闭状态

49. 新型自动气象（气候）站温、湿度采样频率为（ B ）。

A. 120次/分钟　　B. 30次/分钟　　C. 6次/分钟　　D. 3次/分钟

50. 新型自动气象站读取采样数据的命令为（ C ）。

A. DMGD　　B. DMCD　　C. SAMPLE　　D. REDATA

51. 能见度自动观测时，MOI中判定天气现象中最小能见度用到的数据为（ A ）。

A. 10分钟滑动　　B. 1分钟平均　　C. 10分钟平均　　D. 1分钟滑动

52. 2014年起，新型自动气象站时钟以（ B ）为准。

A. GPS授时　　B. 网络授时

C. 采集器内部时钟　　D. 计算机内部时钟

53. 测量误差是指（ B ）。

A. 平均值减去被测量的真值　　B. 测量的结果减去被测量的真值

C. 测量值减去其约定真值　　D. 测量结果减去其平均值

54. 新型自动气象站数据质量控制算法中对采集的瞬时气象要素有一个判断是否“正确”的过程，瞬时值不能超出规定的界限，相邻两个值的变化速率应在允许范围内，气压传感器在1小时内存疑的最小变化速率为（ B ）。

A. 1.0 hPa　　B. 2.0 hPa　　C. 3.0 hPa　　D. 0.5 hPa

55. 称重式降水传感器实现了固态、液态和混合性降水的自动化观测，其测量范围为（ C ）。

A. 0～200 mm　　B. 0～300 mm　　C. 0～400 mm　　D. 0～500 mm

56. 称重式降水传感器实现了（ D ）的自动化观测。

A. 液态降水　　B. 固态降水

C. 混合性降水　　D. 固态、液态和混合性降水

57. 称重式降水传感器内筒主要用于（ A ）。

A. 收集降水、盛装防冻液和抑制蒸发油　　B. 收集降水和抑制蒸发油

C. 收集降水和盛装防冻液　　D. 盛装防冻液和抑制蒸发油

58. 称重式降水传感器测量范围（　　），最大允许误差（　　）。（ C ）

A. 0～200 mm和±0.4 mm（≤10 mm时）；±0.4%（>10 mm时）

B. 0～200 mm和±0.4 mm（≤10 mm时）；±4%（>10 mm时）

C. 0～400 mm和±0.4 mm（≤10 mm时）；±0.4%（>10 mm时）

D. 0～400 mm和±0.4 mm（≤10 mm时）；±4%（>10 mm时）

59. 防风圈应高于承水口约(　　),防风圈开口应朝(　　)。(B)

A. 2 cm,南　　B. 2 cm,北　　C. 1.5 cm,南　　D. 1.5 cm,北

60. 前向散射能见度仪测量性能要求测量范围:(　　),最大允许误差:(　　)。(C)

A. 10 m～20 km 和±10%(≤1.5 km);±20%(>1.5 km)

B. 10 m～20 km 和±20%(≤1.5 km);±10%(>1.5 km)

C. 10 m～30 km 和±10%(≤1.5 km);±20%(>1.5 km)

D. 10 m～30 km 和±20%(≤1.5 km);±10%(>1.5 km)

61. 在标定周期内使用校准板对能见度仪进行现场校准时,现场校准应选择在能见度满足(B)的天气条件下进行,避免由于大气状况不同而导致的校准误差。

A. ≤10 km　　B. >10 km　　C. ≤5 km　　D. ≤1 km

62. 前向散射能见度仪一般每(C)个月定期清洁传感器透镜。

A. 半个月　　B. 一个月　　C. 两个月　　D. 三个月

63. DZZ4 自动站正常工作时,WUSH-BTH 温湿度分采集器中 RUN 灯(A)闪烁一次。

A. 1 s　　B. 3 s　　C. 长亮　　D. 不亮

64. DZZ4 自动站正常工作时,WUSH-BTH 温湿度分采集器中 CANR 灯(C)。

A. 1 s　　B. 3 s　　C. 长亮　　D. 不亮

65. DZZ4 自动站正常工作时,WUSH-BTH 温湿度分采集器中 CANE 灯(D)。

A. 1 s　　B. 3 s　　C. 长亮　　D. 不亮

66. 前向散射能见度仪一般每(B)定期清洁传感器透镜,可根据设备附近环境情况,延长或缩短擦拭镜头的时间间隔。

A. 1 个月　　B. 两个月　　C. 季度　　D. 半年

67. 称重式降水传感器降水过程中,因降水量较大可能超过量程时,应在(C)及时排水。

A. 降水溢出时　　B. 降水变小后

C. 降水间歇期　　D. 降水溢出后

68. 新型站 ISOS 软件用于天气现象综合判识的能见度采用的算法是(B)。

A. 算术平均法　　B. 滑动平均法

C. 矢量平均法　　D. 单位矢量平均法

69. 自动气象站采集器时钟,正点后按自动气象站操作手册规定的操作方法调整采集器的内部时钟,保证误差在(D)之内。

A. 10 s　　B. 15 s　　C. 20 s　　D. 30 s

70. 新型自动气象(气候)站主采集器和分采集器或部分智能传感器之间采用(D)方式实现双工通信。

A. 节点　　B. 传感器　　C. 嵌入式处理器　　D. CAN 总线

71. 自动气象站的核心是(D)。

A. 传感器　　B. 计算机　　C. 系统电源　　D. 采集器

72. (D)定期维护一次风传感器,清洗风传感器轴承。

A. 每季　　B. 每三年　　C. 每月　　D. 每年

73. 称重式降水传感器观测时制为北京时,以(C)为日界。

A. 8 时　　B. 12 时　　C. 20 时　　D. 24 时

74. HMP45D 温湿度传感器测气温采用的是什么感应元件？（ B ）

A. 电容式薄膜聚合物　　B. 铂电阻

C. RC 振荡电路　　D. 硅电容

75. HMP45D 温湿度传感器采用电容式薄膜聚合物感应元件(HUMICAP180)直接测相对湿度，是有源的（ A ）输出。

A. 0～1 V 电压　　B. 0～2.5 V 电压

C. 0～5 V 电压　　D. 4～20 mA 电流

76. HMP45D 的铂电阻温度传感器是一个用光刻工艺制作的微形铂电阻，利用（ C ）的原理，通过测量铂电阻的电阻值而测得温度值。

A. 铂电阻的阻值和温度变化成线性关系

B. 铂电阻的阻值反比于温度变化

C. 铂电阻的阻值正比于温度变化

D. 铂电阻的阻值等于温度

77. HMP45D 的铂电阻温度传感器电阻和温度的变化关系可以表示为（ D ）。

A. $R_t=R_0(1+\alpha_t)$　　B. $R_t=R_0(1+\alpha t^2)$

C. $R_t=R_0(1+\alpha t+\beta t)$　　D. $R_t=R_0(1+\alpha t+\beta t^2)$

78. 关于 HMP45D 湿度传感器，哪项说法不正确？（ B ）

A. 输出信号为 0～1 VDC　　B. 供电电压为 7～35 VAC

C. 工作温度范围为－40～＋60 ℃　　D. 测量范围为 0.8%RH～100%RH

79. HMP45D 温湿度传感器由一个探头和一个带电缆的柄组成。下面哪项说法是错误的？（ D ）

A. 所有校准电子电路都在探头内，并能不断开电缆线而将探头从柄上分开

B. 所有 HMP45D 传感器的柄都能互换

C. HMP45D 传感器可以用校准过的探头替换分开的探头缩短维修时间

D. 湿度校准时，主要是调节柄上的螺丝“D”(干)和“W”(湿)

80. PTB330 型气压表是（ B ）生产的智能型全补偿式气压传感器，具有较宽的工作温度和气压测量范围。

A. 天津气象仪器厂　　B. 芬兰 Vaisala 公司

C. 江苏无线电科学研究所有限公司　　D. 德国

81. PTB330 型气压表的感应元件为（ B ）。

A. 电容式薄膜聚合物感应元件　　B. 硅电容压力传感器

C. 压敏电容　　D. 双金属片

82. PTB330 型气压表的测量范围是（ B ）。

A. 0～1100 hPa　　B. 500～1100 hPa

C. 550～1050 hPa　　D. 800～1100 hPa

83. PTB330 型气压传感器安装在（ B ）内，通过静压压力连通管与外界大气相通。

A. 百叶箱　　B. 采集器机箱　　C. 专用密封箱　　D. 水银气压室

84. 风速传感器的日常维护主要是保持（ C ），轴承转动灵活。当轴承转动不灵活和有阻滞时需清洗轴承。

A. 风杯清洁　　B. 传感器清洁

C. 风杯不变形　　D. 轴承和风杯垂直

85. ZQZ-TFD 型风速传感器的感应元件为三杯式回转架,信号变换电路为(B)。

A. D/A 转换电路　　B. 霍尔开关电路

C. RC 振荡电路　　D. A/D 转换电路

86. ZQZ-TFD 型风向传感器的感应元件为风向标组件,角度变换采用七位码盘及(A)。

A. D/A 转换电路　　B. 霍尔开关电路

C. RC 振荡电路　　D. A/D 转换电路

87. EL15-1/1A 型风速传感器使用五芯圆形密封插头,其中哪个脚为信号输出?(B)

A. 2 脚　　B. 3 脚　　C. 4 脚　　D. 5 脚

88. SL3-1 型双翻斗雨量传感器为(A)的产品。

A. 上海气象仪器厂有限公司　　B. 江苏无线电科学研究所有限公司

C. 天津气象仪器厂　　D. 中国华云技术开发公司

89. 关于 SL3-1 型双翻斗雨量传感器,下面说法哪种是错误的?(D)

A. 测量范围为 0～4 mm/min(雨强)

B. 降水量≤10 mm 时,准确度优于±0.4 mm

C. 降水量≥10 mm 时,准确度优于±4%

D. 分辨率为 0.2 mm

90. SL3-1 型雨量传感器经长期使用发现测量误差超过最大误差要求时,应调整(B),使测量误差在最大误差范围内。

A. 翻斗位置　　B. 传感器基点

C. 传感器零位　　D. 传感器进水量

91. AG 型超声波蒸发量测量传感器为德国 THIES 公司产品,是利用(A)测量蒸发器内的水面高度变化,从而测得蒸发量。

A. 超声波测距原理　　B. 超声波测高原理

C. 超声波测速原理　　D. 超声波测体积原理

92. PTB220 是一个智能化的传感器,可通过 RS232 串行通信口直接输出气压值。PTB220 用于 ZQZ-CII 型自动气象站时,其通信参数已由自动站生产厂家江苏无线电研究所在出厂设置为:波特率(B)、无校验、数据位 8、停止位 1。

A. 1200 bps　　B. 2400 bps　　C. 4800 bps　　D. 9600 bps

93. PTB330 是一个智能化的传感器,可通过 RS232 串行通信口直接输出气压值。PTB330 用于新型自动气象站时,其通信参数在出厂设置为:波特率(D)、无校验、数据位 8、停止位 1。

A. 1200 bps　　B. 2400 bps

C. 4800 bps　　D. 9600 bps

94. 地温包括地表温、浅层地温和深层地温。地温传感器和草面/雪面温度传感器是相同的,其感温元件为(C)。

A. 电容式薄膜聚合物感应元件　　B. 硅电容压力传感器

C. Pt100 铂电阻　　D. 双金属片

95. 温湿度传感器悬挂在百叶箱的中央,其感应部分的中心点(C)。

A. 距百叶箱底部 0.5 m　　B. 距地面 1 m

C. 距地面 1.5 m　　D. 没有要求

96. 关于地表温传感器,下面安装方法正确的是(A)。

A. 一半埋在土中,一半露出地面　　B. 刚好没入土中

C. 平放在地面上　　D. 没有要求

97. 自动气象站地温传感器阻值变化 1 Ω,相应气温变化(B)℃。

A. 1.6　　B. 2.6　　C. 3.7　　D. 4.8

98. 离线检测地温传感器好坏时,使用万用表(D)档位。

A. 电压 10 V 档　　B. 电流档　　C. 二极管　　D. 电阻 200 Ω 档

99. 下列传感器安装时,必须考虑方向的是(C)。

A. 风速　　B. 雨量　　C. 风向　　D. 气压

100. 查看主采集器工作电压的命令是(A)。

A. PSS　　B. DMGD　　C. VERSION　　D. LOGO

101. 自动气象站的雨量传感器在无降雨的冬季时,(B)。

A. 可用来测量降雪　　B. 封口不用

C. 拆回收起　　D. 不做任何处理

102. DNQ1 前向散射能见度仪应安装在对周围天气状况最具代表性的地点,应避免干扰光学测量的障碍物和(C)的影响。

A. 电磁干扰　　B. 衍射干扰　　C. 反射表面　　D. 长波辐射面

103. SMO 软件中,"要素显示"可配置的要素,最少 1 项,最多(B)项。

A. 40　　B. 50　　C. 60　　D. 70

104. 若主采集器中气温传感器的状态未开启,则需要通过相应的终端操作命令来开启气温传感器的状态,正确的操作命令是(D)。

A. SENST_RAT_1 ↙　　B. SENST_WS_0 ↙

C. DAUSET_T0_1 ↙　　D. SENST_T0_1 ↙

105. 设置或读取各要素传感器配置参数的命令是(C)。

A. QCPS　　B. DEVMODE　　C. SENCO　　D. RSTA

106. 通过测量,已知气温传感器的异端电阻为 114.3 Ω,同端电阻为 2.1 Ω,电阻变化率约为 0.385 Ω/℃,经计算当前的气温值为(C)。

A. 37.1 ℃　　B. 42.6 ℃　　C. 31.7 ℃　　D. 5.5 ℃

107. 读取自动气象站所有状态信息的命令是(B)。

A. BASEINFO　　B. STATMAIN　　C. STAT　　D. RSTA

108. 湿敏电容湿度传感器是利用高分子薄膜电容吸湿膜吸收或释放空气中的水汽后,电容两极板间(B)的原理来测量相对湿度的。

A. 体积发生变化　　B. 介电常数发生变化

C. 重量发生变化　　D. 电压值发生变化

109. DZZ5 型自动站所使用的 EL15-1C 型风速传感器,采用的是光电技术,其信号发生器包括截光盘和(D)。

A. 红外发光二极管　　B. 光敏三极管

C. 霍尔开关元件　　D. 光电转换器

110. DZZ5 型自动站所使用的 EL15-2C 型风向传感器的输出信号为(C)。

A. 0～2.5 V 电压　　B. 4～20 mA 电流

C. 7 位格雷码　　D. RS232C

111. 新型自动站中温度传感器所采集的模拟信号是(C)。

A. 电流信号　　B. 电压信号

C. 电阻信号　　D. 频率信号

112. 利用万用表测出 ZQZ-TF 型测风传感器信号输出端频率为 10 Hz，此时可推算瞬时风速为(C)m/s。

A. 0.1　　B. 0.5　　C. 1　　D. 5

113. 利用万用表测出湿度传感器信号输出端电压为 0.7 V，此时可推算相对湿度为(C)。

A. 30%　　B. 50%　　C. 70%　　D. 90%

114. 自动观测能见度数据有 1 分钟能见度值和 10 分钟平均值两种。其中，1 分钟能见度值也称为瞬时值，每分钟输出一个数据，是 1 分钟采样数据的(B)。

A. 最大值　　B. 算数平均值

C. 滑动平均值　　D. 最小值

115. 设置或读取高温报警阈值的命令是 (C)。

A. GAL　　B. RSTA　　C. TMAX　　D. SCV

116. 设置或读取降水量报警阈值的命令是 (A)。

A. RMAX　　B. DTLV　　C. TMIN　　D. DTLT

117. 新型自动站综合集成硬件控制器室外机具备(C)个 RS-232/485/422 接口，用于连接观测设备。

A. 6　　B. 7　　C. 8　　D. 9

118. 风向传感器安装时，将组装好的风向传感器安装在风横臂上，传感器中轴应垂直，方位指向正北，其方位误差在(A)以内。

A. $\pm 5°$　　B. $\pm 8°$　　C. $\pm 10°$　　D. $\pm 15°$

119. 霍尔效应风速传感器采用电磁感应技术，其线性方程是(D)。

A. $V=0.2315+0.0495F$　　B. $V=0.3+0.0489F$

C. $V=0.3+0.0495F$　　D. $V=0.1F$

120. 气压传感器测量的分辨率是多少？(A)

A. 0.1 hPa　　B. 0.2 hPa　　C. 0.3 hPa　　D. 0.4 hPa

121. 风向传感器测量的分辨率是多少？(B)

A. 2°　　B. 3°　　C. 4°　　D. 5°

122. 华云 DZZ5 新型气象自动站由主采集器终端通讯端口读取当前各分采集系统实时采样数据的指令是(D)。

A. DMGD　　B. DHGD

C. SAMPLE　　D. OBSAMPLE MAIN

123. 自动气象站湿度传感器测湿度采用的是什么感应元件？(A)

A. 湿敏电容　　B. 铂电阻　　C. RC 振荡电路　　D. 硅电容

124. 下列关于硬件综合控制器描述错误的是？(D)

A. 提供 8 个物理串口

B. 提供了足够的新设备扩展空间

C. 利用一根总光纤来传输各种数据

D. 设备到硬件控制器之间通信链路为串口通信

125. 下列关于硬件综合控制器描述正确的是？（ C ）

A. 系统可靠性低　　　　B. 系统利用率低

C. 系统可维护性高　　　　D. 系统与设备间连接线路较多

126. 无锡厂生产的 ZQZ-PT1 通信转换器的工作环境温度范围是（ D ）。

A. －50～50 ℃　　　　B. －30～60 ℃

C. －35～65 ℃　　　　D. －40～70 ℃

127. 下列关于 ZQZ-PT1 通信转换器中光纤交换机描述错误的是（ D ）。

A. 光纤交换机实现了以太网电信号与光信号的相互转换

B. 光纤交换机的以太网口连接串口服务器的网口

C. 光纤交换机的光纤端口连接到终端计算机的光纤通信盒，建立可靠的光通信链路

D. 当两端的光纤交换机通过光缆能够通信后，光纤指示灯（1 号）闪烁

128. 下列关于 ZQZ-PT1 通信转换器软件驱动安装描述错误的是：（ C ）。

A. 需要安装“Npadm_Setup_Ver1.16_Build_11021514.exe”驱动软件

B. 安装好驱动后启动 Nport 管理工具“NPort Administrator”实现对串口服务器的相关设置

C. 映射出的虚拟串口参数为：波特率：4800 bps；校验位：None；数据位：8；停止位：1

D. “NPort Administrator”映射出来的虚拟串口默认都是 RS-232 协议

129. 华云东方研制的 ISOS-HC/A 型综合集成硬件控制器中 8 个串口默认的参数设置是：（ B ）

A. 波特率：4800 bps；校验位：None；数据位：8；停止位：1

B. 波特率：9600 bps；校验位：None；数据位：8；停止位：1

C. 波特率：57600 bps；校验位：None；数据位：8；停止位：1

D. 波特率：115200 bps；校验位：None；数据位：8；停止位：1

130. 综合集成硬件控制器额定电压和正常工作电压分别为（ C ）。

A. DC24 V 和 DC12～24 V　　　　B. DC12 V 和 DC6～18 V

C. DC12 V 和 DC9～15 V　　　　D. DC15 V 和 DC12～24 V

131. DZZ5 新型站中，HYPTB210 型气压传感器输出的信号是（ A ）。

A. RS-232C 串行输出信号　　　　B. 0～5 V DC 电压

C. 4～20 mA 电流　　　　D. TTL 电平信号

132. 自动气象站中，雨量值偏小，可能的原因是（ A ）。

A. 雨量传感器漏斗、翻斗或滤网堵塞　　　　B. 雨量传感器的干簧管损坏

C. 雨量信号电缆断路　　　　D. 主采集器的雨量通道端子损坏

133. 新型自动气象（气候）站具有高精度、高稳定、易维护、低功耗、易扩展和实时远程监控的特点，按照（ B ）的结构设计，满足地面气象观测全要素自动观测。

A. 主采集器＋外部总线＋分采集器＋传感器＋嵌入式软件

B. 主采集器＋外部总线＋分采集器＋传感器＋外围设备

C. 主采集器＋分采集器＋传感器＋外围设备＋系统软件

D. 主采集器＋分采集器＋传感器＋外围设备＋嵌入式软件

134. 新型自动气象站外存储器（卡）能够存储至少（ C ）个月的全要素分钟数据。

A. 1　　　　B. 3　　　　C. 6　　　　D. 12

135. 新型自动气象站外存储器(卡)全部数据以(A)的文件方式存入,微机通过通用读卡器可方便读取。

A. FAT　　B. txt　　C. XML　　D. DAT

136. 新型自动气象站瞬时气象值的计算应有大于(　　)的采样瞬时值可用于计算瞬时气象值(平均值);对于风速应有大于(　　)的采样瞬时值可用于计算 2 分钟或 10 分钟平均值。(A)

A. 66%,75%　　B. 75%,66%

C. 60%,65%　　D. 75%,75%

137. 新型自动气象站气压的采样频率为(A)。

A. 30 次/分钟　　B. 6 次/分钟

C. 10 次/分钟　　D. 4 次/分钟

138. 新型自动气象站风速的采样频率为(A)。

A. 4 次/s　　B. 1 次/s　　C. 1 次/分钟　　D. 6 次/分钟

139. 新型自动气象站风速计算平均值是以(B)为步长求 3 s 滑动平均值。

A. 1 s　　B. 0.25 s　　C. 3 s　　D. 0.5 s

140. 读取数据采集器电源电压用(C)命令符。

A. PLA　　B. SMC　　C. PSS　　D. MDC

141. 新型自动气象站接地端子或接地接触件与需要接地的零部件之间的连接电阻不应超过(B)。

A. 3 Ω　　B. 0.1 Ω　　C. 2 Ω　　D. 4 Ω

142. 新型自动气象站读取数据采集器的基本信息命令为(A)。

A. BASEINFO　　B. SETCOM　　C. AUTO　　D. MACT

143. 新型自动气象站主采集器功耗不大于(A)。

A. 2 W　　B. 0.5 W　　C. 1 W　　D. 5 W

144. 自动气象站测量要素采样频率为 1 次/分钟的是(B)。

A. 蒸发量　　B. 天气现象　　C. 能见度　　D. 草温

145. 自动气象站使用的传感器,根据输出信号的特点,可分为模拟传感器、数字传感器、智能传感器。下列传感器属于数字传感器的是(C)。

A. 空气温度　　B. 湿度

C. 翻斗式雨量　　D. 蒸发

146. (A)是新型自动气象站的核心主控制单元。

A. 主采集器　　B. 分采集器　　C. 传感器　　D. CAN 总线

147. 下列气象要素中,分钟数据是累计值的是(B)。

A. 气压　　B. 雨量　　C. 蒸发量　　D. 湿度

148. 综合集成硬件控制器主要是解决多个自动气象观测设备的集约化管理,实现多观测设备仅通过一根(D)即可与业务终端实现数据传输,提高地面气象综合观测系统的集成化程度、可扩展性、稳定性、可靠性。

A. RS-485 数据线　　B. RS-232 串口数据线

C. 网线　　D. 光纤

149. 计算机正确安装了综合集成硬件控制器的驱动程序后,综合集成硬件控制器的 8 个 RS-232/485/422/接口在计算机中映射成(D),应用程序可以像访问物理串口一样对其进行访问。

A. 4个虚拟串口　　B. 16个虚拟串口

C. 11个虚拟串口　　D. 8个虚拟串口

150. PT100铂电阻传感器的阻值变化范围是80～120 Ω，则温度测量范围是（ A ）。

A. －52～52 ℃　　B. －48～50 ℃

C. －50～50 ℃　　D. －52～40 ℃

151. MOI软件显示的最小能见度是从当前小时内的（ A ）平均能见度中挑取的最小值。

A. 10分钟　　B. 1分钟　　C. 1分钟或10分钟　　D. 3分钟

152. 一般每（ B ）月定期清洁传感器透镜，可根据设备附近环境的情况，延长或缩短擦拭镜头的时间间隔，切忌长时间直视发射端镜头。

A. 一个　　B. 两个　　C. 三个　　D. 半个

153. 称重式降水传感器实现了（ A ）的自动化观测。

A. 固态、液态和混合性降水　　B. 液态降水

C. 固态降水　　D. 混合性降水

154. 自动能见度仪的1分钟平均能见度是指1分钟的（ D ）能见度采样值的算术平均值。

A. 6次　　B. 10次　　C. 1次　　D. 4次

155. 自动能见度仪的10分钟平均能见度是指10分钟内的（ A ）平均能见度的算术平均值。

A. 10个1分钟　　B. 1个10分钟　　C. 1次　　D. 10次

156. 新型自动气象站的台站地面综合观测业务软件中，“dataset”文件夹为（ A ）。

A. 参数文件　　B. 传输文件　　C. 备份文件　　D. 配置模版

157. 新型自动气象站存放MOI数据库的目录是（ A ）。

A. AwsDataBase　　B. Configure

C. MOIRecord　　D. Synop

158. 主采集器运行状态“N”表示（ C ）。

A. 有故障　　B. 没有检查　　C. 没有该采集器　　D. 无法判断

159. 主采集器运行状态“0”表示（ D ）。

A. 有故障　　B. 没有检查　　C. 没有该采集器　　D. 工作正常

160. 主采集器运行状态“9”表示（ B ）。

A. 有故障　　B. 没有检查，不能判断当前工作状态

C. 没有该采集器　　D. 工作正常

161. 如果温湿分采数据测试正常，而主采集器数据得不到温度数据，则可能是（ C ）。

A. 温度传感器故障　　B. 温度通道故障

C. 数据采集器故障　　D. 接地接触不良

162. 在供电正常和通信线路无中断的情况下SMO软件接收不到观测数据，最大可能是（ C ）故障。

A. 综合集成控制器　　B. 通信设备

C. 采集器　　D. 传感器

163. 翻斗式雨量传感器外筒壁口边缘距地面(C)。

A. 0.7 m　　B. 70 m±3 cm　　C. 70 cm±3 cm　　D. 0.7 m±5 cm

164. 检查综合集成控制器通信控制模块时,若两个 PWR 灯亮,表示(C)。

A. 供电正常　　B. 掉电状态

C. 电源故障　　D. 提示更换模块

165. 为了减少风等因素的影响,蒸发观测采用(D)安装超声波传感器。

A. 小百叶箱　　B. 静水器　　C. 激光辐射　　D. 连通管

166. 查看温度通道的工作状态指令为(B)。

A. SENST　　B. SENST T0

C. STATSENSOR T　　D. STATSENSOR T0

167. 为了减少温度等因素的影响,蒸发观测采用(A)安装超声波传感器。

A. 小百叶箱　　B. 静水器　　C. 激光辐射　　D. 连通管

168. SMO 的区站参数和极值参数设置好后保存在(C)文件中。

A. Configure　　B. GeneralRule

C. smo.loc　　D. SYSCONFIG

169. 在 SMO 文件夹中,(A)是备份配置文件目录。

A. backup　　B. template　　C. outlog　　D. zbak

170. 万用表测电流、电压时,为了测量更准确选择量程正确的是(C)。

A. 选大量程　　B. 选小量程

C. 选接近于被测值量程　　D. 都可以

171. 土壤水分站通过监控软件发现不在线,造成的原因是(A)。

A. 电源、通信板、SIM 卡、采集板故障,天线没插好、无 GPRS 信号

B. 通信板、SIM 卡或天线没插好

C. 电源故障、天线没插好、无 GPRS 信号,电源、采集板故障

D. 天线没插好

二、多项选择题

1. 称重式降水自动观测仪硬件主要包括:(ABCD)。

A. 传感器　　B. 数据处理单元

C. 通信控制单元　　D. 供电控制单元和外围组件

2. 前向散射能见度仪硬件部分可分成(ABC)。

A. 传感器　　B. 采集器　　C. 外围设备　　D. SIM 卡

3. 前向散射能见度仪传感器部分应包括(ACD)。

A. 发射器　　B. 采集器　　C. 接收器　　D. 控制处理器

4. 每天日出后和日落前巡视能见度仪,发现能见度仪(尤其是采样区)有(ABCD)等影响数据采集的杂物,应及时清理。

A. 蜘蛛网　　B. 灰尘　　C. 树叶　　D. 鸟窝

5. 从采集软件界面上发现有几项要素的值严重失真或者缺测,故障部位可能是(ACD)。

A. 采集器故障　　B. 传感器连接电缆接触不良

C. 传感器故障　　D. 输入电压异常

E. 计算机通讯故障

6. 自动气象站使用中的技术保障工作内容主要包括自动气象站的安装、(ABCDEF)和设备运行评估等内容。

A. 运行监控　　B. 常规维护　　C. 故障处理

D. 检定与校准　　E. 质量控制　　F. 设备供应与管理

7. 自动气象站常规维护包括(ABCDE)。

A. 供电系统的维护　　B. 采集器的维护　　C. 传感器的维护

D. 观测场室内环境维护　　E. 软件的常规维护

8. 以下至少上下午各检查一次的辐射传感器有(ABCDE)。

A. 总辐射传感器　　B. 净辐射传感器　　C. 直接辐射传感器

D. 散射辐射传感器　　E. 反射辐射传感器

9. 自动气象站故障分析和判断的基本原则有(ABCD)。

A. 安全原则　　B. 逻辑原则　　C. 分解原则

D. 替代原则　　E. 测量原则

10. 蒸发器用水的要求正确的有(BCE)。

A. 要尽可能用代表当地自然水体(江、河、湖)的水,不能使用饮用水

B. 器内水要保持清洁,水面无漂浮物

C. 水中无小虫及悬浮物,无青苔,水色无显著改变

D. 一般每月换一次水,换水时可不清洗蒸发桶

E. 换入水的温度应与原有水的温度相接近

11. 自动气象站的主要功能包括(ABCDE)。

A. 数据采集　　B. 数据处理　　C. 数据存储

D. 数据传输　　E. 数据质量控制

12. 根据传感器输出的信号类型,传感器可分为(BDE)。

A. 电容传感器　　B. 模拟传感器　　C. 电压传感器

D. 数字传感器　　E. 智能传感器　　F. 电阻传感器

13. 蓄电池如果长时间不放电,会使电池极板硫化,引起(ACD)。

A. 内阻增大　　B. 无法充电　　C. 容量减少

D. 负载能力下降　　E. 采集器无法正常工作

14. 气象传感器一般为电信号输出,输出的电信号通常有(ABCDE)。

A. 电压　　B. 电阻　　C. 电容

D. 电流　　E. 频率

15. 对于通用的采集器来说,一般输入通道类型分为(ACD)。

A. 模拟通道　　B. 频率通道　　C. 数字通道

D. 计数通道　　E. 智能通道

16. 自动气象站气压传感器的感应元件为硅电容压力传感器,具有很好的(ABCD)。

A. 滞后性　　B. 重复性　　C. 温度特性

D. 长期稳定性　　E. 互换性

17. 自动气象站运行状态监视分为实时状态监视和历史序列查询,其中实时状态分为(ACDE)。

A. 系统正常　　B. 数据缺测　　C. 数据异常

D. 数据错误　　E. 无数据

18. 直接辐射表除了每月检查和总辐射表基本相同的内容外，还要检查（ ABCDE ）。

A. 感应面是否进水　　B. 进光筒内是否进水

C. 接线柱和导线的连接是否正确　　D. 仪器安装是否正确

E. 仪器跟踪太阳是否准确

19. 下列符合备件报废标准的有（ BCDE ）。

A. 因配件升级而更换下来的备件

B. 不符合国家标准而又不能利用的备件

C. 锈蚀严重或超过有效期限，又不能修复再利用的备件

D. 耗能高且效率低，技术状况落后的备件

E. 国家规定报废且不能利用的备件

20. 金属电阻要成为一种实用的测温传感器，则应满足以下条件：（ BCD ）；其特性能保持较长时间（2 年或 2 年以上）的稳定；其电阻值和温度系数应大到能在测量电路中实际使用。

A. 在温度测量范围内其电阻与温度成线性关系

B. 在温度测量范围内其物理和化学性质保持不变

C. 在温度测量范围内其电阻随温度正比变化的关系稳定而且连续

D. 其阻值不受除温度外的其他外界环境条件的影响而改变

21. 关于温湿度传感器，下面的说法哪些是正确的？（ ACDE ）

A. 温湿度传感器使用铂电阻感应元件（Pt100）测气温

B. 温湿度传感器的铂电阻是有源输出

C. 温湿度传感器测相对湿度是有源的 0～1 V 电压输出

D. 铂电阻温度传感器在温度 0 ℃时的电阻值等于 100 Ω

E. 温湿度传感器采用电容式薄膜聚合物感应元件（HUMICAP180）直接测相对湿度

F. 温湿度传感器测相对湿度是无源的电容输出

22. SL3-1 型雨量传感器是用于测量液态降水量的传感器，由（ ACD ）计量翻斗、计数翻斗组成。

A. 承水器　　B. 安装器　　C. 支架　　D. 上翻斗和集水器

23. 总辐射传感器 TBQ-2-B 用来测量水平表面上、2π 立体角内所接收到波长为 0.27～3.2 μm 的（ AC ）之和（W/m^2）。

A. 太阳直接辐射　　B. 地面辐射

C. 天空散射　　D. 云层散射

24. 下面哪些要素采用了铂电阻（Pt100）传感器？（ ABCD ）

A. 气温　　B. 草面温度

C. 浅层地温　　D. 深层地温

25. 自然水面的蒸发速率，主要受以下哪些因素的影响？（ ABCE ）

A. 太阳辐射和地球辐射

B. 地面风速及地面与低层大气间的水汽压差

C. 水体的水量、水温、水中所含有的杂质

D. 水体的酸碱度

E. 水体蒸发面的大小、形状

26. 新型自动气象站使用激光云高仪测量云高时会产生误差,误差的主要来源为(ABD)。

A. 误差　　B. 发射器/接收器光束的垂直性

C. 校直不准　　D. 信号处理系统产生的误差

27. 在使用直接辐射表测量直接辐射时,测量值的误差主要包括哪些?(ABC)

A. 辐射表体的倾斜效应　　B. 辐射表对温度的依赖

C. 辐射表的非线性和零点漂移　　D. 直接辐射表的跟踪电机故障

28. 自动气象站气压、温度、湿度、地温的瞬时值是 1 分钟的平均值,数据采集的和计算方法是(BC)。

A. 1 分钟取 8 个样本值

B. 1 分钟取 6 个样本值

C. 剔除一个最大值和一个最小值,余下样本值做等权算术平均后为该分钟平均值

D. 将 1 分钟内随机挑取的 6 个样本值做等权算术平均后为该分钟平均值

29. 终端操作命令按照操作命令性质的不同,分为(ABCD)。

A. 监控操作命令　　B. 数据质量控制参数操作命令

C. 观测数据操作命令　　D. 报警操作命令

30. 在新型自动气象站静态测试数据处理和评定中,以下哪些情况的可疑数据应剔除?(ABCD)

A. 标准器或检定设备不正常或操作不当时的读数

B. 模拟环境条件超出规定值或稳定性不符合要求时的读数

C. 经校正或补测确认的粗大误差

D. 莱依达准则或三倍标准偏差(3σ)准则

31. UPS 是不间断电源的英文简称,按其工作原理可分为(DE)。

A. 在线式　　B. 后备式　　C. 线上交互式

D. 动态式　　E. 静态式

32. 新型自动气象(气候)站的核心基于 CAN 总线技术和国际标准 CANopen 协议进行设计,涉及(ABE)的标准定义。

A. 物理层　　B. 数据链路层　　C. 网络层

D. 传输层　　E. 应用层

33. 新型自动气象(气候)站功能规格书要求按(ABCE)的设计思路研发生产。

A. 统一标准　　B. 统一功能　　C. 统一结构

D. 统一接口　　E. 统一规范

34. 新型自动气象站一部分传感器可通过分采接入主采集器,另一部分传感器直接接到主采集器。下列可直接接入主采集器的传感器包括(ABCDE)。

A. 湿度　　B. 气压　　C. 降水量

D. 风速　　E. 能见度　　F. 浅层地温

35. 新型自动气象(气候)站的测量性能应遵循《地面气象观测规范》和其他相关规范的要求。各传感器测量要素每分钟采样频率不同,通过 1 分钟值为步长,计算 10 分钟滑动平均的传感器包括(CDF)。

A. 温度　　B. 湿度　　C. 风速

D. 风向　　E. 雨量　　F. 能见度

36. SL3-1 型雨量传感器是用于测量液态降水量的传感器。某自动气象站采用该传感器进行降水观测，经过长时间使用后多次发现其对 10 mm 以上的降水量观测差值为＋6％，则应采取的基点位置调整措施为（ BD ）。

A. 将一个定位螺钉向外调整 2 圈

B. 将一个定位螺钉向内调整 2 圈

C. 将两个定位螺钉分别向外调整 2 圈

D. 将两个定位螺钉分别向内调整 1 圈

37. 新型自动气象站采用“主采集器＋外部总线＋分采集器＋传感器＋外围设备”的结构设计。按照气象要素性质的不同，分采集器划分为不同类型。下列属于分采集器的是（ BCDE ）。

A. 串口服务器　　B. 气候观测分采集器

C. 辐射观测分采集器　　D. 地温观测分采集器

E. 温湿度智能传感器

38. 业务软件是安装在自动气象站微机中的应用软件，根据《新型自动气象（气候）站功能需求书》的要求，其主要功能有（ ABCDEFG ）。

A. 实现对主采集器参数设置、数据采集、各种报警和自动气象站运行监控

B. 实现自动气象站数据的实时上传

C. 从采集器或外存储器读取数据或数据文件形成规定的采集数据文件

D. 实现对采集数据文件内容的查询、检索

E. 实现数据质量控制

F. 生成基本分析加工产品

G. 完成地面气象观测业务

39. 天气现象仪应实现对（ ABCDE ）等降水类天气现象的自动观测与识别。

A. 雨　　B. 毛毛雨　　C. 雪

D. 雨夹雪　　E. 冰雹　　F. 雨凇

40. 天气现象原理主要包括以下几类：（ ABC ）。

A. 利用电容式感雨器结合气象要素综合判断降水类型

B. 通过测量降水粒子下落速度和粒子半径判断降水类型

C. 通过降水粒子光强闪烁判断降水类型

D. 通过监控器进行监视，识别降水类别

41. 降水现象传感器主要有（ ABCD ）。

A. 电容式感雨器（RAINCAP 传感器元件）

B. 前向散射发射和接收装置

C. 微型气象传感器

D. 冲击传感器

42. 当风向示值显示在某固定角度且长时间不变化，则说明（ AB ）。

A. 风向传感器故障　　B. 连接线缆有故障

C. 采集器故障　　D. 电源故障

43. 下雨时，自动气象站数据采集软件界面始终显示雨量为 0 mm，可能原因是（ ABCD ）。

A. 干簧管不吸合　　B. 雨量传感器连线短路

C. 雨量筒进水口堵塞　　D. 采集器故障

44. 常规气象观测业务使用自动气象站后，将带来哪些优点？（ ABCD ）

A. 提高常规气象观测的时、空密度

B. 改善观测质量和可靠性

C. 保证观测的可比性要求

D. 改善观测业务条件，降低观测业务成本

45. 现代自动气象站要能完成常规地面气象观测任务，应具备（ ACD ）、数据传输、数据质量控制、运行监控等主要基本功能。

A. 数据采集　　B. 数据检索

C. 数据处理　　D. 数据存储

46. 自动气象站的传感器可分为（ ABD ）三种类型。

A. 模拟传感器　　B. 数字传感器

C. 超声波传感器　　D. 智能传感器

47. 自动气象站是一个自动化测量系统，由（ BC ）两部分组成。

A. 采集器　　B. 硬件

C. 软件　　D. 传感器

48. 自动气象站采集器要完成（ ABCD ）和系统运行管理功能。

A. 数据采集　　B. 数据处理

C. 数据存储　　D. 数据传输

49. 对采集软件而言，需要关注的关键是要采用能满足用户观测需要的（ CD ）。

A. 计算方法　　B. 数据类型

C. 采样算法　　D. 数据质量控制方法

50. 自动气象站业务软件通常完成以下功能：业务运行参数设置；数据获取；数据显示；（ ABD ）。

A. 编发气象报告　　B. 资料处理

C. 报文传输　　D. 编制报表

51. 自动气象站质量控制软件实施质量控制的方法有（ ABD ）。

A. 合理性(粗大误差)检查　　B. 时间一致性检查

C. 空间一致性检查　　D. 内部一致性检查

52. 关于 HMP155 温湿度传感器，下面的说法哪些是正确的？（ AD ）

A. HMP155 温湿度传感器使用铂电阻感应元件(Pt100)测气温

B. HMP155 温湿度传感器的铂电阻是有源输出

C. HMP155 是利用铂电阻的阻值和温度呈线性关系的原理测量温度

D. HMP155 的铂电阻温度传感器在温度 0 ℃时的电阻值等于 100 Ω

53. 关于 HMP155 温湿度传感器，下面的说法哪些是正确的？（ AC ）

A. HMP155 温湿度传感器采用电容式薄膜聚合物感应元件(HUMICAP180)直接测相对湿度

B. HMP155 温湿度传感器测相对湿度是无源的电容输出

C. HMP155 温湿度传感器测相对湿度是有源的 0～1 V 电压输出

D. 电容式薄膜聚合物湿度传感器是利用薄膜聚合物材料吸湿后体积发生变化的原理来测量相对湿度的

54. 关于 PTB330 型气压表,下面的说法哪些是错误的?(BD)

A. PTB330 型气压表是芬兰 Vaisala 公司生产的智能型全补偿式气压传感器

B. PTB330 型气压表的测量范围是 0～1100 hPa

C. PTB330 型气压表的感应元件为硅电容压力传感器 BAROCAP

D. PTB330 型气压表能直接输出 0～2.5 V 的电压值

55. 关于 PTB330 型气压表,下面的说法哪些是正确的?(ACD)

A. PTB330 的工作原理是基于一个先进的 RC 振荡电路

B. PTB330 气压表每个月需要进行一次维护

C. PTB330 型气压传感器安装在采集器机箱内

D. PTB330 气压表的分辨率为 0.1 hPa

56. EL15-1/1A 型风速传感器由(ACD)以及信号插座组成。

A. 三个铝材轻质风杯　　B. 格雷码盘

C. 内装随风杯轴旋转的截光盘　　D. 光电转换器的壳体

57. 在地温传感器的故障判别中有以下实例:20 cm 地温传感器数值异常,其他正常,采用替代法判断,将 20 cm 地温传感器与 40 cm 地温在接线盒中互换。如果计算机界面上 20 cm地温显示正确、40 cm 显示不正确说明(BD)。

A. 20 cm 传感器正常　　B. 20 cm 传感器已损坏

C. 40 cm 传感器已损坏　　D. 40 cm 传感器正常

58. 假如自动气象站电源发生故障,导致其无法工作,台站可采取以下措施(AB)。

A. 找一个 12 V 直流充电器接到采集器上

B. 找一组 12 V 蓄电池接到采集器上

C. 关闭设备,等待上级保障部门维修

D. 为防止数据丢失,直接将 220 V 市电接到采集器上

59. 下列哪些观测气象要素是常规气象要素?(AD)

A. 温度　　B. 辐射　　C. 能见度　　D. 相对湿度

60. 华云东方研制的 ISOS-HC/A 型综合集成硬件控制器的通信控制模块支持哪些通信方式?(ABC)

A. RS-232　　B. RS-485　　C. RS-422　　D. CAN 总线

61. 综合集成硬件控制器的产品特点是(AC)。

A. 集成度高　　B. 可扩展性低　　C. 可靠性高　　D. 利用率低

62. 华云东方研制的 ISOS-HC/A 型综合集成硬件控制器中,在安装完驱动软件 SMO-PORT,需要在系统中开启控制数据收发的服务是(BC)。

A. HTTP SSL　　B. comtonet　　C. nettocom　　D. Net Logon

63. DZZ4 型自动气象站中的 WUSH-BH 主采集器内置监测功能:(ABCD)。

A. 主板温度测量　　B. 主板电压测量

C. 交流供电检测　　D. 主采集器机箱门状态检测

64. 查看设备面板指示灯是检查 ISOS-HC/A 型综合集成硬件控制器故障的主要方法。下列检测说法正确的是(ACD)。

A. 设备正常运行时,PWR1、PWR2 指示灯应常亮

B. 设备正运行时,L1 指示灯应常亮

C. 设备正运行时,TX 灯应常亮、RX 灯应闪亮

D. 若 R、T 数据收发状态指示灯在数据收发时不亮,则可能是串口传输模块故障

65. DZZ5 型自动气象站的电源故障可能原因为（ ABCD ）。

A. 保险管损坏　　B. 电源开关模块故障

C. 空气开关故障　　D. 蓄电池长时间使用性能下降

66. 在新型自动气象站中，下列属于 DMGD 返回的内容是包含（ ABCD ）。

A. 观测数据索引　　B. 质量控制标志组

C. 分钟内最大瞬时风速　　D. 小时累积蒸发量

67. 在自动站中，雨量数据异常或缺测的故障原因可能为（ ABC ）。

A. 主采集器中的雨量传感器状态未开启

B. 雨量线缆或雨量通道上的接线端子短路或断路

C. 干簧管故障

D. 雨量供电电压不正常

68. 在 SMO 软件的维护终端中，下列属于 STATMAIN 命令返回值的是（ ABD ）。

A. 主采集器运行状态　　B. 主采集器供电类型

C. 温湿分采集器挂接状态　　D. CAN 总线状态

69. 称重式雨量传感器承水口内沿堆有积雪或雨凇时，下列处理方法正确的是（ AC ）。

A. 若收集的雪量≤0.3 mm，应参照滞后降水的规定处理

B. 若收集的雪量≤0.3 mm，按滞后降水处理时，不必考虑滞后时间是否在 2 小时内的问题

C. 若收集的雪量>0.3 mm，则非降水时段的小时和分钟降水量置空，该雪量根据降水结束时间和有降水量的时次判断，添加到相应的小时降水量中，相关分钟降水按缺测处理

D. 若收集的雪量>0.3 mm，应按缺测处理

70. 新型自动气象站使用的传感器可分为（ ABD ）。

A. 模拟传感器　　B. 数字传感器

C. 超声波传感器　　D. 智能传感器

71. 主采集器和分采集器之间采用双绞线 CAN 总线方式连接，双工通信。CAN 总线特性包括（ ABC ）。

A. 支持多主方式，可以实现系统冗余或热备份

B. 允许多个节点同时发送信息，具有极高的总线利用率

C. 通信介质为双绞线，抗干扰能力强

D. 由软件实现数据链路层通信协议

72. 为保证能见度测量结果的准确性，传感器透镜应定期清洁，通常可每 2 个月清洁一次。清洁透镜的方法为（ ABC ）。

A. 用酒精浸湿脱脂棉，擦拭透镜，注意不要划伤透镜表面

B. 检查遮光罩和透镜表面，确保没有水滴凝结或冰雪覆盖

C. 擦除镜头遮光罩、防护罩内外表面的灰尘

D. 检查透镜周围是否有烟、强反射源等干扰源

73. 新型自动气象站使用的风速传感器的技术参数正确的是（ BD ）。

A. 测量范围 0～4 m/s　　B. 分辨精度是 0.1 m/s

C. 启动风速≤0.3 m/s　　D. 相同传感器具有互换性

74. 新型自动站主采集器对瞬时气象值的质量控制包括（ ABCD ）。

A. 对瞬时气象值变化极限范围的检查

B. 对瞬时气象值变化速率的检查

C. 对瞬时气象值的最大允许变化速率的检查

D. 对瞬时气象值的最小应该变化速率的检查

75. 新型气象站具有数据传输的功能。根据响应方式的不同，数据传输可分为（ ABC ）。

A. 在新型自动气象站时间表控制下的传输

B. 响应终端命令的传输

C. 超过某个设定的气象阈值时，进入报警状态的传输

D. 远程通信传输

76. 蒸发自动观测的台站，（ ABD ）应设置蒸发溢流水位。

A. 初次使用　　B. 重新启用

C. 每月　　D. 每三个月

77. 气压传感器安装和日常维护正确的是（ BCD ）。

A. 安装或更换气压传感器可以在通电状态下进行

B. 气压传感器应避免阳光的直接照射和风的直接吹拂

C. 安装好的气压传感器要保持静压气孔口畅通，以便正确感应外界大气压力

D. 配有静压管的气压传感器要定期查看静压管有无堵塞、进水，发现静压管有异物或破损时应及时处理或更换

78. 前向散射能见度传感器的安装过程正确的是（ ABD ）。

A. 前向散射能见度传感器应装在对周围天气状况最具代表性的地点

B. 安装地点应该不受干扰光学测量的遮挡物和反射表面的影响

C. 传感器部分南北安置，接收单元朝南，发射单元朝北，确保太阳光及反射光不会进入发射单元镜头

D. 安装前向散射能见度传感器时，应保证传感器横臂水平

79. 风向传感器的日常维护正确的是（ ABD ）。

A. 注意观察风向标、轴承转动是否灵活、平稳，当轴承转动不灵活或有阻滞时需清除转动部件与静止部件缝隙间的污垢，或更换传感器

B. 因长期使用造成轴承磨损影响性能时，应送检送修

C. 每半年定期维护一次风向传感器，检查、校准风向标指北方位，当风向传感器指北标识模糊时，可用油性笔重新标示

D. 定期检查风向线缆接头，必要时更换防水胶布

80. 翻斗式雨量传感器的日常维护正确的是（ BCD ）。

A. 翻斗式雨量传感器维护期间，无须将信号线从传感器上拆下

B. 定期检查传感器底盘上的水平泡，调整底盘水平

C. 定期检查承水器，清除内部进入的杂物，检查过滤网罩，防止异物堵塞进水口

D. 定期检查翻斗翻转的灵活性

81. 在 ASOM 系统中应做好运行监控与维护维修信息的填报等工作。台站系统管理员应及时维护本级 ASOM 系统中台站人员基本信息、（ BCD ）等，并及时将相关变化信息报送省级业务部门。

A. 历史沿革信息　　B. 气象装备信息
C. 台站站网信息　　D. 探测环境信息

82. 综合集成硬件控制器室外机部分具备的接口有（ ABCD ）。
A. 8 个 RS-232/485/422 接口，用于连接观测设备
B. 1 个 RJ45 接口，用于以太网信号输出
C. 1 对 ST 光纤收发接口，用于连接光电转换模块传输数据
D. 1 个 RJ45 接口，用于多个通信控制模块级联

83. 主采集器中，采样软件对采样值的加工处理流程包括（ ABCD ）。
A. 采样值数据质量控制　　B. 瞬时值数据质量控制
C. 采样值和分钟数据存储　　D. 整点数据处理及存储

84. 新型自动气象站中，主采集器的接口种类包括（ ABC ）。
A. 模拟通道测量　　B. 计数通道测量
C. RS-232 通道　　D. RS-422 通道

85. 决定仪器性能的首要因素是感应原理，由其决定仪器的主要性能。指标包括（ ABCE ）。
A. 灵敏度　　B. 精确度　　C. 惯性（时间常数）
D. 输出线性度　　E. 坚固性（含稳定性）

86. 新型自动气象站的台站地面综合观测业务软件由（ BCD ）软件模块构成。
A. ISOS　　B. SMO　　C. MOI　　D. MOIFtp

87. 2015 年年底基本实现全国所有地面观测台站更新为以（ B ）为核心、（ D ）为手段的地面气象观测业务体系。
A. 自动气象站　　B. 新型自动气象站
C. 串口技术　　D. 综合硬件集成技术

88. 以下关于前向散射能见度仪的说法正确的有（ ABD ）。
A. 采样区中心高度 2.8 m（±0.1 m）
B. 每两年应利用标准设备或标准设备定标的散射体对传感器进行校准
C. 采集软件每分钟至少采样 6 次
D. 传感器部分南北安置，接收单元在南测，发射单元在北侧

89. 主采集器实现 CANopen 的主站协议，承担整个系统的调度和管理任务，主要有（ ABCD ）。
A. 分采集器的接入管理　　B. 传感器、分采集器的状态监控
C. 时钟管理　　D. 配置管理

90. 下列自动气象站地温传感器的维护操作正确的是（ ABC ）。
A. 保持安放地面温度传感器和浅层地温传感器的裸地地面疏松、平整、无草，雨后及即时耙松板结的地表土
B. 每日查看地面温度传感器和浅层地温传感器的埋设情况
C. 当草面温度传感器观测区域内草株高度超过 10 cm 时，应修剪草层高度
D. 铂电阻地面温度传感器被积雪埋住时，将其置于积雪表面上，仍按正常情况观测

91. 元数据是“关于数据的数据”或“描述数据的数据”，气象观测元数据是描述性元数据。文件中属于元数据的有（ ACDF ）。
A. 台站参数　　B. 观测数据　　C. 质量控制
D. 附加信息　　E. 要素指示码　　F. 要素方式位

92. 新型自动气象站中，下列哪些要素传感器通过分采集器连接到主采集器（ ACE ）。

A. 空气温度　　B. 气压　　C. 相对湿度

D. 风向风速　　E. 地温

93. 对称重式降水传感器的日常维护，下列正确的是（ ACD ）。

A. 每日检查内筒内液面高度和供电情况

B. 每日检查承水口水平高度情况

C. 降水过程中注意分析判断降水量数据的准确性，如有疑问，应及时进行现场测试

D. 每次较大降水过程后及时检查，防止溢出

94. 辐射观测设备是地面气象观测自动化系统的重要组成部分，通过辐射采集器可接入（ ABCDEF ）等传感器。

A. 总辐射　　B. 反射辐射　　C. 净全辐射

D. 散射辐射　　E. 直接辐射　　F. 长波辐射

95. 综合集成硬件控制器的硬件包含（ A ）、（ B ）、交流防雷模块、供电单元、外围部件等，软件分为（ D ）和管理软件。（ ABD ）

A. 通信控制模块　　B. 光电转换模块　　C. 驱动程序　　D. 配置程序

96. SMO 软件数据显示空气温度、相对湿度缺测，其他要素正常。以下哪种说法是正确的（ ABC ）。

A. 温湿分采的 CAN 总线可能有问题

B. 温湿分采的供电可能有问题

C. 温湿分采可能有问题

D. 主采集器可能有问题

97. 业务软件中的数据质量检查，包括以下内容（ ABC ）。

A. 极限范围的检查　　B. 内部一致性的检查

C. 变化速率的检查　　D. 时间一致性的检查

98. DZZ4 自动气象站的温湿分采的 CANE 指示灯闪烁，以下说法正确的是（ ACD ）。

A. SMO 软件数据显示空气温度、相对湿度缺测

B. 温湿分采的供电不正常

C. 温湿分采可能有问题

D. 连接温湿分采的 CAN 总线可能有问题

99. 新型自动气象站分采集器的气象要素缺测，可能原因有（ ABCD ）。

A. 主采集器禁用了该传感器

B. 分采集器的 CAN 通信不正常

C. 分采集器通道故障

D. 传感器工作不正常

100. MOIFTP 的主要功能是（ ABCDEF ）。

A. 自动传输　　B. 监控提醒　　C. 多路传输

D. 链路监测　　E. 应急备份　　F. 软件监控

101. 新型自动气象站主采集器应具备监测电路，包括（ ABCD ）。

A. 主板温度测量　　B. 主板电源测量

C. 交流供电检测　　D. 主采集器机箱门状态检测

E. 传感器状态检测

102. 新型自动站终端操作命令为主采集器和终端微机之间进行通信的命令，按照操作命令性质的不同，分为（ ABCD ）。

A. 监控操作命令　　B. 数据质量控制参数操作命令

C. 观测数据操作命令　　D. 报警操作命令

103. 新型自动气象站中能大型蒸发自动观测的台站，在初次使用、重新启用或蒸发传感器和蒸发桶溢流口高度差发生变化时，应设置一次蒸发溢流水位。获取“蒸发溢流水位”的操作方法为（ ACBD ）（按序选择）。

A. 向蒸发皿加水至溢流

B. 将当前水位设置为溢流水位

C. 待水不再溢流，稳定 5 分钟

D. 将蒸发皿内水位调整至正常使用状态

104. 综合集成控制器高度集成（ ABCDE ）等功能模块。

A. 串口通信　　B. 信号转换　　C. 光电转换

D. 光电隔离　　F. 数据转换

105. SMO 数据个别数据缺测的可能原因有（ CDE ）。

A. 通信中断　　B. 自动站故障　　C. 传感器故障

D. 分采集器故障　　F. 软件质量控制导致

106. SMO 数据跳变的可能原因有（ BC ）。

A. 通信中断　　B. 天气突变　　C. 传感器故障　　D. 供电

107. SMO 软件中风速无数据的原因有（ ABCD ）。

A. 传感器机械故障　　B. 天气原因　　C. 参数设置　　D. 供电

108. 新型自动站电源系统故障导致主采集器不工作，表现在 SMO 软件上为（ AC ）。

A. 读取数据失败，界面无数据显示　　B. SMO 业务软件打不开

C. 主控机与主采集器通信连接不上　　D. 雨量数据无显示

109. 综合集成控制器可能出现的故障主要有（ ABCD ）。

A. 电源供电中断　　B. 光电转换模块故障

C. 串口接头接触不良　　D. 光纤接头接触不良

110. 主控计算机与主采集器通信正常，只有部分数据显示或无数据，排查步骤为（ ABCD ）。

A. 检查传感器挂接情况和工作状态　　B. 断电重启

C. 更新嵌入式程序　　D. 更换采集器

111. 导致采集器不能输出数据的原因有（ ABCDE ）。

A. 要素通道关闭　　B. 通信故障　　C. 质控阈值设置不合理

D. 测量范围设置不合理　　E. 电源故障

三、判断题

1. 湿敏电容湿度传感器是用有机高分子膜做介质的一种小型电容器。整个感应器是由两个小电容器并联组成。（ × ）

解析：应是串联组成。

2. 在自动气象站采样中，所有项目的瞬时值实际上是一定时间段的平均值。（ √ ）

3. 大雾结束，但湿度仍超过 90%时，应立即除下温湿度传感器的防尘罩，将防尘罩甩干后，再将其放回。（ × ）

解析：不能除下防尘罩。

4. 传感器在地球表面以上、中层大气及以下的为空基观测，传感器在地球表面的为地基观测。 （ √ ）

5. 投入气象业务运行的探测设备需要加贴由国务院气象主管机构业务主管部门印发的气象专用技术装备许可标识。 （ √ ）

6. 不管 UPS 是否连接市电，负载总功率都不能大于 UPS 的额定功率。 （ √ ）

7. 新的雨量传感器(包括冬季停用后重新使用或调换新翻斗)工作一个月后的第一次大雨，应作精度对比，即将自身排水量与计数、记录值相比较。 （ √ ）

8. 净全辐射传感器除每日上下午至少各检查一次仪器状态外，夜间还应增加一次检查。 （ √ ）

9. 当台站设备发生故障时，台站值班人员要在 ASOM 上填写《故障报告单》；当台站设备故障维修结束时，设备维修人员要在 ASOM 上填写《维修报告单》。 （ √ ）

10. 采集器空气温度缺测或示值为－24.6 ℃，且长时间不变，一般为温度传感器断线所致。 （ √ ）

11. 翻斗式雨量传感器的最大误差是±4％。 （ × ）。

解析：±0.4 mm（降雨量≤10 mm，雨强≤4 mm/min 时）；±4％(降雨量＞10 mm，雨强≤4 mm/min 时)。

12. 格雷码每次只能变化一位，有助于消除乱码。 （ √ ）

13. 总辐射表的温差电动势与太阳辐射强度成正比。 （ √ ）

14. 气象传感器是直接从信号源(大气中)获得信息的前沿装置，传感器是否准确、可靠是影响自动气象站观测结果的关键。 （ √ ）

15. 铂电阻温度传感器是利用铂电阻的阻值正比于温度变化的原理，通过测量铂电阻的电阻值而测得温度值。 （ √ ）

16. 温湿度传感器固定在百叶箱内专用支架的西侧，感应器直立，头部向上。 （ × ）

解析：应是头部向下。

17. 自动气象站观测场和值班室都应在防止雷击范围内。 （ √ ）

18. 数据质量控制一般包括采样值的质量控制和观测值的质量控制，通常是检查数据的合理性和一致性，再根据检查的结果对被检查的数据按规定做出取舍和标示处理。 （ √ ）

19. 蓄电池的免维护只是指电池内不需要加水和调节酸密度。 （ √ ）

20. 每日都应查看地面温度传感器和浅层地温传感器的埋设情况，浅层地温安装支架的零标志线一半要埋入土中。 （ × ）

解析：应是平行于。

21. 检定和校准是保证自动气象站探测数据准确可靠的重要手段，也是评定自动气象站气象数据是否准确、可靠、可用的主要依据。 （ √ ）

22. 雨量传感器和数据采集器之间用 4 芯屏蔽信号电缆连接。 （ × ）

解析：应是 2 芯。

23. 风速传感器安装在风向风速传感器的安装横臂(连接杆)上，安装时横臂垂直于当地最多风向，要保证传感器轴与水平面垂直。 （ √ ）

24. SL3-1 型雨量传感器容量调节螺钉每向内或向外旋转一圈，测量误差减少或增加6％左右。 （ × ）

解析：应是 3％左右。

25. 温湿度传感器与数据采集器之间用一根 8 芯屏蔽电缆相连，其中 4 芯为温度传感器铂电阻四线制引线，另 4 芯分别为湿度传感器、电源输入、电源地、信号输出。（ × ）

解析：另 4 芯分别为电源输入、电源地、信号输出、信号地。

26. 自动气象站测量的地温值与人工测量的地温值随时间的变化曲线应当接近，阴雨天时，其间的差值应当比晴天时大。（ × ）

解析：阴雨天时，其间的差值应当比晴天时小。

27. 常规气象观测业务使用自动气象站后，将改善观测质量和可靠性，保证观测的可比性要求。（ × ）

解析：只能改善观测业务条件，降低观测业务成本。

28. 风速传感器输出的脉冲速率与风速成正比。（ √ ）

29. 对测风仪器进行检查时，可用拿着风杯或螺旋桨的办法来检查风速表系统的零位；可用抓住风向标停在预定位置或逐点定位的方法检查风向标的定位。但传感器的修理通常只能在工厂进行。（ √ ）

30. 前向散射能见度仪测定低 MOR 值时，在其读数中表现出很大的变动性，而且在测量过程中受降水的影响要更大一些。（ √ ）

31. 相对湿度指空气中实际水汽压和当时气压下的饱和水汽压之比，以百分数(%)表示。（ × ）

解析：应是当时温度下。

32. 新型自动气象(气候)站的主采集器和分采集器或部分智能传感器之间采用 CAN 总线方式实现双工通信。（ √ ）

33. 主采集器采样瞬时值存储与相应要素的采样时间有关。（ × ）

解析：二者无关。

34. 激光云高仪可输出观测云量，其计算方法为区域滑动积分算法。（ × ）

解析：不是滑动积分算法。

35. 激光云高仪安装时，要求其上方围绕垂直轴约 30°的圆锥型空间内无遮蔽。（ √ ）

36. 新型自动气象(气候)站采样频率最高的要素是风速和风向，均为 4 次/s。（ √ ）

37. 用于自动气象站的三杯风速传感器大多是利用风速与输出电压成正比的关系而测得风速。（ × ）

解析：风速与频率成正比的关系。

38. 现用超声波蒸发量传感器安装在 E-601B 型蒸发桶内时，不锈钢圆筒上的标志线应稍高于蒸发桶溢孔。（ √ ）

39. 称重式降水传感器外壳的外形设计呈“凸”字型，主要起防风和减少蒸发的作用。（ √ ）

40. 前向散射能见度仪接收器不能接收到发射器直接发射和侧向散射的光，只能接收大气的前向散射光。（ × ）

解析：都可以接收。

41. 根据《新型自动气象(气候)站功能需求书》要求，终端微机与主采集器间的信号传输距离应不小于 200 m。在规定的传送距离之内，信号传送质量不应因改变线缆的长度而降低。（ √ ）

42. 称重式降水传感器安装在观测场内混凝土基础上。承水口保持水平，根据冬季地面积雪情况，承水口距地面高度一般选择 120±3 cm 。防风圈应高于承水口约 2 cm，防风圈

开口应朝北。 （√）

43. 前向散射能见度仪作为一个独立设备运行时，其采集器与数据终端之间应按照通讯协议进行数据传输。通信采用标准 RS-232 串口，通信波特率 9600 bps，8 个数据位，1 个停止位，无校验。 （√）

44. 新型自动气象站主采集器和传感器之间部分采用分采集器通信，两者之间通信波特率和当前波特率由 CANopen 设备配置文件中的相关项目规定，主、分采集器以默认的 125 K 波特率进行通信。 （×）

解析：主、分采集器以默认的 50 K 波特率进行通信。

45. AAG1.0B 型蒸发传感器测量范围为：0～100 mm，输出电流信号，其中 0 mm 水位刻度对应输出电流值为 4 mA。 （×）

解析：100 mm 水位刻度对应输出电流值为 4 mA。

46. 感雨器的探测面由电梳构成，其上覆盖有薄膜，内有加热部件。 （√）

47. 天气现象仪每分钟采样 6 次。 （×）

解析：应为 1 次。

48. 称重式降水传感器的测量原理是通过对质量变化的快速响应测量降水量。 （√）

49. 称重式降水传感器安装在观测场内混凝土基础上。承水口保持水平，根据冬季地面积雪情况，承水口距地面高度一般选择 150±3 cm，在北方积雪较厚的个别地区可以选择 120±3 cm。 （×）

解析：承水口距地面高度一般选择 120±3 cm，在北方积雪较厚的个别地区可以选择 150±3 cm。

50. 用称重式降水自动观测仪测量降水过程中，伴随有沙尘、树叶等杂物时，按正常降水记录处理；液态降水溢出或固态降水堆至口沿以上，或降水过程中取水，则该时段降水按缺测处理。无降水时，沙尘、树叶等杂物或偶然跳变造成的降水数据，应及时删除。 （√）

51. 前向散射能见度仪应安装在对周围天气状况最具代表性的地点，应不受干扰光学测量的遮挡物和反射表面的影响，要远离大型建筑物，远离产生热量及妨碍降雨的设施，避免闪烁光源、树荫、污染源的影响。 （√）

52. 前向散射能见度仪安装在观测场西北角，与风杆东西成行，与百叶箱南北成列。接收器和发射器的支架成南北向，发射器在南侧，接收器在北侧，采样区中心高度 2.8 m（±0.1 m）。 （×）

解析：接收器和发射器的支架成南北向，接收器在南侧，发射器在北侧。

53. 前向散射能见度仪既可以作为独立设备与微机终端连接组成能见度自动观测系统，也可以作为能见度分采集系统挂接在其他采集系统上。 （√）

54. 前向散射能见度仪应每年校准一次。 （×）

解析：前向散射能见度仪应每两年校准一次。

55. 前向散射能见度仪现场校准过程中可以关闭电源，在现场校准期间，业务传输的分钟数据均按缺测处理。 （×）

解析：前向散射能见度仪现场校准过程中不能关闭电源。

56. 前向散射能见度仪在运行中，发射端镜头沿镜筒方向连续发射激光光束，长时间连续直射眼睛会损伤眼睛健康。应尽量避免长时间连续直视发射端镜头。 （√）

57. 自动气象站是一个自动化测量系统，由硬件（设备）和软件（测量运作程序）两部分组成。 （√）

58. 传感器可分为数字传感器和智能传感器两种类型。（ × ）

解析：应分为数字传感器和模拟传感器。

59. 采集器要完成数据采集、存储、传输和系统运行管理功能。（ × ）

解析：还有处理功能。

60. 对采集软件而言，需要关注的关键是要采用能满足用户观测需要的采样算法和数据质量控制方法。（ √ ）

61. 采集器时钟精度：月累积误差小于等于 60 s。（ × ）

解析：应是 30 s。

62. 雨量传感器和数据采集器之间用带屏蔽的信号电缆连接。（ √ ）

63. 风速传感器为三杯式风杯组件，通过风杯旋转，霍尔元件感应，输出脉冲信号与风速成正比。（ × ）

解析：脉冲信号与频率成正比。

64. 温湿度传感器悬挂在百叶箱的中央，其感应部分的中心点距地面 1.5 m。（ √ ）

65. 地表温传感器应该一半埋在土中，一半露出地面。（ √ ）

66. 若要清洗漏斗和翻斗，应旋下采集器后面板上的雨量插头。（ √ ）

67. 深层地温传感器共有四只，测点深度分别为 40、80、160、320 cm。（ √ ）

68. 自动站测量的地温值与人工测量的地温值随时间的变化曲线应当接近，人工比自动更加准确。（ × ）

解析：人工没有自动的准确。

69. 实施质量控制的方法有：合理性（粗大误差）检查；时间一致性检查；内部一致性检查。（ √ ）

70. PTB330 型气压表的测量范围是 550～1050 hPa。（ × ）

解析：范围是 500～1050 hPa。

71. PTB330 型气压表的感应元件为硅电容压力传感器 BAROCAP。（ √ ）

72. HMP155 温湿度传感器采用电容式薄膜聚合物感应元件（HUMICAP180）直接测相对湿度，是有源的 0～1 V 电压输出。（ √ ）

73. EL15-1/1A 型风速传感器由三个铝材轻质风杯、内装随风杯轴旋转的截光盘和光电转换器的壳体组成。（ × ）

解析：构成还有信号插座。

74. SL3-1 型雨量传感器容量调节螺钉通过向内或向外旋转来减少测量误差。（ √ ）

75. SL3-1 型雨量传感器经长期使用发现测量误差超过最大误差要求时，应调整传感器基点，使测量误差在最大误差范围内。（ √ ）

76. AG 型超声波蒸发量测量传感器为德国 THIES 公司产品，是利用超声波测距原理测量蒸发器内的水面高度变化，从而测得蒸发量。（ √ ）

77. 国家级自动气象站的 HMP155 温湿度传感器与数据采集器之间用一根 8 芯屏蔽电缆相连，其中 4 芯为温度传感器铂电阻四线制引线，用来连接测量温度的铂电阻温度传感器。（ × ）

解析：仅空接。

78. PTB330 是一个智能化的传感器，可通过 RS232、RS485 串行通信口直接输出气压值。（ √ ）

79. 由于铂电阻阻值随温度变化而变化的灵敏度较小（大约每摄氏度变化 0.39 Ω），为

消除长线和接触电阻等影响，达到高精度的测量要求，采用四线制电路方式测量铂电阻的变化。（ √ ）

80. 在市电良好的地区，应定期对蓄电池充放电。可每隔 1 个月，切断市电一天，给蓄电池放电的机会，以免电极硫化。（ × ）

解析：应隔 2～3 个月。

81. 雨量传感器安装时一定要调整好传感器底座的水平，使水平泡在中心圆圈内，然后拧紧螺母，并涂上黄油以防锈蚀。（ √ ）

82. 电源正常供电是自动气象站正常工作的前提，电源故障会使自动气象站呈现不正常工作状态，因此，若自动气象站工作不正常时，应首先检查电源系统。（ √ ）

83. 常规气象观测业务使用自动气象站后，将提高常规气象观测的时空密度。（ √ ）

84. 串口调试工具的通信参数设置为：波特率为 9600 bps，数据位为 1，停止位为 0，校验位为偶。（ × ）

解析：校验位为零。

85. ZQZ-PT1 通信转换器中串口服务器上的状态灯 Ready 灯常亮说明设备正常运行。（ √ ）

86. ZQZ-PT1 通信转换器中串口服务器上的状态灯 Link 灯网络接入且无数据传输时绿灯常亮；数据传输时闪烁；网络连接故障时灯灭。（ √ ）

87. ZQZ-PT1 通信转换器中串口服务器设备正常运行时状态灯 Fault 灯常亮。（ × ）

解析：应为灯常灭。

88. ZQZ-PT1 通信转换器中串口服务器上的状态灯 InUse(P1～P8)常亮，表示上位机软件打开串口成功。（ √ ）

89. ZQZ-PT1 通信转换器内部的串口光纤转换器，实现 RS-232 电信号与光信号的相互转换，能起到更好的隔离作用，减少在雷击等极端恶劣环境时通过信号电缆影响其他设备事件概率的发生。（ √ ）

90. 若 ZQZ-PT1 通信转换器各模块状态灯正常闪烁，但数据仍然无法正常传输，需要对串口服务器进行复位操作。（ √ ）

91. ISOS-HC/A 型综合集成硬件控制器中通讯控制模块上的 Default 按键是用来复位的。（ × ）

解析：用来恢复出厂设置。

92. DZZ4 型自动气象站采用光纤通信时，需要把光纤通信模块的配置开关全部拨到“ON”状态。（ × ）

解析：开关 1 处于“ON”状态，开关 2、3、4 处于“OFF”状态。

93. ISOS-HC/A 型综合集成硬件控制器驱动软件故障时，表现为发送命令 T 指示灯不亮，命令发送失败。（ √ ）

94. 在通电状态下，也可以测量气温传感器的同端或异端电阻值。（ × ）

解析：应在断电状态下测量。

95. ISOS-HC/A 型综合集成硬件控制器与主采集器之间是通过一对串口光纤转化器来实现通信的。（ √ ）

96. DZZ5 型自动气象站中，气温传感器使用的是 HYA-T 型铂电阻温度传感器，其原理是利用导体或半导体的电阻值随温度变化而变化的原理来进行测温的。（ × ）

解析：铂电阻温度传感器是利用金属铂在温度变化时自身也随之改变的特性来测量温

度的。

97. 安装好的气压传感器要保持静压气孔口畅通，以便正确感应外界大气压力。 （ √ ）

98. 设置或读取各传感器测量范围值的命令是 QCPM，设置或读取各要素质量控制参数的命令是 QCPS。 （ × ）

解析：设置或读取各传感器测量范围值的命令是 QCPS，设置或读取各要素质量控制参数的命令是 QCPM。

99. 若在主采集器中，雨量传感器的状态未开启，可利用命令 SENST_VI_1↙将雨量传感器的状态开启。 （ × ）

解析：命令为 SENST_RAT_1。

100. DZZ4 型自动气象站使用的 DYC1 型气压传感器的测量范围是 600～1200 hPa，分辨力是 0.01 hPa。 （ × ）

解析：范围是 500～1200 hPa。

101. 超声波式蒸发传感器基于连通器和超声波测距原理，选用高精度超声波探头，根据超声波脉冲发射和返回的时间差来测量水位变化，并转换成电信号输出，计算某一时段的水位变化即得到该时段的蒸发量。 （ √ ）

102. 压力应变式称重降水传感器原理：表面粘贴有电阻应变片的敏感梁在承水桶的压力作用下产生弹性形变，电阻应变片也随之产生形变，其阻值将发生相应的变化。 （ √ ）

103. 总辐射是指水平面上，天空 3π 立体角内所接收到的太阳直接辐射和散射辐射，是波长在 0.29～3.2 μm 范围内的短波辐射。 （ × ）

解析：参见《新型自动气象站实用手册》第 133 页。

104. 当翻斗式雨量传感器出现漏斗堵塞造成记录滞后严重时，该时段的分钟和小时记录按缺测处理，定时降水量用人工观测记录代替。 （ × ）

解析：参见《地面气象观测业务技术规定实用手册》第 22 页。

105. 当能见度数据异常时，非定时观测时次的正点数据中所有能见度数据均按缺测处理。 （ √ ）

106. 新型自动气象站主采集器对采样瞬时值的质量控制包括对采样瞬时值变化范围和变化速率的检查。 （ √ ）

107. 振弦称重式称重降水传感器原理：弦丝弹性元件的固有频率与其所受的张力存在确定的关系，放置承水桶的托盘对弦丝产生拉力作用，使其固有频率发生变化。 （ √ ）

108. 称重式降水传感器的传感器标识符是 RAT1。 （ × ）

解析：标识符是 RAW。

109. 综合集成硬件控制器主要解决多个自动气象观测设备的集约化管理，实现多观测设备仅通过一根光纤即可与业务终端进行数据传输，提高地面气象综合观测系统的集成化程度、可扩展性、稳定性、可靠性。 （ √ ）

110. 若蒸发传感器正常，使用万用表测量传感器的输出信号，电流值的变化应该在 4～20 mA 之间。 （ √ ）

111. 湿敏电容的主要优点是灵敏度高、滞后性小、响应速度快，且易于制造，具有较强的产品互换性。 （ √ ）

112. 在 SMO 软件安装过程中，弹出“台站信息：区站号”对话框，此时需输入本站区站号，必须为 5 位数字，且确保区站号输入正确，否则软件安装完成后该项无法修改。 （ × ）

解析：应是 5 位字母加数字。

113. 如定时观测时次前数据持续缺测，按相关规定及时进行人工补测，并上传相关数据文件。正点后10分钟内，如自动观测数据恢复正常，此时需重新处理该时次正点观测资料，更正上传数据文件。 （ √ ）

114. 日照自动观测的台站，当前小时累计日照为直接辐射辐照度≥120 W/m^2的累计时长，若MOI软件关闭重启，当前累计日照从软件重启时间重新累计。 （ √ ）

115. ISOS-HC/A型综合集成硬件控制器中通讯控制模块通信控制模块面板配置有电源、光纤通信和串口通信状态等指示灯以及系统复位和恢复出厂设置按键，便于维修人员对设备工作和各通信接口的数据传输状态进行检查。 （ √ ）

116. ISOS-HC/A型综合集成硬件控制器中串口传输模块支持三种串行通信方式的动态切换，可灵活配置，不可手动拔插。 （ × ）

解析：可手动拔插。

117. ISOS-HC/A型综合集成硬件控制器中光电转换模块（光猫）放置在室外，实现100Base-TX（RJ45）和100Base-FX（光纤信号）的转换，通过光纤与室外通信控制模块连接通信，采用DC9～15 V供电，具有3个RJ45接口和1组ST光纤收发接口。 （ × ）

解析：通过光纤与室内通信控制模块连接通信。

118. 直接辐射表安装是否正确与跟踪太阳的准确度关系极为密切。 （ √ ）

119. 新型自动气象主采集器可存储1小时的采样瞬时值、7天的瞬时气象（分钟）值、1月的正点气象要素值，以及相应的导出量和统计量。 （ √ ）

120. 新型自动气象外存储器（卡）以文件方式进行存储，能够存储至少6个月全要素分钟数据，全部数据以FAT的文件方式存入，微机通过通用读卡器可方便读取。 （ √ ）

121. 减小温度测量误差的主要问题不在对温度敏感元件的通风和防辐射，而是温度传感器和仪器本身。 （ × ）

解析：减小温度测量误差的主要问题在于对温度敏感元件的通风和防辐射上。

122. 湿敏电容传感器的动态响应较迅速，常温下滞后误差较小，约为1%～2%。 （ √ ）

123. 自动气象站初始化是准备存储器、设置业务参数、启动应用软件和显示采集气象要素的过程。 （ × ）

解析：无显示采集气象要素。

124. 自动观测项目的日极值从当日各瞬时值中挑取；日极值出现两次或以上时，出现时间任挑一个。 （ √ ）

125. 称重式降水传感器承水口口缘呈内直外斜刀刃形，可起到防风和减少蒸发的作用。 （ × ）

解析：可起到防风、减少蒸发和增加降水捕获量的作用。

126. SMO采集数据机制为每分钟20 s开始采集，如果等待3 s设备没有返回数据，则会自动补调3次，如果仍不能获取数据，软件会在每小时00分启动对缺测记录的自动补调数据任务。 （ × ）

解析：SMO采集数据机制为每分钟20 s开始采集，如果等待3 s设备没有返回数据，则会自动补调3次，如果仍不能获取数据，软件会在每小时40分启动对缺测记录的自动补调数据任务。

127. 新型自动气象站采集数据在外存储器（卡）以文件方式进行存储，能够存储至少6个月的全要素分钟数据，全部数据以FAT文件的方式存入。 （ √ ）

128. 新型自动站温湿度测量既可以使用温湿度智能传感器，也可将温度、湿度传感器直接挂接到主采集器上；称重式降水传感器既可采用串口方式挂接在主采集器上，也可采用脉冲输出方式挂接到主采集器上。（ √ ）

129. 新型自动站分采集器 RAM 应满足嵌入式软件的运行要求，并且有 50％的余量。（ × ）

解析：30％的余量。

130. 温湿分采负责气温和湿度（百叶箱、环境）的测量，在工作状态对挂接的传感器按预定的采样频率进行扫描，收到主采集器发送的同步信号后，将获得的采样数据通过总线发送给主采集器。（ × ）

解析：湿度仅包括百叶箱，无环境。

131. 内部一致性检查：指同一时间观测的气象要素记录之间的关系必须符合一定规律的检查。（ √ ）

132. 地面气象要素上传文件的各要素值的质量控制以实时检查为主，数据质量检查的顺序是：气候学界限值检查、气候极值检查、内部一致性检查、时间一致性检查。（ √ ）

133. 大型蒸发自动观测的台站，在初次使用、重新启用或蒸发传感器和蒸发桶溢流口高度差发生变化时，应设置一次蒸发溢流水位。对蒸发桶进行加水、取水操作前，须在 MOI 中进行设备维护操作。（ × ）

解析：初次使用、重新启用或每三个月应设置蒸发溢流水位。设置方法：加水至蒸发桶内水开始溢流时停止加水，待溢流停止后，稳定 5 分钟，在 MOI 自动观测界面的“蒸发溢流水位”框中点击“获取（Q）”按钮，在弹出的“获取蒸发溢流水位”对话框中输入管理员密码（dmqxgc），并点击“确定”按钮，弹窗提示“蒸发溢流水位保存成功”，然后将蒸发桶内水位调整至正常使用状态。

134. 一个“正确”的瞬时气象要素值，不能超出规定的界限，相邻两个值的变化速率应在允许范围内，在一个持续的测量期（24 小时）内应该有一个最小的变化速率。（ × ）

解析：一个“正确”的瞬时气象要素值，不能超出规定的界限，相邻两个值的变化速率应在允许范围内，在一个持续的测量期（1 小时）内应该有一个最小的变化速率。

135. 新型自动站测报业务软件在一台计算机上可开启一个进程，简单的说就是相同的软件只能启动一次。因此，在一台计算机上可多次运行同一个程序。（ × ）

解析：不能多次运行。

136. 综合集成控制器是连接所有气象观测设备与室内计算机的枢纽，一旦发生故障会导致所有数据缺测。（ √ ）

137. 能见度传感器安装在远离局地大气污染的地方，周围不应有高大的障碍物，发射器和接收器不能朝着强光源或强的反射面。（ √ ）

138. 能见度传感器接收器的光学部件应指向北方。（ × ）

解析：应指向南方。

139. 可以在一个铁塔上安装多个风传感器。（ √ ）

140. 综合集成控制器通过光纤将不同通信方式的多路串口数据进行远距离传输，有效解决了多路观测设备的集成和传输问题。（ √ ）

141. 综合集成控制器成为观测场所有观测设备的通信枢纽中心，通过最可靠和稳定的光纤通信与室内系统进行连接。（ √ ）

142. 新型自动气象站检修故障运用测量法操作时应先切断电源，严禁带电操作，以免损坏部件或设备。（ × ）

解析:需带电操作。

143. 检查综合集成控制器是否正常,根据通信控制模块的指示灯状态判断与各观测设备的连线状况和供电情况。 (√)

144. 检查综合集成控制器通信控制模块若时,只有一个 PWR 灯亮,表示可能为掉电状态。 (×)

解析:为通信不通的状态。

145. 传感器的信号链路中要注意检查屏蔽线是否与信号线短路,如果短路则会引起传感器信号传输不到采集器。 (√)

146. 温湿分采的温度通道部分是从温度传感器至温湿分采之间的所有硬件,包含了温度传感器与温湿分采之间的线缆、插头、温度测量通道等。 (√)

147. 利用万用表直流 20 V 档可直接测试 DZZ4 新型自动站风向传感器输出的 D0～D7 的电压值,并得到 7 位格雷码。 (×)

解析:不能直接测量得到格需码。

148. 常见的雨量故障主要表现在雨量偏小,雨量误差较大,干簧管失效,连接线中断等。 (√)

149. 能见度传感器已属于智能化传感器,通过主采集器接入,观测数据全部保存到自动站的数据文件中,称之为独立能见度。 (×)

解析:非独立能见度。

150. 称重式降水传感器的防风圈应高于承水口约 2 cm。防风圈开口应朝北。 (√)

151. 抑制蒸发油应采用航空液压油,加入量应能完全覆盖液面。 (√)

152. 已实现自动观测的气温、相对湿度、风向、风速、气压、地温、草温记录异常时,正点时次的记录按照正点前 10 分钟内(51—00 分)接近正点的正常记录、正点后 10 分钟内(01—10 分)接近正点的正常记录、备份自动站记录、内插记录的顺序代替。 (×)

解析:其中,风向、风速异常时,均不能内插,瞬时风向、瞬时风速异常时按缺测处理。

四、填空题

1. 台站使用的温湿度传感器,其感温元件是_Pt100(铂电阻)_。0 ℃时的电阻值为_100_Ω,其感湿元件是高分子_湿敏电容_。

2. 风向传感器的信号每组格雷码有_7_位,代表一个风向。其外圈是_128_等分,风向分辨力为_2.8_度。

3. 风速传感器的感应元件感应的是_脉冲信号_,其_频率_随风速的增大而线性增加。

4. 气象部门使用的雨量传感器的计量翻斗每翻转一次,表示下了_0.1 mm_的雨。

5. 自动气象站配备的不间断电源(UPS)为_在线_式不间断电源。

6. 自动气象站雨量传感器的口缘距地面的距离不应低于_70_cm。

7. 自动气象站温湿度传感器悬挂在百叶箱的中央,其感应部分的中心点距地面_1.5_m。

8. 贵州省国家级新型自动站中风向风速传感器供电电压是_5_V。

9. 新型站的高精度铂电阻温度传感器出现故障时,使用万用表_200_Ω档量取温度传感器标号 1、2 任一端与 3、4 任一端的电阻值是否在_80～120 Ω_之间。

10. HMP155 湿度传感器对应于相对湿度 0～100%,其信号电压为_0～1 V_。

11. 按照新的检定规程要求,国家级台站使用的气压传感器应每_1_年检定_1_次,湿度传感器应每_1_年检定_1_次,温度传感器应每_2_年检定_1_次,风传感器应每_2_年检定_1_次。

12. PTB330 型气压表所使用的感应元件为硅电容压力传感器。

13. 新型自动气象站要能完成常规地面气象观测任务，应具备数据采集、数据传输、数据存储、数据质量控制、运行监控等主要基本功能。

14. 自动气象站的传感器按照类型来分，可以分为模拟传感器、数字传感器、智能传感器。

15. 故障分析和判断的基本方法包括替代和测量两种方法。

16. 当台站设备发生故障时，台站值班人员要在 ASOM 系统中填写《故障报告单》；当台站设备故障维修结束时，设备维修人员要及时填写或更新故障结束时间以及故障处理情况。

17. 自动站电源箱中的蓄电池如果长时间不放电，会使电池极板硫化，引起内阻增大、容量减少、负载能力下降。

18. 气象上使用的传感器一般为电信号输出，输出的电信号通常包括电压、电阻、电流、频率。

19. 新型站中可输入 SENST P 查看气压返回值。返回值为 1 表示气压传感器处于开启状态；返回值为 0 表示传感器处于关闭状态，此时应输入 SENST P 1 进行开启。

20. 新型自动气象站输入 QCPS P 和 QCPM P 检查测量范围，默认为 500～1100 hPa，超出这个范围会显示数据缺测。

21. DZZ4 的气压传感器 2、3、5、7、9 脚分别为信号收、信号发、信号地、电源地、电源正。

22. DZZ4 的风速输出为电压信号，当静止时测量输出信号为 DC0.8 或 4.9 V，转动时为 DC3.0 V 左右。DZZ5 的风速输出静止时为 DC0.0 V 或 4.5 V，转动时为 DC2.5 V 左右。

23. 新型自动站 DZZ4 和 DZZ5 中可以分别使用 SAMPLES 命令和 OBSAMPLE MAIN 命令进行交互，读取实时数据。

24. SL3 型雨量传感器的核心部件是上下排列的三个翻斗，从上而下分别称为上翻斗、计量翻斗、计数翻斗。

25. SL3 型雨量传感器容量调节螺钉每向外或内旋转一圈，测量误差增加或减少 3% 左右。

26. 我省台站使用的蒸发传感器，是利用超声波测距原理测量蒸发器内的水面高度变化，从而测得蒸发量。

27. 检定和校准是保证自动气象站探测数据准确可靠的重要手段，也是评定自动气象站气象数据是否准确、可靠、可用的主要依据。

28. 观测场防雷地网的工频接地电阻应小于 4 Ω。独立的值班室防雷地网工频接地电阻必须小于 3 Ω。观测场与值班室之间的距离不论多远，必须把它们的两个独立防雷地网连接在一起。

29. 对温湿度传感器的日常维护主要是用软毛刷清洁过滤罩。

30. 自动气象站传感器中，需要断电测量的是温度传感器和地温传感器。

31. 传感器测量时能给出被测量值的最小间隔，称为传感器的分辨率。

32. 新型自动站中空气温度的采样速率为每分钟 6 次（或每 10 s 一次）。

33. 新型自动气象（气候）站主采集器和分采集器或部分智能传感器之间采用 CAN 总线方式实现双工通信。

34. 当台站出现强雷暴天气、更换传感器或进行传感器现场校准等情况，可能影响观测数据及设备正常运行，此时应在 ASOM 系统中填写_特殊停机通知单_，并与省级监控中心联系。

35. 对承水口径面积为 200 cm^2 的雨量筒，用雨量专用量杯量取 10 mm 水缓慢注入雨量筒，正常情况下，显示数值应为_15.7_ mm。

36. 新型自动气象站采集器中，包含的算法主要有_平均值法_、_极值选取法_、_累计值法_。

37. 温度每变化 1 ℃，铂电阻 Pt100 的电阻值变化_0.385_ Ω。

38. 风向传感器连续 4 次的采样值分别是 10°、0°、350°、340°，其平均风向为_355°_。

39. 当用万用表测量雨量传感器上的干簧管是否故障时，应该使用万用表的_通断_档。

40. 大型蒸发桶的器口离观测场地面_30_ cm。

41. 新型自动气象站中可输入命令_SENST RAT_，查看雨量传感器返回值。返回值为_1_表示传感器处于开启状态；返回值为_0_表示传感器处于关闭状态，此时应输入_SENST RAT 1_进行开启。

42. 新型自动气象站中可输入_SENST WD_查看风向传感器的返回值；输入_SENST WS_查看风速传感器的返回值。

43. 新型自动气象站中可输入 SENST T0 查看温度传感器返回值；输入_SENST U_查看湿度传感器返回值。

44. 传感器是指能感受规定的被测量并按照一定的规律转换成可用输出信号的器件或装置，通常由_敏感元件_和_变换元件_组成。

气象观测数据质量控制与MDOS业务平台应用

一、单项选择题

1. 守班期间，因硬件故障导致整套自动站无法正常工作，经排查在（ B ）内无法恢复时，及时启用备份自动站或便携式自动站。无备份自动站或便携式自动站的，仅在定时观测时次进行人工补测。

A. 30 分钟　　B. 1 小时　　C. 2 小时　　D. 4 小时

2. 基本站、一般站的 A 文件、Y 文件附加信息中“观测时间”的内容记录正确的是（ A ）。

A. 10/03/08;14;20;10/24/24 小时连续观测

B. 10/05/08;11;14;17;2010/24/24 小时连续观测

C. 10/03/08;11;2010/24/24 小时连续观测

D. 10/05/08;14;2010/24/24 小时连续观测

3. ** 已实现自动观测的气温、相对湿度、风向、风速、气压、地温、草温记录异常时，正点时次的记录按照（ D ）的顺序代替。

A. 正点前 10 分钟内(51－00 分)接近正点的正常记录、正点后 10 分钟内(01－10 分)接近正点的正常记录、内插记录、份自动站记录

B. 正点后 10 分钟内(01－10 分)接近正点的正常记录、正点前 10 分钟内(51－00 分)接近正点的正常记录、备份自动站记录、内插记录

C. 备份自动站记录、正点前 10 分钟内(51－00 分)接近正点的正常记录、正点后 10 分钟内(01－10 分)接近正点的正常记录、备份自动站记录

D. 正点前 10 分钟内(51－00 分)接近正点的正常记录、正点后 10 分钟内(01－10 分)接近正点的正常记录、备份自动站记录、内插记录

4. ** 关于观测异常记录处理错误的是:（ C ）。

A. 无自动记录可代替时，仅在定时观测时次正点后 10 分钟内，对气温、相对湿度、风向、风速、气压、降水、能见度、地温(草温除外)进行人工补测，其他时次按缺测处理

B. 连续两个或以上正点数据缺测时，不能内插，仍按缺测处理

C. 内插不可以跨日界

D. 4 次平均值和 24 次平均值可以互相代替

5. 降水现象停止后，仍有降水量，若能判断为滞后量，且滞后时间不超过（ B ）时，可将该量累加到降水停止的那分钟和小时时段内，否则将该量删除。

A. 1 小时　　B. 2 小时　　C. 30 分钟　　D. 4 小时

6. 文件名命名为“气象台站历史沿革数据文件”，简称为（ D ）。

A. G 文件　　B. A 文件　　C. Y 文件　　D. L 文件

7. 以下哪个选项表示地面气象台站历史沿革数据文件？（ A ）

A. LDIIIiix$Y_1Y_1Y_1Y_1Y_2Y_2Y_2Y_2$.txt

B. $LGIIIiixY_1Y_1Y_1Y_1Y_2Y_2Y_2Y_2$.txt

C. $LRIIIiixY_1Y_1Y_1Y_1Y_2Y_2Y_2Y_2$.txt

D. $LY_1IIiixY_1Y_1Y_1Y_1Y_2Y_2Y_2Y_2$.txt

8. 以下哪个选项表示辐射气象台站历史沿革数据文件？(C)

A. $LDIIIiixY_1Y_1Y_1Y_1Y_2Y_2Y_2Y_2$.txt

B. $LGIIIiixY_1Y_1Y_1Y_1Y_2Y_2Y_2Y_2$.txt

C. $LRIIIiixY_1Y_1Y_1Y_1Y_2Y_2Y_2Y_2$.txt

D. $LY_1IIiixY_1Y_1Y_1Y_1Y_2Y_2Y_2Y_2$.txt

9. 以下哪个选项表示高空气象台站历史沿革数据文件？(B)

A. $LDIIIiixY_1Y_1Y_1Y_1Y_2Y_2Y_2Y_2$.txt

B. $LGIIIiixY_1Y_1Y_1Y_1Y_2Y_2Y_2Y_2$.txt

C. $LRIIIiixY_1Y_1Y_1Y_1Y_2Y_2Y_2Y_2$.txt

D. $LY_1IIiixY_1Y_1Y_1Y_1Y_2Y_2Y_2Y_2$.txt

10. * 气象台站历史沿革数据文件中沿革数据部分由(C)个项目组成。

A. 18　　B. 15

C. 20　　D. 25

11. * 气象台站历史沿革数据文件中沿革数据项目标识码和名称对应错误的是(D)。

A. 01:台站名称　　B. 05[55]:台站位置

C. 07[77]:观测要素　　D. 08:守班情况

12. 气象台站历史沿革数据文件中沿革数据项目标识码 05 表示(A)。

A. 台站观测场位置变动

B. 经纬度、海拔高度因测量方法等原因改变或地名、地理环境变动,但台站观测场位置并没有变动

C. 增加观测的气象要素

D. 减少观测的气象要素

13. 气象台站历史沿革数据文件中沿革数据项目标识码 77 表示(D)。

A. 台站观测场位置变动

B. 经纬度、海拔高度因测量方法等原因改变或地名、地理环境变动,但台站观测场位置并没有变动

C. 增加观测的气象要素

D. 减少观测的气象要素

14. * 气象台站历史沿革数据文件中沿革数据项目标识码 55 表示(B)。

A. 台站观测场位置变动

B. 经纬度、海拔高度因测量方法等原因改变或地名、地理环境变动,但台站观测场位置并没有变动

C. 增加观测的气象要素

D. 减少观测的气象要素

15. 气象台站历史沿革数据文件中沿革数据项目标识码 07 表示(C)。

A. 台站观测场位置变动

B. 经纬度、海拔高度因测量方法等原因改变或地名、地理环境变动,但台站观测场位置并没有变动

C. 增加观测的气象要素

D. 减少观测的气象要素

16. * 以下关于气象台站历史沿革数据文件中沿革数据说明错误的是(D)。

A. 各项目由一条或多条记录组成,各条记录的结束符为"<CR>",表示回车换行

B. 各条记录由若干组数据组成,各组数据之间用"/"分隔

C. 各组数据长度不允许超过规定的最大字符数

D. 各条记录由若干组数据组成,各组数据之间用";"分隔

17. 气象台站历史沿革数据文件中文件格式规定的各项目沿革内容,均必须照实编报。除建站时间、撤站时间、开始时间、终止时间外,如某组数据不明,用(A)符号表示。

A. ?　　B. /　　C. —　　D. /—

18. 气象台站历史沿革数据文件中文件格式规定的各项目沿革内容,均必须照实编报。除建站时间、撤站时间、开始时间、终止时间外,如某组无记录,用(C)符号表示。

A. ?　　B. /　　C. —　　D. /—

19. 气象台站历史沿革数据文件中建站时间、项目的开始年月日,"月""日"不足位,前位补"0";若"月""日"不明,用(C)表示。

A. ??　　B. 8　　C. 88　　D. 888

20. * MDOS 2.0 新增特性或功能中哪个功能可以实现对每个要素数据处理状态进行跟踪?(A)

A. 数据流转痕迹监控功能　　B. 更正报人工处理功能

C. 增加黑名单管理功能　　D. 完善文件制作功能

21. MDOS 2.0 操作平台每日北京时间(B)时监控日数据、日照数据传输接收情况。

A. 08　　B. 20　　C. 21　　D. 09

22. ** MDOS 2.0 的质量控制流程中质控标识叙述错误的是(B)。

A. QC0:台站上传后立即进行的文件级质量控制

B. QC1:当本省同一时次数据到报率达到 100%以上时启动,对所有台站进行批量质量控制

C. QC2:启动时间在 HH+3:30,即 08 点的资料在 11 点 30 分进行第 2 次质量控制

D. QC3:每天 20:30(北京时)启动,对日数据以及人工观测数据进行质量控制,并进行系统偏差检测,根据检测方法逐候(逢 1、6 日)、旬(逢 1 日)启动

23. 台站守班时段应急响应期间,接收到 MDOS 2.0 疑误短信或电话后(C)内进行反馈。

A. 3 小时　　B. 2 小时　　C. 1 小时　　D. 30 分钟

24. 按照规定,台站做 MDOS 2.0 月清工作时,需于每月(B)日 20 时前完成上月气候概况填报工作。

A. 1　　B. 2　　C. 5　　D. 15

25. ** MDOS 2.0 中"气压"项目小时数据的质控要素包括(A)。

A. 相对湿度、最小相对湿度、最小相对湿度出现时间、水汽压、露点温度

B. 相对湿度、最小相对湿度、最小相对湿度出现时间

C. 相对湿度、水汽压、露点温度

D. 相对湿度、最小相对湿度、最小相对湿度出现时间、水汽压

26. * MDOS 2.0 与 MDOS 1.0 操作区别说法错误的是(C)。

A. 值班任务、流程不变　　B. 反馈方式不变

C. 系统环境不变　　D. 登录用户名和密码不变

27. ** 人工能见度 12.0 km 时，按照 MDOS 2.0 数据录入规则应录入的值为（ D ）。

A. 120　　B. 12　　C. 1.2　　D. 12000

28. 地面气象观测资料质控中界限值检查包括值域检查和（ B ）检查。

A. 格式　　B. 气候学界限

C. 缺测　　D. 主要变化范围

29. 地面气象观测资料质控中超出值域范围的资料为（ C ）资料。

A. 正确　　B. 可疑　　C. 错误　　D. 缺测

30. 地面气象观测资料进行内部一致性检查时，判断正确的是（ D ）。

A. 10 分钟平均风速≥最大风速

B. 2 分钟平均风速≥极大风速

C. 总云量≤低云量

D. 积雪深度>0 cm 时，应有积雪天气现象

31. * 地面气象观测资料进行空间一致性检查时，利用与被检站下垫面及周围环境相似的一个或多个邻近站观测数据计算被检站气温值，对被检站观测值和计算值进行比较。比较结果超出给定阈值，即被认定为被检站气温观测数据为（ A ）资料。

A. 可疑　　B. 错误　　C. 缺测　　D. 正确

32. 以下质量控制码标识中表示“正确”含义的是（ A ）。

A. 0　　B. 1　　C. 2　　D. 3

33. 以下质量控制码标识中表示“可疑”含义的是（ B ）。

A. 0　　B. 1　　C. 2　　D. 3

34. 以下质量控制码标识中表示“缺测”含义的是（ C ）。

A. 1　　B. 2　　C. 8　　D. 9

35. 以下质量控制码标识中表示“错误”含义的是（ C ）。

A. 0　　B. 1　　C. 2　　D. 3

36. 以下质量控制码标识中表示“订正数据”含义的是（ D ）。

A. 0　　B. 1　　C. 2　　D. 3

37. 以下质量控制码标识中表示“修改数据”含义的是（ B ）。

A. 3　　B. 4　　C. 5　　D. 8

38. 以下质量控制码标识中表示“未作质量控制”含义的是（ D ）。

A. 0　　B. 1　　C. 8　　D. 9

39. 地面气象观测要素“海平面气压”的气候学界限值范围为（ D ）。

A. 300～1100 hPa　　B. 800～1000 hPa

C. 870～1000 hPa　　D. 870～1100 hPa

40. 地面气象观测要素“本站气压”的气候学界限值范围为（ C ）。

A. 310～1000 hPa　　B. 300～1000 hPa

C. 300～1100 hPa　　D. 310～1100 hPa

41. 地面气象观测要素“气温”的气候学界限值范围为（ A ）。

A. −80～60 ℃　　B. −60～60 ℃　　C. −80～5 ℃　　D. −80～80 ℃

42. 地面气象观测要素“露点温度”的气候学界限值范围为（ B ）。

A. −80～55 ℃　　B. −80～35 ℃　　C. −80～45 ℃　　D. −60～35 ℃

43. 地面气象观测要素“降水强度”的气候学界限值范围为（ C ）。

A. 0～30 mm/min　B. 0～35 mm/min　C. 0～40 mm/min　D. 0～45 mm/min

44. 地面气象观测要素“风速(2分钟或10分钟平均)”的气候学界限值范围为（ C ）。

A. 0～55 m/s　B. 0～70 m/s　C. 0～75 m/s　D. 0～150 m/s

45. 地面气象观测要素“瞬时风速”的气候学界限值范围为（ D ）。

A. 0～55 m/s　B. 0～70 m/s　C. 0～75 m/s　D. 0～150 m/s

46. 地面气象观测资料时间一致性检查中“气压”1分钟内允许的最大变化值为（ A ）hPa。

A. 1　B. 2　C. 3　D. 5

47. 地面气象观测资料时间一致性检查中“气温”1分钟内允许的最大变化值为（ C ）℃。

A. 1　B. 2　C. 3　D. 5

48. 地面气象观测资料时间一致性检查中“地面温度”1分钟内允许的最大变化值为（ D ）℃。

A. 1　B. 2　C. 3　D. 5

49. 地面气象观测资料时间一致性检查中“相对湿度”1分钟内允许的最大变化值为（ C ）%。

A. 1　B. 5　C. 10　D. 15

50. 地面气象观测资料时间一致性检查中“5 cm地温”1分钟内允许的最大变化值为（ A ）℃。

A. 1　B. 2　C. 3　D. 5

51. 地面气象观测资料时间一致性检查中“2分钟平均风速”1分钟内允许的最大变化值为（ D ）m/s。

A. 5　B. 10　C. 15　D. 20

52. * 地面气象辐射观测资料质量控制内容不包括（ D ）。

A. 格式检查　B. 缺测检查

C. 主要变化范围检查　D. 空间一致性检查

53. ** 无线电探空资料中，同一层的温度和露点的一致性检查说法错误的是（ C ）。

A. 陆地站地面层温度露点差小于0 ℃或大于52 ℃，则其中至少有一个是错误值

B. 船舶测站地面层温度露点差小于0 ℃或大于30 ℃，则其中至少有一个是错误值

C. 规定等压面层温度大于露点，则其中至少有一个是错误值

D. 零度层的温度露点差应小于等于38 ℃

54. 无线电探空资料中，零度层中相关要素一致性检查说法错误的是（ B ）。

A. 零度层气压应小于等于地面层气压

B. 零度层高度应小于等于地面层高度

C. 零度层高度等于规定等压面层高度时，两层对应要素值相等

D. 零度层温度应低于高度在该零度层之下的所有规定等压面层的温度

55. ** 气象观测资料随机误差的分布状态在统计上常被假设为（ A ）分布，其均值为零。

A. 正态　B. 非正态

C. 平均　D. 对称

56. * 仪器在规定的正常工作条件下使用所具有的误差称为(C)误差。
A. 附加　B. 环境　C. 基本　D. 系统
57. * 仪器在超出正常工作条件使用所增加的误差称为(A)误差。
A. 附加　B. 环境　C. 基本　D. 系统
58. 可用率中所指的“错误数据量”对应考核要素中省级质量控制码为(C)的数量。
A. 0　B. 1　C. 2　D. 3
59. 可用率中所指的“可疑数据量”对应考核要素中省级质量控制码为(B)的数量。
A. 0　B. 1　C. 2　D. 3
60. * MDOS 2.0 中疑误信息“反馈率”计算公式为(A)。
A.(及时反馈数量＋超时反馈数量)/查询数量 * 100%
B. 及时反馈数量/(及时反馈数量＋超时反馈数量) * 100%
C. 超时反馈数量/(及时反馈数量＋超时反馈数量) * 100%
D. 及时反馈数量/查询数量 * 100%

二、多项选择题

1. 气象观测资料的基本要求即气象资料的“三性”是指(ADE)。
A. 准确性　B. 统一性　C. 完整性
D. 代表性　E. 比较性
2. ** 下列关于观测要素异常处理说法正确的是(ABCD)。
A. 气温或相对湿度为替代值时,水汽压和露点温度均反查求得
B. 自动气象站相对湿度缺测或异常,需要人工补测时,若自动气象站观测的气温＜－10.0 ℃,则用毛发湿度表进行补测,水汽压、露点温度用自动气象站气温和经过订正后的毛发湿度表读数反查求得
C. 自动气象站本站气压缺测,用备份自动气象站记录代替或人工补测时,若感应部分高度不一致,应将代替或补测的本站气压订正到现用自动气象站气压传感器的高度上来,再以此计算海平面气压
D. 2 分钟与 10 分钟平均风有缺测时,不能相互代替
E. 因降水(蒸发桶溢流等)或维护导致小时蒸发量异常,则按缺测处理
3. ** 以下关于能见度数据异常处理正确的是(ABCDE)。
A. 能见度自动观测的台站,当视程障碍现象自动判识出现明显错误时,仅对定时时次的天气现象记录进行人工订正,能见度记录仍以自动观测为准,允许自动能见度记录与该类天气现象不匹配
B. 当能见度设备故障或数据异常,非定时观测时次的正点数据中所有能见度数据均按缺测处理
C. 当能见度设备故障或数据异常,定时观测时次进行人工补测,人工观测值存入长 Z 文件 CW 段能见度和 VV 段 10 分钟平均能见度,其他 VV 段自动能见度数据按缺测处理
D. 当能见度设备故障或数据异常,A 文件中使用人工观测值
E. 能见度自动记录缺测时不做内插处理,不用正点前后 10 分钟接近正点的记录代替
4. * 气象台站历史沿革数据文件按不同气象台站类型分为(ABE)数据文件。
A. 地面气象台站历史沿革　B. 高空气象台站历史沿革
C. 酸雨气象台站历史沿革　D. 农业气象台站历史沿革
E. 辐射气象台站历史沿革

5. CIMISS 在数据处理方面与 MDOS 2.0 系统进行双向交互,实时保证数据的(ACE)。

A. 准确性　　B. 可用性　　C. 完整性

D. 及时性　　E. 一致性

6. * MDOS 2.0 系统功能包括:快速质量控制程序、入库程序、数据质量控制、疑误信息融合、信息报警及(ABCDE)。

A. 数据监控　　B. 消息收发　　C. 更正数据文件编发

D. 元数据管理　　E. 业务平台操作

7. * 下面关于气象台站元数据的叙述正确的是(ABCDE)。

A. 气象台站元数据记录气象台站建立以来的发展变化历程

B. 气象台站元数据包括台站名称、区站号、级别、建制、位置、观测场环境、观测要素、观测仪器、观测时间与时制等沿革情况的变更等

C. 气象台站元数据是气象观测记录数据的重要背景数据

D. 气象台站元数据为了解、管理、应用气象数据提供了必要的基础信息

E. 气象台站元数据是可以客观描述气象台站的相关信息

8. ** 气象台站历史沿革数据文件中“首部”由(ABCDEF)数据组成。

A. 档案号　　B. 区站号　　C. 省(自治区、直辖市)名简称

D. 站名简称　　E. 建站时间　　F. 撤站时间

9. 开展实时历史资料一体化的背景包括(ABCDE)。

A. 实时和历史资料脱节

B. 尚未建立完善的气象资料质量控制体系

C. 资料汇交时效低

D. 资料使用效率低

E. 质量控制标准不一致

10. ** 气象资料业务的“加工处理”环节包括(ABCDE)。

A. 质量控制　　B. 疑误数据处理　　C. 统计整编

D. 质量评估　　E. 均一性订正

11. ** MDOS 2.0 中关于“范围值检查”质控方法说法正确的是(ABCDE)。

A. 范围值检查采用时间和空间插值原理

B. 范围值检查基于广义极值分布理论

C. 逐小时阈值范围值检查的要素包括气温、相对湿度、气压、草温、0～10 cm 地温

D. 逐日阈值范围值检查的要素包括 15～320 cm 地温

E. 逐月阈值范围值检查的要素包括降水、风

12. MDOS 2.0 质量考核中,区域站正点小时数据考核的要素项有(ABCDE)。

A. 气压　　B. 气温　　C. 湿度

D. 风　　E. 降水

13. MDOS 2.0 台站级数据处理流程包括(ABCE)。

A. 原始观测数据无误→处理完成

B. 数据错误(按缺测处理)→提交省级

C. 数据修改→提交省级

D. 数据错误→处理完成

E. 数据处理→提交省级→台站级撤回→重新处理

14. * MDOS 2.0 系统中,疑误信息来源主要包括(ABCDEF)。

A. MDOS 2.0 系统的质量控制系统自动生成

B. 国家级查询省级(或其他省查询,由国家级下发)

C. 省级数据处理人员人工质量控制

D. 台站观测人员提交

E. 省级其他业务单位人员质疑查询

F. 元数据疑误信息

15. MDOS 2.0 系统中,疑误数据处理依据包括(ABCDE)。

A.《地面气象观测规范》

B. 气象行业标准:QX/T 118—2010《地面气象观测资料质量控制》

C. 中国气象局监测网络司 2006 年下发的《〈地面气象观测规范〉技术问题综合解答(第1号)》

D. 气象行业标准:QX/T 37—2005《气象台站历史沿革数据文件格式》

E.《酸雨观测业务规范》

16. * MDOS 2.0 系统处理的地面数据,分(ABCE)几大类。

A. 自动观测数据　　B. 人工观测数据　　C. 元数据

D. 缺测数据　　E. 统计数据

17. * MDOS 2.0 系统处理的地面数据中,人工观测数据包括(ABDE)。

A. 云量、云状、云高　　B. 天气现象　　C. 气压

D. 电线积冰　　E. 日照

18. ** 对没有通过 MDOS 2.0 质量控制方法检查的数据,以下处理规则正确的是(ABCDE)。

A. 对超过气候极值的可疑数据,要分析是否符合当时的天气情况,对观测数据作可信程度审查

B. 对不符合时间一致性检查和空间一致性检查的疑误数据,要与同站其他要素(降水与云、降水与天气现象、降水与能见度日照等)和其他站的同类要素进行对比分析,审核是否正常

C. 对不符合内部一致性检查的可疑数据,要与其他站该要素进行综合分析,判断是否由于异常情况影响所致

D. 对未通过持续性检查的疑误数据,可根据观测要素特性适当延长观察和分析判断时间

E. 审核疑误数据是否由台站元数据发生改变引起。属于台站元数据发生改变引起的数据变化时,要增补台站元数据,同时审查疑误数据是否要进行修正

19. ** MDOS 2.0 中国家级站分钟显性错误数据处理正确的是(ABCDE)。

A. 非正点的分钟数据为显性错误数据时,不作处理

B. 00 分的分钟数据(风、降水记录除外),如其对应的小时正点数据正常,该 00 分数据可用小时正点数据值代替

C. 00 分的分钟数据(风、降水记录除外),如其对应的小时正点数据为其他同类记录代替,该 00 分数据可用小时正点数据值代替

D. 如其对应的小时正点数据缺测,该 00 分数据不作处理

E. 如其对应的小时正点数据为正点前后 10 分钟记录代替,该 00 分数据不作处理

20. 地面气象资料业务中台站工作任务包括以下几个内容:(ABCD)。

A. 地面自动站观测资料上传　B. 疑误信息处理与反馈

C. 元数据信息登记　D. 数据处理月清工作

E. 数据修正与确认

21. * MDOS 2.0 中按业务规定上传的国家级测站资料包括(ABCDE)。

A. 实时地面气象分钟数据文件　B. 实时地面气象小时数据文件

C. 日数据文件　D. 日照数据文件

E. 辐射数据文件

22. MDOS 2.0 中"气温"项目小时数据的质控要素包括(ABCDE)。

A. 气温　B. 最高气温

C. 最高气温出现时间　D. 最低气温

E. 最低气温出现时间

23. * MDOS 2.0 中"辐射"项目小时数据的质控要素包括(ABCDE)。

A. 总辐射　B. 净辐射　C. 散射辐射

D. 直接辐射　E. 反射辐射

24. 哪些要素有明显的日变化?(ABD)

A. 气压　B. 气温　C. 风

D. 湿度　E. 降水

25. ** MDOS 2.0 中进行内部一致性检查时,哪些要素采用直接计算来进行质量控制?(ABE)

A. 水汽压　B. 露点温度　C. 相对湿度

D. 蒸发量　E. 海平面气压

26. ** MDOS 2.0 质控方法"特殊天气事件检测"中的天气事件主要包括(ABCDE)。

A. 大幅度降温事件　B. 积雪事件　C. 高湿事件

D. 等温事件　E. 中小尺度天气现象

27. 台站对疑误信息的定时反馈叙述正确的是(ABCDE)。

A. 每日 08 时前,检查前一日的日、日照、分钟数据是否正常上传

B. 每日 08 时前,检查发现数据缺测要及时重传或编发更正报

C. 每日 08 时前,检查发现数据异常要及时重传或编发更正报

D. 在每日定时观测后,登录 MDOS 2.0 操作平台,查询本站国家站和区域站未处理疑误信息并反馈

E. 保证疑误数据在下一次定时观测前完成反馈

28. * MDOS 2.0 中关于元数据操作说明正确的是(ABCE)。

A. 省级数据处理员可维护全省所有台站的信息,台站级数据处理员只能维护本区划内台站信息

B. MDOS 1.0 切换到 MDOS 2.0 元数据来源有两种方式:数据迁移、文件管理

C. 只有省级数据处理员可进行"新建国家站"操作,台站级用户无此权限

D. 只有省级数据处理员可直接修改国家站信息

E. 省级数据处理员可删除国家站信息,但台站级数据处理员无此权限

29. * 气象台站元数据质量控制中质量检查包括(ABCDEF)。

A. 界限值检查　B. 内部一致性检查

C. 时变检查　　D. 位变检查
E. 观测设备及相关要素值检查　　F. 特定标识检查

30. * 地面气象观测资料质控中进行值域检查的要素包括（ ABCDE ）。
A. 总云量　　B. 低云量　　C. 日照时数
D. 相对湿度　　E. 风向

31. 地面气象观测资料进行值域检查时，相关要素值域范围正确的是（ ADE ）。
A. 0≤总云量≤10 成　　B. 0<低云量<10 成
C. 0<相对湿度≤100%　　D. 0≤风向≤360°
E. 0≤每日日照时数≤该日可照时数

32. * 地面气象观测资料内部一致性检查判断正确的是（ ACDE ）。
A. 日最低气压≤定时气压≤日最高气压
B. 气温<露点温度
C. 极大风速≥最大风速
D. 降水量>0.0 mm 或为微量时，应有降水或雪暴天气现象
E. 电线积冰直径≥1 mm 时，应有雨凇或雾凇天气现象

33. * 高空观测包括哪些规定层？（ ABCDEF ）
A. 规定气压层　　B. 规定高度层
C. 对流层顶　　D. 0 ℃层
E. 温湿特性层　　F. 最大风层和风特性层

34. 无线电探空资料质量控制中关于值域检查说法正确的是（ BCDE ）。
A. 超出值域范围的资料为可疑资料　　B. 测站高度范围为：−450～9000 m
C. 相对湿度值域范围：0～100%　　D. 风向值域范围：0～60°
E. 温度露点差不小于 0 ℃

35. * 无线电探空资料进行主要变化范围检查的要素包括（ ABCDE ）。
A. 地面层气压　　B. 各规定等压面层高度
C. 各层温度　　D. 露点温度差
E. 风速

36. * 无线电探空资料中，同一层的风向和风速的一致性检查说法正确的是（ ACD ）。
A. 风向是静稳、风速不为零，该风向、风速可疑
B. 风向是静稳、风速为零，该风向、风速可疑
C. 风向不是静稳、风速为零，该风向、风速可疑
D. 风向缺测、风速不缺测，该风速、风向可疑
E. 风向缺测、风速缺测，该风速、风向可疑

37. * 无线电探空资料质量控制内容包括（ ABCDE ）。
A. 格式检查
B. 缺测检查
C. 界限值检查
D. 主要变化范围检查、时间一致性检查、空间一致性检查
E. 质控综合分析、质控码标识

38. ** 无线电探空资料中，对流层顶检查包括（ ABC ）。
A. 合理性检查　　B. 温度垂直变化检查

C. 风切变检查　　　　D. 高度检查

E. 水平一致性检查

39. * 气象观测资料的误差按性质分为哪几类？(ABE)

A. 系统误差　　　　B. 随机误差

C. 仪器误差　　　　D. 测量误差

E. 错误资料

40. * 下列关于气象观测资料“随机误差”的说法正确的是(ABCDE)。

A. 随机误差是由相互独立的多种随机因素共同作用下产生的观测值对真值的误差

B. 随机误差的分布状态在统计上常被假设为正态分布，其均值为零

C. 在气候平均处理中，随机误差的影响会基本消除

D. 随机误差是任何观测资料中存在的固有特性，不可能也不必完全排除

E. 均方根误差(σ)是度量随机误差的唯一因子，它反映测量数据间的离散程度

41. * 测量误差主要来源是(ABCD)。

A. 测量装置误差　　　　B. 测量环境误差

C. 测量方法误差　　　　D. 测量人员误差

E. 测量随机误差

42. 测量误差中哪些属于测量装置误差？(ABCDE)

A. 设备出厂时校准与检定所带来的误差

B. 设计测量装置时，由于采用近似原理所带来的工作原理误差

C. 组成设备的主要零部件的制造误差与设备的装配误差

D. 元器件老化、磨损所造成的误差

E. 读数分辨率有限而造成的误差

43. * 测量误差中测量装置误差分为(ADE)。

A. 标准器件误差　　　　B. 随机误差

C. 系统误差　　　　D. 仪器误差

E. 附件误差

44. 对于电子测量，环境误差主要来源于(BCDE)。

A. 仪器高度　　　　B. 环境温度

C. 环境湿度　　　　D. 电源电压干扰

E. 电源电磁干扰

45. 下列关于“测量人员误差”说法正确的是(ABCDE)。

A. 测量人员误差是测量人员的工作责任心不同而引起的误差

B. 测量人员误差是测量人员技术熟练程度不同而引起的误差

C. 测量人员误差是测量人员的生理感官与心理因素、测量习惯等不同造成的误差

D. 为了减小测量人员误差，要求测量人员要认真了解测量仪器的特性和测量原理，熟练掌握测量规程，正确处理测量结果

E. 为了减小测量人员误差，应尽可能减少人工介入活动

46. * 气象仪器的技术指标包括(ABCDE)。

A. 准确度　　B. 分辨力　　C. 量程

D. 滞后性　　E. 采样频率

47. * 表征观测质量的指标有（ ACD ）。

A. 正确度　　B. 及时度　　C. 精密度

D. 精确度　　E. 稳定度

48. * 下列关于观测质量“精确度”叙述正确的是（ AD ）。

A. 精确度表示测量结果与被测量真值之间的一致程度

B. 精确度测量结果和真值间的偏离程度

C. 精确度反映测量结果中随机误差的影响

D. 精确度是测量结果中系统误差和随机误差的综合，误差大，则精确度低；误差小，则精确度高

E. 精确度测量结果和真值间的偏离程度

49. * 气象观测资料的粗大误差（错误资料）产生原因有（ ABCDE ）。

A. 仪器失灵或维护不当　　B. 错误读数

C. 编解码错误　　D. 计算错误

E. 传输错误

50. * 气象观测资料“随机误差”产生原因有（ ABCDE ）。

A. 观测仪器精度引起的误差　　B. 观测时间位移引起的误差

C. 观测位置水平、垂直位移引起的误差　　D. 计算精度引起的计算误差

E. 非模式尺度能描述的小尺度震荡

51. * 气象观测资料“系统误差”产生原因有（ ABDE ）。

A. 仪器失调引起的误差　　B. 观测位置错误引起的误差

C. 计算精度引起的计算误差　　D. 太阳辐射引起的误差

E. 计算方法引起的误差

52. * 气象上常用的时制有（ ABCDE ）。

A. 真太阳时　　B. 地平时　　C. 世界标准时

D. 北京时　　E. 地方平均太阳时

53. * 下列关于“日界”说法正确的是（ ACDE ）。

A. 人工观测日照以日落为日界

B. 自动观测日照以北京时 20 时为日界

C. 辐射以地方平均太阳时 24 时为日界

D. 除辐射和自动观测日照外，其余观测项目均以北京时 20 时为日界

E. 酸雨观测降水采样日以北京时间 08 时为酸雨采样日界

54. 农业气象观测对象有（ ABCD ）。

A. 作物观测　　B. 土壤水分观测

C. 自然物候观测　　D. 畜牧观测

E. 环境生态观测

55. * 农业气象资料质量控制中内部一致性检查描述正确的是（ ABDE ）。

A. 前一发育期观测日期≤后一发育期观测日期

B. 植株器官干重＜植株器官鲜重

C. 有效茎数≥总茎数

D. 实际产量≤理论产量

E. 空粒数≤总粒数

56. 以下哪些属于《气象资料分类与编码》标准分类的气象资料？（ ABCDE ）

A. 地面、高空、辐射气象资料　　B. 气象灾害资料

C. 农业气象和生态气象资料　　D. 数值分析预报产品

E. 历史气候代用资料

57. 按照《气象部门内部使用气象资料管理规定》，以下哪些资料属于二级地面气象资料？（ ABCD ）

A. 国家一般站逐日历史资料

B. 国家一般站逐日以下时间尺度的历史资料

C. 国家基本(准)站逐小时历史资料国家基本(准)站逐小时以下时间尺度历史资料

D. 区域气象站逐小时及以下时间尺度的历史资料

58. MDOS 2.0 中的质控方法除了界限值检查、范围值检查、空间一致性检查、内部一致性检查外还包括（ ABCDE ）。

A. 时变检查　　B. 持续性检查

C. 特殊天气事件检测　　D. 传感器漂移以及风向缺失检测

E. 台站级数据质量

59. 地面观测数据质量考核的站点包括（ AB ）。

A. 国家级自动站　　B. 区域自动站

C. 酸雨台站　　D. 高空站

E. 农气站

60. 地面自动站数据质量考核的数据包括（ ABCDEF ）。

A. 国家站分钟数据　　B. 国家站正点小时数据

C. 国家站日数据　　D. 日照数据

E. 辐射数据　　F. 区域站正点小时数据

61. 地面自动站数据质量考核项目包括（ ABD ）。

A. 数据质量　　B. 疑误信息反馈时效

C. 传输时效　　D. 元数据填报时效

E. 数据完整性

62. 观测数据质量包括数据的（ ACDE ）。

A. 可用率　　B. 及时率　　C. 错误率

D. 可疑率　　E. 缺测率

63. 可用率中所指的“通过质量检查的数量”对应考核要素中省级质量控制码为（ ABCE ）的数量。

A. 0　　B. 3　　C. 4

D. 8　　E. 9

64. 可用率中所指的“缺测数据量”对应考核要素中省级质量控制码为（ CD ）的数量。

A. 0　　B. 1　　C. 7

D. 8　　E. 9

三、判断题

1. 气象资料质量控制指对气象资料进行质量检测、数据质量标识及错误数据更正。（ √ ）

2. 质量控制应该贯穿数据采集、传输、加工处理和存档入库的各个环节。（ √ ）

3. * 气象台站历史沿革数据文件中沿革数据项目标识码02项表示“区站号”。（ √ ）

4. * 气象台站历史沿革数据文件中沿革数据项目标识码06项表示“观测时次”。（ × ）

解析:06项表示台站周围障碍物。

5. 气象台站历史沿革数据文件中沿革数据项目标识码11项表示“图像文件”。（ × ）

解析:11项表示守班情况。

6. * “L文件”由“首部”和“沿革数据”两部分组成,文件结束符为“＜CR＞”。（ × ）

解析:文件结束符为“=＜CR＞”。

7. 气象台站首次编报的历史沿革数据文件,必须按照格式要修逐项编报台站的初始情况及以后的各项变动情况。（ √ ）

8. 气象台站历史沿革数据文件中地面气象观测仪器变动项(标识码:08),凡器测项目的观测仪器类型变动或仪器安装高度变动,都应编报。（ √ ）

9. * MDOS 2.0数据处理流程中,为了便于对疑误数据处理,将疑误数据分为显性错误数据和可疑数据。（ × ）

解析:将疑误数据分为显性错误数据、可疑数据和缺测数据3类。

10. MDOS 2.0中显性错误数据是指各类气象要素不在气候学界限值范围内的数据。（ √ ）

11. MDOS 2.0中可疑数据是指没有通过气候极值检查、内部一致性检查、时间和空间一致性检查等质量控制方法检查的数据。（ √ ）

12. MDOS 2.0中缺测数据是指有观测任务,但无有效值的数据。（ √ ）

13. MDOS 2.0中疑误数据为具有疑误信息的观测数据或元数据。（ √ ）

14. MDOS 2.0中其他数据如“每5分钟的数据”只进行文件级快速质量控制,标记质量控制码,其疑误数据不进行处理。（ √ ）

15. ** MDOS 2.0在进行范围值检查时,气温有明显的日变化,因此用日阈值提高准确度。（ × ）

解析:气温有明显的日变化,用小时阈值提高准确度。

16. MDOS 2.0在进行范围值检查时,地温没有明显的日变化但是有月变化,所以采用日阈值。（ √ ）

17. MDOS 2.0在进行范围值检查时,降水没有明显的月变化但是有年变化,所以采用月阈值。（ √ ）

18. * MDOS 2.0中疑误信息是指某个气象数据没有通过多个数据质量控制方法检查的信息。（ × ）

解析:疑误信息是指某个气象数据没有通过一个或多个数据质量控制方法检查的信息。

19. * MDOS 2.0中显性错误(包括人工确认为错误的数据)的处理原则是:如有数据可替换或修正,则进行修正;否则保留原值,将该数据的质量控制码记为2。（ √ ）

20. ** MDOS 2.0中正点数据为显性错误时,依次按以下顺序处理:首先用正点前后10分钟接近正点的记录(不含极值和累积值)来代替;当无分钟数据可用时,如该小时有其他同类记录,可用同类记录代替;最后当无正点前后10分钟记录和其他同类记录时,用正点前、后1小时记录内插值来代替。如无以上三种情况可代替时,该数据不作处理。（ √ ）

21. * MDOS 2.0中区域站的小时和分钟为显性错误数据时,保留原始数据,不作处理。（ √ ）

22. MDOS 2.0中疑误数据在省级经人工审核后不能确认为正确或错误时,由省级查询

台站结合实际情况判断处理。（ √ ）

23. MDOS 2.0 中疑误数据经人工确认为正确数据时，质量控制码设置为 1。（ × ）

解析：疑误数据经人工确认为正确数据时，质量控制码设置为 0（正确数据）。

24. 当台站的基本信息、站网信息、观测信息、要素信息、仪器设备发生变动，或需登记备注、纪要信息时，24 小时之内应登录 MDOS 2.0 操作平台登记该类信息。（ √ ）

25. 每日定时观测后，台站人员需登录 MDOS 2.0 平台，查看本站数据完整性，对缺测时次及时补传。（ √ ）

26. 每日定时观测后，台站人员需登录 MDOS 2.0 操作平台，查询本站国家站和区域站未处理疑误信息并反馈，保证疑误数据在下一次定时观测前完成反馈。（ √ ）

27. MDOS 2.0 台站更正数据反馈时，对台站本地更正过的数据要及时向省级台站进行反馈（ √ ）

28. * MDOS 2.0 台站更正数据反馈时，更正报时效内的数据只可通过"数据查询与质疑"功能主动填报反馈。（ × ）

解析：对台站本地更正过的数据要及时向省级进行反馈，更正报时效内的数据既可通过"MDOS 数据查询与质疑"功能主动填报反馈，也可发送更正报进行修改。

29. MDOS 2.0 台站更正数据反馈时，更正报时效外的数据可通过 MDOS 2.0 平台的 MDOS"数据查询与质疑"进行修改。（ √ ）

30. MDOS 2.0 系统环境要求使用 IE 10.0 及以上版本浏览器。（ √ ）

31. 按照 MDOS 2.0 的数据录入规则，气温要素按照原值扩大十倍后的数值录入。（ × ）

解析：MDOS 2.0 的数据录入规则要求气温要素按照原值录入。

32. 按照 MDOS 2.0 的数据录入规则，风速按照原值录入。（ √ ）

33. 按照 MDOS 2.0 的数据录入规则，气压按照原值扩大十倍后的值录入。（ × ）

解析：MDOS 2.0 的数据录入规则要求气压按照原值录入。

34. MDOS 2.0 中"相对湿度"数据录入规则与 MDOS 1.0 相同。（ √ ）

35. * 按照 MDOS 2.0 的数据录入规则，降水按照原值扩大十倍后的值录入。（ × ）

解析：MDOS 2.0 的数据录入规则要求降水按照原值录入。

36. 按照 MDOS 2.0 的数据录入规则，雪深按照原值录入。（ √ ）

37. MDOS 2.0 中"风向"数据录入规则与 MDOS 1.0 相同。（ √ ）

38. MDOS 2.0 中"能见度"数据录入单位为千米。（ × ）

解析：MDOS 2.0 中"能见度"数据录入单位为米。

39. 地面气象观测资料进行内部一致性检查时，日最低气温≤定时气温≤日最高气温。（ √ ）

40. 地面气象观测资料进行内部一致性检查时，日最小相对湿度≤定时相对湿度。（ √ ）

41. ** 地面气象观测资料进行内部一致性检查时，海拔高度＞0 m 时，海平面气压＜本站气压。（ × ）

解析：海拔高度＞0 m 时，海平面气压＞本站气压。

42. 地面气象观测资料进行内部一致性检查时，电线积冰厚度≤电线积冰直径。（ √ ）

43. 地面气象观测资料进行值域检查时，"风向"要素值域范围为 0≤风向≤360°或用十六方位和静风的缩写。（ √ ）

44. * 气象观测资料的"系统误差"与"随机误差"一样，其均值为零。（ × ）

解析：系统误差与随机误差的主要差别在于其均值不为零。即系统性误差分布相对零为非对称，它的平均值显著偏离零，也就是通常称为的偏差。

45. 气象观测资料的系统误差等于测量平均值与真值之差。（ √ ）

46. ** 测量方法误差指使用的测量方法不完善或采用近似的计算公式等原因所引起的误差。（ √ ）

47. * 表征观测质量的“正确度”指标反映测量结果中随机误差的影响，指测量数据之间的分散程度。（ × ）

解析：表征观测质量的“正确度”指标指测量结果和真值间的偏离程度。

48. 观测的精确度表示测量结果与被测量真值之间的一致程度。（ √ ）

49. 随机误差是观测资料中存在的固有特性，不可能也不必完全排除。（ √ ）

50. 一级气象资料，是指不需经过气象资料业务主管机构审批的气象资料；二级气象资料，是指需要经过有关气象资料业务主管机构审批的气象资料。（ √ ）

51. 各级气象部门及其工作人员可以使用一级气象资料；各级气象部门内的个人可以使用二级气象资料。（ × ）

解析：各级气象部门及其工作人员可以使用一级气象资料；各级气象部门内的法人单位可以使用二级气象资料。

52. MDOS 2.0 中，台站在 24 小时内处理查询信息并反馈给省级台站的数据量为及时反馈数量。（ √ ）

53. ** MDOS 2.0 中，及时反馈率＝及时反馈数量/(及时反馈数量＋超时反馈数量)×100％，其中及时反馈数量为台站在 24 小时内处理查询信息并反馈给省级台站的数据量。（ √ ）

54. 元数据填报时效主要指是否及时填报天气气候概况。（ √ ）

四、填空题

1. 假设有 $n(n=1,2,\cdots,i,\cdots)$ 个站进行观测资料质量综合统计。假定第 i 个站在考核时间段内，被考核的观测数据量为应有数据量$_i$，通过质量控制系统检查及省级数据质量信息反馈确认后，统计通过质量检查的数据量$_i$，那么，该站数据可用率为：<u>(通过质量检查的数据量$_i$/应有数据量$_i$)×100％。</u>

2. * MDOS 2.0 中疑误信息反馈时效包括<u>反馈率</u>、<u>及时反馈率</u>。

3. * 气象资料指通过一切可能的<u>观测</u>、探测、遥测手段收集到的或<u>加工处理</u>得到的，来自地球大气圈及其他相邻圈层的，与大气状态变化规律有关的信息元素或数值分析结果。

4. 气象观测资料“随机误差”是由相互独立的多种<u>随机</u>因素共同作用下产生的观测值对<u>真值</u>的误差。

5. ** 各种环境因素与要求条件不一致而造成的误差称为<u>测量环境</u>误差。

6. 每次定时观测后，登录 MDOS 2.0、ASOM 平台查看本站<u>数据完整性</u>，根据系统提示疑误信息，及时处理和反馈疑误数据；按要求填报<u>元数据信息</u>、维护信息、系统日志等。

7. * 人工观测能见度记录以<u>千米(km)</u>为单位，取<u>一位</u>小数，第二位小数舍去，不足 0.1 km 记 0.0。自动观测能见度记录以<u>米(m)</u>为单位，取整数。

8. ** 按《地面气象要素数据文件格式》要求，CW 段的能见度为正点前<u>15 分钟(46—00分)</u>内的最小 10 分钟平均值，以<u>km</u>为单位，取一位小数，小数点后第二位及之后的数值直接舍去。

9. ** 视程障碍现象自动判识的台站，扬沙、浮尘、轻雾、霾的能见度判识阈值为<u>7.5</u> km，沙尘暴、雾的能见度判识阈值为<u>0.75</u> km；能见度人工观测的台站，其判识阈值分别为 10.0 km和 1.0 km。

10. 严格执行湿度传感器月维护制度，每月清洁保护罩，确保测量准确性。禁止触摸传感器感应部分，以免影响正常感应。每月维护情况应在气簿-1 备注栏、MDOS 2.0 元数据 和 ASOM 月维护 中记录。

11. * 非结冰期，降水观测记录以 翻斗式 雨量传感器数据为准，称重式雨量 传感器或备份自动站翻斗式雨量传感器数据为备份。

12. 结冰期，降水观测记录以 称重式雨量 传感器数据为准，人工雨量器 记录为备份。

13. 基准站、基本站 进行蒸发观测，一般站 不进行蒸发观测。

14. * 冬季结冰期较长的台站，在冬季结冰时使用 小型 蒸发，与大型蒸发的切换应选在结冰开始和化冰季节的月末 20 时观测后进行。

15. 雪深观测记录，以 厘米(cm) 为单位，四舍五入取整数，扩大 10 倍录入，如 1.4 cm 录入 10 ，1.5 cm 录入 20 。

16. 电线积冰架上的观测导线为直径 26.8 mm 的电缆。

17. 有电线积冰观测任务的台站，应择机测定每次积冰过程的 最大直径 和厚度，以 毫米(mm) 为单位，取整数。

18. A 文件中，基准站的云量方式位采用 24 次定时观测方式，X＝ A ；基本站的云量方式位采用 3 次定时观测方式，X＝ 9 ；一般站不录入云相关记录。

19. * A 文件中降水量的方式位 X＝ 6 。有自动观测记录时，第 1 段定时降水量用自动观测数据代替，第 2 段自动降水量不变，第 3 段降水上下连接值以 自动降水量 为准。

20. 基准站 A 文件、Y 文件附加信息中“观测时间”的内容记录为：

10/05/08;11;14;17;20

10/24/24 小时连续观测

21. * 任何观测要素 分钟 数据异常时均按缺测处理，不内插，不用备份自动站记录代替。

22. 自动站(或自记)降水量、日照时值有缺测时，或自动站蒸发量、辐射曝辐量时值连续缺测 两 小时及以上时，日总量均按缺测处理。

23. 若自动站观测的气温≥－10.0 ℃，需同时观测 干球和湿球温度 ，用以计算水汽压、相对湿度及露点温度。此时不用考虑干球温度是否＜－10.0 ℃。

24. * 非结冰期，自动观测降水量记录异常时，降水量观测以翻斗雨量传感器记录为准，记录按照 称重式雨量传感器、备份自动站翻斗雨量传感器 顺序代替。无自动观测备份设备时应及时启用人工补测。

25. 称重式雨量传感器在降水过程中，伴随有沙尘、树叶等杂物时，按 正常降水记录 处理。

26. “L 文件”由 首部 和 沿革数据 两部分组成。

27. ** 实时历史资料一体化工作目标是完善气象资料 质量控制 体系，调整国家、省、台站三级观测数据监控、数据质量控制、数据处理和应用等业务布局和流程，实现历史资料和实时资料一体化业务，满足现代气象业务对气象资料在 完整性 、时效性、一致性和 高质量 方面的要求，全面提高各类气象资料的可用性。

28. 气象资料业务系统(MDOS 2.0)数据处理任务布局中，省级台站是数据处理核心，所有疑误数据的 产生 和 汇集 均在省级，最终的确认和处理也在省级。

29. ** 省级气象资料业务系统(MDOS 2.0)数据处理任务包括:疑误信息__汇集与融合__及疑误数据的__处理、查询与反馈__。

30. MDOS 2.0 系统的核心需求是将现有运行在 Windows Server ＋ SQL Server 环境下的系统移植到 Linux＋ Oracle 环境下,并与__CIMISS__系统实现对接。

31. MDOS 2.0 是一个集数据传输监控、质控信息处理与查询反馈、基础信息管理、信息报警、产品制作与数据服务、元数据处理、系统管理为一体,以__省级数据监控、处理与查询__为核心,涵盖台站级处理与反馈,衔接国家级处理与查询的综合性气象资料业务平台。

32. ** MDOS 2.0 中,基于范围值的空间一致性检查采用__百分位__法进行。

33. MDOS 2.0 内部一致性检查分为三种情况,一是同类型要素之间,二是__不同类型__要素之间,三是统计值之间。

34. MDOS 2.0 采用__时变__检查和__持续__性检查来实现时间一致性检查方法。

35. ** 在 MDOS 2.0 质量控制中,用__标准差__来衡量某要素一组数值中某一数值与其平均值差异程度,可以评估某要素值可能的变化或波动程度。

36. * MDOS 2.0 质控方法中的“特殊天气事件检测”是为了__消除__或__降低__某些天气事件对质量控制方法的影响。

37. MDOS 2.0 中可疑数据为没有通过各种质量控制方法方法的数据。在 MDOS 2.0 系统中,为表示该可疑数据的错误程度,在疑误信息的表述中有__错误__和__可疑__两种情况,以辅助数据处理人员处理数据决策时使用,本规则将其统称为“可疑数据”。

38. 台站在收到 MDOS 2.0 疑误信息后的反馈分为__定时__反馈、__被动式__反馈及__更正数据__反馈。

39. 台站收到 MDOS 2.0 疑误信息短信和电话后,实时登录 MDOS 2.0 操作平台反馈,接到显性错误短信后,先核对显性错误数据值,检查相应__观测仪器__,查明可能引起出现错误数据的原因,并及时进行相关数据处理和观测仪器维护等工作。

40. 元数据管理部分有两类用户,分别为__省级数据__处理员、__台站级数据__处理员。

41. 地面气象观测资料进行格式检查时,应对观测数据的__结构__以及每条数据记录的__长度__进行检查。

42. 地面气象观测资料进行时间一致性检查时,不符合要素__时间__变化规律的数据为可疑资料。

43. 表示资料质量的标识有:正确、__可疑__、错误、__订正数据__、修改数据、__缺测__、未做质量控制。

44. 资料质量控制标识用__质量控制码__表示。

45. 对地面气象观测资料进行质量控制时,一般按照下列顺序进行:__格式__检查、缺测检查、界限值检查、主要变化范围检查、内部一致性检查、时间一致性检查、__空间一致性__检查、质量控制综合分析,最后为__数据质量__标识。

46. 我国高空气象观测要素包括气压(高度)、__温度__、__露点__、__风向风速__。

47. 我国实时资料质量控制体系现状是台站负责质量监视、__省级__负责质量控制、__国家__级负责质量评估的三级质量控制体系。

48. 气象观测资料的“代表性”指观测记录不仅要反映测点的气象状况,而且要反映周围一定范围内的__平均__气象状况。

49. ** 气象观测资料的“准确性“”指观测记录要真实地反映实际气象状况,尽可能接近真值,主要依赖于__观测仪器性能__和__观测方法__。

50. 气象观测资料的"比较性"指不同空间位置、同一时刻观测的同一气象要素值，或同一空间位置、不同时刻观测的同一气象要素值能进行比较，从而分别表示出气象要素的<u>空间</u>分布特征和随<u>时间</u>变化的特点。

51. 我国土壤水分观测要素主要包括：土壤<u>体积</u>含水率、土壤<u>重量</u>含水率、土壤相对湿度、土壤<u>有效水分</u>贮存量。

52. 按照中国气象行业标准《气象资料分类与编码》(QX/T 102－2009)，将气象资料分为<u>14</u>大类资料。

气象台站信息网络技术应用

一、单项选择题

1. 全省气象广域网中县局网络链路接入数量为(B)。

A. 1条　B. 2条　C. 3条　D. 4条

2. 下面选项(A)属于贵州省气象业务内网地址。

A. 10.203.6.6　B. 61.189.156.11

C. 8.1.1.10　D. 193.16.11.2

3. 县局业务人员需要上传报文至目的服务器,首先可以通过(C)命令测试到目的服务器网络是否连通。

A. CMD　B. ARP　C. PING　D. NET USE

4. 全省气象广域网中县局接入路由器数量为(B)。

A. 1　B. 2　C. 3　D. 4

5. ** 应用程序的 PING 指令发出的是(C)报文。

A. TCP 请求报文　B. UDP 请求报文

C. ICMP 请求报文　D. TCP 接收报文

6. 路由器在(A)工作。

A. 网络层　B. 数据链路层　C. 应用层　D. 会话层

7. 下列选项(A)属于输出设备。

A. 打印机　B. 扫描仪　C. 麦克风　D. 键盘

8. ** 县局高清视频会议系统通信主要走(D)运营商线路。

A. 移动　B. 联通　C. 铁通　D. 电信

9. ** FTP 协议是县局业务人员上传数据报文至省局服务器的重要手段,该协议的默认控制端口号是(B)。

A. 23　B. 21　C. 22　D. 8080

10. 二层交换机在(B)工作。

A. 网络层　B. 数据链路层　C. 应用层　D. 会话层

11. ** OSI 参考模型分为(D)层。

A. 4　B. 5　C. 6　D. 7

12. * 10BASE-T 中的"T"是指(C)。

A. 粗同轴电缆　B. 细同轴电缆

C. 双绞线　D. 光纤

13. 下列选项不具有气象大数据特点的是(D)。

A. 数据量大　B. 数据质量要求高

C. 数据处理速度快　D. 数据很复杂

14. 地址栏中输入的 https://www.baidu.com/中的 baidu.com 是一个(A)。

A. 域名　B. 国家　C. DNS　D. 邮箱

15. *在贵州气象广域网中,县局业务内网互备路由器设备通过(C)介质互联。

A. 光纤　B. 粗缆　C. 双绞线　D. 细缆

16. 地址 Ftp://10.203.6.5 中的 Ftp 是指(C)。

A. 网络　B. 文件　C. 协议　D. 超文本

17. 下列属于计算机网络通信设备的是(B)。

A. 显卡　B. 网线　C. 声卡　D. 音响

18. 计算机网络最突出的特点是(A)。

A. 资源共享　B. 运算精度高

C. 运算速度快　D. 内容量大

19. *下面选项不属于路由选择协议的是(D)。

A. RIP　B. OSPF　C. BGP　D. ARP

20. IPV4 地址的位数是(A)。

A. 32　B. 64　C. 128　D. 8

21. **ARP 协议的作用是(C)。

A. 将端口号映射到 IP 地址

B. 广播 IP 地址

C. 将 IP 地址映射到第二层地址

D. 连接 IP 层和 TCP 层

22. 目前贵州省气象局综合管理信息系统访问地址是(C)。

A. 10.203.6.6　B. 10.203.6.5

C. 10.203.6.13　D. 10.203.6.8

23. (B)技术可以控制广播活动,提高网络的安全性。

A. TELNET　B. VLAN　C. PING　D. FTP

24. Internet 组织机构定义了五种 IP 地址,那么 192.168.10.1 属于(C)。

A. A 类地址　B. B 类地址　C. C 类地址　D. F 类地址

25. 以下介质中抗干扰最强的是(D)。

A. 无线信道　B. 双绞线

C. 电缆　D. 光纤

26. 在 Internet 的基本服务中,远程登录所使用的命令是(B)。

A. CMD　B. TELNET　C. FTP　D. DISPLAY

27. 目前贵州气象广域网中县局气象数据业务主要在(C)线路传输。

A. 电信　B. 广电　C. 联通　D. 移动

28. *县局内网交换机的每个端口可以看作一个(A)。

A. 冲突域　B. 广播域　C. 管理域　D. 阻塞域

29. **IPV6 将 32 位地址扩展到(B)。

A. 64 位　B. 128 位　C. 256 位　D. 1024 位

30. *IP 地址为 192.168.10.1,子网掩码为 255.255.255.192,那么网关可能是(A)。

A. 192.168.10.62　B. 192.168.10.63

C. 192.168.10.64　D. 192.168.10.0

31. 虚拟专用网络可以理解成是虚拟出来的企业内部专线，下面选项（ D ）是它的缩写形式。

A. LAN　　B. VLAN　　C. WNN　　D. VPN

32. ** 以太网 10BASE-FX 标准规定的传输介质是（ C ）。

A. 双绞线　　B. 电缆　　C. 光纤　　D. 无线介质

33. 下列哪一种软件不是局域网操作系统软件？（ D ）

A. Windows 10　　B. SUSE Linux　　C. UNIX　　D. SQL Server

34. 某县气象局业务楼内的一个计算机网络系统，属于一个（ A ）。

A. LAN　　B. WAN　　C. MAN　　D. WALN

35. ** 在给主机设置内网 IP 地址时，（ A ）能使用。

A. 10.203.255.15　　B. 127.21.19.109

C. 192.5.91.255　　D. 220.103.256.5

36. ISP 是指（ A ）。

A. Internet 服务提供商　　B. 一种协议

C. 一种网络　　D. 网络应用软件

37. 计算机能够直接识别的计数制为（ B ）。

A. 八进制　　B. 二进制　　C. 十六进制　　D. 十进制

38. * 一个 VLAN 可以看作是一个（ D ）。

A. 冲突域　　B. 阻塞域　　C. 管理域　　D. 广播域

39. ** 在 IP 协议中用来进行组播的 IP 地址是（ C ）。

A. A 类地址　　B. B 类地址　　C. D 类地址　　D. E 类地址

二、多项选择题

1. 下列选项（ AD ）属于输出设备。

A. 打印机　　B. 扫描仪　　C. 麦克风　　D. 显示器

2. 下列选项属于气象大数据特点的是（ ABCD ）。

A. Volume（大量）　　B. Velocity（高速）

C. Variety（多样）　　D. Value（价值）

3. 目前市县局广域网结构是双设备双线路互备，双线路运营商是指（ AB ）。

A. 电信　　B. 联通　　C. 移动　　D. 广电

4. 下列属于计算机网络通信网络设备相关的是（ ABD ）。

A. 网卡　　B. 网线　　C. 声卡　　D. 交换机

5. 下列选项属于 OSI 参考模型的是（ ABCD ）。

A. 物理层　　B. 数据链路层

C. 网络层　　D. 应用层

6. 局域网常用的拓扑结构有总线型、树型、（ ABC ）。

A. 星形　　B. 环形　　C. 网状　　D. 令牌环

7. 下列属于 A 类 IP 地址的是（ AB ）。

A. 10.10.10.1　　B. 127.21.15.100

C. 192.168.2.1　　D. 192.168.0.9

8. 计算机网络按网络的作用范围可分为（ ACD ）三种。

A. 广域网　　B. 城域网　　C. 互联网　　D. 局域网

9. 属于物理层互联介质是(ABCD)。

A. 双绞线　　B. 同轴电缆　　C. 光纤　　D. 无线电信号

10. * 在 OSI 模型中,属于应用层协议的有(ABD)。

A. FTP　　B. TELNET　　C. DNS　　D. HTTP

11. ** 使用交换机扩展以太网拓扑的优势为(ABCD)。

A. 隔离冲突域　　B. 进一步扩大物理连接范围

C. 增加吞吐量　　D. 适应不同的速率双工状况

12. ** WLAN 是计算机网络与无线通信技术相结合的产物,该技术有(ABD)特点。

A. 部署简单　　B. 移动方便

C. 网络安全极高　　D. 使用便捷

13. * 下列选项中能衡量计算机网络性能指标的是(ABCD)。

A. 速率　　B. 时延　　C. 带宽　　D. 吞吐量

14. 光纤是一种利用光在玻璃或塑料制成的纤维中的全反射原理而制成的光传导工具,规格有(CD)。

A. ST　　B. FC　　C. 单模　　D. 多模

15. ** 下列对 10BASE-T 描述正确的是(BCD)。

A. 电缆上的传输速率为 10 Mb/s　　B. 代表双绞线星形网

C. 传输信号是基带信号　　D. 电缆上的传输速率为 10 MB/s

16. ** 下列关于路由信息协议(RIP)的描述正确的有(ABD)。

A. 内部路由协议　　B. 采用的是距离矢量

C. 通过 TCP 协议传输　　D. 跳数为 16 不可达

17. 路由器是连接因特网中各局域网、广域网的设备,它的作用是(ABCD)。

A. 连接具有不同介质的链路　　B. 隔离广播

C. 寻路和转发　　D. 交换和维护路由信息

18. ** TCP/IP 体系结构的传输层上定义的两个传输协议为(AD)。

A. UDP　　B. IP　　C. NTP　　D. TCP

19. * FTP 协议的两种工作方式为(AB)。

A. PORT 方式　　B. PASV 方式

C. POST 方式　　D. PASS 方式

20. ** FTP 服务默认运行的端口一般为(AC)。

A. 21　　B. 80　　C. 20　　D. 23

21. 计算机网络组成部分为(AD)。

A. 通信子网　　B. 数据传输介质

C. 计算机　　D. 资源子网

22. ** 关于子网掩码的说法,以下正确的是(AB)。

A. 定义了子网中网络号的位数

B. 子网掩码可以把一个网络进一步划分成几个规模相同的子网

C. 子网掩码用于隐藏 IP 地址

D. 子网掩码用于设定网络管理员的密码

23. * 交换机的端口链路类型可以分为(BCD)。

A. Vlan　　B. Access　　C. Trunk　　D. Hybrid

24. * 下列关于DHCP的说法正确的选项为(ABCD)。

A. 动态主机配置协议　B. 从BOOTP协议发展而来

C. 采用客户端/服务器模式　D. 报文采用UDP封装

25. ** 路由度量值表示到达这条路由所指目的地址的代价,通常影响路由度量值的因素有(ABCD)。

A. 线路延迟　B. 带宽

C. 线路使用率　D. 跳数

26. 计算机病毒具有(BCD)特性。

A. 自我消失　B. 传染性　C. 潜伏性　D. 自我复制

27. 下列选项(ABC)是主要的网络互连设备。

A. 集线器　B. 交换机　C. 路由器　D. 防火墙

28. * 下面说法正确的选项为(CD)。

A. OSI标准规定了五层模型　B. 交换机没有路由功能

C. 安全设备不能完全阻止安全威胁　D. 网络丢包可能是网线问题

29. 随着电信和信息技术的发展,国际上出现了所谓"三网融合"的趋势,三网是(ACD)。

A. 传统电信网　B. 卫星通信网

C. 计算机网络　D. 有线电视网

30. ** TCP和UDP协议都是基于IP协议的传输协议。下面说法正确的是(ABCD)。

A. TCP是面向连接的　B. UDP是无连接

C. TCP是高度可靠的　D. UDP是不可靠的

31. 下列选项(BCD)是网络操作系统提供的服务。

A. 办公自动化服务　B. 文件服务

C. 打印服务　D. 通信服务

32. ** 在下列网络威胁中,选项(ABC)属于信息泄露。

A. 数据窃听　B. 流量分析

C. 偷窃用户账号　D. 拒绝服务攻击

三、判断题

1. 远程网络管理首先必须有网络地址,即具有国际标准的数字编码IP地址。(√)

2. IPV4地址为64位二进制数。(×)

解析:IPV4地址为32位二进制数。

3. ** 路由器技术规范属于第二层数据链路层协议。(×)

解析:路由器技术规范属于第三层网络层协议。

4. ** 三层交换机也有路由的功能。(√)

5. 气象广域网中县局接入设备不需要安全设备。(×)

解析:目前县局配置H3C.U200防火墙,目的是加强网络安全。

6. 县局高清视频会商系统主要通过联通链路传输。(×)

解析:全省高清视频会议系统主走电信线路,数据业务主走联通线路。

7. 县局接入交换机H3C.5120设备告警,但是不影响使用,可以不报修。(×)

解析:设备告警需要及时向管理员报修,避免影响数据传输。

8. ** IP地址是数字编码,不易记忆。(√)

9. * 一般交换机可以有效地避免局域网中的广播域。（ × ）

解析：一般的交换机可以避免冲突域，路由器可以避免广播域。

10. 路由器的功能包括寻路和转发。（ √ ）

11. ** RIP 是一种路由协议。（ √ ）

12. 气象广域网省市县三级网络拓扑结构为总线型。（ × ）

解析：气象广域网省市县三级网络拓扑结构为树型。

13. 双绞线是目前最常用的带宽最宽、信号传输衰减最小、抗干扰能力最强的一类传输介质。（ × ）

解析：光纤是目前传输衰减最小、抗干扰能力最强的一类传输介质。

14. UNIX 和 Linux 操作系统均适合做网络服务器的基本平台。（ √ ）

15. 局域网的安全措施首选防火墙技术。（ √ ）

16. ** 单模光纤的性能优于多模光纤。（ √ ）

17. * OSPF(开放式最短路径优先)是一个内部网关协议。（ √ ）

18. TCP 协议是面向连接的、不可靠的协议。（ × ）

解析：TCP 是面向连接的、可靠的协议。

19. Internet 协议一般是指 TCP/IP 这两个。（ √ ）

20. 网络域名也可以用中文名称来命名。（ √ ）

21. 电缆屏蔽的好处是减少电磁干扰辐射。（ √ ）

22. ** 在同一时刻，通信双方可以同时发送数据的信道通信方式为半双工通信。（ × ）

解析：在同一时刻，通信双方可以同时发送数据的信道通信方式为全双工通信。

23. HTTP 是超文本传输协议。（ √ ）

24. ** ARP 协议的主要功能是将物理地址解析为 IP 地址。（ × ）

解析：ARP 协议的主要功能是将 IP 地址解析成物理地址。

25. ** 使用匿名 FTP 服务，用户登录时常常使用 anonymous 作为用户名。（ √ ）

26. 在局域网中，业务内网和 Internet 网络物理隔离有利于网络安全。（ √ ）

四、填空题

1. 计算机网络按网络的覆盖范围可分为<u>局域网</u>、<u>城域网</u>和<u>广域网</u>。

2. 从计算机网络组成的角度看，计算机网络从逻辑功能上可分为<u>通信</u>子网和<u>资源</u>子网。

3. ** 计算机网络的拓扑结构有<u>星型</u>、<u>树型</u>、<u>总线型</u>、<u>环型</u>和<u>网状型</u>。

4. <u>防火墙</u>是指一个由软件和硬件系统组合而成的专用“屏障”，其功能是防止非法用户入侵、非法使用系统资源以及执行安全管制措施。

5. IPV4 地址的位数为<u>32</u>位。

6. 光纤的规格有<u>单模</u>和<u>多模</u>两种。

7. 浏览器与 Web 服务器之间使用的协议是<u>HTTP</u>。

8. * 以太网交换机的每一个端口可以看做一个<u>冲突</u>域。

9. 常见的网络互连设备有<u>路由器</u>、<u>交换机</u>和<u>网桥、中继器集线器</u>。

10. 适用于文件传输的协议是<u>FTP</u>。

11. 可以通过<u>ping</u>命令来测试网络是否连通。

12. ** 以太网 100BASE-FX 标准规定的传输介质是<u>光纤</u>。

13. ** FTP 协议中通过命令行进行报文上传和下载的基本命令是<u>get</u>和<u>put</u>。

14. ** 按照 IPV4 标准，IP 地址 192.168.10.1 属于 C类 网络的 IP 地址，范围为：192.0.1.1～223.255.255.254。

15. IP 地址分 网络号 和主机号两个部分。

16. * 网关 (Gateway)又称网间连接器、协议转换器，它在网络层以上实现网络互连，是最复杂的网络互连设备，仅用于两个高层协议不同的网络互连。

17. ** 在 OSI 的七层参考模型中，工作在网络层上的设备是 路由器 。

18. 在 Internet 中，用于远程登录的协议是 TEINET 。

19. 县局业务内网网络安全设备中，H3C. SecPath U200 属于 安全或防火墙 设备。

20. 网络互连的目的是实现更广泛的 资源共享 。

21. 按照有无屏蔽层分类，双绞线分为 屏蔽 和 非屏蔽 两种。

22. 贵州气象广域网中，为了增强数据传输的可靠性，减少单设备和链路故障，市县局部署了 2 台路由器和 2 条线路。

23. 信息系统安全 等级保护是国家信息安全保障工作的基本制度、基本策略、基本方法。开展信息系统安全等级保护工作不仅是加强国家信息安全保障工作的重要内容，也是一项事关国家安全、社会稳定的政治任务。

第三部分

公共气象服务

公共气象服务基本知识

一、单项选择题

1.《重要气象信息专报》《气象信息报告》和《气象信息快报》以（ A ）名义制作发布。

A. 各级气象局　B. 各级气象台　C. 气象局　D. 气象学会

2.《重要气象信息专报》是提前（ B ），第一时间向各级党委、政府主要领导报告重大灾害性天气预报信息。

A. 12～24 小时　B. 24～48 小时　C. 48～72 小时　D. 6～12 小时

3. 当发布重大灾害性天气预报信息时，要通过（ A ）第一时间向当地党委政府和决策部门报告。

A. 重要气象信息专报　B. 气象信息报告

C. 气象信息快报　D. 气象快讯

4. 按照《贵州省区域性暴雨天气过程预报服务流程》规定，当根据天气形势、天气雷达、区域观测站资料监测分析，发现暴雨天气已经减弱并趋于结束时，要及时编写（ B ）。

A. 重要气象信息专报　B. 气象信息报告

C. 气象信息快报　D. 气象快讯

5. 根据《区域性暴雨天气过程"三个叫应"服务流程》，当监测到可能发生重大气象灾害（含重大预报预警、重要雨情等）时，适时启动（ C ）服务机制。

A. 内部叫应　B. 外部叫应

C. 三个叫应　D. 全叫应

6.《中国气象局关于加强农村气象灾害防御体系建设的指导意见》中要求，2010 年农村气象信息覆盖面达到（ A ）以上。

A. 90%　B. 60%　C. 75%　D. 85%

7. 气象部门发生突发气象灾害时，应该在发现后的第一时间报送，（ A ）。

A. 2 小时内完成首次报告，6 小时内完成书面报告

B. 3 小时内完成首次报告，6 小时内完成书面报告

C. 4 小时内完成首次报告，6 小时内完成书面报告

D. 6 小时内完成首次报告，12 小时内完成书面报告

8. 根据贵州省气象局关于规范决策气象服务材料的有关规定，各级气象部门制作的《重要气象信息专报》由（ A ）签发。

A. 气象局主要负责人

B. 气象局分管业务的副局长

C. 气象局授权有关业务单位主要负责人

D. 气象局局长

9. 内部叫应是指根据各级气象台站的监测，有强降雨征兆时，气象部门值班人员通过（ A ）向气象部门内的相关人员提醒关注天气情况的行为。

A. 电话　B. 短信　C. 微信

D. 微博　E. QQ

10. 省气象局发布有关强降雨的（ A ）后，省气象台和预测影响区域的市州、县气象局应当加强值班值守工作，准备开展“三个叫应”服务工作。

A. 重要气象信息专报　B. 气象信息报告

C. 气象信息快报　D. 预警信息

E. 气象预报

11. 各级气象部门要在第一时间通过（ B ）和其他渠道及时发布预警信息。

A. 10620121 短信平台　B. 突发事件预警信息发布系统

C. 县级公共气象服务系统　D. 手机短信

E. 预警大喇叭

12. 因灾导致人员死亡（失踪），或导致堤防、山塘、水库等出现重大险情时，经核实后立即通过电话或短信向省局领导及值班处室负责人报告，在（ C ）书面报告省局应急值班室、减灾处。

A. 半小时内　B. 1 小时内

C. 2 小时内　D. 4 小时内

E. 6 小时内

13. 外部叫应采取（ B ）的方式进行。

A. 先电话报告后发手机短信　B. 先发手机短信后电话报告

C. 电话报告　D. 手机短信

E. 微信

14. 手机短信采取（ A ）原则。

A. 普遍叫应　B. 重点叫应　C. 分级叫应　D. 分区叫应

15. 手机短信采取普遍叫应原则，即各级气象部门向（ E ）普发手机短信。

A. 政府部门领导　B. 应急责任人

C. 重点责任单位负责人　D. 气象信息员

E. 本级叫应对象

16. 电话报告采取（ B ）原则。

A. 普遍叫应　B. 重点叫应　C. 分级叫应　D. 分区叫应

17. 省人民政府成立气象灾害应急指挥部（简称省应急指挥部），总指挥长由省人民政府（ B ）担任。

A. 省长　B. 分管副省长　C. 秘书长

D. 相关副秘书长　E. 应急办主任

18. 省气象灾害应急指挥部办公室设在（ C ）。

A. 省政府办公厅　B. 省政府应急办

C. 省气象局　D. 省气象局办公室

E. 省气象局应急办

19. 省气象灾害应急指挥部办公室主任由（ C ）兼任。

A. 省政府办公厅副秘书长

B. 省政府应急办副主任

C. 省气象局分管气象灾害应急管理工作的副局长

D. 省气象局办公室主任

E. 省气象局应急办主任

20. 由省气象应急办公室组织成立省气象灾害应对处置(E)。

A. 领导小组　　B. 评估组　　C. 研判组

D. 调查组　　E. 专家组

21. 贵州省气象灾害风险包括因(D)、大风、大雾、寒潮、高温、暴雪等天气气候影响,可能造成人员伤亡、重大财产损失,产生重大社会影响或涉及公共安全的灾害性天气气候事件。

A. 暴雨、干旱、冰雹、雷电

B. 暴雨、干旱、冰雹

C. 暴雨、冰雹、雷电

D. 暴雨、干旱、凝冻、冰雹、雷电

E. 暴雨、干旱、凝冻、冰雹

F. 干旱、凝冻、冰雹、雷电

22. 贵州省气象灾害预警由省、市、县三级气象台按照业务分工进行发布,其中,省级发布(B)等六类气象灾害预警。

A. 暴雨、干旱、凝冻、冰雹、雷电、大风

B. 暴雨、干旱、凝冻、大雾、寒潮、暴雪

C. 暴雨、冰雹、凝冻、大雾、寒潮、暴雪

D. 暴雨、干旱、雷电、大雾、寒潮、暴雪

E. 暴雨、雷电、大风、大雾、寒潮、暴雪

F. 暴雨、干旱、凝冻、大雾、寒潮、高温

23. 贵州省气象灾害预警由省、市、县三级气象台按照业务分工进行发布,其中,市级发布(D)等九类气象灾害预警。

A. 暴雨、干旱、凝冻、冰雹、雷电、大风、大雾、高温、暴雪

B. 暴雨、干旱、凝冻、冰雹、雷电、大风、大雾、雪凝、暴雪

C. 暴雨、干旱、寒潮、冰雹、雷电、大风、大雾、高温、暴雪

D. 暴雨、干旱、凝冻、冰雹、雷电、大风、大雾、寒潮、暴雪

E. 暴雨、干旱、凝冻、冰雹、雷电、大风、大雾、低温、暴雪

24. 对省级发布的气象灾害预警信息,(B)及以上级别预警由省气象应急办公室主任批准后解除。

A. Ⅰ级 (红色)　　B. Ⅱ级 (橙色)

C. Ⅲ级 (黄色)　　D. Ⅳ级 (蓝色)

25. 对省级发布的气象灾害预警信息,Ⅱ级 (橙色)及以上级别预警由(C)批准后解除。

A. 省政府相关副秘书长　　B. 省政府应急办主任

C. 省气象应急办公室主任　　D. 省气象局应急办主任

E. 省气象局副局长

26. 对省级发布的气象灾害预警信息,Ⅳ级 (蓝色)、Ⅲ级 (黄色)预警由(E)批准后解除。

A. 省政府应急办主任　　B. 省气象应急办公室主任

C. 省气象局副局长　　D. 省气象局应急办主任

E. 省气象台负责人

27. 当已经发生一般或较大级别气象灾害时，市、县级气象主管部门必须在事发后（ C ），向本级人民政府和上一级气象主管部门报告。

A. 半小时内　　B. 1 小时内

C. 2 小时内　　D. 4 小时内

E. 6 小时内

28. 当已经发生重大或特别重大级别气象灾害时，市、县级气象主管部门必须第一时间、最迟在（ C ），向本级人民政府和省气象局报告。

A. 半小时内　　B. 1 小时内

C. 2 小时内　　D. 4 小时内

E. 6 小时内

29. 预计将发生或已经发生特别重大级别气象灾害时，由省气象应急办公室立即组织专家分析确认、评估，向省人民政府提出启动特别重大等级应急响应建议，由（ B ）签署启动应急响应命令。

A. 省人民政府省长　　B. 省应急指挥部总指挥长

C. 省应急指挥部副总指挥长　　D. 省政府应急办主任

E. 省气象局局长

30. 预计将发生或已经发生重大级别气象灾害时，由省气象应急办公室立即组织专家分析确认、评估，向省人民政府提出启动重大等级应急响应建议，由（ C ）签署启动应急响应命令。

A. 省人民政府省长

B. 省应急指挥部总指挥长

C. 省应急指挥部副总指挥长（省政府相关副秘书长）

D. 省政府应急办主任

E. 省气象局局长

31. 预计将发生或已经发生较大级别气象灾害时，市级气象灾害应急指挥机构立即组织专家分析确认、评估，向市级人民政府提出启动较大等级应急响应建议，由（ B ）签署启动应急响应命令。

A. 市级人民政府主要负责人

B. 市级气象灾害应急指挥机构指挥长

C. 市级气象灾害应急指挥机构副指挥长

D. 市级政府应急办主任

E. 市级气象局局长

32. 根据防灾减灾需要，确有必要启动省级较大等级应急响应时，由（ C ）签署启动应急响应命令，报省人民政府备案。

A. 省应急指挥部总指挥长

B. 省应急指挥部副总指挥长（省政府相关副秘书长）

C. 省应急指挥部副总指挥长（省气象局局长）

D. 省政府应急办主任

E. 省气象应急办公室主任

33. 预计将发生或已经发生一般级别气象灾害时，县级气象灾害应急指挥机构立即组织专家分析、评估，向县级人民政府提出启动一般等级应急响应建议，由（ B ）签署启动应急响应命令。

A. 县级人民政府主要负责人

B. 县级气象灾害应急指挥机构指挥长

C. 县级气象灾害应急指挥机构副指挥长

D. 县级政府应急办主任

E. 县级气象局局长

34. 根据防灾减灾需要，确有必要启动省级一般等级应急响应时，由（ E ）签署启动应急响应命令，并报告省政府应急办。

A. 省应急指挥部总指挥长

B. 省应急指挥部副总指挥长（省政府相关副秘书长）

C. 省应急指挥部副总指挥长（省气象局局长）

D. 省政府应急办主任

E. 省气象应急办公室主任

35. 应急响应启动后，（ D ）通知各成员单位、事发地市（州）人民政府及省气象应急专家，按照规定的职责，迅速进入应急状态，做好各项应急准备。

A. 省应急指挥部　　B. 省政府办公厅

C. 省政府应急办　　D. 省气象应急办公室

E. 省气象局应急办

36. 当灾害性天气结束，气象灾害的灾情或险情得到有效控制或应急处置工作完成后，（ E ）视情况及时终止应急响应，并报上一级气象灾害应急指挥部办公室备案。

A. 省应急指挥部　　B. 省政府办公厅

C. 省政府应急办　　D. 省气象应急办公室

E. 各级人民政府

37. 应急响应终止条件：灾害性天气结束，相关市、县级气象灾害应急指挥机构组织有关部门及专家进行会商，认为未来（ D ）灾害性天气已无继续发生的可能。

A. 24 小时　　B. 36 小时

C. 48 小时　　D. 72 小时

38. 特别重大级别气象灾害影响消除后，经（ A ）批准终止，由省气象应急办公室发出通知终止应急响应。

A. 省应急指挥部总指挥长

B. 省应急指挥部副总指挥长（省政府相关副秘书长）

C. 省应急指挥部副总指挥长（省气象局局长）

D. 省政府应急办主任

E. 省气象应急办公室主任

39. 重大级别气象灾害影响消除后，经（ B ）批准终止，由省气象应急办公室发出通知终止应急响应。

A. 省应急指挥部总指挥长

B. 省应急指挥部副总指挥长(省政府相关副秘书长)

C. 省应急指挥部副总指挥长（省气象局局长）

D. 省政府应急办主任

E. 省气象应急办公室主任

40. 启动省级较大等级应急响应时，经（ C ）批准终止，由省气象应急办公室发出通知终止应急响应。

A. 省应急指挥部总指挥长

B. 省应急指挥部副总指挥长（省政府相关副秘书长）

C. 省应急指挥部副总指挥长（省气象局局长）

D. 省政府应急办主任

E. 省气象应急办公室主任

41. 启动省级一般等级应急响应时，经（ E ）批准终止，由省气象应急办公室发出通知终止应急响应。

A. 省应急指挥部总指挥长

B. 省应急指挥部副总指挥长（省政府相关副秘书长）

C. 省应急指挥部副总指挥长（省气象局局长）

D. 省政府应急办主任

E. 省气象应急办公室主任

42. 应急响应终止后，（ D ）应继续做好气象灾害跟踪、监测、预报工作，及时掌握气象要素变化情况。

A. 省气象局　　B. 市级气象局

C. 县级气象局　　D. 事发地气象部门

43. 较大等级气象灾害应急响应终止后，（ B ）应及时组织对气象监测、预报、预警工作进行全面评估，形成报告。

A. 省级气象灾害应急指挥机构　　B. 市级气象灾害应急指挥机构

C. 县级气象灾害应急指挥机构　　D. 省气象局

E. 市级气象局　　F. 县级气象局

44. 一般等级气象灾害应急响应终止后，（ C ）及时组织对气象监测、预报、预警工作进行全面评估，形成报告。

A. 省级气象灾害应急指挥机构　　B. 市级气象灾害应急指挥机构

C. 县级气象灾害应急指挥机构　　D. 省气象局

E. 市级气象局　　F. 县级气象局

45. 特别重大（Ⅰ级）气象灾害事件是指：灾害性天气影响重要城市或（ A ），或农作物绝收面积 15 万 hm^2 以上，或生产生活秩序受到特别严重影响，或造成特别重大经济损失的气象灾害。

A. 50 km^2 以上较大区域，造成 30 人以上死亡或失踪，或紧急转移安置群众 5 万人以上

B. 50 km^2 以上较大区域，造成 10 人以上死亡或失踪，或紧急转移安置群众 5 万人以上

C. 50 km^2 以上较大区域，造成 30 人以上死亡或失踪，或紧急转移安置群众 3 万人以上

D. 30 km^2 以上较大区域，造成 30 人以上死亡或失踪，或紧急转移安置群众 5 万人以上

E. 30 km^2 以上较大区域，造成 10 人以上死亡或失踪，或紧急转移安置群众 3 万人以上

46. 重大（Ⅱ级）气象灾害事件是指：灾害性天气造成（ C ），或农作物绝收面积 10 万 hm^2 以上、15 万 hm^2 以下，或生产生活秩序受到严重影响，或造成重大经济损失的气象灾害。

A. 50 km^2 以上较大区域，造成 30 人以上死亡或失踪，或紧急转移安置群众 5 万人

B. 30 人以上死亡或失踪，或紧急转移安置群众 3 万人以上、5 万人以下

C. 10 人以上、30 人以下死亡或失踪，或紧急转移安置群众 3 万人以上、5 万人以下

D. 10 人以上死亡或失踪，或紧急转移安置群众 3 万人以上、5 万人以下

E. 10 人以上、30 人以下死亡或失踪，或紧急转移安置群众 1 万人以上、3 万人以下

47. 较大(Ⅲ 级)气象灾害事件是指：灾害性天气造成(D)，或农作物绝收面积 5 万 hm^2 以上、10 万 hm^2 以下，或生产生活秩序受到较大影响，或造成较重经济损失的气象灾害。

A. 30 人以上死亡或失踪，或紧急转移安置群众 3 万人以上、5 万人以下

B. 10 人以上、30 人以下死亡或失踪，或紧急转移安置群众 3 万人以上、5 万人以下

C. 10 人以上死亡或失踪，或紧急转移安置群众 3 万人以上、5 万人以下

D. 3 人以上、10 人以下死亡或失踪，或紧急转移安置群众 1 万人以上、3 万人以下

E. 3 人以上死亡或失踪，或紧急转移安置群众 1 万人以上、3 万人以下

48. 一般(Ⅳ级)气象灾害事件是指：灾害性天气造成(E)，或农作物绝收面积1 万 hm^2 以上、5 万 hm^2 以下，或生产生活秩序受到一定影响，或造成一定经济损失的气象灾害。

A. 10 人以上、30 人以下死亡或失踪，或紧急转移安置群众 3 万人以上、5 万人以下

B. 3 人以上死亡或失踪，或紧急转移安置群众 1 万人以上、3 万人以下

C. 3 人以下死亡或失踪，或紧急转移安置群众 1 万人以上、3 万人以下

D. 3 人以上死亡或失踪，或紧急转移安置群众 1000 人以上、1 万人以下

E. 3 人以下死亡或失踪，或紧急转移安置群众 5000 人以上、1 万人以下

49. 新一代气象服务体系建设应以(C)服务系统为核心，形成多层次的网络结构，子系统的建设要各有特色，相互补充，避免重复。

A. 决策　　B. 公众　　C. 公共　　D. 海洋

二、多项选择题

1. 省、地、县气象部门对当地党委、政府和相关管理部门的决策气象服务材料统一规范为(BCE)等三种形式。

A. 重大气象信息专报　　B. 重要气象信息专报

C. 气象信息报告　　D. 气象信息快讯

E. 气象信息快报

2.《气象信息报告》每周定期向各级党委、政府和各部门报告(ABC)等信息。

A. 一周天气趋势　　B. 一般灾害性天气预报

C. 重要灾害性天气影响　　D. 重大灾害性天气预警信息

3.《重要气象信息专报》主要内容包括(ABCDE)等。

A. 重大天气气候事件

B. 重大灾害性、关键性、转折性天气的预报

C. 重大活动和抢险救灾的气象保障

D. 重大农业气象灾害监测预报

E. 重大天气气候事件的影响评估

F. 重大灾害性天气服务总结

4.《气象信息报告》主要内容包括(BCDEF)，以及人工降雨防雹情况、农业气象情况、雷电灾害防御工作情况、农村综合经济信息服务工作情况等。

A. 重大灾害性天气预警信息　　B. 短期天气预报

C. 一周天气预报(或候、旬天气预报)　　D. 气候公报
E. 气候评价　　F. 气候展望

5.《气象信息快报》主要内容包括(BCDE),以及需及时向党政领导汇报的其他气象信息等。

A. 灾害性天气预报　　B. 短时临近天气预报
C. 气象灾害预警信息　　D. 天气实况
E. 补充订正预报

6. 区域性暴雨天气过程已经减弱并趋于结束时,制作发布的《气象信息报告》主要内容包括(ABC)。

A. 天气实况与未来天气趋势
B. 暴雨过程气象服务情况
C. 党委政府及相关部门采取的防范应对措施
D. 取得的服务效益

7. 外部叫应是指叫应(ABC)。

A. 本级党政领导及政府应急办负责人　　B. 民政、防汛、国土等相关部门责任人
C. 下一级党政领导　　D. 气象协理员

8. 内部叫应是指叫应(BCD)等。

A. 党政部门领导　　B. 本级局领导及业务管理部门
C. 上级气象台、下级相关台站　　D. 乡村气象信息员

9. 贵州省重大气象灾害信息报送标准是(AB)。

A. 在本市(州、地)范围内出现历史罕见的极端天气气候事件
B. 本市(州、地)范围内出现造成危害人民群众生命财产安全、社会经济损失较大的气象灾害
C. 森林火灾、地质灾害、生物灾害、地震灾害等其他重大自然灾害
D. 台风灾害

10. 气象信息员包括(ADE)。

A. 气象灾害应急责任人　　B. 气象决策服务对象
C. 气象灾情调查员　　D. 气象协理员
E. 气象灾害信息员

11. “三个叫应”分为(BC)。

A. 电话叫应　　B. 内部叫应
C. 外部叫应　　D. 短信叫应

12. “外部叫应”指强降雨将要发生或已经发生,有可能造成灾害性结果,各级气象部门相关人员通过电话向政府领导、相关责任单位和强降水发生地的乡镇、村等(BCF)等报告或通报降雨情况,提醒防范灾害的行为。

A. 负责人　　B. 应急责任人
C. 联络员　　D. 值班员
E. 志愿者　　F. 气象信息员

13. “重点责任单位”是指(BCDE)等应急主管机构和主要涉灾部门。

A. 各级政府办公室　　B. 各级政府应急办
C. 防汛　　D. 国土
E. 民政　　F. 交通

14. 各级气象部门按照（ ADEF ）的原则，负责辖区内强降水天气的监测、预警及内部叫应工作。

A. 严密监测
B. 严密跟踪
C. 属地为主
D. 分级指导
E. 上下联动
F. 区域联防

15. 各级气象部门按照“严密监测、分级指导、上下联动、区域联防”的原则，负责辖区内强降水天气的（ ACE ）工作。

A. 监测
B. 预报
C. 预警
D. 信息发布
E. 内部叫应
F. 外部叫应

16. 当本辖区出现雷达回波强度大于 40 dBz，或两个及以上站点 1 小时雨量达到 30 mm，且回波维持或后续仍有回波影响时（ AC ）。

A. 值班员监测分析可能出现雷电、冰雹、大风等强对流天气时，报告本局值班领导
B. 值班员报告本局值班领导及市州气象台
C. 与市州气象台会商，发布雷电、冰雹、大风预警信息
D. 与市州气象台会商，发布暴雨预警信号
E. 与市州气象台会商发布或升级暴雨预警和气象风险预警

17. 当本辖区内有 1 个及以上站点 6 小时雨量接近 50 mm，且可能持续时（ BD ）。

A. 值班员报告值班领导及市州气象台，通报下游相关县级气象局
B. 值班员报告本局值班领导及市州气象台
C. 与市州气象台会商，发布或升级暴雨预警和气象风险预警
D. 与市州气象台会商，发布暴雨预警信号
E. 与市州气象台会商，发布雷电、冰雹、大风预警信息

18. 当本辖区内有 3 个及以上站点 6 小时雨量接近 50 mm，或单站 1 小时雨量接近 50 mm，且可能持续时（ AD ）。

A. 值班员报告值班领导及市州气象台，通报下游相关县级气象局
B. 值班员报告本局值班领导及市州气象台
C. 与市州气象台会商，发布暴雨预警信号
D. 与市州气象台会商，发布或升级暴雨预警和气象风险预警
E. 与市州气象台会商，发布雷电、冰雹、大风预警信息

19. 当本辖区内有两个及以上乡镇分别有 3 个及以上站点 6 小时内雨量接近 50 mm，且可能持续时（ AC ）。

A. 值班领导在岗值守，与市州气象台开展天气会商升级暴雨预警和气象风险预警
B. 值班员报告本局值班领导及市州气象台
C. 值班领导报告市州值班局长、值班科长、业务科长、气象台长，并通报下游相关气象局
D. 与市州气象台会商，发布暴雨预警信号
E. 与市州气象台会商，发布或升级暴雨预警和气象风险预警

20. 当本辖区内有两个及以上站点 6 小时雨量接近 100 mm，或单站 3 小时雨量接近 100 mm，且可能持续时（ ACD ）。

A. 与市州气象台会商，升级暴雨预警和气象风险预警

B. 值班员报告本局值班领导及市州气象台

C. 值班领导报告市州值班局长、值班科长、业务科长、气象台长，并通报下游相关气象局

D. 值班领导及有关预报服务人员在岗值守

E. 与市州气象台会商，发布暴雨预警信号

21. 当本辖区内有两个及以上乡镇范围内分别有 3 个及以上站点雨量 6 小时雨量接近 100 mm，或 3 个及以上站点 3 小时雨量接近 100 mm，且未来维持时：（ ABCEF ）。

A. 与市州气象台会商，提出分县全网发布暴雨红色预警短信申请

B. 密切关注强降水区域地质灾害隐患点、小流域雨量及水位上涨情况，发布气象风险预警和重点时段雨情快报，提出山洪地质灾害防范建议

C. 立即叫应下游县级气象台，提醒注意流域水位上涨，重点关注山洪地质灾害易发区域

D. 值班领导及有关预报服务人员在岗值守

E. 值班领导报告市州值班局长、值班科长、业务科长、气象台长，主要领导立即报告市州气象局局长

F. 县级气象局值班领导、主要领导应在岗值守，直至强降水天气过程结束

22. "外部叫应"坚持（ BCEF ）的原则。

A. 严密监测　　B. 严密跟踪　　C. 属地为主

D. 分级指导　　E. 分级叫应　　F. 准确及时

23. 辖区内有站点 1 小时雨量达 50 mm 及以上且降雨可能持续时，县级气象局向（ B ）及（ C ）电话或短信通报雨情。

A. 县政府应急办　　B. 县重点责任单位

C. 降水发生地乡镇政府　　D. 降水发生地村委会

24. 辖区内有站点 3 小时雨量达 100 mm 及以上时（ ADE ）。

A. 向相关责任单位及强降水发生地乡镇政府、行政村应急责任人、联络员、气象信息员短信通报雨情

B. 向县级重点责任及降水发生地乡镇政府、行政村应急责任人、联络员、气象信息员短信通报雨情

C. 主要领导视情况向政府分管领导报告

D. 值班领导向重点责任单位负责人和降水发生地乡镇党政领导电话通报雨情

E. 视情况加密雨情报告频次，提醒防范山洪地质灾害

25. 辖区内有站点 6 小时雨量达 150 mm 及以上有可能导致较大灾害时（ ACDE ）。

A. 向本县相关责任单位及降水发生地乡镇政府、行政村应急责任人、联络员、气象信息员短信通报雨情

B. 向县级重点责任及降水发生地乡镇政府、行政村应急责任人、联络员、气象信息员短信通报雨情

C. 值班领导向重点责任单位负责人和强降水发生地乡镇党政领导电话通报雨情

D. 主要领导视情况向政府分管领导报告

E. 视情况加密雨情报告频次，提醒防范暴雨山洪地质灾害

26. 辖区内有站点 6 小时雨量达 200 mm 及以上，有可能导致重大灾害时（ BCDF ）。

A. 向本县相关责任单位及降水发生地乡镇政府、行政村应急责任人、联络员、气象信息员短信通报雨情

B. 向县级重点责任及降水发生地乡镇政府、行政村应急责任人、联络员、气象信息员短信通报雨情

C. 值班领导向重点责任单位负责人和强降水发生地乡镇党政领导通报雨情

D. 主要领导向政府分管领导报告，紧急情况向政府主要领导报告

E. 主要领导向政府应急办领导报告

F. 加密雨情报告频次，提醒防范暴雨山洪地质灾害

27. 辖区内有站点 3 小时雨量达 100 mm 及以上时（ BCD ）。

A. 向本县相关责任单位及降水发生地乡镇政府、行政村应急责任人、联络员、气象信息员短信通报雨情

B. 向相关责任单位及强降水发生地乡镇政府、行政村应急责任人、联络员、气象信息员短信通报雨情

C. 值班领导向重点责任单位负责人和降水发生地乡镇党政领导电话通报雨情

D. 视情况加密雨情报告频次，提醒防范山洪地质灾害

E. 值班领导向重点责任单位负责人和强降水发生地乡镇党政领导电话通报雨情

28. 根据气象灾害造成或可能造成的损失、危害程度、影响范围、紧急程度和发展态势等因素，气象灾害事件由高到低分为（ BDEF ）四个级别。

A. 特别严重（Ⅰ级） B. 特别重大（Ⅰ级） C. 严重（Ⅱ级）

D. 重大（Ⅱ级） E. 较大（Ⅲ级） F. 一般（Ⅳ级）

29. 省人民政府成立气象灾害应急指挥部（简称省应急指挥部），总指挥长由省人民政府分管副省长担任，副总指挥长由省人民政府（ CD ）担任。

A. 分管副省长 B. 副秘书长 C. 相关副秘书长

D. 省气象局局长 E. 省气象局分管副局长

30.《贵州省气象灾害应急预案》规定，省气象灾害应急指挥部职责是：统一领导、组织和指挥全省气象灾害的应对处置工作，负责组织、指导、协调、监督（ BDE ）级别气象灾害的应急处置工作。

A. 特别严重 B. 特别重大 C. 严重 D. 重大

E. 超出市级人民政府处置能力的较大级别

31.《贵州省气象灾害应急预案》规定省气象局的职责是：（ BEF ）。

A. 负责气象灾害的监测、预报、预警和评估

B. 负责气象灾害的监测、预报、预警和评估，开展现场气象服务，及时报告灾害性天气实况、变化趋势和评估意见，提出气象灾害防御对策建议

C. 开展现场气象服务，及时报告灾害性天气实况、变化趋势和评估意见

D. 及时发布气象灾害监测预报预警信息

E. 适时开展人工影响天气作业

F. 做好突发事件预警信息发布系统的运行管理

32.《贵州省气象灾害应急预案》规定省气象灾害应急指挥部办公室的职责是：（ ACDF ）。

A. 负责向省人民政府、中国气象局报告和向省应急指挥部成员单位通报相关预报预警信息

B. 负责向省应急指挥部成员单位通报相关预报预警信息

C. 与相关部门建立气象灾害灾情、险情等信息实时共享机制

D. 组织协调相关部门和专家组研究会商，分析灾害发展趋势并进行灾害影响评估，向

省应急指挥部提出气象灾害防御对策、协同应对方案和决策依据

E. 及时发布气象灾害监测预报预警信息

F. 完成省应急指挥部交办的其他工作

33. 省气象灾害应对处置专家组主要职责是:(ABD)。

A. 负责对气象灾害风险或灾情进行评估分析

B. 参与现场应急处置工作

C. 参与现场气象服务

D. 为气象灾害应急处置决策提供智力支持和技术支撑

E. 开展气象灾害灾情调查

F. 提出气象灾害防御对策建议

34. 贵州省气象灾害预警级别由省、市、县三级气象台按照业务分工进行发布,其中县级发布(BDF)等十类气象灾害预警。

A. 暴雨、雷电、凝冻　　B. 暴雨、干旱、凝冻

C. 暴雨、冰雹、雷电　　D. 冰雹、雷电、大风

E. 大雾、低温、高温、暴雪　　F. 大雾、寒潮、高温、暴雪

35. 预警发布内容包括气象灾害的(ABCDEF)和发布时间、发布单位等。

A. 类别　　B. 预警级别　　C. 起始时间

D. 可能影响范围　　E. 警示事项　　F. 应采取的措施

36. 面向职能部门的预警发布方式:由省级预警信息发布中心通过(ABC)等方式发布,并向相关部门及受影响区域各级政府应急责任人、基层信息员发送手机短信。

A. 邮件　　B. 传真　　C. 互联网

D. 大喇叭　　E. 显示屏　　F. 微信微博

37. 面向社会公众的预警发布方式:由省级预警信息发布中心通过(ABD)等向社会公众发布。

A. 电视、广播、报刊、手机短信　　B. 微信、微博、互联网、电子显示屏

C. 邮件、传真、互联网、手机 APP　　D. 高音喇叭、户外媒体、移动信息终端

38. 发布Ⅰ级(红色)预警后,省应急指挥部各相关成员单位启动相应应急响应,实行(AD)制度,保持通讯畅通。

A. 领导在岗带班　　B. 领导带班

C. 应急值班　　D. 24 小时专人值班值守

E. 专人值班值守　　F. 值班值守

39. 发布Ⅰ级(红色)预警后,气象部门加强对气象灾害可能发生(ABCDE)的实时监测和预报预警,加密向省人民政府、相关部门及社会公众发布通告的频次。

A. 时间　　B. 地点　　C. 范围

D. 强度　　E. 移动路径　　F. 气象灾害风险

40. 对省级发布的气象灾害预警信息,(CD)预警由省气象台负责人批准后解除。

A. Ⅰ级(红色)　　B. Ⅱ级(橙色)

C. Ⅲ级(黄色)　　D. Ⅳ级(蓝色)

41. 当预计可能发生一般或较大级别气象灾害时,市、县级气象主管部门立即向(AC)报告。

A. 本级人民政府　　B. 本级人民政府应急办

C. 上一级气象主管部门
D. 上一级气象主管部门领导
E. 上一级气象主管部门应急办

42. 当预计可能发生重大或特别重大级别气象灾害时，市、县级气象主管部门必须立即向（ AF ）报告。

A. 本级人民政府
B. 本级人民政府应急办
C. 上一级气象主管部门
D. 上一级气象主管部门领导
E. 上一级气象主管部门应急办
F. 省气象局

43. 信息报告的内容包括（ ABCD ）。

A. 报告单位、联系人、联系方式、报告时间
B. 气象灾害种类和特征、发生时间、地点、范围和等级
C. 人员伤亡和财产损失情况
D. 发展趋势和已经采取的措施等
E. 预报预警情况

44. 根据灾害的严重程度和影响范围，气象灾害应急响应级别，由高到低设定为（ ADEF ）四个等级。

A. 特别重大（Ⅰ级）
B. 特别严重（Ⅰ级）
C. 严重（Ⅱ级）
D. 重大（Ⅱ级）
E. 较大（Ⅲ级）
F. 一般（Ⅳ级）

45. 启动特别重大（Ⅰ级）应急响应后，省气象局密切监视天气变化，根据抢险救灾需要加密灾区气象监测预报预警频次，及时报告省应急指挥部、省人民政府，通报（ ABC ），及时向灾区社会公众发布气象监测预报预警信息。

A. 省相关防灾减灾机构
B. 事发地市级人民政府
C. 省应急指挥部各成员单位
D. 事发地市级气象局
E. 灾害防御重点责任单位

46. 启动特别重大（Ⅰ级）应急响应后，省气象应急办公室立即组织专家赴现场开展气象灾害影响评估，组织现场气象服务，为（ BDE ）提供决策支持。

A. 省相关防灾减灾机构
B. 现场指挥部
C. 省应急指挥部各成员单位
D. 防灾减灾机构
E. 有关部门

47. 启动特别重大（Ⅰ级）应急响应后，事发地市、县级气象局在省气象局指导下，开展现场气象监测预报预警，及时报告（ BCD ），通报相关防灾减灾机构、本级气象灾害应急指挥机构各成员单位。

A. 本级人民政府
B. 现场指挥部
C. 本级气象灾害应急指挥机构
D. 省人民政府
E. 上一级气象主管部门应急办

48. 启动重大（Ⅱ级）应急响应后，省气象局密切监视天气变化，加强灾区气象监测预报预警，及时报告省应急指挥部、省人民政府，通报（ ABC ），及时向灾区社会公众发布监测预报预警信息。

A. 相关防灾减灾机构
B. 事发地市级人民政府
C. 省应急指挥部各成员单位
D. 事发地市级气象局
E. 灾害防御重点责任单位

49. 启动重大(Ⅱ级)应急响应后，省气象应急办公室组织专家赴现场开展气象灾害影响评估，组织现场气象服务，为(BDE)提供决策支持。

A. 省相关防灾减灾机构　　B. 现场指挥部

C. 省应急指挥部各成员单位　　D. 防灾减灾机构

E. 有关部门

50. 启动较大(Ⅲ级)应急响应后，事发地市、县级气象局开展现场气象监测预报预警，及时报告(BCD)，通报相关防灾减灾机构、本级气象灾害应急指挥机构各成员单位。

A. 本级人民政府　　B. 现场指挥部

C. 本级气象灾害应急指挥机构　　D. 人民政府

E. 上一级气象主管部门应急办

51. 启动一般(Ⅳ级)应急响应后，事发地县级气象局开展现场气象监测预报预警，及时报告现场指挥部及本级气象灾害应急指挥机构、人民政府，通报(AC)。

A. 相关防灾减灾机构

B. 事发地市级人民政府

C. 本级气象灾害应急指挥机构各成员单位

D. 事发地市级气象局

E. 灾害防御重点责任单位

52. (AB)等级气象灾害应急响应终止后，省气象应急办公室应及时组织对气象监测、预报、预警工作进行全面评估，形成报告。

A. 特别重大　　B. 重大　　C. 较大　　D. 一般

53. 在气象灾害应对处置工作中，有下列(ABCD)突出表现的单位和个人，由有关部门按国家规定给予表彰和奖励。

A. 出色完成应急处置任务的

B. 对防止或避免气象灾害有功，使国家、集体和人民群众的生命财产免受或者减少损失的

C. 对灾害应急准备与响应提出重大建议，实施效果显著的

D. 有其他突出贡献的

54. 调查处理内容包括(ABC)，提出改进气象工作措施，并及时将调查报告报同级人民政府。

A. 灾害发生时间、地点、等级　　B. 致灾气象要素与历史对比情况

C. 气象监测、预报、预警等工作情况　　D. 气象灾害防范应对情况

E. 抢险救援情况

三、判断题

1.《重要气象信息专报》发布时间精确到分钟。(×)

解析:《气象信息快报》发布时间精确到分钟。

2.《重要气象信息专报》是在重大灾害性天气过程开始后发布。(×)

解析:《重要气象信息专报》是在重大灾害性天气过程来临前发布。

3.《气象信息快报》是在灾害天气即将发生或已经发生时发布。(√)

4. 在暴雨灾害性天气过程中，重大雨情信息通过《重要气象信息专报》发布。(×)

解析:在暴雨灾害性天气过程中，重大雨情信息通过《气象信息快报》发布。

5. 重大灾害性天气过程结束后，要通过《重要气象信息专报》向当地党委政府报告气象

服务情况。 （ × ）

解析：重大灾害性天气过程结束后，要通过《气象信息报告》向当地党委政府报告气象服务情况。

6. 在《国务院关于加快气象事业发展的若干意见》提出的奋斗目标中明确，到2020年，建成结构完善、功能先进的气象现代化体系，使气象整体实力接近同期世界先进水平，若干领域达到世界领先水平。 （ √ ）

7. 在《公共气象服务业务发展指导意见》中定义公共气象服务是指气象部门使用各种公共资源或公共权力，向政府决策部门、社会公众、生产部门提供气象信息和技术的过程。 （ √ ）

8. 建立功能比较完备的公共气象服务业务体系，重点要做好公共气象服务业务系统、公共气象服务业务队伍和公共气象服务业务手段建设。 （ × ）

解析：建立功能比较完备的公共气象服务业务体系，重点要做好公共气象服务业务系统、公共气象服务业务队伍和公共气象服务业务机构建设。

9. 决策气象服务关注的重点工作为重大天气和重大社会政治经济活动保障服务工作。 （ × ）

解析：决策气象服务关注的重点工作为重大灾害性、关键性、转折性天气和重大社会政治经济活动保障服务工作。

10. 市、县级人民政府应成立气象灾害应急指挥机构，负责本行政区域气象灾害的应对处置工作。 （ √ ）

11. 各级气象部门要建立气象灾害风险隐患排查治理机制，建立健全风险防控措施，开展气象灾害风险区划，健全气象灾害基础信息数据库，完善气象灾害防御基础设施建设。 （ × ）

解析：《贵州省气象灾害应急预案》明确由"各级人民政府及有关部门"而非"各级气象部门"开展上述工作。

12. 气象部门要加强气象灾害监测、预报、预警和评估，做好气象灾害风险信息采集、汇总、分析研判和报告工作。 （ √ ）

13. 根据监测分析结果，对可能发生的气象灾害进行预警。 （ × ）

解析：根据监测分析结果，对可能发生的气象灾害风险进行预警。

14. 根据不同类型气象灾害的特征、影响情况及预警能力等，确定不同类型的气象灾害级别。 （ × ）

解析：根据不同类型气象灾害的特征、影响情况及预警能力等，确定不同类型的气象灾害预警级别。

15. 贵州省市级气象部门要制定暴雨、高温、凝冻、冰雹、雷电、大风、大雾、寒潮、暴雪等九类气象灾害预警分级标准。 （ × ）

解析：贵州省市级气象部门要制定暴雨、干旱、凝冻、冰雹、雷电、大风、大雾、寒潮、暴雪等九类气象灾害预警分级标准。

16. 贵州省县级气象部门要制定暴雨、干旱、凝冻、冰雹、雷电、大风、大雾、寒潮、高温、暴雪等十类气象灾害预警分级标准。 （ √ ）

17. Ⅰ级（红色）预警由省气象台制作，省气象应急办公室审批，省气象应急办公室主任签发，报省政府应急办备案。 （ √ ）

18. Ⅱ级（橙色）预警由省气象台制作，省气象应急办公室审批，省气象应急办公室主任

签发，报省政府应急办备案。（ √ ）

19. Ⅲ级（黄色）预警由省气象台制作，省气象台负责人签发，并报省政府应急办备案。（ × ）

解析：Ⅲ级（黄色）预警由省气象台制作，省气象台负责人签发，并报省气象应急办公室备案。

20. Ⅳ级（蓝色）预警由省气象台制作，省气象台负责人签发。（ √ ）

21. 各级新闻出版广电部门、通信运营企业接到气象灾害预警信息后，对Ⅰ级（红色）、Ⅱ级（橙色）预警信息，在30分钟内向社会公众播发；对Ⅲ级（黄色）、Ⅳ级（蓝色）预警信息，在45分钟内向社会公众播发。（ × ）

解析：对Ⅰ级（红色）、Ⅱ级（橙色）预警信息，在15分钟内向社会公众播发；对Ⅲ级（黄色）、Ⅳ级（蓝色）预警信息，在30分钟内向社会公众播发。

22. 各级气象主管机构根据天气变化情况及时更新或者解除预警。（ × ）

解析：各级气象主管机构所属的气象台站根据天气变化情况及时更新或者解除预警。

23. 当气象灾害已不可能发生时，降低预警级别或解除预警，终止相关措施。（ × ）

解析：当气象灾害趋势减弱或判断已不可能发生气象灾害时，降低预警级别或解除预警，终止相关措施。

24. 各级气象主管部门归口管理本行政区域内的气象灾害监测、预报、预警和评估工作，其所属气象台站具体承担灾害性天气监测、预报、预警任务。（ √ ）

25. 当预报或监测到有气象灾害风险时，应当向本级人民政府报告，同时报上一级气象主管部门。（ √ ）

26. 发现气象灾害的单位和个人，应当立即向当地政府或气象主管部门报告。（ √ ）

27. 各级气象主管部门要明确气象灾害信息收集联系方式，并及时向社会公布。（ × ）

解析：各级气象主管部门要明确固定的气象灾害信息收集联系方式，并及时向社会公布。

28. 当预计可能发生较大以上级别气象灾害时，省气象局立即报告省人民政府。（ √ ）

29. 气象灾害事发地人民政府组织有关专家对受灾情况进行科学分析评估。（ √ ）

30. 较大等级气象灾害应急响应终止后，县级气象灾害应急指挥机构及时组织对气象监测、预报、预警工作进行全面评估，形成报告；系统回顾总结应对灾害中的气象监测、预报、预警等工作，形成案例；报告和案例在60个工作日内报市级气象灾害应急指挥机构备案。（ × ）

解析：Ⅳ级气象灾害应急响应终止后，县级气象灾害应急指挥机构及时组织对气象监测、预报、预警工作进行全面评估，形成报告；系统回顾总结应对灾害中的气象监测、预报、预警等工作，形成案例；报告和案例在60个工作日内报市级气象灾害应急指挥机构备案。

31. 气象灾害应急处置工作结束后，省气象应急办公室应当对特别重大、重大级别气象灾害事件组织调查。（ √ ）

32. 市、县级气象应急办公室应当对较大、一般级别气象灾害事件组织调查。（ √ ）

33. 气象部门强化应急值班值守，加强气象灾害监测、预报预警队伍建设，提高预报预警准确率，确保气象应急服务准确、及时、高效。（ √ ）

34. 气象灾害应急指挥部各成员单位要加强队伍的培训和演练，做好各项应急准备工作。（ √ ）

35. 各级气象灾害应急指挥机构要组织各有关部门、单位，按照各自职责和预案要求，

储备用于灾害监测、灾民安置、医疗卫生、生活必需等必要的抢险救灾专用物资，保证抢险救灾物资的供应。 （ × ）

解析：地方各级人民政府要组织各有关部门、单位，按照各自职责和预案要求，储备用于灾害监测、灾民安置、医疗卫生、生活必需等必要的抢险救灾专用物资，保证抢险救灾物资的供应。

36. 市、县级人民政府要将灾害防御经费纳入同级财政预算，财政部门负责会同有关部门及时申报、筹集和拨付气象防灾减灾资金，加强应急资金的保障和管理。 （ × ）

解析：各市（州）、县（市、区）人民政府要将气象灾害防御经费纳入同级财政预算，财政部门负责会同有关部门及时申报、筹集和拨付气象防灾减灾资金，加强应急资金的保障和管理。

37. 各级气象部门应加强气象灾害预警信息传播终端建设，保证预警信息及时有效传播。 （ × ）

解析：各级人民政府应加强气象灾害预警信息传播终端建设，保证预警信息及时有效传播。

38. 新闻出版广电、通信等部门要协助做好灾害预警信息传播工作，确保预警信息传播的时效性和覆盖面。 （ √ ）

39. 各级人民政府及新闻出版广电、文化教育等有关部门应当充分利用电视、广播、报刊、微博、微信等方式，开展多层次多方位的气象灾害防御知识宣传教育，提高公众的防灾减灾意识和自救互救应对能力。 （ √ ）

40. 各级人民政府和各有关部门要定期或不定期组织开展气象灾害应急演练，并对演练结果进行总结评估，检验和强化应急处置能力，进一步完善应急预案。 （ × ）

解析：各级人民政府负责定期组织预案的应急演练。各有关单位要结合实际，有针对性地开展气象灾害应急演练，以检验、改善和强化应急准备，提高应急响应能力。

四、填空题

1.《公共气象服务业务发展指导意见》指出，工作目标是公共气象服务信息覆盖率达到__95%__以上，气象服务公众满意度达到__90%__以上，气象防灾减灾效益显著提高。

2.《公共气象服务业务发展指导意见》要求，提高决策气象服务__针对性__、__敏感性__、综合性和__时效性__。

3.《公共气象服务业务发展指导意见》要求，实现公众气象服务__多样性__、__精细化__、高频次和__广覆盖__。

4. 建立功能比较完备的公共气象服务业务体系，重点要做好__公共气象服务业务系统__、__公共气象服务业务队伍__和__公共气象服务业务机构__的建设，努力实现服务业务现代化、服务队伍专业化、服务机构实体化、服务管理规范化。

5. 公共气象服务业务系统建设包括：公共气象服务基础业务系统、气象灾害防御业务系统、__决策气象服务业务系统__、__公众气象服务业务系统__、__专业气象服务业务系统__等。

6. 发展公共气象服务，必须牢固树立__公共气象__的理念，坚持气象服务的__公益性__发展方向。

7. 发展公共气象服务，必须充分利用现代技术和手段，不断增强气象服务的__科技含量__，提高气象服务产品的__科学性__、__针对性__、__时效性__，提高气象服务质量，协助政府、指导公众和生产部门做出正确的决策。

8. 发展公共气象服务，必须建立__综合运用各种手段__、__覆盖城乡社区__、__立体化__的气象服务信息发布机制，不断扩大公共气象服务的受众面，显著提高公共气象服务均等化程度。

9.《重要气象信息专报》主要是为 各级党委 、政府领导 和 决策部门 指挥生产、组织防灾减灾和重大活动，以及在气候资源合理开发利用和环境保护等方面进行科学决策提供重要气象信息。

10.《气象信息快报》在灾害天气 即将发生 或 已经发生 时，报告 预警信息 和 天气实况 。

11.《重要气象信息专报》以 直报党政主要领导 的方式开展决策气象服务。

12.《气象信息快报》通过 传真 和 邮件 方式传送给党委、政府工作部门。

13. 当发生 区域性暴雨 天气过程时，要通过 短信 、电话 等方式向省局领导及相关处室、业务单位报告。

14. 发生区域性暴雨天气时，县级气象台需要分县全网发布手机预警短信的，须与所属 市(州)气象台 会商，由 市(州)气象台 按照《区域性暴雨天气过程手机预警短信分县全网发布流程》申请分县全网发布手机预警短信。

气象灾害防御知识

一、单项选择题

1. 气象灾害现场应急处置由灾害发生地（ B ）统一组织，各部门依职责参与应急处置工作。

A. 气象灾害预警指挥部

B. 人民政府或相应应急指挥机构

C. 人民政府

2. 气象灾害防御工作实行（ A ）的原则。

A. 以人为本、科学防御、部门联动、社会参与

B. 以政府为主导、部门联动、社会参与

C. 以人为本、科学防御、部门联动

3. 有关部门按职责收集和提供气象灾害发生、发展、损失以及防御等情况，及时向（ C ）报告。

A. 当地人民政府或气象局

B. 上一级人民政府或相应的应急指挥机构

C. 当地人民政府或相应的应急指挥机构

4.《气象灾害防御条例》规定，（ A ）应当按照职责分工，共同做好本行政区域的气象灾害防御工作。

A. 地方各级气象主管机构和县级以上地方人民政府有关部门

B. 国务院气象主管机构和国务院有关部门

C. 地方各级气象主管机构和地方人民政府有关部门

5.《气象灾害防御条例》规定，县级以上人民政府应当加强对气象灾害防御工作的（ B ）。

A. 组织

B. 组织、领导和协调

C. 领导和协调

6.《气象灾害防御条例》规定，气象灾害应急预案应当包括（ A ）等内容。

A. 应急预案启动标准、应急组织指挥体系与职责、预防与预警机制、应急处置措施和保障措施

B. 应急预案启动标准、应急组织指挥体系与职责

C. 应急处置措施和保障措施

7.《气象灾害防御条例》规定，气象灾害预警信号的种类和级别，由（ C ）规定。

A. 省级以上人民政府

B. 省级以上气象主管机构

C. 国务院气象主管机构

8.《气象灾害防御条例》规定，(C)应当根据气象主管机构提供的灾害性天气发生、发展趋势信息以及灾情发展情况，按照有关规定适时调整气象灾害级别或者做出解除气象灾害应急措施的决定。

A. 国务院气象主管机构

B. 省级以上人民政府

C. 县级以上人民政府及其有关部门

9.《气象灾害防御条例》规定，(B)应当根据本地气象灾害发生情况，加强农村地区气象灾害预防、监测、信息传播等基础设施建设，采取综合措施，做好农村气象灾害防御工作。

A. 各级气象主管机构

B. 地方各级人民政府和有关部门

C. 县级以上地方人民政府和有关部门

10.《气象灾害防御条例》规定，(A)应当确定人员，协助气象主管机构、民政部门开展气象灾害防御知识宣传、应急联络、信息传递、灾害报告和灾情调查等工作。

A. 乡镇人民政府、街道办事处

B. 县级以上地方人民政府、有关部门

C. 当地人民政府、有关部门

11. 不服从所在地人民政府及其有关部门发布的气象灾害应急处置决定、命令，或者不配合实施其依法采取的气象灾害应急措施的，由县级以上地方人民政府或者有关部门责令改正；构成违反治安管理行为的，由公安机关依法给予处罚；构成犯罪的，依法追究(B)责任。

A. 民事　　　　B. 刑事　　　　C. 民事和刑事

12.《国家气象灾害防御规划(2009－2020年)》目标要求完善“政府领导、部门联动、社会参与”的气象灾害防御工作机制和(A)的气象防灾减灾体系。

A. 功能齐全、科学高效、覆盖城乡

B. 功能齐备、预报准确、服务及时

C. 预报准确、科学高效、覆盖城乡

13. 气象灾害防御战略布局重点，要区分城市、农村、沿海、重要江河流域、重点战略经济区、重要交通干线与输变电线沿线，按照(A)的战略布局，组织开展气象灾害的防御工作。

A. 点面结合、全面防御、突出重点

B. 点面结合、突出重点、统筹兼顾

C. 突出重点、统筹兼顾、全面防御

14. 防御城市气象灾害，需要大力开展(B)，并向有关部门提供相应的气象数据和参数，为科学编制城市国家气象灾害防御规划(2009－2020年)以及研究制定相关基础设施防御标准提供依据。

A. 城市气象灾害风险普查

B. 城市气象灾害风险评估

C. 城市气象灾害风险区划

15. 防御农村气象灾害，需要加强(C)建设，提高农村气象灾害预警信息的覆盖面，保障气象灾害信息能够到村入户。

A. 农村气象灾害防御体系

B. 农业气象服务体系

C. 气象灾害监测预警发布能力

16. 重要江河流域的气象灾害防御应把防御大范围（ C ）放在首位。

A. 暴雨诱发的中小河流洪水和山洪地质灾害

B. 暴雨引发的流域性洪涝、城市内涝以及流域大面积干旱

C. 暴雨和持续性强降水引发的流域性洪涝以及流域大面积干旱、严重的季节性干旱

17.（ B ）等对铁路、公路和输变电线沿线的影响尤为显著，造成道路结冰、交通瘫痪、电力供应中断等严重后果。

A. 暴雨雪、低温雨雪冰冻、大雾

B. 低温、霜冻、暴雪、大雾

C. 低温、霜冻、暴雨、大雾

18. 重要交通干线与输变电线沿线的气象灾害防御，重点是建立（ B ）等专业专项气象灾害监测网络体系。

A. 道路结冰、电线结冰

B. 交通气象观测、电力气象观测

C. 道路结冰、雷电监测

19. 重点战略经济区的气象灾害防御，要突出区域联防、点面结合，统筹《国家气象灾害防御规划（2009－2020 年）》区域性稠密气象观测网络，加强区域内（ C ）的协同建设，提高对突发性气象灾害的监测能力。

A. 灾害性天气监测系统和气象服务系统

B. 气象监测系统和气象预警系统

C. 先进探测技术和移动观测系统

20. 建成由（ A ）观测系统组成的气象灾害立体观测网，实现对气象灾害，尤其是对重点区域主要气象灾害的全天候、高时空分辨率、高精度的综合立体性连续监测。

A. 地基、空基、天基

B. 地基、空基、海基

C. 地基、天基、海基

21. 到 2020 年，气象灾害监测率达到（ B ）以上。

A. 85%　　B. 90%　　C. 95%

22. 进一步做好灾害性、关键性、转折性重大天气监测和预警以及极端天气气候事件的预测，建立和完善气象灾害监测预警业务系统，提高预报的（ C ）。

A. 及时性、有效性和准确率

B. 准确性、精细化和时效性

C. 精细度、预警时效和准确率

23. 到 2020 年，每天向公众提供未来 10 天的天气预报，突发气象灾害的临近预警信息至少提前（ A ）送达受影响地区的公众。

A. 15～20 分钟　　B. 10～30 分钟　　C. 15～30 分钟

24. 完善气象灾害应急预案，加强各级气象灾害应急救援指挥体系建设，完善应急响应工作机制，形成（ A ）的气象灾害应急救援体系。

A. 科学决策、统一指挥、分级管理、反应灵敏、协调有序、运转高效

B. 政府领导、部门联动、社会参与、功能齐全、科学高效、覆盖城乡

C. 协调有序、运转高效、科学决策、统一指挥、分级管理、反应灵敏

25. 气象灾害监测网络建设，要实现灾害易发区（ A ）两级气象灾害监测设施全覆盖。

A. 乡村　　B. 县乡　　C. 市县　　D. 省市

26. 2020年，要建成功能齐全、科学高效、覆盖（ C ）的气象灾害监测预警及信息发布系统。

A. 工厂和学校　　B. 偏远山村

C. 城乡和沿海　　D. 城市和县乡

27. 各地区要把（ A ）工作作为气象灾害防御的重要内容，纳入当地经济社会发展规划，多渠道增加投入。

A. 气象灾害预警　　B. 监测网络建设

C. 预警传播渠道建设　　D. 灾害影响评估

28. 监测网络建设，要加强（ B ）应急通信保障系统建设，提升预报预警和信息发布支撑能力。

A. 应急管理平台　　B. 移动应急观测系统

C. 应急电力保障系统　　D. 应急预警发布系统

29. 气象灾害的监测预报，要着力提高对（ C ）灾害性天气的预报精度。

A. 大尺度　　B. 中尺度　　C. 中小尺度　　D. 小尺度

30. 气象灾害监测预警的总体要求中，要努力做到（ B ）、预报准确、预警及时、应对高效。

A. 服务到位　　B. 监测到位

C. 信息到位　　D. 人员到位

31. 各地区要通过气象科普基地、主题公园等，广泛宣传普及（ B ）预警和防范避险知识。

A. 地质灾害　　B. 气象灾害

C. 暴雨灾害　　D. 凝冻灾害

二、多项选择题

1. 气象灾害信息公布形式主要包括（ ABCD ）等。

A. 权威发布　　B. 提供新闻稿

C. 组织报道　　D. 接受记者采访

2. 违反《气象灾害防御条例》规定，有下列行为之一的，由县级以上地方人民政府或者有关部门责令改正；构成违反治安管理行为的，由公安机关依法给予处罚；构成犯罪的，依法追究刑事责任：（ AC ）。

A. 未按照规定采取气象灾害预防措施的

B. 擅自向社会发布灾害性天气警报、气象灾害预警信号的

C. 不服从所在地人民政府及其有关部门发布的气象灾害应急处置决定、命令，或者不配合实施其依法采取的气象灾害应急措施的

3. 违反《气象灾害防御条例》规定，有下列行为之一的，由县级以上气象主管机构或者其他有关部门按照权限责令停止违法行为，处5万元以上10万元以下的罚款；有违法所得的，没收违法所得；给他人造成损失的，依法承担赔偿责任：（ AC ）。

A. 无资质或者超越资质许可范围从事雷电防护装置设计、施工、检测的

B. 未按照规定采取气象灾害预防措施的

C. 在雷电防护装置设计、施工、检测中弄虚作假的

4. 违反《气象灾害防御条例》规定，有下列行为之一的，由县级以上气象主管机构责令改正，给予警告，可以处 5 万元以下的罚款；构成违反治安管理行为的，由公安机关依法给予处罚：(ABC)。

A. 擅自向社会发布灾害性天气警报、气象灾害预警信号的

B. 广播、电视、报纸、电信等媒体未按照要求播发、刊登灾害性天气警报和气象灾害预警信号的

C. 传播虚假的或者通过非法渠道获取的灾害性天气信息和气象灾害灾情的

D. 未按照规定采取气象灾害预防措施的

5. 根据《国家气象灾害防御规划(2009－2020 年)》，气象灾害防御战略布局重点是：(ABCDEF)。

A. 城市　B. 农村　C. 沿海　D. 重要江河流域

E. 重要交通干线与输变电线沿线　F. 重点战略经济区

6. 按照人员伤亡、经济损失的大小，气象灾害等级分为 4 个等级，其中中型的标准为：(A)。

A. 因灾死亡 3 人以上 10 人以下或者直接经济损失 100 万元以上 500 万元以下的

B. 因灾死亡 10 人以上 30 人以下或者直接经济损失 500 万元以上 1000 万元以下的

C. 因灾死亡 3 人以上 10 人以下或者直接经济损失 500 万元以上 1000 万元以下的

D. 因灾死亡 10 人以上 30 人以下或者直接经济损失 100 万元以上 500 万元以下的

7. 提高监测预报能力的内容主要包括(ABC)。

A. 加强监测网络建设　B. 强化监测预报工作

C. 开展气象灾害影响风险评估　D. 普及防灾减灾知识

8. 进一步完善气象灾害监测预报网络，要(ABD)。

A. 依靠法制　B. 依靠科技

C. 依靠政府　D. 依靠基层

9. 气象灾害监测预警要努力做到监测到位、(BC)、应对高效，最大程度减轻灾害损失，为经济社会发展创造良好条件。

A. 服务有效　B. 预报准确

C. 预警及时　D. 反应迅速

10. 针对突发暴雨、强对流等天气要强化(CD)。

A. 预报服务　B. 天气会商

C. 实况监测　D. 实时预警

11. 强化监测预报工作，在台风、强降雨、暴雪、冰冻、沙尘暴等灾害性天气来临前，要(ACD)。

A. 加密观测　B. 加强服务

C. 准确预报　D. 滚动会商

12. 在人口密集区及其上游高山峡谷地带要加强气象、水文、地质联合监测，及早发现(BCD)等地质灾害险情。

A. 地震　B. 山洪

C. 滑坡　D. 泥石流

13. 加强对中小学生、农民、进城务工人员、海上作业人员等的防灾避险知识普及，提高公众的(CD)。

A. 理解能力　　B. 学习能力

C. 互救能力　　D. 自救能力

14. 加强气象灾害监测预警及信息发布工作的组织领导和支持保障，其内容包括（ BCD ）。

A. 加强网络建设　　B. 推进科普宣教

C. 加强舆论引导　　D. 加大资金投入

三、判断题

1. 因气象因素引发水旱灾害、地质灾害、海洋灾害、森林草原火灾等其他灾害的处置，适用国家气象灾害应急预案的规定。（ × ）

解析：因气象因素引发水旱灾害、地质灾害、海洋灾害、森林草原火灾等其他灾害的处置，适用有关国家气象灾害应急预案的规定。

2. 把保障人民群众的生命财产安全作为首要任务和应急处置工作的出发点，全面加强应对气象灾害的体系建设，最大程度减少灾害损失。（ √ ）

3. 对各种灾害，地方各级人民政府要先期启动相应的应急指挥机制或建立应急指挥机制，启动相应级别的应急响应，组织做好应对工作。国务院有关部门进行指导。（ √ ）

4. 高温、沙尘暴、雷电、大风、霜冻、大雾、霾等灾害由气象部门启动相应的应急指挥机制或建立应急指挥机制负责处置工作，国务院有关部门进行指导。（ × ）

解析：高温、沙尘暴、雷电、大风、霜冻、大雾、霾等灾害由地方人民政府启动相应的应急指挥机制或建立应急指挥机制负责处置工作，国务院有关部门进行指导。

5. 建立和完善公共媒体、国家应急广播系统、卫星专用广播系统、无线电数据系统、专用海洋气象广播短波电台、移动通信群发系统、无线电数据系统、中国气象频道等多种手段互补的气象灾害预警信息发布系统，发布气象灾害预警信息。（ √ ）

6. 气象灾害事件发生后，灾区的人民政府或相应应急指挥机构组织各方面力量抢救人员，组织基层单位和人员开展自救和互救。（ × ）

解析：气象灾害事件发生后，灾区的各级人民政府或相应应急指挥机构组织各方面力量抢救人员，组织基层单位和人员开展自救和互救

7. 气象灾害的信息公布应当及时、准确、客观、全面，灾情公布由气象部门按规定办理。（ × ）

解析：气象灾害的信息公布应当及时、准确、客观、全面，灾情公布由有关部门按规定办理。

8. 按气象灾害程度和范围及其引发的次生、衍生灾害类别，有关部门按照其职责和预案启动响应。（ √ ）

9. 为了加强气象灾害的防御，避免、减轻气象灾害造成的损失，保障人民生命财产安全，根据《中华人民共和国气象法》，制定《气象灾害防御条例》。（ √ ）

10. 学校应当把气象灾害防御知识纳入有关课程和课外教育内容，培养和提高学生的气象灾害防范意识和自救互救能力。教育、气象等部门应当对学校开展的气象灾害防御教育进行指导和监督。（ √ ）

11. 县级以上人民政府有关部门在国家重大建设工程、重大区域性经济开发项目和解析大型太阳能、风能等气候资源开发利用项目以及城乡规划编制中，应当统筹考虑气候可行性和气象灾害的风险性，避免、减轻气象灾害的影响。（ √ ）

12. 雷电防护装置的设计审核和竣工验收由地级以上气象主管机构负责。（ × ）

解析：雷电防护装置的设计审核和竣工验收由县级以上气象主管机构负责。

13. 建立社区、乡镇气象灾害警报站，确保及时接收气象灾害预警信息并向责任区内的群众传递，按照防御方案和应急预案，正确防御气象灾害。（ √ ）

14. 加快推进以国家标准和行业标准为主体的气象灾害防御标准体系建设，根据气象灾害种类及风险区划，提供完整、准确的气象数据，为制定或修订相关标准提供依据，增强气象灾害防御的科学性、规范化、标准化。（ √ ）

15. 开展气象灾害风险隐患排查，查找气象灾害防御的隐患和薄弱环节，为编制气象灾害风险区划、完善气象灾害防御措施等奠定基础。（ √ ）

16. 建立重大工程建设的气象灾害风险评估制度，建立相应的建设标准，将气象灾害风险评估纳入工程建设项目行政审批的重要内容，确保在城乡《国家气象灾害防御规划（2009－2020年）》编制和工程立项中充分考虑气象灾害的风险性，避免和减少气象灾害的影响。（ √ ）

17. 综合运用多种手段、多种渠道使气象灾害预警信息及时有效传递给公众，尤其是农村地区人员密集场所的群众。（ × ）

解析：综合运用多种手段、多种渠道使气象灾害预警信息及时有效传递给公众，尤其是农村地区的群众。

18. 在各级科普馆中设立气象科普室，扩展气象科普基地，广泛开展全社会气象灾害防御知识的宣传，将气象灾害防御知识纳入国民教育体系，纳入文化、科技、卫生“三下乡”活动，加强对全民，特别是农民、中小学生等防灾减灾知识和防灾技能的宣传教育。（ √ ）

19. 加强应急处置能力建设，建立健全气象灾害应急处置各相关部门紧密协同联动的管理体制和运行机制，加强气象灾害防御信息跨部门共享和协作联动。（ × ）

解析：加强气象灾害应急处置能力建设，建立健全气象灾害应急处置各相关部门紧密协同联动的管理体制和运行机制，加强气象灾害防御信息跨部门共享和协作联动。

20. 建立和完善气象灾害防御社会动员机制，充分发挥群众团体、民间组织、基层自治组织和公民在灾害防御、紧急救援、救灾捐赠、医疗救助、卫生防疫、恢复重建、灾后心理疏导等方面的作用。（ × ）

解析：建立和完善气象灾害防御社会动员机制，充分发挥群众团体、民间组织、基层自治组织和公民在气象灾害防御、紧急救援、救灾捐赠、医疗救助、卫生防疫、恢复重建、灾后心理疏导等方面的作用。

21. 加强气象灾害应急准备工作检查，对基层气象防灾减灾基础设施进行评估，促进基层气象灾害应急准备规范化和社会化。（ √ ）

22. 粮食主产区、重点林区、生态保护重点区、水资源开发利用和保护重点区的监测是气象灾害监测网络建设的重要内容。（ × ）

解析：粮食主产区、重点林区、生态保护重点区、水资源开发利用和保护重点区的火险旱情监测是气象灾害监测网络建设的重要内容。

四、填空题

1. 地方各级人民政府和相关部门应做好_预警信息_的宣传教育工作，普及_防灾减灾_知识，增强社会公众的_防灾减灾_意识，提高自救、互救能力。

2. 各级气象主管机构所属的气象台站、其他有关部门所属的气象台站和与灾害性天气监测、预报有关的单位应当根据气象灾害防御的需要，按照职责开展灾害性天气的监测工作，并及时向_气象主管机构_和_有关灾害防御_、_救助部门_提供雨情、水情、风情、旱情等监测信息。

3. 县级以上人民政府应当整合完善<u>气象灾害监测</u>信息网络，实现<u>信息资源共享</u>。

4. 气象、水利、国土资源、农业、林业、海洋等部门应当根据<u>气象灾害</u>发生的情况，加强对<u>气象因素</u>引发的衍生、次生灾害的联合监测，并根据相应的应急预案，做好各项应急处置工作。

5. 由气象因素引发的衍生、次生灾害，包括<u>城市气象灾害</u>、<u>农业气象灾害</u>、林业气象灾害、水文气象灾害、海洋气象灾害、交通气象灾害、<u>地质气象灾害</u>、航空气象灾害、电力气象灾害等。

6. 气象灾害防御以<u>预防为主</u>，<u>防抗结合</u>，非工程措施与工程措施相结合，实现综合防御。

7. 强化监测预报工作，要对灾害发生时间、强度、变化趋势以及<u>影响区域</u>等进行科学研判。

8. 在城乡规划编制和重大工程项目、区域性经济开发项目建设前，要严格按规定开展<u>气候可行性论证</u>，充分考虑气候变化因素，避免、减轻气象灾害的影响。

9. 开展气象灾害影响风险评估要建立以<u>社区</u>、<u>乡村</u>为单元的气象灾害调查收集网络。

10. 气象灾害影响风险评估，要积极开展基础设施、建筑物等抵御气象灾害能力普查，推进气象灾害风险数据库建设，编制分灾种的<u>气象灾害风险区划图</u>。

预警信息发布知识

一、单项选择题

1. 气象部门根据对各类气象灾害的发展态势，综合预评估分析确定预警级别。预警级别分为（ C ），分别用红、橙、黄、蓝四种颜色标示，Ⅰ级为最高级别。

A. Ⅰ级特别严重、Ⅱ级严重、Ⅲ级较重、Ⅳ级较轻

B. Ⅰ级特别重大、Ⅱ级重大、Ⅲ级较重、Ⅳ级较轻

C. Ⅰ级特别重大、Ⅱ级重大、Ⅲ级较大、Ⅳ级一般

2. 气象灾害预警信息内容包括气象灾害的（ B ）和发布机关等。

A. 名称、预警级别、起始时间、可能影响范围、防御指南

B. 类别、预警级别、起始时间、可能影响范围、警示事项、应采取的措施

C. 类别、起始时间、可能影响范围、警示事项

3. 当同时发生两种以上气象灾害且分别发布不同预警级别时，按照（ C ）启动应急响应。

A. 最先达到预警级别灾种

B. 最后达到预警级别灾种

C. 最高预警级别灾种

4. 启动暴雨灾害应急响应后，气象部门加强监测预报，及时发布（ B ），适时加大预报时段密度。

A. 灾害性天气预警信息

B. 暴雨预警信号及相关防御指引

C. 暴雨预报

5. 干旱灾害发生后，气象部门应加强监测预报，及时发布干旱预警信号及相关防御指引，适时加大预报时段密度；了解干旱影响，进行综合分析；适时组织（ C ），减轻干旱影响。

A. 干旱监测　　B. 干旱影响评估　　C. 人工影响天气作业

6. 气象灾害信息公布形式主要包括（ B ）等。

A. 发表电视讲话、组织报道

B. 权威发布、提供新闻稿、组织报道、接受记者采访、举行新闻发布会

C. 手机短信、电视报道、传真

7. 当同时发生两种以上气象灾害且分别达到不同预警级别时，按照（ C ）。

A. 最先达到预警级别的预警

B. 最高预警级别预警

C. 各自预警级别分别预警

8. 暴雨一般指（ B ）的降水，会引发洪涝、滑坡、泥石流等灾害。

A. 12 小时内累积降水量达 50 mm 或以上，或 6 小时内累积降水量达 30 mm 或以上

B. 24 小时内累积降水量达 50 mm 或以上，或 12 小时内累积降水量达 30 mm 或以上

C. 24 小时内累积降水量达 100 mm 或以上，或 12 小时内累积降水量达 50 mm 或以上

9. 暴雪一般指（ B ）的固态降水，会对农牧业、交通、电力、通信设施等造成危害。

A. 12 小时内累积降水量达 10 mm 或以上，或 6 小时内累积降水量达 6 mm 或以上

B. 24 小时内累积降水量达 10 mm 或以上，或 12 小时内累积降水量达 6 mm 或以上

C. 24 小时内累积降水量达 15 mm 或以上，或 12 小时内累积降水量达 10 mm 或以上

10. 高温是指（ C ）以上的天气现象，会对农牧业、电力、人体健康等造成危害。

A. 日最高气温在 32 ℃

B. 日平均气温在 35 ℃

C. 日最高气温在 35 ℃

11.《气象灾害防御条例》自（ B ）起施行。

A. 2010 年 3 月 31 日

B. 2010 年 4 月 1 日

C. 2010 年 5 月 1 日

12.《气象灾害防御条例》所称气象灾害，是指（ A ）等所造成的灾害。

A. 台风、暴雨（雪）、寒潮、大风（沙尘暴）、低温、高温、干旱、雷电、冰雹、霜冻和大雾

B. 台风、暴雨（雪）、寒潮、大风（沙尘暴）、高温、干旱、雷电、冰雹、霜冻、霾和大雾

C. 台风、暴雨（雪）、寒潮、大风（沙尘暴）、低温、高温、干旱、雷电、冰雹、积冰和大雾

13. 广播、电视、报纸、电信等媒体应当及时向社会播发或者刊登（ B ）提供的适时灾害性天气警报、气象灾害预警信号，并根据当地气象台站的要求及时增播、插播或者刊登。

A. 当地气象主管机构

B. 当地气象主管机构所属的气象台站

C. 当地气象台站

14.《国务院办公厅关于加强气象灾害监测预警及信息发布工作的意见》的文号是（ C ）。

A. 国办发〔2011〕31 号　　B. 国办发〔2011〕32 号

C. 国办发〔2011〕33 号　　D. 国办发〔2011〕34 号

15. 2015 年，灾害性天气预警信息发布的目标是提前（ B ）分钟以上。

A. 10～20　　B. 15～30　　C. 20～40　　D. 30～60

16. 2015 年，气象灾害预警信息公众覆盖率的目标是达到（ C ）以上。

A. 80%　　B. 85%　　C. 90%　　D. 95%

17. 气象灾害监测预警及信息发布的工作目标是加快构建气象灾害实时监测、短临预警、（ A ）无缝衔接。

A. 中短期预报　　B. 长期预报

C. 延伸期预报　　D. 旬预报

18. 重大气象灾害预警信息紧急发布制度要（ B ）审批环节。

A. 增加　　B. 减少　　C. 强化　　D. 消除

19. 国家突发公共事件预警信息发布系统要求（ A ）四级相互衔接。

A. 国家、省、地、县　　B. 国家、省、市、乡

C. 省、地、县、乡　　D. 地、县、乡、村

20. 预警信息发布后，地方（ D ）及有关部门要及时组织采取防范措施。

A. 气象局　　B. 民政局

C. 公安局　　D. 人民政府

21. 提高预警信息发布时效性和覆盖面，要依靠法制、依靠科技、依靠（ A ）。

A. 基层　　B. 政府　　C. 群众　　D. 网络

22. 各有关部门要加强同宣传部门和（ C ）的联系沟通，引导社会公众正确理解和使用气象灾害预警信息。

A. 教育部门　　B. 民政部门　　C. 新闻媒体　　D. 公安部门

23. 国家突发事件预警信息发布系统预警信息发布过程中驳回的信息，统一驳回到预警信息采集环节处理是（ A ）。

A. 采集环节　　B. 审核环节　　C. 签发环节　　D. 复核环节

二、多项选择题

1. 有效发挥预警信息作用需要（ BCD ）。

A. 完善预警信息保密机制　　B. 健全预警联动机制

C. 加强军地信息共享　　D. 落实防灾避险措施

2. 加强发展气象灾害监测预警工作的支持保障措施有（ ABCD ）。

A. 强化组织保障　　B. 加大资金投入

C. 推进科普宣教　　D. 加强舆论引导

3. 加强气象灾害监测预警及信息发布工作的总体要求是（ ABCD ）。

A. 统一发布、分级负责　　B. 政府主导、部门联动

C. 以人为本、预防为主　　D. 以保障人民生命财产安全为根本

4. 预警信息发布的重点在于（ BD ）。

A. 权威性　　B. 时效性　　C. 可靠性　　D. 覆盖面

5. 气象灾害监测预警工作的要求是，做到（ ABCD ）。

A. 监测到位　　B. 预报准确　　C. 预警及时　　D. 应对高效

6. 突发事件预警信息发布管理办法，要明确气象灾害预警信息发布的（ ABCD ）。

A. 工作机制　　B. 渠道　　C. 流程　　D. 权限

7. 以下哪些机构要指定专人负责气象灾害预警信息接收传递工作？（ ABCD ）

A. 学校、医院　　B. 工矿企业　　C. 社区　　D. 乡政府

8. 为充分发挥（ ABC ）传播预警信息的作用，要为其配备必要的装备，给予必要经费补助。

A. 气象信息员　　B. 灾害信息员　　C. 群测群防员

D. 基层干部　　E. 基层文化站

9. 强化预警信息传播的主要内容包括（ BCD ）。

A. 健全预警联动机制　　B. 完善预警信息传播手段

C. 加强基层预警信息接收传递　　D. 发挥新闻媒体和手机短信的作用

10. 国家突发事件预警信息发布系统中，县级发布单位负责预警信息（ ABC ），市级发布中心负责预警信息复核发布。

A. 采集　　B. 审核　　C. 签发　　D. 复核

11. 国家突发事件预警信息发布系统，在录入预警信息时，（ BCD ）。

A. 预警信息签发后不需要再复核

B. 预警信息的发布范围为本县地理范围

C. 发布人群为本县受众用户组

D. 发布手段一般应在本县所有发布手段中选择，除此之外，还可以在国家级网站进行发布，可以在所隶属市级发布单位允许的前提下使用市级发布手段

12. 国家突发事件预警信息发布系统，预警信息录入包括（ ABC ）。

A. 添加“基础信息”　　B. 选择“发布范围”

C. 选择“发布手段”　　D. 预警信息审核

13. 国家突发事件预警信息发布系统预警等级有（ ABCD ）。

A. 蓝色　　B. 黄色　　C. 橙色　　D. 红色

14. 加强预警信息发布工作的主要内容是（ ABD ）。

A. 完善预警信息发布制度　　B. 加快预警信息发布系统建设

C. 增加预警信息覆盖面积　　D. 加强预警信息发布规范管理

三、判断题

1. 其他组织和个人可以向社会发布灾害性天气警报和气象灾害预警信号。（ × ）

解析：其他组织和个人不得向社会发布灾害性天气警报和气象灾害预警信号。

2. 县级以上地方人民政府应当建立和完善气象灾害预警信息发布系统，并根据气象灾害防御的需要，在交通枢纽、公共活动场所等人口密集区域和气象灾害易发区域建立灾害性天气警报、气象灾害预警信号接收和播发设施，并保证设施的正常运转。（ √ ）

3. 国家突发事件预警信息发布系统，批复“审核意见”审核该预警信息，当“通过”审核时可不填审核意见，若“驳回”信息则必须填写审核意见。（ √ ）

4. 国家突发事件预警信息发布系统，批复“签发意见”审核该预警信息，当“通过”签发时可不填审核意见，若“驳回”信息则必须填写签发意见。（ √ ）

5. 农村偏远地区预警信息接收需因地制宜地利用有线广播、高音喇叭、鸣锣吹哨等方式。（ √ ）

6. 广播、电视、报纸、互联网等媒体需无偿播发或刊载气象灾害预警信息。（ √ ）

7. 电信运营企业向灾害预警区域手机用户发布预警信息是有偿的。（ × ）

解析：电信运营企业向灾害预警区域手机用户发布预警信息是免费的。

8. 医院、工矿企业、建筑工地要指定专人负责气象灾害预警信息接收传递工作。（ √ ）

9. 气象灾害预警工作需纳入当地经济社会发展规划。（ √ ）

10. 目前，我国的气象预警信息覆盖已经不存在“盲区”。（ × ）

解析：目前，我国的气象预警信息覆盖还存在“盲区”。

11. 各地区、各有关部门要积极适应气象灾害预警信息快捷发布的需要，加快气象灾害预警信息接收传递设备设施建设。（ √ ）

12. 因气象因素引发的次生、衍生灾害预警信息由气象部门制作。（ √ ）

13. 各级广电、新闻出版、通信主管部门及有关媒体、企业须支持预警信息发布工作。（ √ ）

14. 预警信息发布后，灾害影响区内的社区、乡村和企事业单位，要组织居民群众和本单位职工迅速撤离。（ × ）

解析：预警信息发布后，灾害影响区内的社区、乡村和企事业单位，要组织居民群众和本单位职工做好先期防范和灾害应对。

15. 预警信息发布后，气象部门要组织对高风险部位进行巡查巡检。（ × ）

解析：预警信息发布后，地方各级人民政府及有关部门要组织对高风险部位进行巡查巡检。

16. 气象灾害预警的制作是防灾减灾工作的关键环节，是防御和减轻灾害损失的重要基础。（ × ）

解析：气象灾害监测预警及信息发布是防灾减灾工作的关键环节，是防御和减轻灾害损失的重要基础。

四、填空题

1. 气象灾害预警信息发布遵循“归口管理、统一发布、快速传播”原则。

2. 气象部门及时发布气象灾害监测预报信息，并与公安、民政、环保、国土资源、交通运输、铁道、水利、农业、卫生、安全监管、林业、电力监管、海洋等相关部门建立相应的气象及气象次生、衍生灾害监测预报预警联动机制，实现相关灾情、险情等信息的实时共享。

3. 气象灾害预警信息由气象部门负责制作并按预警级别分级发布，其他任何组织、个人不得制作和向社会发布气象灾害预警信息。

4. 地方各级人民政府要在学校、机场、港口、车站、旅游景点等人员密集公共场所，高速公路、国道、省道等重要道路和易受气象灾害影响的桥梁、涵洞、弯道、坡路等重点路段，以及农牧区、山区等建立起畅通、有效的预警信息发布与传播渠道，扩大预警信息覆盖面。

5. 暴雨Ⅰ级预警标准是：过去48小时2个及以上省区、市大部地区出现特大暴雨天气，预计未来24小时上述地区仍将出现大暴雨天气。

6. 各级气象主管机构所属的气象台站应当按照职责向社会统一发布灾害性天气警报和气象灾害预警信号，并及时向有关灾害防御、救助部门通报。

7. 各级气象主管机构所属的气象台站应当及时向本级人民政府和有关部门报告灾害性天气预报、警报情况和气象灾害预警信息。

8. 定期开展气象灾害应急演练，包括组织指挥、灾害预警及信息传递、灾害自救和互救逃生、转移安置、灾情上报等内容。

9. 突发事件预警信息发布管理办法中，要明确气象灾害预警信息发布权限、流程、渠道和工作机制等。

10. 突发性气象灾害预警要通过广播、电视、互联网、手机短信等各种手段和渠道第一时间向社会公众发布。

11. 气象灾害预警信息由各级气象部门负责制作。

12. 气象部门要会同有关部门细化气象灾害预警信息发布标准，分类别明确灾害预警级别、起始时间、可能影响范围、警示事项等，提高预警信息的科学性和有效性。

13. 基层预警信息的接收传递，要健全向基层社区传递的机制，形成县、乡、村、户直通的气象灾害预警信息传播渠道。

14. 气象部门发布的气象灾害监测预报信息，要与国土资源、交通运输、水利等部门建立气象灾害监测预报预警联动机制。

15. 国家突发事件预警信息发布系统中，县气象局采集人员登录系统，点击“信息发布”→“预警信息录入”，进入预警信息录入界面新增首发信息。

16. 国家突发事件预警信息发布系统中，预警信息录入“基础信息”，其中红色标＊字段为必填信息，包括：事件类别、影响范围、信息内容、预警级别、发布单位名称。

17. 国家突发事件预警信息发布系统中，预警信息录入选择发布对象时，只能选择本发布单位的发布对象。

18. 国家突发事件预警信息发布系统预警信息审核时，县气象局审核人员登录系统，点击首页待审核的预警信息，进入预警信息审核界面。

19. 国家突发事件预警信息发布系统预警信息签发时，县气象局签发人员登录系统，点击首页待签发的预警信息，进入预警信息签发界面。

20. 国家突发事件预警信息发布系统，可通过全流程监视查看预警信息发布情况。点击统计监视、预警信息全流程监视，进入预警信息监视界面。

气象为农服务知识

一、单项选择题

1. 村气象信息服务站是推进（ A ）的有效途径。

A. 气象信息进村入户　　B. 天气预报进村入户

C. 防灾减灾知识进村入户　　D. 气象科普知识进村入户

2. 农村气象信息服务站是为农民（ A ）服务的主要载体。

A. 提供气象信息

B. 提供天气预报

C. 提供防灾减灾气象知识

3. 秋风是在初秋由于北方冷空气南下出现对水稻（ A ）有影响的低温并常伴有阴雨的灾害天气。

A. 抽穗扬花　　B. 分蘖　　C. 灌浆

4. 贵州把 3 月下旬至 4 月下旬期间，出现了连续 3 天或 3 天以上日平均气温低于（ B ），作为倒春寒的天气指标。

A. 8 ℃　　B. 10 ℃　　C. 12 ℃

5. 在贵州大部分地区，低温并常伴有阴雨的灾害天气出现在（ B ）之后，故称秋风。

A. 秋分　　B. 立秋　　C. 立冬

6. 在贵州大部分地区，通常把 8 月上旬至 9 月上旬出现日平均气温（ B ）或以上作为秋风的指标，而在西部地区温度指标有所降低。

A. 低于 20 ℃且连续 5 天

B. 低于 20 ℃且连续 3 天

C. 低于 10 ℃且连续 3 天

7. 秋季绵雨是指 9 月至 11 月，连续 5 天或 5 天以上逐日降雨量（ A ）的持续阴雨天气。

A. 大于或等于 0.1 mm

B. 大于或等于 0.5 mm

C. 大于或等于 1 mm

8. 在贵州，连续（ C ）逐日降雨量大于或等于 0.1 mm 的持续阴雨天气为轻秋季绵雨。

A. 3～4 天　　B. 4～5 天　　C. 5～6 天

9. 在贵州，连续（ B ）逐日降雨量大于或等于 0.1 mm 的持续阴雨天气为中等秋季绵雨。

A. 7～8 天　　B. 7～9 天　　C. 7～10 天

10. 在贵州，连续（ A ）及其以上逐日降雨量大于或等于 0.1 mm 的持续阴雨天气为重秋季绵雨。

A. 10 天　　B. 12 天　　C. 15 天

11. 贵州秋绵雨(B)逐渐减轻。

A. 从西向东　　B. 从西北向东南　　C. 从北向南

12. 凝冻是贵州冬半年出现的温度(C),有过冷却液态水降至地面或在固体物体上产生的结冰现象,包括雨凇和雾凇,是冬季常见的一种灾害性天气。

A. 低于−2 ℃　　B. 低于−1 ℃　　C. 低于 0 ℃

13. 农田小气候的特征是指光照强度由植株顶部向下递减,温度的最大值和最小值出现在植株高度的(C)处,农田的湿度取决于天气和土壤水分,风速从植株根部向上不断增大。

A. 1/2　　B. 1/3　　C. 2/3

14. 贵州中亚热带包括遵义市、铜仁地区、黔东南州,黔南州、安顺市、黔西南州等的大部分县及贵阳、乌当、花溪等地,年平均气温(B)。

A. 10～15 ℃　　B. 15～18 ℃　　C. 15～20 ℃

15. 贵州北亚热带包括毕节地区,六盘水市,贵阳市、安顺市部分县,年均温(B)。

A. 10～12 ℃　　B. 12～14 ℃　　C. 14～18 ℃

16. 暖温带包括水城、赫章、威宁海拔(B)的高原山地,年平均气温在 12 ℃以下。

A. 1800～2000 m 以下

B. 1800～2000 m 以上

C. 2500 m 以上

二、多项选择题

1. 气象灾害应急准备认证乡镇建设除建立完善的组织机制、开展乡镇气象灾害风险评估、有气象灾害预警信息发布手段等工作外,还要开展下列工作:(ABCDE)。

A. 制定和完善气象灾害应急预案

B. 开展气象防灾减灾科普宣传与培训

C. 建设乡镇气象防灾减灾基础设施

D. 提高居民气象防灾减灾意识与技能

E. 建立气象防灾减灾工作制度

F. 发布气象预报预警信息

2.《气象灾害应急准备认证乡镇建设规范》中,建立完善的组织机制是指:(ABCD)。

A. 有气象防灾减灾工作专门工作领导小组,全面负责乡镇气象防灾减灾事宜

B. 有一名乡镇负责人分管气象灾害防御工作,有一名或一名以上的气象信息员专门承担相关工作

C. 有气象信息服务站,在灾害性天气影响期间有可以 24 小时值班的工作场所

D. 在乡镇建立一支基层气象防灾减灾队伍,承担乡镇气象防灾减灾的有关工作

E. 有专用办公设备、设施,能接收和印制各种气象预报预警信息

3.《气象灾害应急准备认证乡镇建设规范》中,气象灾害预警信息发布手段是指:(ABC)。

A. 有多种渠道设备能够接收当地气象部门气象灾害预警信息,能与当地气象部门保持通信畅通

B. 有及时传播分发气象灾害预警信息渠道,如在公众场所设置自动接收、播放灾害性天气警报的装置,如预警广播、气象电子显示屏等

C. 重大气象灾害发生时,通过电话、手机、对讲机、锣鼓、登门入户等方式通知到乡镇每户居民

D. 有电视、手机短信、传真、微信微博等信息发布渠道,及时发布气象预报预警信息

4. 根据《气象灾害应急准备认证乡镇建设规范》，开展气象防灾减灾科普宣传与培训工作主要包括：(ABCDE)。

A. 有面向公众的气象防灾减灾科普宣传和培训计划

B. 以国家防灾减灾日、世界气象日、科普宣传周等为平台，开展经常性的气象防灾减灾宣传活动

C. 利用学校、广播、宣传栏、橱窗、安全提示牌、电子显示屏等公共场所或设施，开展气象防灾减灾科普宣传，普及气象防灾减灾知识和避险自救技能

D. 定期邀请有关专家对乡镇居民进行气象防灾减灾培训，与其他乡镇开展乡镇气象灾害防御经验交流

E. 定期印制分发乡镇气象防灾减灾宣传材料

F. 开展气象科普知识"六进"活动

5. 建设乡镇气象防灾减灾基础设施主要包括：(ABCD)。

A. 有可实时监测当地天气状况的监测设施，并能向县气象部门进行数据传输

B. 通过新建、加固和确认等方式，建立乡镇气象灾害应急避难场所，明确避难场所位置、可安置人数、管理人员等信息

C. 在避难场所以及附近的关键路口等，设置醒目的安全应急标志或指示牌，引导居民快速找到避难所

D. 乡镇储备必要的应急减灾物资，包括基本救援工具如铁锹、担架等，通讯设备如喇叭、对讲机等，照明工具如手电筒、应急灯等，应急药品和生活类物资如棉衣被、食品、饮用水等

E. 有人工影响天气作业炮站，必要时开展防雹增雨作业

6. 提高居民气象防灾减灾意识与技能主要包括：(ABCDE)。

A. 居民清楚乡镇内各类灾害风险及其分布

B. 居民知晓本乡镇的避难场所和行走路线

C. 居民知晓气象预警信号所表示的含义

D. 居民掌握气象防灾减灾自救互救基本方法与技能，包括不同场合家里、室外、学校等，不同气象灾害洪水、冰雹、龙卷、地质灾害等发生后，懂得如何逃生自救、互帮互救等基本技能

E. 居民积极主动参加包括宣传、培训、防灾演练、乡镇风险隐患点排查、乡镇灾害风险区划图的编制等活动

F. 居民掌握气象监测预警设备设施基本维护维修技能

7. 建立气象防灾减灾工作制度主要包括：(ABCD)。

A. 建立管理考核制度，包括相关人员的日常管理、气象防灾减灾设施的维护管理等

B. 建立两卡发放制度。制作气象灾害防御工作明白卡和气象防灾减灾明白卡，气象灾害防御工作明白卡发放给防御责任人和信息员，气象防灾减灾明白卡发放给乡镇居民

C. 进行气象防灾减灾检查。定期对乡镇针对隐患监测、应急救护预案、气象灾害风险区划、脆弱人群应急应对等各项工作进行检查，对工作中的不足之处提出具体改进措施

D. 建立气象减灾工作档案。建立包含图片和文字的规范、齐全的乡镇气象防灾减灾档案，以便查阅

E. 建立气象灾情调查收集上报制度，及时报送灾情信息，建立灾情档案

8. 各级气象主管部门要制定（ A ），有计划、有步骤地示范、推广，并把各地气象信息服务站建设作为（ D ）逐级进行考核。

A. 本地农村气象信息服务站建设方案

B. 工作计划

C. 工作制度

D. 重点考核内容

9. 各级气象主管部门要转变观念，将农村气象信息服务站管理视为（ B ）的重要方面，将此工作纳入地方（ C ）建设。

A. 为农服务　　B. 履行政府管理职能

C. 公共服务体系　　D. 政府工作建设

10. 农村气象信息服务站建设原则有（ ABDE ）。

A. 坚持公共服务、农民受益　　B. 坚持政府主导、社会参与

C. 需求牵引，服务引领　　D. 坚持部门合作、共建共享

E. 坚持循序渐进、以点带面

11. 农村气象信息服务站服务的内容包含（ ABCDE ）。

A. 接收和分发气象灾害预警信息

B. 发布天气预报和农业气象服务产品

C. 开展农村经济信息服务

D. 开展气象科普宣传和培训

E. 收集和反馈气象服务需求

12. 农村气象信息服务站要做到：（ ABCD ）。

A. 服务公开　　B. 保证服务时间

C. 服务响应及时　　D. 填写服务日志

E. 制定建设方案

13. 农村气象信息服务站建设要（ ABC ）。

A. 按照公益性服务的要求

B. 以基层农村为重点，以农民受益为核心

C. 以满足农民的气象服务需求为前提

14. 积极引导（ ABC ）等基层力量参与到农村气象信息服务中。

A. 农村干部　　B. 大学生村官

C. 志愿者　　E. 人影响作业人员

15. 把气象信息服务与（ ABCDE ）等信息结合起来，实现信息服务的集约化，实现多站合一。

A. 防灾减灾　　B. 农业生产　　C. 科技、文化

D. 教育　　E. 经济

16. 农村气象信息服务站可与（ ABCD ）等合作共用，并悬挂统一的“气象信息服务站”标牌。

A. 各级办事大厅

B. 农村综合信息服务站

C. 农村党员干部现代远程教育服务点

D. 农业技术推广站

17. 农村气象信息服务站是（ AB ）的重要手段。

A. 深化气象为农服务　　B. 推进城乡公共气象服务均等化

C. 推进气象信息进村入户　　D. 为农民提供气象信息服务

18. 农业气象灾害中由水分因子异常引起的灾害有：（ ABCDE ）

A. 干旱　　B. 洪涝　　C. 渍害

D. 雹灾　　E. 连阴雨　　F. 低温冷害

19. 农村气象信息服务站应对（ ABCE ）予以公开。

A. 服务方式　　B. 服务时间　　C. 服务内容

D. 服务人员　　E. 联系方式

20. 凝冻对国民经济建设和人们的生产生活影响较大，尤其是对小季作物越冬，对（ ABCDE ）等影响更为显著。

A. 畜牧业　　B. 林业　　C. 交通运输业

D. 通讯设施　　E. 输电线路　　F. 农业

21. 干旱的强度气象上常用（ ABC ）等特征量来表示。

A. 少雨日数　　B. 降雨量　　C. 干旱指数　　D. 温度

22. 危害贵州农业生产的主要灾害性天气有：（ BCEF ）。

A. 暴雨　　B. 春旱　　C. 夏旱

D. 霜冻　　E. 倒春寒　　F. 秋风

23. 立体农业气候特征是指农业气候要素（ ABCE ）等在垂直方向的分布和变化情况。

A. 光　　B. 温　　C. 水

D. 风　　E. 气

24. 贵州省由低到高具有（ BCDE ）等四种农业气候类型。

A. 热带　　B. 南亚热带　　C. 中亚热带

D. 北亚热带　　E. 暖温带

25. 贵州南亚热带包括（ BCD ）等县海拔 300～500 m 以下地区，年平均气温在 19.0 ℃以上。

A. 榕江　　B. 罗甸　　C. 望谟　　D. 册亨

三、判断题

1. 农村气象信息服务站应制定服务登记、服务项目公示、定时开放、设备管理、信息审查、信息员职责和考核指标等方面的管理制度。（ √ ）

2. 按照集约化思路，与有关部门共建、共享和共同维护农村气象信息服务站。（ √ ）

3. 农村气象信息服务站应保持服务渠道畅通，对服务需求能及时给予积极响应，服务态度好，讲求实效。（ √ ）

4. 农村气象信息服务站是农村公共气象服务体系和综合信息服务体系建设的组成部分。（ √ ）

四、填空题

1. 为提高基层气象灾害防御能力和公众气象灾害防御意识，有效减轻气象灾害带来的影响，逐步实现<u>政府主导</u>、自上而下的气象防灾减灾与<u>乡镇自发</u>、自下而上的气象防灾减灾相结合，特制定《气象灾害应急准备认证乡镇建设规范》。

2. 气象灾害应急准备认证乡镇是指通过当地<u>气象部门</u>和<u>地方应急管理部门</u>认证，

具备气象防灾减灾能力和意识，能自动自发进行 灾前 、灾中 到 灾后 各项灾害防御工作，能降低气象灾害发生的机会、承受气象灾害的冲击和降低气象灾害带来损失的乡镇。

3. 针对乡镇气象灾害特点，编制、完善乡镇气象灾害应急预案，预案要明确乡镇 气象防灾减灾领导小组 和 应急队伍联系人 以及 他们的联系方式 ，对于乡镇弱势群体有对应救助措施。

4. 明确绘制乡镇气象灾害避难图，内容包括 气象灾害风险隐患点带 、应急避难场所分布 、安全疏散路径 、脆弱人群临时安置场所、消防和医疗设施及指挥中心位置等信息。

5. 每个乡(镇)建设农村气象信息服务站必须满足的基本条件是：有固定场所、有信息设备、有信息员、有定期活动、有管理制度、有长效机制。

6. 农村气象信息服务站应至少配备 一台计算机和宽带网络一套 ，至少要有 一名气象信息员。

7. 霜冻是 土壤表面 和 植物表面 的温度下降到 0 ℃以下，足以引起植物遭受伤害或者死亡的短时间低温冻害。故霜冻既可有霜出现，也可无霜出现，后者通常称为“黑霜”。

8. 干旱是指作物发育期内，由于久旱不雨或少雨，土壤中有效水分耗尽，使作物发生 调萎 或 枯死 的一种自然灾害。

9. 冰雹是由发展强烈的 积雨云 中降落下来的固态降水物，是贵州常见的一种灾害性天气。冰雹云的生命史很短，少则一两小时，多则几小时；降雹时间更短，少则一两分钟，多则几分钟十几分钟。

10. 农业气象灾害是在农业生产过程中所发生导致 农业减产 、耕地 和 农业设施损坏 的不利天气和气候条件的总称。

11. 贵州境内 西部高东部低 ，东西之间海拔高度相差 2763 m。

12. 乡级人民政府由 分管乡长 负责气象灾害防御工作，由乡干部担任的 气象协理员 负责日常工作。

13. 行政村村长为本区域 气象灾害防御责任人 ，村级气象灾害防御负责人要清楚村中的危险户所在。

14. 每个村设有 气象 信息员，每个村要在气象灾害危险区设立 警示牌 ，清楚标明 转移 路线。建立预案到 村 、责任到 人 的农村气象灾害应急处置体系。

15. 乡、村级预案要在摸清气象灾害 危险区域 、安置点 的基础上，采用简明的图表方式，明确群众转移路线。

灾情收集上报知识

一、单项选择题

1. 气象灾害发生后，(A)等部门按照有关规定进行灾情调查、收集、分析和评估工作。

A. 民政、防汛、气象　B. 民政、防汛、国土　C. 防汛、国土、气象

2.《气象灾情收集上报调查和评估规定》中的畜牧业影响包括：(A)。

A. 影响牧草名称、牧草受灾面积、死亡大牲畜、死亡家禽、饮水困难牲畜、畜牧业经济损失、畜牧业其他影响

B. 影响牧草名称、牧草受灾面积、死亡牲畜、饮水困难牲畜、畜牧业经济损失、畜牧业其他影响

C. 影响牧草名称、牧草受灾面积、死亡大牲畜、死亡家禽、畜牧业经济损失、畜牧业其他影响

3. 当发生《气象灾情收集上报调查和评估规定》第二条所涉及的气象灾害时，各级气象部门应当在灾害发生的(B)内及时进行灾情数据收集和初报。

A. 1 小时　B. 2 小时　C. 3 小时

4. 根据《气象灾情收集上报调查和评估规定》，在灾情发生(B)内，通过决策服务平台中的直报系统上报重要灾情。

A. 3 小时　B. 6 小时　C. 12 小时

5. 根据《气象灾情收集上报调查和评估规定》，对于需要更新或者修订的数据应在(B)内及时更正并经过确认审核后上报。

A. 6～12 小时　B. 12～24 小时　C. 24～48 小时

6. 各省级气象部门应当及时、全面地收集、整理、审核灾情数据，形成以灾害性天气过程为时间单元、以县为地域单元的规范的气象灾情月报和年报，于每月(C)通过决策服务平台月、年报灾情系统上报国家气候中心。

A. 1 日　B. 2 日　C. 3 日

7. 根据《气象灾情收集上报调查和评估规定》，特大型气象灾害是指，因灾死亡(C)以上，或者直接经济损失 10 亿元含以上的灾害。

A. 30 人含以上或者伤亡总数 100 人含

B. 50 人含以上或者伤亡总数 300 人含

C. 100 人含以上或者伤亡总数 300 人含

8. 根据《气象灾情收集上报调查和评估规定》，大型气象灾害是指，因灾死亡 30 人含以上 100 人以下，或者伤亡总数 100 人含以上 300 人以下，或者直接经济损失(B)的灾害。

A. 5000 万元含以上 5 亿元以下

B. 1 亿元含以上 10 亿元以下

C. 2 亿元含以上 20 亿元以下

9. 根据《气象灾情收集上报调查和评估规定》，中型气象灾害是指，因灾死亡 3 人含以上 30 人以下，或者伤亡总数(B)以下，或者直接经济损失 1000 万元含以上 1 亿元以下的灾害。

A. 10 人含以上 100 人

B. 30 人含以上 100 人

C. 50 人含以上 100 人

10. 根据《气象灾情收集上报调查和评估规定》，小型气象灾害是指，因灾死亡(B)，或者伤亡总数 10 人含以上 30 人以下，或者直接经济损失 100 万元含以上 1000 万元以下的灾害。

A. 3 人以下　　B. 1 含到 3 人　　C. 1 含到 5 人

11. 各级气象主管机构应当开展全程气象灾害评估工作。在(A)，根据气象预报预测的灾害强度、影响范围和对象等，对可能造成的灾害进行预评估。

A. 灾害出现前　　B. 灾害出现后　　C. 灾害结束后

12. 根据《气象灾情收集上报调查和评估规定》，基础设施影响是指：(B)。

A. 损坏道路、桥梁隧道及市政工程

B. 损坏桥梁涵洞，基础设施经济损失，基础设施其他影响

C. 损坏供水、供电及公共设施

13. 根据《气象灾情收集上报调查和评估规定》，通信影响是指：(B)。

A. 电信、移动、联通的影响

B. 通信中断时间，通信经济损失，通信其他影响

C. 电信、网络等经济损失及影响

14. "气象要素实况"填写本次灾害性天气过程的(A)。

A. 天气学指标　　B. 气象学指标　　C. 气候学指标

15. "被困人口"指受灾人口中被围困(C)以上、生产和生活受到严重影响的人口数。

A. 24 小时　　B. 36 小时　　C. 48 小时

16. "转移安置人口"指因受到灾害威胁、袭击，需在(B)内离开其住所转移到其他地方的人口数量。

A. 12 小时　　B. 24 小时　　C. 48 小时

17. "农作物受灾面积"指因灾减产(A)以上的农作物播种面积，反映农作物受到灾害影响的范围。

A. 1 成含 1 成　　B. 2 成含 2 成　　C. 3 成含 3 成

18. "农作物成灾面积"指因灾减产(C)以上的农作物播种面积。

A. 1 成含 1 成　　B. 2 成含 2 成　　C. 3 成含 3 成

19. "农作物绝收面积"指因灾减产(C)以上的农作物播种面积，反映农作物受灾的严重程度。

A. 5 成含 5 成　　B. 7 成含 7 成　　C. 8 成含 8 成

20. "死亡大牲畜"指体型较大、须饲养(B)以上发育成熟的牲畜，如马、牛、驴、骡、骆驼等，但不包括羊、猪等中小型家畜死亡总数。

A. 1～2 年　　B. 2～3 年　　C. 3～4 年

21. "水毁大型水库数"指本次灾害造成的总库容(A)以上的水库损毁数量。

A. 1 亿 m^3　　B. 2 亿 m^3　　C. 3 亿 m^3

22. "水毁中型水库数"指本次灾害造成的总库容(A)的水库损毁数量。

A. 1000 万～1 亿 m^3

B. 2000万～2亿 m^3

C. 5000万～5亿 m^3

23.“水毁小型水库数”指本次灾害造成的总库容（ A ）的水库损毁数量。

A. 10万～1000万 m^3

B. 20万～2000万 m^3

C. 30万～3000万 m^3

24.“水毁塘坝数”指本次灾害造成的总库容小于（ B ）的水利设施损毁数量。

A. 5万 m^3　　B. 10万 m^3　　C. 50万 m^3

25.“林木损失”指因本次灾害造成的各种林木（ B ）数量。

A. 枯萎　　B. 倒断　　C. 死亡

26.“电力倒杆”“电力倒塔”指本次灾害造成的（ B ）倒断数量。

A. 电杆或电线　　B. 电杆或基塔　　C. 基塔或电线

27.“损坏桥梁涵洞情况”指本次灾害造成的（ B ）受损数量。

A. 中型桥梁、涵洞　　B. 较大型桥梁、涵洞　　C. 大型桥梁、涵洞

28.“停业商店数”指受本次灾害影响而停业的商店数量，（ B ）。

A. 包括私人小店　　B. 不包括私人小店　　C. 包括其他小店

29. 当灾害在全县（ A ）地区发生时，可以填写“全县范围”或“所有乡镇”，否则按实际发生灾害的乡镇名称填写。

A. 2/3以上　　B. 50％以上　　C. 90％以上

30. 一次灾害性天气过程中暴雨、雷电、大风、冰雹同时出现，并明确主要致灾灾种为“暴雨”，本记录“灾害类别”字段中则填“暴雨洪涝”，损失数据填报（ A ）造成的各项损失数据。

A. 暴雨　　B. 雷电　　C. 大风

二、多项选择题

1. 调查评估内容应当包括（ ABCDF ）以及灾后恢复生产的气象建议等，写出调查评估报告，建立灾情档案。

A. 灾情　　B. 气象情况　　C. 出现灾害的原因

D. 预报服务的效益　　E. 取得的成功经验　　F. 存在的问题

2. 突发公共事件报告上报时间要求：每年（ ABD ）报送前3个月的季度灾情报告，1月5日报送上一年的年度灾情报告，其他月份报送上一个月的月灾情报告。

A. 4月5日　　B. 7月5日　　C. 10月5日　　D. 10月10日

3. 根据《气象灾情收集上报调查和评估规定》，水利影响是指：（ ABD ）。

A. 水毁大型水库、水毁中型水库、水毁小型水库

B. 水毁塘坝、水毁沟渠长度、堤坝决口情况

C. 水毁水利设施数量

D. 水情信息、水利经济损失、水利其他影响

4. 根据《气象灾情收集上报调查和评估规定》，工业影响是指：（ ABCE ）。

A. 停产工厂　　B. 工业设备损失　　C. 工业经济损失

D. 工业财产损失　　E. 工业其他影响

5. 根据《气象灾情收集上报调查和评估规定》，林业影响是指：（ ABCE ）。

A. 林木损失　　B. 林业受灾面积　　C. 林业经济损失

D. 经果林损失　　E. 林业其他影响

6.“疾病名称”指因本次灾害引发的（ ABC ）等疾病的名称。

A. 流行病　　B. 传染病　　C. 多发病

D. 急性病　　E. 慢性病

7.“交通工具损毁”指本次灾害造成的（ ABC ）等交通工具损坏数量。

A. 飞机　　B. 火车　　C. 汽车　　D. 轮船

8.“交通工具停运时间”指本次灾害造成的（ BC ）等交通工具停运的时间。

A. 飞机　　B. 火车　　C. 汽车　　D. 轮船

9.“铁路损坏长度”指本次灾害造成的（ AB ）损坏长度。

A. 铁路路基　　B. 铁轨　　C. 铁路桥梁　　D. 铁路涵洞

10.“水上运输船只翻沉数量”指本次灾害造成的水上运输交通工具（ AC ）数量。

A. 损坏　　B. 沉没　　C. 翻沉　　D. 失踪

11.“道路堵塞”指因本次灾害造成的道路交通（ AC ）等。

A. 拥堵路段数量　　B. 拥堵车辆数量　　C. 堵塞长度　　D. 堵塞距离

12.“滞留旅客数”指本次灾害造成的因交通中断、交通工具延误等在（ AB ）滞留的旅客数量。

A. 机场　　B. 车站　　C. 码头　　D. 港口

13.“电力断线长度”指本次灾害造成的输电线路（ AC ）长度。

A. 断线　　B. 倒伏　　C. 受损　　D. 损毁

14.“图片信息说明”指照片中灾害事件的（ AB ）及拍摄时间、人员等相关说明信息。

A. 时间　　B. 地点　　C. 类别　　D. 范围

15. 一次灾害性天气过程中暴雨、雷电、大风、冰雹同时出现，同时“冰雹”或“雷电”“大风”也有具体灾情数据且不与暴雨灾情重复，则再以（ BCD ）为主灾填报另一记录。

A. 暴雨　　B. 冰雹　　C. 雷电　　D. 大风

三、判断题

1. 各级气象部门通过设立气象信息员，实地采集数据或从民政、水利、农业、交通运输等有关部门及时获取灾情及影响数据，灾情数据来源应确保合法可靠。（ √ ）

2. 全国气象灾情的收集和上报中，灾害类别必须严格按照《气象灾情收集上报调查和评估规定》所述 28 类进行填写，但可根据情况增加其他灾害类别。（ × ）

解析：全国气象灾情的收集和上报中，灾害类别必须严格按照《气象灾情收集上报调查和评估规定》所述 28 类进行填写，不得随意增加其他灾害类别。

3. 对于跨月发生的灾害性天气过程，上报上月灾情月报时只填写当月的灾情，灾害的结束日期填写当月最后一天的日期，但在下一个月上报时应按完整的灾害过程上报。（ √ ）

4. 气象灾害评估分级处置标准，按照人员伤亡、财产损失的大小，分为 4 个等级。（ × ）

解析：气象灾害评估分级处置标准，按照人员伤亡、经济损失的大小，分为 4 个等级。

5. 当发生中型及以上气象灾害后，地市级气象主管机构应当立即赴现场进行实地调查和评估。（ √ ）

6. 灾害过程中，对灾害情况、灾害对社会经济发展的影响以及气象预报服务工作做出全面评估。（ × ）

解析：灾害过程结束后，对灾害情况、灾害对社会经济发展的影响以及气象预报服务工作做出全面评估。

7."灾害开始日期""灾害结束日期"指本次灾害性天气过程发生的起止时间，两个时间可以相同，按年-月-日填报。（ √ ）

8."灾害发生地名称"是气象灾害发生地的具体地点，指县级的名称，可以同时填写多个地点，用逗号隔开。（ × ）

解析："灾害发生地名称"是气象灾害发生地的具体地点，指县级以下如乡镇、村等的名称，可以同时填写多个地点，用逗号隔开。

9."记录编号"是由人工生成的记录唯一性标识。（ × ）

解析："记录编号"是由系统自动产生的记录唯一性标识。

10."死亡人口"指以气象灾害为间接原因导致死亡的人口数量含非常住人口。（ × ）

解析："死亡人口"指以气象灾害为直接原因导致死亡的人口数量含非常住人口。

11."失踪人口"指以气象灾害为直接原因导致下落不明、确认死亡的人口数量含非常住人口。（ × ）

解析："失踪人口"指以气象灾害为直接原因导致下落不明、暂时无法确认死亡的人口数量含非常住人口。

12."灾害影响"填写本次灾害影响的总体情况。（ √ ）

13."受伤人口"指以气象灾害为直接原因导致的受伤人口数量含非常住人口。（ √ ）

14."直接经济损失"指本次灾害造成的全社会各种经济损失的总和。（ × ）

解析："直接经济损失"指本次灾害造成的全社会各种直接经济损失的总和。

四、填空题

1.《气象灾情收集上报调查和评估规定》中所称的气象灾害，是指由气象原因直接或间接引起的，给人类和社会经济造成损失的灾害现象。包括台风、<u>暴雨洪涝</u>、干旱、大风、龙卷、冰雹、飑线、雷电、雪灾、冻雨、冻害、霜冻、<u>低温冷害</u>、沙尘暴、高温热浪、大雾、霾、连阴雨、渍涝、干热风、凌汛、酸雨、<u>气象地质灾害</u>、赤潮、风暴潮、作物病虫害、森林草原火灾、大气污染共28类。

2. 气象灾情上报内容包括气象灾害基本情况以及气象灾害的社会经济影响等<u>16</u>类共<u>96</u>项。

3.《气象灾情收集上报调查和评估规定》中所称的基本信息包括：记录编号、省自治区、直辖市、市地、州、县区、市、县编码、灾害发生地名称、<u>灾害类别</u>、应归属的常见灾害名称、伴随灾害、<u>灾害开始日期</u>、<u>灾害结束日期</u>、气象要素实况、灾害影响描述。

4.《气象灾情收集上报调查和评估规定》中所称的社会影响包括：受灾人口、<u>死亡人口</u>、失踪人口、受伤人口、被困人口、饮水困难人口、<u>转移安置人口</u>、倒塌房屋、损坏房屋、引发的疾病名称、发病人口、停课学校、<u>直接经济损失</u>、其他社会影响。

5.《气象灾情收集上报调查和评估规定》中所称的农业影响包括：受灾农作物名称、<u>农作物受灾面积</u>、<u>农作物成灾面积</u>、<u>农作物绝收面积</u>、损失粮食、损坏大棚、农业经济损失、农业其他影响。

6.《全国气象灾情收集上报技术规范》适用于各级气象部门的<u>月</u>、<u>年</u>和<u>历史灾情灾情普查</u>收集上报。

7. 月、年和历史灾情灾情普查上报基本信息以<u>灾害性天气过程</u>为时间单元、以<u>县</u>为地域单元。

8."受灾人口"指灾害过程中遭受影响的总人口情况,包括因灾__致死__、__致伤__、__致病__人口和因灾使生产、生活受到破坏以及家庭财产受到损害的人口。

9."饮水困难人口"指因灾造成的饮用水__水源枯竭__或__水源污染__、__破坏__,短期内不能解决饮水问题的人口数量。

10."倒塌房屋数"指因灾导致房屋__两面__以上墙壁坍塌,或__房顶__坍塌,或房屋__结构__濒于崩溃、倒毁,必须进行拆除重建的房屋数量。

气象灾害风险预警知识

一、单项选择题

1. 分析致灾临界雨量的气象、水文资料应是相应机构整编的资料，一般不少于(　　)年。建站少于(　　)年的应从建站起收集整理，序列至少为逐日资料。(C)

A. 10,10　　B. 20,20　　C. 30,30　　D. 50,50

2. 暴雨洪涝灾害致灾临界面雨量确定时，基础资料的收集整理主要依托于(A)工作。

A. 暴雨洪涝灾害风险普查

B. 中小河流洪水、山洪灾害风险普查

C. 泥石流、滑坡灾害风险普查

D. 暴雨诱发中小河流洪水和山洪地质灾害气象风险

3. 面雨量指整个区域内单位面积上的(B)降水量，能较客观地反映整个区域的降水情况。

A. 小时　　B. 平均　　C. 日　　D. 年累计

4. 山洪致灾主要考虑洪水淹没深度可能对人造成的影响，将山洪灾害风险分为(B)个等级。

A. 三　　B. 四　　C. 五　　D. 六

5. 气象风险等级按级划分为(C)类。

A. 一　　B. 三　　C. 四　　D. 五

6. 气象风险预警服务业务分为(B)。

A. 省、地市、县三级　　B. 国家、省、地市、县四级

C. 省、地市、县、乡镇四级　　D. 地市、县、乡镇三级

7. 开展中小河流洪水和山洪地质灾害气象风险预警服务业务的主要时段为(A)。

A. 5—9月　　B. 2—8月　　C. 3—9月　　D. 6—10月

8. 气象风险预警服务文字产品中的“发布单位”为(C)。

A. 全国、省级、地市气象台　　B. 地市、县级气象台

C. 全国、省级、地市、县级气象台　　D. 全国、省级气象台

9. 各级气象部门从事中小河流洪水和山洪地质灾害气象风险预警服务应遵循以下哪个规范？(A)

A. 暴雨诱发中小河流洪水和山洪地质灾害气象风险预警服务业务规范

B. 全国气象灾情收集上报技术规范

C. 气象灾害应急准备认证乡镇建设规范

D. 中小河流洪水、山洪灾害风险普查技术规范

10. 暴雨诱发的泥石流、滑坡灾害是指山丘区由于(A)引起的泥石流、滑坡灾害。

A. 降雨　　B. 洪水　　C. 山洪　　D. 暴雨

11. 暴雨洪涝灾害风险普查是以(C)级行政单位为单元,全面普查县域村级暴雨诱发的泥石流、滑坡灾害。

A. 村　B. 乡镇　C. 县　D. 地市

12. 暴雨洪涝灾害风险普查按照每个泥石流、滑坡灾害点(D)建立档案,填写普查表。

A. 每年灾害　B. 每季灾害　C. 每月灾害　D. 每次灾害

二、多项选择题

1. 以下哪些是防汛特征水位?(AB)

A. 警戒水位　B. 保证水位　C. 防洪高水位　D. 设计洪水位

2. 基础资料的收集整理主要依托于暴雨洪涝灾害风险普查工作,用于分析致灾临界雨量的资料可分为(ABCD)、灾情等类别的数据及文字资料。

A. 气象　B. 水文　C. 地理　D. 隐患点

3. 中小河流洪水水位分为三个等级,依次为:(ADB)。

A. 警戒水位　B. 漫坝时水位,即堤坝高度

C. 溃坝水位　D. 保证水位

4. 山洪临界面雨量确定所需资料有(ABCD)。

A. 地理信息数　B. 据隐患点数据　C. 水文数据　D. 气象数据

5. 山洪临界面雨量的确定,根据所收集的资料情况选择分析方法,包括(ABC)三种。

A. 统计法　B. 模型法　C. 类比法　D. 筛选法

6. 气象风险预警服务产品发布后,各级气象部门还要对气象风险预警服务产品和服务在防灾减灾中(ABC)进行评估,包括因预警提前安全转移的人数、减少的人员伤亡数量和财产损失等。

A. 发挥的作用　B. 取得的社会效益

C. 取得的经济效益　D. 气象部门的收益

7. 全国暴雨诱发的泥石流、滑坡灾害风险普查的对象为中华人民共和国境内未含(ABC)的31个省(自治区、直辖市)泥石流、滑坡灾害发生地区及隐患点。

A. 香港特别行政区　B. 澳门特别行政区

C. 台湾省　D. 沙漠地区

8. 河床按形态可分为(ABCD)。

A. 顺直河床　B. 弯曲河床　C. 汊河型河床　D. 游荡型河床

9. 中小河流洪水的普查信息细化到(B)单位,山洪灾害细化到(C)单位。

A. 县市　B. 乡镇　C. 行政村　D. 小组

10. 普查中小河流域和山洪沟的河道基本特征时,中小河流主要包括(ABC)、河源河口位置、河道比降、河道糙率、最大安全泄量等。

A. 流域面积　B. 流域内人口　C. 流域内植被　D. 河流长度

11. 普查历年中小河流洪水和山洪灾害的灾情损失情况,主要包括(ABCD)等。受灾损失分别按当年价和2000年可比价两种价格统计。

A. 受灾面积　B. 受灾人口　C. 死亡人口　D. 受灾损失

12. 历次中小河流洪水和山洪灾害的灾情损失情况普查,主要包括(ABCD),以及居民区、农业种植业、工业、其他行业的灾损情况,如受灾面积、受灾人口、死亡人口、倒塌房屋、经济损失等。

A. 灾害发生时间　B. 结束时间　C. 持续时间　D. 受灾程度

13. 中小河流洪水、山洪灾害风险普查，收集每个中小河流和山洪沟已有的预警指标情况，包括（ AC ），时段分为 0.5 小时、1 小时、3 小时、6 小时、24 小时。

A. 准备转移预警指标　　B. 紧急转移预警指标

C. 立即转移预警指标　　D. 特急转移预警指标

14. 气象风险预警服务是面向（ AD ）开展的气象预警服务。

A. 各级决策部门　　B. 下一级气象部门　　C. 县乡党政领导　　D. 社会公众

15. 气象风险等级按四级划分，即（ ACDF ）。

A. Ⅳ级（有一定风险）　　B. Ⅳ级（风险较低）

C. Ⅲ级（风险较高）　　D. Ⅱ级（风险高）

E. Ⅰ级（风险极高）　　F. Ⅰ级（风险很高）

三、判断题

1. 致灾临界面雨量随前期条件如降水、土壤水分、水位的不同也会有所不同，这些条件不断变化时，致灾临界面雨量也呈现动态变化。（ √ ）

2. 山洪下泄冲刷形成的沟叫山洪沟，有地下水补给的河流沟槽。（ × ）

解析：山洪下泄冲刷形成的沟叫山洪沟，没有或有少量地下水补给的河流沟槽。

3. 在一个流域内，降雨量或面雨量达到或超过某一量值和强度时，该流域可能发生洪水灾害，造成淹没农田、房屋，冲毁桥梁等损失以及人员伤亡，常把这一量值及强度称为该流域的致灾临界面雨量、雨强。（ √ ）

4. 致灾临界面雨量是洪涝灾害气象预警发布及采取相应预防措施的关键指标，它的大小与地质、地貌、地形等特征、土壤、植被、人类活动等情况无关。（ × ）

解析：致灾临界面雨量是洪涝灾害气象预警发布及采取相应预防措施的关键指标，它的大小与地质、地貌、地形等特征、土壤、植被、人类活动等情况有关。

5. 面雨量是指整个区域内单位面积上的平均降水量，能较客观地反映整个区域的降水情况。（ √ ）

6. 在暴雨洪涝灾害致灾临界面雨量确定中，隐患点资料指历史上最大洪水淹没的居民点、医院、学校、企业、道路、桥梁等重要设施的海拔高度和经纬度以及人口、经济等基本信息。（ √ ）

7. 泥石流是由于降水暴雨、融雪等而形成的一种挟带大量泥沙、石块等固体物质的固液两相流体，呈黏性层流或稀性紊流等运动状态，是高浓度固体和液体的混合颗粒流。（ √ ）

8. 开展本辖区中小河流洪水和山洪地质灾害应急抢险现场气象服务、灾害风险普查、灾情调查、风险预警业务检验，是州级气象部门开展气象风险预警服务业务的主要任务。（ × ）

解析：应是县级气象部门的任务。

9. 县级地质灾害气象风险预警产品必须与县级国土资源部门联合发布，并将气象风险产品传输至本省产品共享库。（ √ ）

10. 气象风险预警服务业务产品包括两类：一类是对内的客观指导产品；另一类是决策服务产品。（ × ）

解析：气象风险预警服务业务产品包括两类：一类是对内的客观指导产品；另一类是对外的服务产品。

11. 地市、县级产品制作的是气象风险预警服务产品，为定时产品，定时制作。（ × ）

解析：地市、县级产品制作的是气象风险预警服务产品，为不定时产品，仅当实时监测到或预报有灾害风险时制作。

12. 对外的气象风险预警服务产品包括文字产品、图形产品和数据文件三种形式，其中文字产品应包括预计中小河流洪水可能出现站点或山洪地质灾害可能出现地点、气象风险等级、防御建议、发布时间精确到秒、发布单位等。（ × ）

解析：对外的气象风险预警服务产品包括文字产品、图形产品和数据文件三种形式，其中文字产品应包括预计中小河流洪水可能出现站点或山洪地质灾害可能出现地点、气象风险等级、防御建议、发布时间精确到分、发布单位等。

13. 图形产品为中小河流洪水、山洪、地质灾害气象风险等级预警分布图，根据风险等级由低到高，分别用黄色、橙色、红色绘制或标注预警落区点。（ × ）

解析：图形产品为中小河流洪水、山洪、地质灾害气象风险等级预警分布图，根据风险等级由低到高，分别用蓝色、黄色、橙色、红色绘制或标注预警落区点。

14. 预警提前量，是正确发布气象风险预警服务产品的提前量，指首次成功预报灾害的气象预警信号发出时间。（ √ ）

15. 各级气象部门应依据暴雨预警信号审核签发制度，制定相应的气象风险预警服务产品审核签发制度，并严格遵照执行。（ √ ）

16. 在国家级气象风险预警服务业务中，公共气象服务中心负责全国中小河流洪水和山洪地质灾害气象风险预警服务产品的业务检验、对下指导以及开展服务效益、服务需求等调查评估，组织编制气象风险预警服务效益评估报告。（ √ ）

17. 气象风险预警服务业务对外的服务产品签发流程、发布渠道、发布时效等与暴雨预警信号发布的有关要求一致。（ √ ）

18. 河堤是指沿河道两岸用土或石等垒成似墙的构筑，防止河水溢出河床。（ √ ）

19. 中小河流洪水的普查信息细化到乡镇单位，山洪灾害细化到行政村单位。（ √ ）

四、填空题

1. 面雨量指整个区域内单位面积上的_平均_降水量，能较客观地反映整个区域的降水情况。

2. 县级气象风险预警服务产品，为_不定时_产品，仅当_实时监测到_或_预报_有灾害风险时制作。

3. _降雨_是造成中小河流洪水的直接因素和主要激发条件。

4. 在一个流域内，降雨量或面雨量达到或超过某一量值和强度时，该流域可能发生洪水灾害，造成淹没农田、房屋，冲毁桥梁等损失以及人员伤亡，常把这一量值及强度称为该流域的_致灾临界面雨量_和_雨强_。

5. 在江、河、湖泊水位上涨到河段内可能发生险情的水位称_警戒水位_。

6. 水位指水体的_自由水面_高出基面以上的高程。其单位为_米_。

7. _防洪高水位_指水库遇到下游保护对象的设计标准洪水位时，在坝前达到的最高水位，是水库特征水位之一。

8. 考虑到洪水上涨到一定程度，防洪工程出现危险造成灾害的风险大，将中小河流洪水水位分为三个等级：_警戒水位_（三级）、_保证水位_（二级）、_漫坝时水位即堤坝高度_（一级）。

9. 山洪是山丘区小流域由降雨引起的_突发性、暴涨暴落_的地表径流。

10. 暴雨诱发中小河流洪水和山洪地质灾害气象风险预警服务业务检验对象为_气象风险预警服务产品_，效益评估对象为_气象风险预警服务成效_。

11. 风险预警准确率用 命中率 和 漏报率 表示，检验时以县为单位一个县视作一次，如果预警中提及的县出现了灾害，则视为正确，否则为空报；如果没有预警而实况出现了灾害则视为漏报。

12. 当有中小河流洪水和山洪地质灾害发生时，县级气象部门组织开展应急气象服务，及时开展 实地调查 和 风险预警业务检验 ，统计 灾情和服务效益 数据。

13. 气象风险预警服务业务产品包括两类：一类是对内的 客观指导产品 ；另一类是对外的 服务产品 。

14. 有关气象风险等级预警图形产品也可在 决策、公众气象服务 中予以发布。

15. 气象风险预警服务产品图形产品为中小河流洪水、山洪、地质灾害气象风险等级预警分布图，根据风险等级由低到高，分别用 蓝色 、 黄色 、 橙色 、 红色 绘制或标注预警落区点。

16. 气象风险预警服务的主要对象是各级党委政府及水利、国土等部门， 基层应急责任人 、 气象信息员 及 社会公众 。各级气象部门要充分利用各种发布手段将气象风险预警服务产品 快速 对外发布。

17. 气象风险预警服务业务检验对象为 气象风险预警服务产品 ，效益评估对象为 气象风险预警服务成效 。

人工影响天气技术与管理

一、单项选择题

1. 在（ C ）领域内从事人工影响天气活动，应当遵守《人工影响天气管理条例》。

A. 中国大陆和海洋

B. 中国大陆、台湾、香港和中国海洋

C. 中华人民共和国

2. 国家（ B ）人工影响天气科学技术研究，推广使用先进技术。

A. 关心和支持　　B. 鼓励和支持　　C. 帮助和支持

3.《人工影响天气管理条例》于（ B ）以中华人民共和国国务院令公布。

A. 2002 年 3 月 13 日

B. 2002 年 3 月 19 日

C. 2002 年 5 月 1 日

4. 组织实施人工影响天气作业，应当具备适宜的（　　）条件，充分考虑当地（　　）的需要和作业效果。（ A ）

A. 天气气候，防灾减灾

B. 气候分析，防雹增雨

C. 天气预报，防灾减灾

5. 需要跨（　　）实施人工影响天气作业的，由有关（　　）人民政府协商确定；协商不成的，由国务院气象主管机构商有关（　　）人民政府确定。（ A ）

A. 省、自治区、直辖市

B. 省、区、市

C. 市、州、县

6. 利用飞机实施人工影响天气作业，由（ C ）向有关飞行管制部门申请空域和作业时限；所需飞机由军队或者民航部门按照供需双方协商确定的方式提供；机场管理机构及有关单位应当根据人工影响天气工作计划做好保障工作。

A. 省级气象主管机构

B. 省、市级气象主管机构

C. 省、自治区、直辖市气象主管机构

7. 国办发〔2012〕44 号文件指出，进一步发挥国家人工影响天气协调会议的职能和作用，加强对全国人工影响天气工作的统筹规划。地方人民政府要建立相应的管理体制和工作机制，落实必要的（ B ）。

A. 作业装备

B. 机构、编制和工作经费

C. 资金和作业装备

8. 各省、自治区、直辖市气象主管机构应当建立人工影响天气作业人员（ A ）制度，规范培训的组织形式、培训内容和教材、培训时间、考核程序，并建立作业人员档案。

A. 培训、考核　　B. 培训、持证上岗　　C. 考核上岗

9. 各省、自治区、直辖市气象主管机构应当建立高炮、火箭发射架等作业装备的（　）制度，规范（　）的组织形式，建立、健全作业装备档案，按照有关的技术要求，采用专用检测设备进行定量检测；对检测合格的作业装备，给予（　）合格证。（ B ）

A. 年审　　B. 年检　　C. 维修

10. 经批准的作业站点，必须调查和掌握高炮、火箭射程范围内的城镇、厂矿企业、村庄等人口稠密区的分布情况，绘制（ C ）。作业时，高炮、火箭的发射方向和角度应避开上述地点，减少意外事故的发生。

A. 作业图表　　B. 方位图表　　C. 安全射界图

11. 存放高炮、火箭的作业站点必须建设专用库房。人雨弹、火箭弹等必须存放于弹药库中，禁止与其他（ A ）等危险品共同存放。作业装备必须有专人看管。

A. 易燃、易爆　　B. 易燃　　C. 易爆

12. 在非作业期间，人雨弹、火箭弹应当由县级以上气象主管机构统一组织清点回收，由军队、当地人民武装部协助存储，作业站点禁止存放。对于自建仓库保管的，应经当地（ A ）。

A. 公安机关验收认可

B. 人民武装部验收认可

C. 军队验收认可

13. 禁止使用未获得国务院气象主管机构许可使用的，以及（ A ）和有破损的人雨弹、火箭弹。

A. 超过保存期　　B. 过期　　C. 不符合规定

14. 各省、自治区、直辖市气象主管机构应当制定人工影响天气作业装备报废的（ A ）。禁止各级气象主管机构和作业单位转让已报废的作业装备。

A. 审批程序和处理规定

B. 工作程序

C. 工作流程

15. 地方各级气象主管机构应当制定人工影响天气作业（ B ）。发生重大安全事故和违法、违规事件时，必须及时逐级上报，不得隐瞒不报、谎报和拖延不报。

A. 工作预案

B. 安全事故处理预案

C. 事故处理方案

16. 地方各级气象主管机构应当依据《人工影响天气管理条例》和国家其他有关的（ C ），建立和健全本地人工影响天气工作安全责任制度和责任追究制度。

A. 管理规定　　B. 规章制度　　C. 法律法规

17. 禁止非法（ A ）人工影响天气作业装备。因工作需要确须进行调配的，跨省（区、市）须由相关省（区、市）气象主管机构共同批准；本省（区、市）内由省级气象主管机构批准。

A. 倒买倒卖　　B. 私自购买　　C. 私自买卖

18. 各级气象主管机构必须经常组织安全检查工作，规范检查内容，制定检查提纲。对检查中发现的问题，应以书面形式责令（ B ）。

A. 立即整改　　B. 限期整改　　C. 进行整改

19. *对于人工影响天气作业人员,(B)。

A. 每年应进行培训

B. 每年应在作业期前进行技术和安全培训,经考核合格

C. 每年应在作业期前进行培训、考核和上岗证年度注册,未通过考核的,取消其上岗证

D. 每年应在作业期前进行培训、考核和上岗证年度注册

20.《人工影响天气安全管理规定》规定,各地气象主管机构应当(A)。

A. 制定人雨弹、火箭弹的出入库规章制度,准确掌握弹药的存储数量、批号、使用期限和配发等情况

B. 制定人雨弹、火箭弹的出入库规章制度

C. 制定人雨弹、火箭弹的出入库规章制度,准确掌握弹药的存储数量

D. 制定人雨弹、火箭弹的出入库规章制度,准确掌握弹药的存储数量、批号、使用期限

21. *在非作业期间,人雨弹、火箭弹应当由(A)。

A. 县级以上气象主管机构统一组织清点回收

B. 地级以上气象主管机构统一组织清点回收

C. 省级气象主管机构统一组织清点回收

D. 乡镇政府组织清点回收

22. 人工影响天气工作计划由有关地方气象主管机构商(D)有关部门编制,报本级人民政府批准后实施。

A. 县级　　B. 地级　　C. 省级　　D. 同级

23. 按照有关人民政府批准的人工影响天气工作计划开展的人工影响天气工作属于公益性事业,所需经费列入(B)人民政府的财政预算。

A. 县级　　B. 该级　　C. 地级　　D. 省级

24. 建立健全基层作业人员聘用等管理制度和激励机制,加强业务培训,探索将其纳入(D)进行管理。

A. 县级气象机构　　B. 驻地武装

C. 地方专业机构　　D. 民兵预备役部队

25. 利用高射炮、火箭发射装置从事人工影响天气作业的人员名单,由所在地的气象主管机构抄送(B)备案。

A. 县级气象机构　　B. 当地公安机关

C. 省级气象机构　　D. 民兵预备役部队

26. 实施人工影响天气作业,必须在批准的空域和作业时限内,严格按照国务院气象主管机构规定的作业规范和操作规程进行,并接受(A)的指挥、管理和监督,确保作业安全。

A. 县级以上地方气象主管机构　　B. 当地公安机关

C. 作业点指挥人员　　D. 民兵预备役部队

27. 人工影响天气工作按照作业规模和影响范围,在作业地(A)以上地方人民政府的领导和协调下,由气象主管机构组织实施和指导管理。

A. 县级　　B. 市级　　C. 省级　　D. 区级

28. 利用高射炮、火箭发射装置从事人工影响天气作业的人员名单,由所在地的气象主管机构抄送(C)备案。

A. 政府　　B. 部队　　C. 公安机关　　D. 以上三者

29. 到2020年,建立较为完善的人工影响天气工作体系,基础研究和应用技术研发取得

重要成果，基础保障能力显著提升，协调指挥和安全监管水平得到增强，人工增雨(雪)作业年增加降水(C)亿 t 以上。

A. 300　　B. 500　　C. 600　　D. 800

30. 作业点设置应离居民点(B) m 以上。

A. 300　　B. 500　　C. 800　　D. 1000

31. 高炮作业时，炮弹在膛内不发火，在未拉握把开闩退弹前(C)。

A. 可以用洗把杆捅炮

B. 可以用钢筋捅炮

C. 不可以用洗把杆捅炮

32. 实施人工影响天气作业使用的高射炮、火箭发射装置等专用装备，由(A)组织年检；年检不合格的，应当立即进行检修，经检修仍达不到规定的技术标准和要求的，予以报废。严禁使用不合格、超过有效期或者报废的人工影响天气作业专用装备。

A. 省气象主管机构　　B. 省以上气象主管机构

C. 省市气象主管机构　　D. 省市气象主管机构共同

33. BL-1A 型防雹增雨火箭弹贮存年限为(D)。

A. 15 年　　B. 10 年　　C. 5 年　　D. 3 年

34. 市(地)级作业指挥任务，在冰雹云到达高炮控制区之前，提前(B)以上下达指令。

A. 5 分钟　　B. 10 分钟　　C. 15 分钟　　D. 20 分钟

35. 高炮位设立在作业影响区上风方(B)内，在迎风坡而不在背风坡。

A. 下风方 4 km　　B. 上风方 4 km

C. 下风方 5 km　　D. 上风方 5 km

36. 高炮位置周围视野开阔，视角不小于 45°，射击点远离居民区(C)以上，绘制高炮最大射程弹着点范围内城镇、村落、工矿企业等人口较集中地点坐标示意图。

A. 100 m　　B. 300 m　　C. 500 m　　D. 1000 m

37. 作业高炮必须经过(B)年检审查。经审查合格后，发给高炮使用许可证，方可作业使用。

A. 国家级主管部门　　B. 省级主管部门

C. 地(州)级主管部门　　D. 县级主管部门

38. 实施人工影响天气作业，必须在批准的空域和作业时限内，严格按照国务院气象主管机构规定的作业规范和操作规程进行，并接受(C)的指挥、管理和监督，确保作业安全。

A. 当地政府　　B. 当地武装部

C. 县级以上地方气象主管机构　　D. 用户单位

39. BL 系列火箭的点火线插入发射架电源线夹后，正常的通道电阻范围在(B)之间。

A. 0.1～0.5 Ω　　B. 0.6～1.3 Ω

C. 1.4～2.3 Ω　　D. 2.4～3.3 Ω

40. 在进行火箭人工影响天气作业，当火箭出现哑弹时，关闭电源，待(D)之后，才能卸弹，并将故障按规定上报。

A. 2 分钟　　B. 3 分钟

C. 4 分钟　　D. 5 分钟

41. 提高指挥调度水平方面，要健全(A)作业指挥系统，加强军队与地方间的协作，建立作业空域划定、跨区域作业协调机制，提高作业装备的全国统一调度和跨区域指挥能力。

A. 国家、区域、省、市、县五级　　B. 区域、省、市、县四级
C. 省、市、县三级　　D. 市、县二级

42. 实施人工影响天气作业使用的火箭发射装置、炮弹、火箭弹，由（ B ）的企业按照国家有关强制性技术标准和要求组织生产。
A. 当地武装部门指定
B. 国务院气象主管机构和有关部门共同指定
C. 军工生产部门指定
D. 省级气象主管机构指定

43. 禁止使用未获得国务院气象主管机构许可使用的，以及超过保存期和有破损的人雨弹、火箭弹。各级气象主管机构在检查中发现上述人雨弹、火箭弹，应立即封存，由县级以上气象主管机构及时组织回收保管，并由（ A ）组织销毁。
A. 省级气象主管机构　　B. 市级气象主管机构
C. 县级气象主管机构　　D. 现场作业人员

44. 根据《人工影响天气管理条例》，利用高射炮、火箭发射装置实施人工影响天气作业，由作业地的县级以上地方气象主管机构向有关飞行管制部门申请（ A ）。
A. 空域和作业时限　B. 作业规模　C. 作业站点　D. 作业计划

45. 在非作业期间，人雨弹、火箭弹应当由县级以上气象主管机构统一组织清点回收，由（ B ）协助存储，作业站点禁止存放。
A. 当地气象部门存贮室　　B. 军队、当地人民武装部
C. 当地民用仓库　　D. 冷藏室

46. 下列哪种物质不是冷云催化剂？（ C ）
A. 液态氮　B. 碘化银　C. 盐粉　D. 干冰

47. 利用高炮开展防雹作业的物理依据主要包括（ B ）和爆炸影响。
A. 贝吉隆过程　B. 过量催化　C. 静力催化　D. 动力催化

48. 下列（ C ）的催化作业部位属于碘化银人工增雨最佳作业部位。
A. 位于云体底部
B. 位于云体底部与 0 ℃高度之间
C. 位于云体－10～－21 ℃的过冷却层内
D. 位于云体顶部

49. 各省、自治区、直辖市气象主管机构应当建立人工影响天气作业人员培训、（ D ）。
A. 持证上岗制度，规范培训内容和教材、上岗证审批程序，并建立作业人员档案
B. 考核、持证上岗制度，规范组织形式、培训内容和教材、培训时间，并建立作业人员档案
C. 考核、持证上岗制度，规范组织形式、培训内容和教材、培训时间、考核程序、上岗证审批程序
D. 考核制度，规范组织形式、培训内容和教材、培训时间、考核程序，并建立作业人员档案

50. 《人工影响天气安全管理规定》第十九条规定，地方各级气象主管机构应当依据《人工影响天气管理条例》和国家其他有关的法律、法规，建立和健全本地人工影响天气工作安全（ C ）。
A. 责任制度　　B. 责任追究制度
C. 责任制度和责任追究制度　　D. 保险制度

51.《人工影响天气安全管理规定》第四条规定，作业人员的培训内容应包括（ A ）。

A. 有关法律、法规和规定，作业业务规范，作业装备、仪器操作技能和安全注意事项；基本气象知识

B. 有关法律、法规和规定，作业业务规范，作业装备、仪器操作技能和安全注意事项

C. 有关法律、法规和规定，作业装备、仪器操作技能和安全注意事项，基本气象知识

D. 有关法律、法规

52. 根据《人工影响天气安全管理规定》，经批准的高炮、火箭作业站点，必须调查和掌握高炮、火箭射程范围内的城镇、厂矿企业、村庄等人口稠密区的分布情况，绘制（ D ）。作业时，高炮、火箭的发射方向和角度应避开上述地点，减少意外事故的发生。

A. 发射仰角图　　B. 发射方位角图

C. 发射高度图　　D. 安全射界图

53.《增雨防雹火箭作业系统安全操作规范》规定，增雨防雹火箭以发射架中心为基准，发射架前方（　）内半径（　）的扇形区和后方（　）内半径（　）的扇形区为禁区，作业过程中严禁任何人进入该区。（ B ）

A. 120°，300 m，180°，50 m　　B. 180°，300 m，120°，50 m

C. 120°，200 m，180°，100 m　　D. 180°，200 m，120°，100 m

54.《增雨防雹火箭作业系统安全操作规范》指出，增雨防雹火箭作业系统的发射仰角应为55°～85°。当发射仰角大于（ C ）时，火箭操作手及阵地附近人员应注意顶空安全，防止弹体伤害。

A. 60°　　B. 65°　　C. 70°　　D. 75°

55.《人工影响天气管理条例》已于（　）国务院第56次常务会议讨论通过，自（　）起施行。（ A ）

A. 2002年3月13日，2002年5月1日

B. 1999年10月31日，2000年1月1日

C. 2001年10月17日，2001年12月1日

D. 2000年10月17日，2000年12月1日

56. 县级以上人民政府应当加强对（ C ）工作的领导，并根据实际情况有组织、有计划地开展人工影响天气工作。

A. 气象　　B. 防灾减灾

C. 人工影响天气　　D. 气象灾害防御

57. 有关部门应当按照职责分工，配合（ A ）主管机构做好人工影响天气工作。

A. 气象　　B. 政府　　C. 农业　　D. 军队

58. 地方各级气象主管机构应当制定人工影响天气作业方案，并在本级（ B ）的领导和协调下，管理、指导和组织实施人工影响天气作业。

A. 气象主管机构　　B. 人民政府　　C. 农业主管机构　　D. 人武部

59. 从事人工影响天气作业的人员，经省、自治区、直辖市气象主管机构（ B ）后，方可实施人工影响天气作业。

A. 空域申报　　B. 培训、考核合格

C. 抄报公安机关　　D. 颁发年检合格证书

60. 农业、水利、林业有关部门应当（ D ）提供实施人工影响天气作业所需的灾情、水文、火情等资料。

A. 及时有偿　　B. 无偿　　C. 配合　　D. 及时无偿

61. 实施人工影响天气作业,必须在批准的(D)内进行。

A. 作业时限　　B. 范围　　C. 作业点　　D. 空域和作业时限

62. 因作业需要采购火箭、高炮、炮弹设备的,由(B)气象主管机构按照国家有关政府采购的规定组织采购。

A. 国家　　B. 省、自治区、直辖市

C. 地、州、市　　D. 县

63. 实施人工影响天气作业使用的高炮、火箭由(B)气象主管机构组织年检。

A. 国家　　B. 省、自治区、直辖市

C. 地、州、市　　D. 县

64. 违反爆炸性、易燃性、放射性、毒害性、腐蚀性物品管理规定,在生产、储存、运输、使用中发生重大事故,造成严重后果的,处(　　)年以下有期徒刑或者拘投;后果特别严重的,处(　　)年以上(　　)年以下有期徒刑。(A)

A. 3,3,7　　B. 3,5,10　　C. 5,5,10　　D. 5,8,10

65. 国家机关工作人员滥用职权或者玩忽职守,致使公共财产、国家和人民利益遭受重大损失的处(　　)年以下有期徒弃或者拘投,情节特别严重的处(　　)以上(　　)年以下有期徒刑。(B)

A. 5,7,10　　B. 3,3,7　　C. 3,5,7　　D. 1,3,7

66. 人工影响天气的作业地点,由省、自治区、直辖市根据当地气候特点、地理条件,依照(B)的有关规定,会同有关飞行管制部门确定。

A. 气象法、民用航空法　　B. 民用航空法、飞行基本规则

C. 宪法、气象法　　D. 气象法、飞行基本规则

67. 县级以上气象主管机构及其工作人员在人工影响天气工作中玩忽职守、滥用职权,尚未构成犯罪的,依法给予(C)。

A. 行政处分　　B. 罚款　　C. 警告　　D. 开除

68. 实施人工影响天气作业必须严格执行(　　)制度,按(　　)作业,作业组织应当为实施人工影响天气作业人员办理(　　)。(D)

A. 空域,批复,上岗证　　B. 安全,操作规程,人身安全保险

C. 安全,操作规程,年检证　　D. 空域,操作规程,人身安全保险

69. 人工影响天气工作中发生事故,应立即按有关规定报告当地人民政府、安全生产管理部门、上级气象主管机构,由(B)按有关规定处理。

A. 安全部门　　B. 上级气象主管机构

C. 各级人民政府　　D. 上级人影办

70. 实施人工影响天气作业的组织必须由省气象主管机构统一颁发(B)证。

A. 上岗　　B. 人工影响天气作业资格

C. 合格　　D. 年检

71. 实施人工影响天气作业组织及其装备需参与当地其他活动,须征得(D)的同意。

A. 当地政府　　B. 上级气象局

C. 上级领导　　D. 省气象主管机构

72. 冰雹是直径在(D)mm 以上的固态降水物。

A. 2　　B. 3　　C. 4　　D. 5

73. 冰雹云的形成演变过程大致分为（ A ）个阶段。

A. 3　　B. 4　　C. 5　　D. 6

74.“三七”高炮最大射高是（　　）m，最大射程是（　　）m。（ A ）

A. 6700，8500　　B. 5366，4438　　C. 6700，5366　　D. 4438，8500

75. WR-1B 型火箭爬高最大值是（　　）km，飞行距离是（　　）km。（ B ）

A. 12，10.5　　B. 8.2，10.5　　C. 6.5，8　　D. 8.2，15

76. 雨滴的半径尺度为（ B ）。

A. $< 100\ \mu m$　　B. $>100\ \mu m$　　C. $>1000\ \mu m$　　D. $< 10\ \mu m$

77. 大气层结稳定的条件为（ B ）。

A. $r>r_d$　　B. $r<r_d$　　C. $r=r_d$

78. 冰晶效应的条件是（ A ）。

A. $E_i<E_w$　　B. $E_i>E_w$　　C. $E_i=E_w$　　D. $E_i=2E_w$

79. 冰雹透明层形成过程为（ B ）。

A. 干增长　　B. 湿增长　　C. 凝华增长　　D. 凝结增长

80. 冰雹不透明层形成过程为（ A ）。

A. 干增长　　B. 湿增长　　C. 凝华增长　　D. 凝结增长

81. 人工影响冷云的方法为（ A ）。

A. 撒播冷冻物质　　B. 撒播吸湿物质　　C. 加热法　　D. 混合法

82. 人工影响暖云的方法为（ B ）。

A. 撒播冷冻物质　　B. 撒播吸湿物质　　C. 加热法　　D. 混合法

83. 目前，人工防雹所用的催化剂为（ C ）。

A. 食盐　　B. 尿素　　C. 碘化银　　D. 液态氮

84. 作为人工增雨的主要对象，冷锋出现频次以（ B ）。

A. 冬季最多　　B. 春季最多　　C. 夏季最多　　D. 秋季最多

85. 暖底云中霰的结凇增长比同质量的水滴碰并增长（ A ）。

A. 更快　　B. 更慢

C. 相当　　D. 随小水滴尺度而异，尺度小，霰增长更快

86. 霰的结凇增长率在较大云滴（$d\geqslant 20\ \mu m$）区，（ C ）。

A. 随霰密度减小，结凇增长率减小　　B. 随霰密度增大，结凇增长率增大

C. 随霰密度减小，结凇增长率增大　　D. 随霰密度增大，结凇增长率减小

87. 霰和冻滴的结凇增长率与过冷却水滴的碰并比较明显，在较大云滴（$d\geqslant 20\ \mu m$）区，（ B ）。

A. 冻滴比霰处于有利结凇增长条件

B. 霰比冻滴处于有利结凇增长条件

C. 过冷却水滴比霰处于有利碰并增长条件

D. 过冷却水滴比冻滴处于有利碰并增长条件

88. 雨滴破碎繁生机制以（ C ）为主。

A. 变形破碎　　B. 气流冲击破碎　　C. 碰撞破碎　　D. 雨滴振荡破碎

89. 在滴谱达到一定宽度后，通常（ B ）。

A. 凝结增长＞碰并增长　　B. 碰并增长＞凝结增长

C. 凝结增长＞凝华增长　　D. 碰并增长＞聚合增长

90. 云凝结核包括(A)。

A. $r \geqslant 0.5$ μm 的不溶性核和 $r \geqslant 0.01$ μm 的可溶性或混合核

B. $r \geqslant 0.5$ μm 的不溶性可湿性核和 $r \geqslant 0.05$ μm 的可溶性或混合核

C. $r \geqslant 1$ μm 的不容性可湿性核和 $r \geqslant 0.1$ μm 的可溶性或混合核

D. $r \geqslant 0.1$ μm 的盐核,$r \geqslant 0.2$ μm 的混合核

91. 高空卷云的形成,由空气的持续上升运动,通过(D)形成。

A. 异质核化凝华　　B. 异质核化冻结

C. 同质核化凝结　　D. 同质核化冻结产生

92. 低云的形成由于空气上升运动,通过(C)过程产生。

A. 同质核化凝结　　B. 同质核化冻结　　C. 异质核化凝结　　D. 异质核化冻结

93. 作为人工增雨的主要对象,冷锋出现频次(A)。

A. 北方多于南方　　B. 南方多于北方

C. 东北多于华北　　D. 西南多于西北

94. 只有当(D)的情况下,气旋后部的云系和降水特征属于第一型冷降。

A. 地面锋位于高空槽线后部

B. 地面锋位于高空槽线附近

C. 高空槽在地面锋线之后

D. 高空槽在地面锋线之后地面上垂直于锋的风速小

95. 为了相对湿度增大,即 $\Delta f>0$,要求(B)。

A. $\Delta e>0, \Delta t>0$　　B. $\Delta e>0, \Delta t<0$　　C. $\Delta e<0, \Delta t<0$　　D. $\Delta e<0, \Delta t>0$

96. −20 ℃时冰水共存云中,冰面的饱和比应为(C)。

A. 1.01　　B. 1.10　　C. 1.20　　D. 1.30

97. −30 ℃时冰水共存云中,冰面的过饱和比应为(C)。

A. 0.10　　B. 0.20　　C. 0.30　　D. 0.50

98. 考虑到潜热作用和热传导效应,空中 400 hPa 冰水共存云中,相应最大水汽密度常出现在(A)。

A. −17.25 ℃　　B. −16.65 ℃　　C. −15.5 ℃　　D. −14.25 ℃

99. 自然"播种—供水"降水增强机制,常出现于(A)。

A. 深厚层状云系的混杂云中　　B. 气团雷暴中

C. 雨层云中　　D. 上为高层云,下为碎雨云的云系中

100. 防雹试验的统计效果检验中,(C)检出率较高。

A. 序列试验分析　　B. 区域对比试验分析

C. 区域回归试验分析　　D. 无法确定

101. 在 R 处目标相对雷达波束轴线方向的运动分量 v,称为目标的径向速度,规定朝向天线运动的速度分量的符号是(　　),分别表示为(　　)。(B)

A. 正,$v=\mathrm{d}R/\mathrm{d}t$　　B. 正,$v=-\mathrm{d}R/\mathrm{d}t$　　C. 负,$v=\mathrm{d}R/\mathrm{d}t$　　D. 负,$v=-\mathrm{d}R/\mathrm{d}t$

二、多项选择题

1. 违反《人工影响天气管理条例》规定,有下列(ABCD)行为之一,造成严惩后果的,依照刑法关于危险物品肇事罪、重大责任事故罪或者其他罪的规定,依法追究刑事责任。

A. 违反人工影响天气作业规范或者操作规程的

B. 未按照批准的空域和作业时限实施人工影响天气作业的

C. 将人工影响天气作业设备转让给非人工影响天气作业单位或者个人的

D. 未经批准，人工影响天气作业单位之间转让人工影响天气作业设备的

E. 将人工影响天气作业设备用于与人工影响天有关的活动的

2. 禁止下列（ ABC ）行为：人工影响天气作业单位之间需要转让人工影响天气作业设备的，应当报经有关省、自治区、直辖市气象主管机构批准。

A. 将人工影响天气作业设备转让给非人工影响天气作业单位或者个人

B. 将人工影响天气作业设备用于与人工影响天气无关的活动

C. 使用年检不合格、超过有效期或者报废的人工影响天气作业设备

3.《人工影响天气管理条例》所称人工影响天气，是指为避免或者减轻气象灾害，合理利用气候资源，在适当条件下通过科技手段对局部大气的物理、化学过程进行人工影响，实现（ ACD ）等目的的活动。

A. 增雨雪、防雹　　B. 减轻灾害

C. 消雨、消雾　　D. 防霜

4. 人工影响天气工作按照（ AC ），在作业地县级以上地方人民政府的领导和协调下，由气象主管机构组织实施和指导管理。

A. 作业规模　　B. 增雨防雹

C. 影响范围　　D. 人工影响天气需求

5. 开展人工影响天气工作，应当制定（ AD ），由有关地方气象主管机构商同级有关部门编制，报本级人民政府批准后实施。

A. 人工影响天气工作　　B. 方案

C. 意见　　D. 计划

6. 人工影响天气的作业地点，由省、自治区、直辖市气象主管机构根据当地气候特点、地理条件，依照（ AD ）的有关规定，会同有关飞行管制部门确定。

A. 中华人民共和国民用航空法　　B. 中华人民共和国气象法

C. 人工影响天气管理条例　　D. 中华人民共和国飞行基本规则

7. 从事人工影响天气作业的单位，应当符合（ ABD ）规定的条件。

A. 省气象主管机构　　B. 自治区气象主管机构

C. 中国气象局主管机构　　D. 直辖市气象主管机构

8. *从事人工影响天气作业的人员，经（ BCD ）、考核合格后，方可实施人工影响天气作业。

A. 市、县气象主管机构培训　　B. 自治区气象主管机构培训

C. 直辖市气象主管机构培训　　D. 省气象主管机构培训

9. 实施人工影响天气作业使用的（ ABD ），由国务院气象主管机构和有关部门共同指定的企业按照国家有关强制性技术标准和要求组织生产。

A. 火箭发射装置　　B. 炮弹　　C. 通信工具　　D. 火箭弹

10. 作业地气象台站应当及时无偿提供实施人工影响天气作业所需的（ ABD ）。

A. 气象探测资料　　B. 情报　　C. 雨情信息　　D. 预报

11.《国务院办公厅关于进一步加强人工影响天气工作的意见》（国办发〔2012〕44 号）的总体要求包括（ ABC ）。

A. 指导思想　　B. 基本原则　　C 发展目标　　D. 发展规划

12.《国务院办公厅关于进一步加强人工影响天气工作的意见》（国办发〔2012〕44 号）的

加强能力建设包括(ABCD)。

A. 加快基础保障能力建设　　　　B. 增强科技支撑能力

C. 提高指挥调度水平　　　　D. 完善安全监管体系

13.《国务院办公厅关于进一步加强人工影响天气工作的意见》(国办发〔2012〕44号)的强化保障措施包括(ACD)。

A. 切实加大投入　　B. 落实法律法规　　C. 健全法规规范　　D. 加强队伍建设

14.《国务院办公厅关于进一步加强人工影响天气工作的意见》(国办发〔2012〕44号)的切实加强组织领导包括(BCD)。

A. 强化作业指挥　　　　B. 完善联动机制

C. 加强科普宣传　　　　D. 健全组织领导体系

15. 农业、水利、林业等有关部门应当及时无偿提供实施人工影响天气作业所需的(ABD)等资料。

A. 灾情　　B. 水文　　C. 应急　　D. 火情

16. 国办发〔2012〕44号文件指出，建立健全应对大范围森林草原(ABD)等事件的应急工作机制，及时启动相应的人工影响天气作业。探索针对机场、高速公路等重要交通设施开展人工消雾作业。加强技术储备和试验演练，适时开展局部地区人工消云减雨作业，保障重大活动顺利开展。

A. 火灾火险　　B. 异常高温　　C. 干旱　　D. 严重空气污染

17. 高炮、火箭作业站点的布设，应当遵守(AB)以及国务院气象主管机构业务规范的有关规定。

A. 中华人民共和国民用航空法

B. 中华人民共和国飞行基本规则

C. 中华人民共和国气象法

18. 采用向空中施放(ABC)等方式实施人工影响天气作业的，作业单位在作业前应按照空域申请的程序和有关规定申请作业空域，并将申请过程记录、留存，在有关部门批复的空域和时限内实施作业。

A. 人雨弹　　B. 火箭弹　　C. 焰弹　　D. 干冰

19. 作业前，作业人员应对作业装备进行认真检查，确保作业装备处于完好状态。作业指挥人员和作业人员应遵守(AC)，按照作业装备的使用方法和程序进行操作、排除故障，禁止违规操作。

A. 作业规程　　B. 人影法规　　C. 业务规范　　D. 规章制度

20. 各地气象主管机构应当制定(AD)的出、入库规章制度，准确掌握弹药的存储数量、批号、使用期限和配发等情况。人雨弹、火箭弹的运输，应遵守国家的有关规定。

A. 人雨弹　　B. 装备弹药　　C. 发射系统和弹药　　D. 火箭弹

21. 人工影响天气的作业地点，由省、自治区、直辖市气象主管机构根据(AB)，依照《中华人民共和国民用航空法》《中华人民共和国飞行基本规则》的有关规定，会同有关飞行管制部门确定。

A. 当地气候特点　　B. 地理条件　　C. 当地农业需求　　D. 当地政府需求

22. 人雨弹、火箭弹(发射架)等作业装备的购置，必须由(A)统一组织向国务院气象主管机构定点的生产企业购买经国务院气象主管机构鉴定，并由其验收单位验收合格的产品；购买合同副本应交(B)验收单位。

A. 省级气象主管机构　　B. 国务院气象主管机构

C. 地市级气象主管机构　　D. 县级气象主管机构

23. 运输、存储人工影响天气作业使用的高射炮、火箭发射装置、炮弹、火箭弹，应当遵守国家有关武器装备、爆炸物品管理的法律、法规。实施人工影响天气作业使用的炮弹、火箭弹，由（ AB ）协助存储；需要调运的，由有关部门依照国家有关武器装备、爆炸物品管理的法律、法规的规定办理手续。

A. 军队　　B. 当地人民武装部

C. 当地公安机关　　D. 民兵预备役部队

24. * 火箭作业系统是由（ ABD ）组成的增雨防雹作业系统。

A. 增雨防雹火箭弹　　B. 发射架

C. 发射控制器线缆　　D. 发射控制器

25. 以下表述错误的是（ ABCD ）。

A. 贮存火箭弹的库房，可与其他易燃、易爆物品放在一起

B. 火箭弹可在强磁场中存放

C. 火箭弹可以曝晒和雨淋，雨天作业时不用篷布遮盖

D. 火箭弹搬运时，不怕跌落和碰撞

26. 层状冷云人工增雨条件是（ ABD ）。

A. 云和降水处于发展或持续阶段　　B. 过冷层较厚，有过冷水

C. 尚未产生降水　　D. 冰晶浓度较低

27. 四种播云方向中哪种方向比较有利？（ CD ）

A. 逆风　　B. 顺风

C. 与风向垂直　　D. 与顺风向成45°角

28. 为保证火箭发射的主动段（播撒）严格按设计要求，作业时必须根据当时的高空风向进行修正：（ BC ）。

A. 对于逆风调低发射角

B. 对于逆风调高发射角

C. 对于横侧风调整方位角，修正方向与风向相同

D. 对于横侧风调整方位角，修正方向与风向相反

29. 人工降雨防雹弹引信，按高度和距离控制最佳起爆位置而选择作用时间，它们分别是（ ABD ）。

A. 7～10 s　　B. 9～12 s　　C. 10～14 s　　D. 13～17 s

30. 高炮防雹增雨作业基本业务项目有（ ABD ）。

A. 作业时机与作业部位选择　　B. 作业设计与实施

C. 作业地点的选择　　D. 效果评估

31. 炮位的设置地点和发射方向，必须严格遵守（ BC ）的有关规定，并经省级人工影响天气管理机构审核后报当地空域管制部门审查批准。

A.《中华人民共和国气象法》　　B.《中华人民共和国民用航空法》

C.《中华人民共和国飞行基本规则》　　D.《人工影响天气管理条例》

32. 炮位地名、地标、经纬度、统一编号、通讯代码，应上报（ AC ）。

A. 空域管制部门　　B. 省级气象主管机构

C. 上级人工影响天气管理机构　　D. 当地县级人民政府

33. 高炮及人雨弹的使用与存放遵照(ACD)等有关规定执行。每年必须经专用仪器检测,并记录好高炮履历书规定的所有内容。

A.《中国人民解放军高射炮兵双(单)三七高射炮兵器与操作教程》

B.《人工影响天气管理条例》

C.《中华人民共和国民用爆炸物品管理条例》

D.《民兵武器装备管理条例》

34. 防雹效果评估的依据是(ABCD)。

A. 作业前后雷达回波参量的变化　B. 冰雹谱分布的变化

C. 冰雹特征量变化　D. 数值模拟

35. 增雨效果的评估依据是(ABCD)。

A. 作业前后雷达回波参量的变化　B. 雨滴谱的变化

C. 降水粒子形态和谱宽度等特征的变化　D. 数值模拟

36. 防雹效果评估方法有(ABCD)。

A. 序列对比分析法　B. 区域回归分析法

C. 雷达回波参量对比法　D. 多物理参量评估方法

37. 下列选项(ACD)属于判别火箭弹安全的关键依据。

A. 产品验收标识与编号　B. 重量

C. 零件　D. 外观与结构

38. 以火箭发射架中心为基准,下列哪些区域是火箭人工影响天气作业时的作业安全区?(CD)

A. 发射架前方 180°内半径 300 m 的扇形区

B. 后方 120°内半径 50 m 的扇形区

C. 左侧 240°～270°之间的 30 m 外区域

D. 右侧 90°～120°之间的 30 m 外区域

39. 从事人工影响天气作业的人员,经哪些机构培训考核合格后,方可实施人工影响天气作业?(AB)

A. 省、自治区、直辖市气象主管机构　B. 省、自治区、直辖市气象培训中心

C. 省、自治区、直辖市教育培训中心　D. 省、自治区、直辖市民营教育培训中心

40.《人工影响天气管理条例》有关人工影响天气工作中禁止下列行为:(ABC)。

A. 将人工影响天气作业设备转让给非人工影响天气作业单位或者个人

B. 将人工影响天气作业设备用于与人工影响天气无关的活动

C. 使用年检不合格、超过有效期或者报废的人工影响天气作业设备

D. 不具备上岗资格的人员参与人工影响天气现场作业操作

41. 到 2020 年,建立较为完善的人工影响天气工作体系,基础研究和应用技术研发取得重要成果,基础保障能力显著提升,协调指挥和安全监管水平得到增强,人工增雨(雪)作业年增加降水(B)以上,人工防雹保护面积由目前的 47 万 km^2 增加到 54 万 km^2 以上,服务经济社会发展的效益明显提高。

A. 700 亿 t　B. 600 亿 t　C. 500 亿 t　D. 400 亿 t

42. 经批准的火箭作业站点的哪些信息是必须要调查和掌握的?(AD)

A. 火箭射程范围内的城镇、厂矿企业、村庄等人口稠密区的分布情况

B. 通信网络

C. 安全射界

D. 交通道路

43. 人工影响天气常用的增雨防雹火箭作业系统由（ ABD ）组成。

A. 增雨防雹火箭弹　B. 发射架　C. 发生器主体

D. 发射控制器　E. 自动控制箱

44. 根据《增雨防雹火箭作业系统安全操作规范》，利用增雨防雹火箭作业系统实施作业的操作步骤一般包括（ ABCDE ）。

A. 准备作业　B. 发射控制系统检测

C. 火箭弹上架　D. 带弹检测及发射火箭

E. 作业结束，关闭电源开关

45. 人工增雨的主要目的是通过提高云的降雨效率，增加降水量。《高炮人工防雹增雨作业业务规范(试行)》指出，高炮增雨作业的物理依据是（ AB ）。

A. 静力催化　B. 动力催化　C. 冷云催化

D. 暖云催化　E. 贝吉隆过程

46. 人工防雹作业的重要经验是（ ACE ）。

A. 早期识别　B. 过量催化　C. 早期开炮

D. 爆炸影响　E. 联网作业

47. 根据《高炮人工防雹增雨作业业务规范(试行)》，对防雹作业而言，下列哪些可以作为正效果依据？（ ABDE ）

A. 作业后雷达回波强度减弱 10 dBz 以上　B. 作业后回波顶高降低 1 km 以上

C. 作业后雨滴谱变宽　D. 作业后测雹板雹谱变窄

E. 作业后雹粒子变小(没有测雹板，可用人工实测落地雹粒)

48. 雹胚类别取决于云底温度，冰雹大小与雹胚有关。下列叙述正确的是（ AD ）。

A. 冻滴胚频数随云底平均温度上升而增大

B. 霰胚频数随云底平均温度下降而减少

C. 较大雹块，冻滴胚比例低

D. 较小雹块，霰胚比例高

49. 复随机化试验法与自然复随机化试验法比较，（ BD ）。

A. 计算量约高 5 倍　B. 计算量约高一个量级

C. 功效精确，偏差不超过 4%　D. 功效精确，偏差不超过 7%

三、判断题

1. 运输、存储人工影响天气作业使用的高射炮、火箭发射装置、炮弹、火箭弹，应当遵守国家有关装备、爆炸品管理的法律、法规。（ × ）

解析：运输、存储人工影响天气作业使用的高射炮、火箭发射装置、炮弹、火箭弹，应当遵守国家有关武器装备、爆炸物品管理的法律、法规。

2. 实施人工影响天气作业使用的高射炮、火箭发射装置，由省、市气象主管机构组织年检。（ × ）

解析：实施人工影响天气作业使用的高射炮、火箭发射装置，由省、自治区、直辖市气象主管机构组织年检。

3. 违反《人工影响天气管理条例》规定，组织实施人工影响天气作业，造成特大安全事故的，对有关主管机构的直接负责的主管人员和其他直接责任人员，依照《国务院关于特大

安全事故行政责任追究的规定》处理。 (×)

解析：违反《人工影响天气管理条例》规定，组织实施人工影响天气作业，造成特大安全事故的，对有关主管机构的负责人、直接负责的主管人员和其他直接责任人员，依照《国务院关于特大安全事故行政责任追究的规定》处理。

4. 作业地气象台站应当及时无偿提供实施人工影响天气作业所需的气象探测资料、情报、预报。 (√)

5. 实施人工影响天气作业时，作业地的气象主管机构应当根据具体情况提前公告，并通知当地公安机关做好安全保卫工作。 (√)

6. 利用高射炮、火箭发射装置实施人工影响天气作业，由作业地的县级以上地方气象主管机构向有关飞行管制部门申请空域和作业时限。 (√)

7. 违反《人工影响天气管理条例》规定，造成后果的，依照刑法关于危险物品肇事罪、重大责任事故罪或者其他罪的规定，依法追究刑事责任。 (×)

解析：违反《人工影响天气管理条例》规定，造成严重后果的，依照刑法关于危险物品肇事罪、重大责任事故罪或者其他罪的规定，依法追究刑事责任。

8. 违反《人工影响天气管理条例》规定，尚不够刑事处罚的，由有关气象主管机构按照管理权限责令整改。 (×)

解析：违反《人工影响天气管理条例》规定，尚不够刑事处罚的，由有关气象主管机构按照管理权限责令改正，给予警告。

9. 违反《人工影响天气管理条例》规定，情节严重的，取消资格；造成损失的，依法承担赔偿责任。 (×)

解析：违反《人工影响天气管理条例》规定，情节严重的，取消作业资格；造成损失的，依法承担赔偿责任。

10. 实施人工影响天气作业使用的高射炮、火箭发射装置，年检不合格的，应当立即进行检测，经检修仍达不到规定的技术标准和要求的，予以报废。 (√)

11. 实施人工影响天气作业使用的炮弹、火箭弹，由军队、当地人民武装部协助存储。 (√)

12. 实施人工影响天气作业使用的炮弹、火箭弹，由有关部门依照国家有关武器装备、爆炸物品管理的法律、法规的规定办理手续。 (√)

13. 人工影响天气，是指为避免或者减轻气象灾害，合理利用气候资源，在适当条件下通过科技手段对局部大气的物理、化学过程进行人工影响。 (√)

14. 人工影响天气作业单位之间需要转让人工影响天气作业设备的，应当报经有关市气象主管机构批准。 (×)

解析：人工影响天气作业单位之间需要转让人工影响天气作业设备的，应当报经有关省、自治区、直辖市气象主管机构批准。

15. 作业地台站应当及时无偿提供实施人工影响天气作业所需的气象探测资料、情报、预报。 (×)

解析：作业地气象台站应当及时无偿提供实施人工影响天气作业所需的气象探测资料、情报、预报。

16. 农业、水利、林业等有关部门应当及时无偿提供实施人工影响天气作业所需的灾情、水文、火情等资料。 (√)

17. 从事人工影响天气作业的人员，经省级气象主管机构培训、考核合格后，方可实施

人工影响天气作业。（ √ ）

18. 利用高射炮、火箭发射装置从事人工影响天气作业的人员名单，由所在地的气象主管机构抄送当地公安机关备案。（ √ ）

19. 人工影响天气的作业地点，由省级气象主管机构根据当地气候特点、地理条件，依照人工影响天气的有关规定，会同有关飞行管制部门确定。（ √ ）

20. 人工影响天气，是实现增雨雪、防雹、消雨、消雾、防霜等目的的活动。（ √ ）

21. 按照有关人民政府批准的人工影响天气工作计划开展的人工影响天气工作属于公益性事业，所需经费列入该级人民政府的财政预算。（ √ ）

22. 国办发〔2012〕44 号文件指出，有关地方人民政府和部门要制定完善年度方案和重要农事季节、作物需水关键期作业计划，适时开展飞机、地面立体化人工增雨(雪)作业，促进粮食等重要农产品实现减灾增产。（ √ ）

23. 国办发〔2012〕44 号文件指出，加强对干旱、冰雹等灾害的动态监测和区域联防，科学调整作业布局，加大对重点干旱区和雹灾区的作业保护力度。（ √ ）

24.《人工影响天气安全管理规定》第八条规定，未申请空域或虽申请空域但未得到批准的，可根据实际情况实施作业。（ × ）

解析：《人工影响天气安全管理规定》第八条规定，未申请空域或虽申请空域但未得到批准的，禁止实施作业。

25. 作业结束后，应及时清理弹壳，统计故障弹，上报作业情况，对高炮、火箭发射架进行维护、保养，并存放于库房中。（ × ）

解析：作业结束后，应及时清点、回收弹壳，统计故障弹，上报作业情况，对高炮、火箭发射架进行维护、保养，并存放于库房中。

26. 人工影响天气作业装备实行统一购买。（ × ）

解析：因作业需要采购火箭发射装置、炮弹、火箭弹规定设备的，由省、自治区、直辖市气象主管机构按照国家有关政府采购的规定组织采购。

27. 禁止使用未获得国务院气象主管机构许可使用的，以及超过保存期和有破损的人雨弹、火箭弹。（ √ ）

28. 各省、自治区、直辖市气象主管机构应当制定人工影响天气作业装备报废的审批程序和处理规定。（ √ ）

29. 因工作需要确须进行调配的，跨省(区、市)须由相关省(区、市)气象主管机构共同批准；本省(区、市)内不必经省级气象主管机构批准。（ × ）

解析：本省(区、市)内由省级气象主管机构批准。

30. 各级气象主管机构必须经常组织安全检查工作，规范检查内容，制定检查提纲。对检查中发现的问题，应以书面形式责令限期整改。（ √ ）

31. 人工影响天气工作按照作业规模和影响范围，由作业地县级以上地方人民政府组织实施和指导管理。（ × ）

解析：人工影响天气工作按照作业规模和影响范围，在作业地县级以上地方人民政府的领导和协调下，由气象主管机构组织实施和指导管理。

32. 固定式作业系统发射火箭弹时，操作人员和控制器应在 30 m 外的安全区；移动式作业系统发射爆炸式火箭弹时，操作人员和控制器应在 30 m 外的安全区；发射非爆炸式火箭弹时可在驾驶室内操作。（ √ ）

33. 飞机人工增雨作业期间，地面天气监测预报、指挥人员应坚持昼夜守班。其任务是:严密监视天气变化,分析作业条件,及时提出作业计划,制定作业飞行方案,完成协调任务,实时指挥作业,收集有关资料,分析作业效果。 (×)

解析:飞机人工增雨作业期间,地面天气监测预报、指挥人员应坚持白天守班或昼夜守班。其任务是:严密监视天气变化,分析作业条件,及时提出作业计划,制定作业飞行方案,完成协调任务,实时指挥作业,收集有关资料,分析作业效果。

34. 飞机人工增雨作业应不断观测并记录飞机起飞后的高度、大气温度、湿度、气压、飞行速度等参数。温度宜采用专用的倒流式飞机温度表,湿度观测宜采用露点温度计,配备专用的飞机气象仪。 (×)

解析:飞机人工增雨作业应不断观测并记录飞机起飞后的高度、大气温度、湿度、飞行速度等参数。温度宜采用专用的倒流式飞机温度表,湿度观测宜采用露点温度计,配备专用的飞机气象仪。

35. 人工增雨(雪)催化剂可分成吸湿性巨核、致冷剂和冰核三类,前者用于暖云催化,后两者用于冷云催化。 (√)

36. 为了改变云和降水及冰雹的微物理结构,改变冰雹生长形成的物理过程,通过催化,大量增加云中人工冰雹胚胎,争食水份,降低成雹条件,抑制冰雹的增长或化为雨滴。 (×)

解析:为了改变云和降水及冰雹的微物理结构,改变冰雹生长形成的物理过程,通过过量催化,大量增加云中人工冰雹胚胎,争食水分,降低成雹条件,抑制冰雹的增长或化为雨滴。

37. 每次作业结束后,必须按照有关规定对高炮进行维护保养,认真填写作业登记表,将作业的起止时间、射击方向、用弹型号、用弹量、天气实况等情况登记备案,收集有关数据和资料,并及时报送上级人工影响天气管理机构。 (×)

解析:每次作业结束后,必须按照有关规定对高炮进行维护保养,认真填写作业登记表,将作业的起止时间、射击方向、用弹型号、用弹量、天气实况等情况登记备案,收集有关技术数据和资料,并及时报送上级人工影响天气管理机构。

38. 防雹作业由于时间性强,主要依靠各种雷达指标判据和回波先兆特指标征分析判断,下达指令。 (×)

解析:防雹作业由于时间性极强,主要依靠各种雷达指标判据和回波先兆特指标征分析判断,下达指令。

39. 人工增雨的静力催化是指冷云降水一般是由冰晶通过凝华(即贝吉隆水－冰转化)过程及随后的淞附或碰并过程形成的。 (√)

40. 人工增雨的动力催化是指在云的过冷却部位引入大量碘化银(浓度达 102～104 个/L),使云中过冷水迅速转化为冰晶,并加强凝华过程,释放大量冻结潜热和凝结潜热,增加云体温度和浮力,促使云体在垂直和水平方向发展,延长云的生命期,从而增加降水。 (×)

解析:应是人工冰晶。

41. 防雹作业指令必须按作业业务流程运作,应在冰雹云到达高炮控制区之前至少 15 分钟发出,尽可能提前。作业技术设计方案包括时间、方位、移向、移速、部位、高度、用弹量、射击诸元选择等指令。 (×)

解析:至少 10 分钟发出即可。

42. 高炮操作人员必须听从指挥,严格遵守操作规程,在上级气象部门批准的空域、方向和时间内作业。未经申请、批准,不准擅自作业。 (×)

解析：由空域管制部门批准。

43. 高炮位置设立在作业影响区上风方 5 km 内，在背风坡而不在迎风坡。（ × ）

解析：高炮位置设立在作业影响区上风方 4 km 内，在迎风坡而不在背风坡。

44. 作业指挥员必须具备全心全意为人民服务的思想，掌握专业技术，熟悉雷达、人工影响天气、短时预报等综合技术，执行人工影响天气有关法规和规范；必须经省级人工影响天气管理机构培训、考核后，获得上岗资格证书，方能履行作业指挥员职责。（ √ ）

45. 市（地）级人工影响天气管理机构，在有条件的地区可直接指挥炮位作业。（ √ ）

46. 防雹作业之前，可进行增雨作业，提前抑制冰雹云的生成和发展，可争取增雨和防雹双重效果。（ √ ）

47. 利用火箭发射装置实施人工影响天气作业时，由作业地的县级以上地方气象主管机构向有关飞行管制部门申请空域和作业时限。（ √ ）

48. 火箭弹或发射架等作业装备的购置，可由使用单位自行向生产企业购买。（ × ）

解析：因作业需要采购火箭发射装置、炮弹、火箭弹规定设备的，由省、自治区、直辖市气象主管机构按照国家有关政府采购的规定组织采购。

49. BL 型系列火箭人工增雨作业中，装弹、退弹时不需要关闭发射控制器电源开关。（ × ）

解析：《增雨防雹火箭作业系统安全操作规范》指出，BL 型系列火箭人工增雨作业中，装弹、退弹时必须关闭发射控制器电源开关。

50. 各省、自治区、直辖市气象主管机构应当制定从事人工影响天气作业单位的资格条件及审批程序，并定期对取得作业资格的单位进行审验。（ √ ）

51. 火箭发射装置经检修仍达不到规定的技术标准和要求的，但为了应急需要仍可以在人工影响天气作业中使用。（ × ）

解析：参见《人工影响天气管理条例》的第十七条。

52. 安全射界图是以火箭发射的最大安全水平距离，用地图投影方式，以作业点为圆心绘制的安全射击分布图。（ √ ）

53. 检测发控系统内阻时可以将发射电源开关置于“打开”状态进行测量。（ × ）

解析：参见《增雨防雹火箭作业系统安全操作规范》。

54. 《增雨防雹火箭作业系统安全操作规范》规定，利用增雨防雹火箭作业系统开展人影作业，当出现哑弹时，关闭电源，待 5 分钟后，才能卸弹；出现留架燃烧时，待 15 分钟后，才能卸弹；出现炸架时，立即关闭电源，停止作业，并报主管部门处理。上述故障应按规定上报。（ × ）

解析：参见《增雨防雹火箭作业系统安全操作规范》4.3.7，正确说法应为“出现哑弹时，关闭电源，待 5 分钟后，才能卸弹；出现留架燃烧时，待焰剂燃烧完 15 分钟后，才能卸弹；出现炸架时，立即关闭电源，停止作业，并报主管部门处理。上述故障应按规定上报”。

55. 增雨防雹火箭作业系统的火箭弹和发射控制器均严禁在强磁场环境中存放，火箭弹要避免静电或射频导致误发火，发射控制器要防止强烈振动和冲击，以免影响其使用性能。（ √ ）

56. 按照《高炮人工防雹增雨作业业务规范（试行）》，应根据不同雹云类型进行防雹作业方案设计，对于单体雹云，作业要迅速及时，并监视新生成的单体，提前作业；对于多单体雹云，一般难以防御，如果作业设计严密，提前作业，可能收效；对于强单体雹云，应针对不同形态的出现，提前作业。（ × ）

解析:《高炮人工防雹增雨作业业务规范(试行)》5.1.1 指出,单体雹云作业要迅速及时,并监视新生成的单体,提前作业;多单体雹云应针对不同形态的出现,提前作业;强单体雹云一般难以防御,如果作业设计严密,提前作业,可能收效。题目将多单体雹云和强单体雹云的作业弄混了。

57. 根据《人工影响天气安全管理规定》,在非作业期间,人雨弹、火箭弹应当由县级以上气象主管机构统一组织清点回收,由军队、当地人民武装部协助存储,也可存放于作业站点。 (×)

解析:《人工影响天气安全管理规定》,第十一条规定,在非作业期间,人雨弹、火箭弹应当由县级以上气象主管机构统一组织清点回收,由军队、当地人民武装部协助存储,作业站点禁止存放。

58. 人工影响天气工作按照作业规模和影响范围,在作业地县级以上地方气象主管机构的领导和协调下,由相关机构组织实施和指导管理。 (×)

解析:人工影响天气工作按照作业规模和影响范围,在作业地县级以上地方人民政府的领导和协调下,由气象主管机构组织实施和指导管理。

59. 存放高炮、火箭的作业站点必须建设专用库房。人雨弹、火箭弹等必须存放于弹药库中,禁止与其他易燃、易爆等危险品共同存放。作业装备必须有专人看管。 (√)

四、填空题

1.《人工影响天气管理条例》自 2002 年 5 月 1 日起施行。

2. 为了加强对人工影响天气工作的管理,防御 和 减轻 气象灾害,根据《中华人民共和国气象法》的有关规定,制定《人工影响天气管理条例》。

3. 利用 高射炮、火箭 发射装置实施 人工影响天气 作业,由作业地的县级以上地方气象主管机构向有关飞行管制部门申请空域和作业时限。

4. 利用飞机实施人工影响天气作业,由 省、自治区、直辖市气象主管机构 向有关飞行管制部门 申请空域 和 作业时限 ;所需飞机由 军队 或者 民航部门 按照供需双方协商确定的方式提供;机场管理机构及有关单位应当根据人工影响天气工作计划做好保障工作。

5. 实施人工影响天气作业,必须在批准的 空域 和 作业时限 内,严格按照国务院气象主管机构规定的 作业规范 和 操作规程 进行。

6. 县级以上地方人民政府应当组织 专家 对人工影响天气作业的效果进行 评估 ,并根据 评估 结果,对提供 决策依据 的有关单位给予 奖励 。

7. 实施人工影响天气作业,必须接受县级以上地方气象主管机构的 指挥、管理 和 监督 ,确保作业安全。

8. 国办发〔2012〕44 号文件指出,到 2020 年,建立较为完善的人工影响天气工作 体系 ,基础研究和应用技术研发取得 重要成果 ,基础保障能力 显著提升 ,协调指挥和安全监管水平得到增强,人工增雨(雪)作业年增加降水 600 亿 t 以上,人工防雹保护面积由目前的 47 万 km^2 增加到 54 万 km^2 以上,服务经济社会发展的效益(明显提高)。

9.《人工影响天气安全管理规定》第三条:各省、自治区、直辖市气象主管机构应当制定从事人工影响天气作业单位的 资格条件 及 审批程序 ,并定期对取得作业资格的单位进行 审验 。对未通过(审验)的作业单位,应取消其 作业资格 。

10. 禁止使用未取得年检 合格证 的人工影响天气作业装备。

11. 在非作业期间,高炮、火箭发射架必须 入库封存 ,关键部件要 拆卸 交专人保管。

12. 禁止使用未获得国务院气象主管机构许可使用的,以及超过保存期和有破损的人雨弹、火箭弹。各级气象主管机构在检查中发现上述人雨弹、火箭弹，应立即封存，由县级以上气象主管机构及时组织回收保管，并由省级气象主管机构组织销毁。

13. 作业用高炮必须由省级气象主管机构按照有关程序统一组织向军队购买，并按有关技术标准进行验收。

14. 实施人工影响天气作业时，作业地的气象主管机构应当根据具体情况提前公告，并通知当地公安机关做好安全保卫工作。

15. 加强对全国空中云水资源的监测评估，制定开发利用计划，在重点江河流域和大型水库汇水区开展增蓄性人工增雨(雪)作业；在生态脆弱区域等重要生态功能区，围绕生态保护与建设需要，开展常态化人工增雨(雪)作业。

16. 以发射架中心为基准，发射架前方180°内半径100 m的扇形区和后方120°内半径50 m的扇形区为禁区，作业过程中严禁任何人进入该区。

17. 人工增雨(雪)是对具有人工增雨(雪)催化条件的云，采用科学的方法，在适当的时机，将适当的催化剂引入云的有效部位，达到人工增雨(雪)目的的科学技术措施。

18. 人工防雹是用高炮、火箭、地面发生器等向云中适当部位播撒适量的催化剂，抑制或削弱冰雹危害的科学技术措施。

19. 目标区是通过人工影响天气作业产生效果的区域。

20. 作业区是实施人工影响天气作业的区域。

21. 对比区是为了检验作业效果而选作对比的且不受催化作用影响的区域。

22. 作业空域是经飞行管制部门和航空管理部门批准，飞机、高炮、火箭在规定时限内实施作业的空间范围。

23. 空域申请是实施人工影响天气作业前，作业组织提前向有关管理部门申请作业空域的行为。

24. 作业时限是经飞行管制部门和航空管理部门批准，限定飞机、高炮、火箭等的作业时段。

25. 人工影响天气，是指为避免或者减轻气象灾害，合理利用气候资源，在适当条件下通过科技手段对局部大气的物理、化学过程进行人工影响，实现增雨雪、防雹、消雨、消雾、防霜等目的的活动。

26. 人工防雹增雨是以云和降水物理为基础的科学技术减灾手段。

27. 防雹作业的物理依据是过量催化，爆炸影响。

28. 人工增雨的主要目的是通过提高云的降雨效率，增加降水量。其物理依据是静力催化和动力催化。

29. 高炮防雹增雨作业基础设施及技术保障包括高炮、炮站、作业人员、作业规程、作业技术系统、探测设备、通讯设备、资料分析处理。

30. 根据当天预报在高炮防雹增雨作业前6小时，雷达应当进入半小时观测一次的状态，雷达回波强度达到警戒值时，应对云进行连续观测，直至天气过程结束。

31. 防雹作业必须按作业业务流程运作，应在冰雹云到达高炮控制区之前至少10分钟发出，尽可能提前；作业技术设计方案包括时间、方位、移向、移速、部位、高度、用弹量、射击诸元选择等指令。

32. 实施高炮人工防雹增雨作业前，作业组织必须按照空域申请程序，向当地空域管制部门履行申报手续，并登记备案。

33. 高炮操作人员必须听从指挥，严格遵守操作规程，在空域管制部门批准的空域、

方向和时间 内作业。未经申请、批准,不准擅自作业。

34. 每次高炮防雹增雨作业结束后,必须按照有关规定对高炮进行 维护保养 ,认真填写 作业登记表 ,将作业的 起止时间、射击方向、用弹型号、用弹量、天气实况 等情况登记备案,收集有关技术数据和资料,并及时报送 上级人工影响天气 管理机构。

35. 高炮防雹增雨作业季节结束后,应按照上级管理部门的规定,及时报送工作 总结和有关统计报表 。

36. 高炮布局必须在摸清当地 雹灾、旱灾历史规律、天气、气候、地形特征、冰雹多发路径 等情况的基础上设计。

37. 炮位的设置地点和发射方向,必须严格遵守《中华人民共和国民用航空法》《中华人民共和国飞行基本规则》的有关规定,并经 省级人工影响天气 管理机构审核后报当地 空域管制 部门审查批准。

38. 高炮位置设立在作业影响区 上风方 4 km 内,在迎风坡而不在背风坡。

39. 高炮位置周围视野开阔,视角 不小于 45° ,射击点远离居民区 500 m 以上;绘制高炮最大射程弹着点范围内城镇、村落、工矿企业等人口较集中地点坐标示意图。

40. 高炮位置地名、地标、经纬度、统一编号、通信代码,应上报 空域管制部门及上级人工影响天气管理机构 。

41. 作业高炮必须经过 省级主管部门 年检审查。经审查合格后,发给高炮使用许可证,方可作业使用。

42. 市(地)级人工影响天气管理机构,在冰雹云到达高炮控制区之前,提前 10 分钟以上 下达指令。

43. 省级人工影响天气管理机构,收集全省全天候监测资料,并对有可能进行作业的区域进行 6 小时—3 小时—半小时 跟踪、滚动订正预警,并向有关地(市)级作业指挥中心及时通报预警信息。

44. 冰雹云初期回波和强回波都出现在 0～−5 ℃层 之间,在云体的中上部;而雷雨云初期回波出现高度低,强回波区一般在云的 中下部 。

45. 冰雹云和雷雨云的回波特征有区别。冰雹云 45 dBz 回波顶高大于 7 km, 顶温度低于 −14 ℃ ;将冰雹云分为强和弱两种,强冰雹云 45 dBz 回波顶高 大于 8 公里,顶温度低于 −20 ℃;弱冰雹云 45 dBz 回波顶高为 7～8 km ,其顶温度在 −20～15 ℃ 之间。雷雨云强回波顶高不到 7 km。

46. 雷达回波跃增增长是冰雹云发展的一个重要特征。一般冰雹生成 3 分钟 后产生跃增增长,约 5～8 分钟 回波达到最大高度,云内冰雹含量达到最大。回波跃增增长发生在降雹之前,是识别冰雹云的先兆特征。

47. 防雹作业由于时间性极强,主要依靠各种 雷达指标判据 和 回波先兆 特征指标分析判断,下达指令。

48. 防雹重要经验是: 早期识别、早期开炮、联网作业 。

49. 高炮作业时采用的射击方法包括: 前倾梯度射击组合,垂直梯度射击组合,水平射击组合,同心圆射击组合,后倾射击组合,扇形点射,侧向射击 。

50. 为避免或者减轻气象灾害,合理利用 气候资源 ,在 适当条件 下通过科技手段对局部大气的物理过程进行人为影响,实现增雨(雪)、防雹、消雨、消雾、防霜等目的。

51. 人工影响天气作业点应绘制安全射界图,发射场地设立 警戒 标志和允许射击方位标志。

52. 由增雨防雹火箭弹、发射架及<u>发射控制器</u>组成增雨防雹作业系统。

53. 人工影响天气工作按照作业规模和影响范围，在作业地县级以上地方人民政府的领导和协调下，由气象主管机构<u>组织实施</u>和<u>指导管理</u>。

54. 在非作业期间，人雨弹、火箭弹应当由县级以上气象主管机构<u>统一组织清点回收</u>，由军队、当地人民武装部协助存储，作业站点<u>禁止存放</u>。

55. <u>禁止使用</u>未获得国务院气象主管机构许可使用的，以及<u>超过</u>保存期和有<u>破损</u>的人雨弹、火箭弹。

56. 地方各级气象主管机构应当制定人工影响天气<u>作业安全事故处理预案</u>。发生重大安全事故和违法、违规事件时，必须及时逐级上报，不得隐瞒不报、谎报和拖延不报。

57. 地方各级气象主管机构应当依据《人工影响天气管理条例》和国家其他有关的法律、法规，建立和健全本地人工影响天气工作<u>安全责任制度和责任追究制度</u>。

58. 健全<u>国家、区域、省、市、县五级</u>作业指挥系统，加强军队与地方间的协作，建立作业空域划定、跨区域作业协调机制，提高作业装备的全国统一调度和跨区域指挥能力。

59. 进一步发挥国家人工影响天气协调会议的<u>职能和作用</u>，加强对全国人工影响天气工作的统筹规划。地方人民政府要建立相应的管理体制和工作机制，落实必要的<u>机构、编制和工作经费</u>。

60. 雨天作业，防止雨水渗入，雨淋过的发射控制器<u>严禁开启</u>电源开关，待控制器内部水分蒸发干燥后，<u>方可开启</u>电源检查。

61. 为了改变云和降水及冰雹的微物理结构，改变冰雹生长形成的物理过程，可以通过<u>过量催化</u>，大量增加云中人工冰雹胚胎，<u>争食水分</u>，降低成雹条件，抑制冰雹的增长或化为雨滴。

第四部分

气象预警预报

天气学原理

一、单项选择题

1. 位势高度的单位是(D)。

A. m　　B. m/s　　C. m/s^2　　D. gpm

2. 对于相对于地球表面静止的气块的受力情况,下面说法中正确的为(A)。

A. 有惯性离心力,没有地转偏向力　　B. 没有惯性离心力,有地转偏向力

C. 有惯性离心力,有地转偏向力　　D. 没有惯性离心力,没有地转偏向力

3. 在反气旋环流中,最大梯度风为地转风的(C)。

A. 一半　　B. 一倍　　C. 两倍　　D. 三倍

4. 质量散度即单位体积内流体的(A)。

A. 净流出量　　B. 净流入量　　C. 流出量　　D. 流入量

5. 天气学主要是研究与(A)天气变化有关的大尺度和中小尺度运动。

A. 中短期　　B. 中长期　　C. 短临　　D. 长期

6. 如果风速相同,在低纬的等高线应比高纬的等高线分布得(A)些。

A. 稀疏　　B. 密集　　C. 均匀　　D. 零乱

7. 地转风随高度的变化就是热成风,热成风的大小主要与两层等压面之间的(B)有关。

A. 风速差值　　B. 平均温度梯度　　C. 气压梯度　　D. 气压最大值

8. 大气运动总是受质量守恒、(C)、能量守恒等基本物理定律所控制。

A. 热力学第一定律　　B. 牛顿第一定律　　C. 动量守恒　　D. 热力学第二定律

9. 自由大气中的地转偏差是由于以下哪个原因造成的?(C)

A. 风速的局地变化、等高线的弯曲、摩擦力

B. 风速的局地变化、摩擦力、风速的垂直切变

C. 风速的局地变化、等高线的弯曲、风速的垂直切变

D. 摩擦力、等高线的弯曲、风速的垂直切变

10. 温带气旋、锋面、切变线、低涡、台风、东风波等,它们属于(A)。

A. 天气尺度系统　　B. 中尺度系统　　C. 小尺度系统　　D. 微系统

11. 在(A)上不可能建立地转平衡的关系,也不存在地转风。

A. 赤道　　B. 极地　　C. 中纬度　　D. 高纬度

12. ** 一般在中纬度的大尺度系统中地转风与梯度风相差不超过(A)。

A. 0%~5%　　B. 5%~10%　　C. 10%~15%　　D. 15%~20%

13. * 不计摩擦(黏性)项的地转偏差方程为 $\boldsymbol{D}=\boldsymbol{V}-\boldsymbol{V}_g=\frac{1}{f}\boldsymbol{k}\wedge\frac{\mathrm{d}\boldsymbol{V}}{\mathrm{d}t}$,则下面正确公式是(B)。

A. $du/dt=fD_x$　　B. $du/dt=fD_y$　　C. $du/dt=-fD_x$　　D. $du/dt=-fD_y$

14. 地面大风区经常是在（ B ）附近和高压的边缘区域。

A. 低压边缘　　B. 低压中心　　C. 高压中心　　D. 高压边缘

15. 下面对于热成风方向的描述中，正确的为（ B ）。

A. 热成风与等温线平行，在北半球，背风而立，高温在左，低温在右

B. 热成风与等厚度线平行，在北半球，背风而立，高温在右，低温在左

C. 热成风与等温线平行，在北半球，背风而立，高温在右，低温在左

D. 热成风与等厚度线平行，在北半球，背风而立，高温在左，低温在右

16. 锋附近风场为（ B ）切变。

A. 反气旋式　　B. 气旋式　　C. 无　　D. 无规则

17. 当 700 hPa 的高空槽线落在地面冷锋锋线的后面时，坏天气出现在（　　），（　　）过后天气转为晴或高云天气。（ D ）

A. 锋前，700 hPa 槽　　B. 锋前，500 hPa 槽

C. 锋后，700 hPa 槽　　D. 锋后，500 hPa 槽

18. 下列因子中，（ D ）不利于锋生。

A. 辐合流场　　B. 鞍形场

C. 对流凝结加热　　D. 下垫面加热

19. 根据锋生函数，锋生与（ B ）有关。

A. 空气水平运动、变形系数、非绝热加热

B. 空气水平运动、空气垂直运动、非绝热加热

C. 膨胀系数、空气垂直运动、非绝热加热

D. 空气水平运动、空气垂直运动、旋转系数

20. 暖锋前部由于高空强暖平流减压作用，常有（ B ）中心。

A. 正变压　　B. 负变压　　C. 零变压　　D. 大变压

21. 暖式锢囚锋天气区比冷式锢囚锋天气区宽度约大（ A ）。

A. 1 倍　　B. 10 倍　　C. 100 倍　　D. 200 倍

22. 槽线是等压面图上低压槽内（ B ）曲率最大处的连线。

A. 反气旋性　　B. 气旋性　　C. 无　　D. 螺旋性

23. 高空急流入口区次级环流在热力性质与能量转换方面的基本特征是（ D ）。

A. 反热力环流，动能向位能转换　　B. 反热力环流，位能向动能转换

C. 正热力环流，动能向位能转换　　D. 正热力环流，位能向动能转换

24. 高空急流出口区的次级环流在热力性质与性质转换方向的基本特征是（ A ）。

A. 高急流出口区为反热力环流，动能向位能转换

B. 高急流出口区为反热力环流，位能向动能转换

C. 高急流出口区为正热力环流，动能向位能转换

D. 高急流出口区为正热力环流，位能向动能转换

25. 判断以下锋附近 3 小时变压场，正确的图是（ C ）。

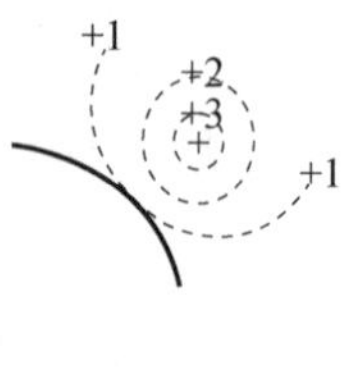

+1 +2 +3 + +1

A.

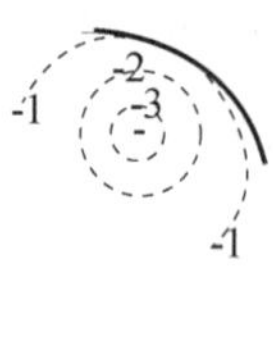

-2 -1 -3 -

B. -1

-1 -2 -3 -1

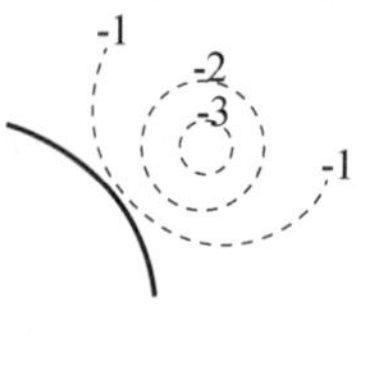

C.

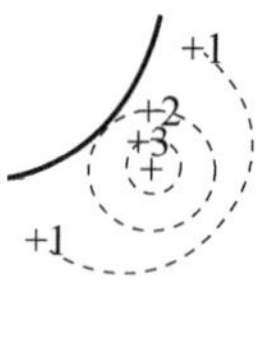

+1 +2 +3 +

D. +1

26. * 锋面坡度是随纬度增高而(　　),两侧温差愈大而坡度愈(　　),两侧风速差愈大而坡度愈(　　)。(B)

A. 增大,大,小　B. 增大,小,大　C. 减小,小,大　D. 减小,大,小

27. * 锋面天气主要是指锋面附近的(A)。

A. 云和降水　B. 温度和湿度　C. 温差和气压差　D. 湿度和降水

28. * 冷锋从进入我国到完全移出大陆平均需(A)天的时间。

A. 3～4　B. 4～5　C. 5～6　D. 6～7

29. * 根据气团的不同地理类型,可将锋分为冰洋锋(北极锋)、极锋和(B)。

A. 地面锋　B. 副热带锋　C. 高空锋　D. 低空锋

30. 在锋面气旋的生命史中,(D)温压场趋于重合且气旋与锋面逐步剥离。

A. 波动阶段　B. 发展阶段　C. 锢囚阶段　D. 消亡阶段

31. 在温带气旋的波动阶段,热力因子使地面气旋前部(　　),后部(　　);涡度因子使地面气旋中心(　　)。两种因子共同作用,使其一边发展一边移动。(B)

A. 加压,减压,加压　B. 减压,加压,减压

C. 加压,加压,减压　D. 减压,减压,加压

32. 热低压是一种无锋面气旋,它只出现在近地面层,一般到(B)的高度就不明显了。

A. 一二公里　B. 三四公里　C. 五六公里　D. 六七公里

33. 在斜压扰动系统中,(　　)主要使低层系统发展,高层系统移动;(　　)主要使高层系统发展,低层系统移动。(A)

A. 涡度因子,热力因子　B. 涡度因子,动力因子

C. 动力因子,热力因子　D. 动力因子,涡度因子

34. 温带气旋主要是在(C)发展起来的。

A. 暖区　B. 冷区　C. 锋区　D. 温区

35. 在对流层自由大气中,一般来说温度平流总是随高度(B)。

A. 增强　B. 减弱　C. 不变　D. 不清楚

36. 从位势倾向方程得知,涡度平流在槽脊线上为(　　),因此槽脊(　　)发展,而是(　　)移动。(A)

A. 零,不会,向前　B. 正,会,向前　C. 负,会,向后　D. 零,会,向前

37. 从 ω 方程可知,地面低压中心附近涡度平流(　　),而在其上空的高空槽前为(　　)平流,于是在这地区涡度平流随高度增加,有(　　)运动。(A)

A. 很小,正涡度,上升　B. 很大,正涡度,下沉

C. 很小,负涡度,上升　D. 很小,正涡度,下沉

38. 温带气旋完成生命史的 4 个阶段一般要(D)天时间。

A. 3　B. 4　C. 6　D. 5

39. 温带气旋的发展中,摩擦因子成为主要因子的阶段是(A)。

A. 锢囚和消亡　B. 波动和成熟　C. 成熟和锢囚　D. 波动和消亡

40. 气旋再生的三种情况为副冷锋加入、气旋入海后加强和(A)两个锢囚气旋合并加强。

A. 副冷锋远离　B. 气旋锢囚　C. 冷锋锢囚　D. 暖锋远离

41. * 一个气旋族经过某一地区的时间平均为(C)。

A. 3～4 天　B. 4～5 天　C. 5～6 天　D. 6～7 天

42. * 江淮气旋一年四季皆可形成，但以春季和出现较多，形成过程大致可以分为两类：(A)。

A. 静止锋上的波动和倒槽锋生　　B. 副冷锋合并和两个气旋锢囚

C. 斜压叶波动和位涡下传　　D. 暖锋合并和两个气旋锢囚

43. * 从位势倾向方程可知，在暖平流区中，沿气流方向温度降低，当暖平流(绝对值)随高度(　　)时，等压面高度(　　)；在冷平流区中，沿气流方向温度升高，当冷平流(绝对值)随高度(　　)时，等压面高度(　　)。(B)

A. 减弱，降低，减弱，升高　　B. 减弱，升高，减弱，降低

C. 升高，减弱，减弱，降低　　C. 升高，增强，减弱，降低

44. ** 在自然坐标中，相对涡度表示成为 $\zeta=\frac{V}{R_2}-\frac{\partial V}{\partial n}$($n$ 指向气流左侧)，即曲率涡度和切变涡度两项。故当西风气流绕过高原时，在北侧有(　　)的曲率涡度形成，在南侧有(　　)的曲率涡度形成。当气流从高原北侧绕过时，因摩擦作用生成(　　)的切变涡度，而南侧生成(　　)的切变涡度。(C)

A. 正，正，负，负　　B. 负，负，负，正　　C. 负，正，负，正　　D. 负，正，负，负

45. 大气环流中，(A)使低纬度地区多余的西风角动量向北输送。

A. 东北—西南向的槽脊和涡旋

B. 西北—东南向的槽脊和涡旋

C. 东西对称的瞬变涡旋—东西对称的定常涡旋

D. 西南—东北向的槽脊涡旋

46. 阻塞高压应具备的条件中，不包括(B)。

A. 中高纬度高空有闭合暖高压中心存在

B. 暖高至少要维持三天以上

C. 东移速度大于 7～8 经度/天，西风急流减弱，分支点与会合点间的范围一般大于 40～50 个经度

D. 暖高至少要维持五天以上

47. 在西风带，大气长波的西退条件是长波的波长(B)静止波波长。

A. 等于　　B. 大于　　C. 小于　　D. 接近

48. 长波槽多为(D)。

A. 暖槽冷脊　　B. 暖槽暖脊　　C. 冷槽冷脊　　D. 冷槽暖脊

49. 实际工作中，把(B)纬度带间的平均位势高度差作为西风指数。

A. 30～55° N　　B. 35～55° N　　C. 35～60° N　　D. 30～60° N

50. 急流的风速水平切变量级为每 100 km (A)。

A. 5 m/s　　B. 7 m/s　　C. 9 m/s　　D. 11 m/s

51. 急流的风速垂直切变量级为每 100 km (A)。

A. 2～5 m/s　　B. 5～10 m/s　　C. 10～15 m/s　　D. 5～15 m/s

52. 在整个地球上，太阳辐射能的分布随纬度升高而(A)。

A. 减小　　B. 增加　　C. 不变　　D. 不确定

53. 东亚地区为典型的季风区，影响东亚夏季风活动的两个大气活动中心是(B)。

A. 蒙古高压和阿留申低压　　B. 印度热低压和西太平洋副热带高压

C. 印度热低压和蒙古高压　　D. 阿留申低压和西太平洋副热带高压

54. 高纬平均经向(费雷尔)环流很弱,平均水平环流在对流层盛行西风称为西风带。平均而言,西风带中冬季有(　　)个槽脊,夏季则变为(　　)个槽脊。(A)

A. 3,4　　B. 4,3　　C. 2,3　　D. 3,3

55. 急流是指一股强而窄的气流带,急流中心最大风速在对流层的上部必须大于或等于(B) m/s。

A. 20　　B. 30　　C. 8　　D. 12

56. * 对流层上部急流根据其性质与结构不同可分为三种,下面哪种不是?(D)

A. 极锋急流　　B. 副热带西风急流　　C. 热带东风急流　　D. 低空急流

57. ** 从低槽与其他系统的关系来研究低槽的发展,下面说法正确的是(A)。

A. 低槽发展与否与槽后的高压脊发展密切相关

B. 槽发展与否跟南、北两支波动是否反位相的叠加有关

C. 低槽发展与其他系统无关

D. 低槽发展与槽后低压脊密切相关

58. * 我国最常见的切断低压是东北冷涡。它一年四季都可能出现,以春末、夏初活动最频繁。它的天气特点是造成(A)天气。

A. 低温和不稳定性雷阵雨　　B. 大风和低温

C. 暴雨和低温　　D. 大风和暴雨

59. * 西风带长波槽主要有巴尔喀什湖大槽、贝加尔湖大槽、太平洋中部大槽和(A)。

A. 青藏高原西部低槽　　B. 青藏高原北部低槽

C. 东亚大槽　　D. 大西洋低槽

60. 如果不考虑热力影响,仅考虑空气绕行造成的辐合、辐散,当偏西气流绕青藏高原而过,高空槽移到高原北侧时,强度(　　),移速(　　)。(B)

A. 减弱,减慢　　B. 减弱,加快　　C. 加强,加快　　D. 加强,减慢

61. 实践中发现,地面锋面往往顺着高空(B)的气流移动,其移动速度与垂直与锋面的风速成比例。

A. 200 或 300 hPa　　B. 700 或 500 hPa

C. 850 或 700 hPa　　D. 500 或 400 hPa

62. 地转涡度平流对于南北向槽脊的作用可概括为(A)。

A. 对槽脊的移动有影响,不影响槽脊的发展

B. 对槽脊的发展有影响,不影响槽脊的移动

C. 对槽脊的移动和发展均有影响

D. 对槽脊的移动和发展均无影响

63. 对于南北向的锋面,当高空槽加深时,锋面的移动速度通常将(　　);对东西向的锋面,开始时高空槽往往是横槽,当槽加深,并转南北向时,锋面的移动速度将(　　)。(D)

A. 加快,加快　　B. 加快,减慢　　C. 减慢,减慢　　D. 减慢,加快

64. 不同纬度的西风系统中,当两支气流的槽脊不同相,也不是完全反相时,由于气流的汇合和疏散,也可产生槽脊强度的变化。对于下图中北支波系落后于南支波系的情况,下列说法正确的是(C)。

A. 槽将发展,脊将发展　　B. 槽将减弱,脊将发展

C. 槽将发展,脊将减弱　　D. 槽将减弱,脊将减弱

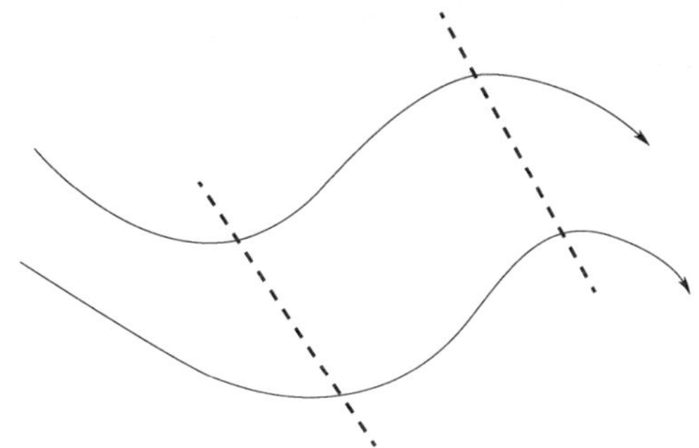

65. 地形对大气的运动有着重要的影响，下面说法正确的是（ C ）。

A. 高空槽移近大山脉时在山后填塞

B. 在无明显天气系统东移时，迎风坡常有地形槽形成

C. 当气流过山时，迎风坡处气旋性涡度会减弱

D. 在高原北部的槽的移速一般小于南部的槽

66. 在天气图中，（ B ）未来最有可能获得发展。

A. 东西对称的槽　　B. 疏散槽　　C. 温压场重合槽线　　D. 汇合槽

67. 以下各项中以（ A ）雷暴出现最多，强度也最强。

A. 冷锋　　B. 暖锋　　C. 静止锋　　D. 锢囚锋

68. 下面说法正确的是（ C ）。

A. 地形对大气的运动有着重要的影响，当气流过山时，其迎风坡有上升运动，气旋性涡度会增强

B. 地形对大气的运动有着重要的影响，当气流过山时，其迎风坡有下沉运动，气旋性涡度会减弱

C. 地形对大气的运动有着重要的影响，当气流过山时，其迎风坡有上升运动，气旋性涡度会减弱

D. 地形对大气的运动有着重要的影响，当气流过山时，其迎风坡有下沉运动，气旋性涡度会增强

69. ***公式 $C=-\dfrac{\dfrac{\partial^2 P}{\partial x\partial t}}{\dfrac{\partial^2 P}{\partial x^2}}$ 可以用来讨论槽脊移动，即用运动学方法预报槽脊的移动。其中 C 为槽（脊）线的移动速度，x 轴垂直于槽（脊）线，并指向气流的下游。在低压槽或高压脊里，槽脊越强的绝对值越大。由上式得出正确结论是（ A ）。

A. 对于低压槽而言，当 $\dfrac{\partial^2 P}{\partial x\partial t}>0$ 时，即当槽前的变压大于槽后的变压时，槽后退

B. 对于低压槽而言，当 $\dfrac{\partial^2 P}{\partial x\partial t}>0$ 时，即当槽前的变压大于槽后的变压时，槽前进

C. 对于高压脊而言，当 $\dfrac{\partial^2 P}{\partial x\partial t}>0$ 时，当脊前的变压大于脊后的变压时，脊后退

D. 对于高压脊而言，当 $\dfrac{\partial^2 P}{\partial x\partial t}<0$、$\zeta=\dfrac{V}{R_S}-\dfrac{\partial V}{\partial n}$ 时，当脊前的变压大于脊后的变压时，脊前进

70. （ C ）季日较差全年最大。

A. 春　　B. 夏　　C. 秋　　D. 冬

71. ** 在自然坐标系中，相对涡度表示为 $\zeta=\frac{V}{R_S}-\frac{\partial V}{\partial n}$（$n$ 指向气流左侧），即曲率涡度和切变涡度两项。故当西风气流绕过高原时，在北侧有（　　）的曲率涡度形成，在南侧有（　　）的曲率涡度形成。当气流从高原北侧绕过时，因摩擦作用生成（　　）的切变涡度，而南侧生成（　　）的切变涡度。（ C ）

A. 正，正，负，负　　B. 负，负，负，正

C. 负，正，负，正　　D. 负，正，负，负

72. * 气流过山时，在迎风坡，有（　　），气旋性涡度减弱，反气旋性涡度增强。在背风坡，有（　　），气旋性涡度增加，反气旋性涡度减弱。（ A ）

A. 上升运动，下沉运动　　B. 下沉运动，上升运动

C. 对流运动，下沉运动　　D. 上升运动，对流运动

73. ** 下面说法正确的是（ A ）。

A. 对称性的槽没有发展，疏散槽是加深的，汇合槽是填塞的；槽前疏散，槽后汇合，则槽移速加快

B. 对称性的槽没有发展，疏散槽是减弱的，汇合槽是加深的；槽前汇合，槽后疏散，则槽移速加快

C. 对称性的槽没有发展，疏散槽是加深的，汇合槽是填塞的；槽前疏散，槽后汇合，则槽移速减慢

D. 对称性的槽没有发展，疏散槽是减弱的，汇合槽是加深的；槽前汇合，槽后疏散，则槽移速减慢

74. ** 采用运动学方法预报气旋、反气旋的强度变化时，有以下规则（ D ）。

A. 气旋中心有负变压时，气旋将加深；反气旋中心有负变压时，反气旋将加强

B. 气旋中心有负变压时，气旋将填塞；反气旋中心有正变压时，反气旋将加强

C. 气旋中心有正变压时，气旋将加深；反气旋中心有正变压时，反气旋将加强

D. 气旋中心有负变压时，气旋将加深；反气旋中心有正变压时，反气旋将加强

75. 700 hPa 图上有（ D ）东移，并引起了江淮气旋发生且有所发展时，北方也将有冷空气南侵，而且也能影响长江以南地区，这常是春季寒潮的征兆。

A. 东北冷涡　　B. 江淮切变线　　C. 低槽　　D. 西南低涡

76. 低纬度地区一般是指（ B ）以内的地区，其中包括热带和副热带。

A. 25° N～25° S　　B. 30° N～30° S　　C. 35° N～35° S　　D. 30° N～35° S

77. 当气流由开阔地带流入地形构成的峡谷时，由于空气质量不能大量堆积，于是加速流过峡谷，风速（　　），而当气流流出峡谷时，空气流速又会（　　）。这种地形峡谷对气流的影响，称为“狭管效应”。（ B ）

A. 减缓，增大　　B. 增大，减缓　　C. 不变，增大　　D. 减缓，不变

78. 寒潮关键区是在（ B ）地区。

A. 西伯利亚　　B. 70～90° E，43～65° N

C. 短波槽　　D. 长波槽

79. 预报寒潮的着眼点主要应放在（ B ）。

A. 长波槽的移动及短波槽的影响上

B. 长波槽的移动及长波脊的破坏与东移上

80. 中央气象台寒潮标准是，以（ B ）相结合来划定冷空气活动强度。

A. 过程降温、大风　　B. 过程降温、温度负距平

C. 大风、温度负距平　　D. 过程降温、大风、温度负距平

81. 强冷空气在（ A ）是寒潮爆发的必要条件。

A. 西伯利亚、蒙古堆积　　B. 蒙古、河套堆积

C. 西伯利业堆积　　D. 蒙古堆积

82. 霜冻按其形成原因分为三种，下面哪种不是其形成原因？（ D ）

A. 平流霜冻　　B. 辐射霜冻

C. 平流—辐射霜冻　　D. 辐射—平流霜冻

83. 冷空气从寒潮关键区入侵我国有四条路径，下面哪一条不是？（ D ）

A. 西北路(中路)　　B. 东路　　C. 西路　　D. 东路加西北路

84. ** 目前普遍把我国寒潮的中短期天气形势归纳为三个类型，不包括下面哪一种？（ D ）

A. 小槽发展型　　B. 横槽型

C. 低槽东移型　　D. 低槽发展型

85. 寒潮预报应不包括（ D ）。

A. 寒潮强冷空气堆积预报　　B. 寒潮爆发预报

C. 寒潮天气预报　　D. 寒潮警报

86. ** 下列叙述错误的是（ B ）。

A. 雨凇又称冻雨，是过冷却液态降水碰到地面物体后直接冻结而成的坚硬冰层

B. 风暴潮，又称风暴海啸，是指在台风、寒潮、气旋等风暴系统过境所伴有的强风和气压骤变所引起的局部海面周期性异常升高现象

87. * 下列哪些天气现象时的大气温度层结特点为中暖、下冷，中层有一明显的逆温？（ C ）

A. 北方大雪　　B. 雾　　C. 雨凇　　D. 霜冻

88. 极涡中心的分布特点，按 100 hPa 的环流分为（ A ）类型。

A. 绕极型、偏心型、偶极型、多极型　　B. 绕极型、偏心型

C. 偶极型、多极型　　D. 多极型

89. ** 横槽型的冷空气向南爆发的过程主要有（ A ）情况。

A. 横槽转竖、地层变形场作用、横槽旋转南下

B. 地层变形场作用、横槽旋转南下

C. 横槽旋转南下、低槽东移

D. 横槽转竖、低槽东移

90. 判断以下冷式切变，正确的图是（ A ）。

A. 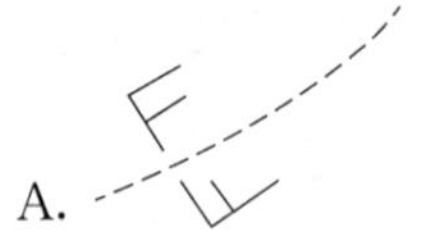　　B.　　C.　　D. 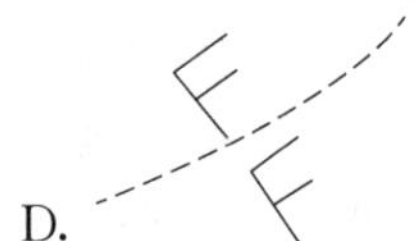

91. 由于低层的湿度对降水的贡献最为重要，所以在预报工作中，一般分析（ B ）层上的等比湿线和风场来判断比湿平流的符号与大小。

A. 500、700 hPa　　B. 700、850 hPa　　C. 850、925 hPa　　D. 700、925 hPa

92. 造成我国雨带进退过程中的三个突变期的根本原因是（ C ）。

A. 西风带环流的三次突变

B. 100 hPa 南亚高压脊线位置的三次突变

C. 副热带高压脊线位置的三次突变

93. 温带气旋、锋面、切变线、低涡、台风、东风波等都属于(A)。

A. 天气尺度系统　B. 中尺度系统　C. 小尺度系统　D. 中小尺度系统

94. 典型梅雨一般出现在(B)。

A. 6 月上旬至 7 月上旬　B. 6 月中旬至 7 月上旬

C. 6 月中旬至 7 月中旬　D. 6 月下旬至 7 月上旬

95. 锋前暖区暴雨是(B)暴雨的一个重要特色。

A. 江南春雨期　B. 华南前汛期　C. 华北和东北雨季　D. 江淮梅雨

96. 垂直运动是产生天气的一个重要因素,(C)是造成垂直运动的重要原因。

A. 地转风　B. 热成风　C. 偏差风　D. 地热风

97. 垂直速度(A)观测到的物理量。

A. 不是直接　B. 是直接　C. 是间接　D. 不是间接

98. 受摩擦影响是随高度降低而(C)的。

A. 减小　B. 不变　C. 增大　D. 不确定

99. 我国华北、东北地区的雨季出现在(B)。

A. 6 月下旬到 7 月下旬　B. 7 月中旬到 8 月底

C. 8 月中旬到 9 月中旬　D. 8 月底到 9 月下旬

100. 春季连阴雨天气一般发生在(A)。

A. 850 hPa 和 700 hPa 上的切变线之间

B. 地面锋与 700 hPa 上的切变线之间

C. 地面锋与 850 hPa 上的切变线之间

D. 700 hPa 和 500 hPa 上的切变线之间

101. 江淮切变线的降水多位于地面锋线的(　　)、700 hPa 切变线(　　)的地区。(C)

A. 南部,以南　B. 南部,以北　C. 北部,以南　D. 北部,以北

102. 一次暴雨天气过程的降水量并非由一次连续降水所组成,而是由于在此期间(A)不断生成和移动的结果。

A. 中尺度雨团　B. 中尺度系统　C. 小尺度雨团　D. 小尺度系统

103. 在水平温度梯度最大的区域上空的一定高度上,必然会出现与温度场相适应的强风区,若强风区风速达到(C) m/s 以上,即称为"急流"。

A. 12　B. 20　C. 30　D. 35

104. * 急流一般是指强而窄的气流带,急流中心最大风速在对流层的上部必须大于或等于(C) m/s。

A. 10　B. 20　C. 30　D. 40

105. * 冷涡结构的非对称性,决定了强对流天气大体是出现在冷涡的(D)。

A. 东北象限　B. 西北象限　C. 西南象限　D. 东南象限

106. * 在制作暴雨预报时,分析垂直运动方面重点考虑哪一层等压面?(C)

A. 地面　B. 850 hPa　C. 700 hPa　D. 500 hPa

107. ** K 指数表达式是(D)。

A. $K=(T_{850}+T_{500})+T_{d850}-(T-T_d)_{700}$

B. $K=(T_{850}+T_{500})-T_{d700}-(T-T_d)_{850}$

C. $K=(T_{850}-T_{500})-T_{d850}+(T-T_d)_{700}$

D. $K=(T_{850}-T_{500})+T_{d850}-(T-T_d)_{700}$

108. ** 在 500 hPa 图上，东亚的中纬度以南地区为(A)时，有利于切变生成。

A. 纬向环流　B. 经向环流　C. 气旋性涡旋　D. 短波槽

109. ** 中国的暴雨主要由台风、锋面和(B)引起的。

A. 东风波　B. 气旋性涡旋　C. 高原脊　D. 短波槽

110. 有利于冰雹生长的条件之一，云体要具有深厚的负温区，负温区指(B)区。

A. 0～−10 ℃　B. 0～−20 ℃　C. −10～−20 ℃　D. −10～−30 ℃

111. 由于部分小龙卷的直径极小，因此(C)对其影响很小，它们的旋转可以是气旋式的，也可以是反气旋式的。

A. 气压梯度力　B. 离心力　C. 地转偏向力　D. 地心引力

112. 下图中代表的大气稳定情况是(C)。

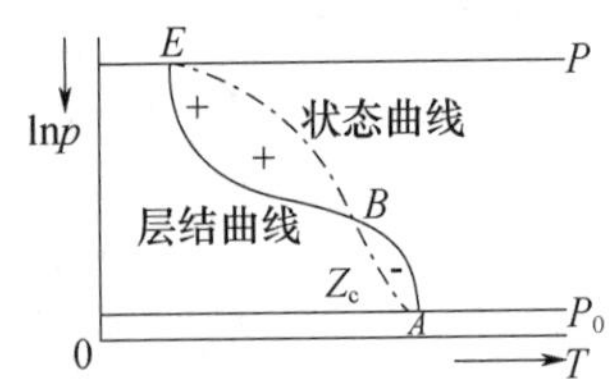

A. 稳定层结　B. 不稳定层结　C. 潜在不稳定层结　D. 无法判断

113. 大气层结稳定度主要取决于(D)。

A. 能见度随高度的变化情况　B. 气压随高度的变化情况

C. 风随高度的变化情况　D. 气温随高度的变化情况

114. 一般认为云内 0 ℃层的高度在 600 hPa 上下，−20 ℃层的高度在(B)等压面高度附近或以下有利于冰雹的生成。

A. 300 hPa　B. 400 hPa　C. 500 hPa　D. 700 hPa

115. 上干、下湿的对流不稳定气层在 T-ln$p$ 图上温度层结曲线与露点曲线呈喇叭状配置，有利于形成(B)。

A. 冰雹　B. 雷暴大风　C. 暴雨　D. 龙卷风

116. 能促进气块垂直运动的气层叫作(　　)；抑制气块垂直运动的气层叫作(　　)；既不促进也不抑制气块垂直运动的气层叫作(　　)。(A)

A. 不稳定层结，稳定层结，中性层结　B. 稳定层结，不稳定层结，中性层结

C. 不稳定层结，中性层结，稳定层结　D. 稳定层结，中性层结，不稳定层结

117. T-ln$p$ 图上表示气块温度升降的曲线叫作(　　)，而大气实际温度分布曲线叫作(　　)。在抬升凝结高度以上，状态曲线与层结曲线的第一个交点叫作(　　)，状态曲线与层结曲线的第二个交点叫作(　　)。(B)

A. 层结曲线，状态曲线，自由对流高度，对流上限

B. 状态曲线，层结曲线，自由对流高度，对流上限

C. 状态曲线，层结曲线，对流上限，自由对流高度

D. 层结曲线，状态曲线，对流上限，自由对流高度

118. 雷暴单体生命史中，成熟阶段(B)。

A. 无对流运动发生　B. 上升运动和下沉运动并存

C. 只有上升运动　　D. 只有下沉运动

119. 风暴的移动方向一般偏向(B)。

A. 对流层中层风的左侧　　B. 对流层中层风的右侧

C. 与对流层中层风一致　　D. 与对流层中层风相反

120. 中国发生雷暴最多的两个地区是(C)。

A. 西南和华南地区　B. 华东和华南地区　C. 华南和青藏高原　D. 西南和华东地区

121. 在中尺度系统等级划分中(B)称为中-β尺度。

A. 10～100 km　B. 20～200 km　C. 100～1000 km　D. 200～2000 km

122. 对流性不稳定或位势不稳定层结的判据是(D)。

A. $\partial\theta_{se}/\partial Z>0$　B. $\gamma>\gamma_d>\gamma_s$　C. $\gamma_d>\gamma>\gamma_s$　D. $\partial\theta_{se}/\partial_Z<0$

123. 下列因素中哪个有利于较强龙卷的发生？(B)

A. 大气中下层比较干　　B. 低层大气相对湿度较大

C. 垂直风切变较弱　　D. 对流抑制较大

124. *下列关于冰雹云的特点说法错误的是(D)。

A. 斜升气流强度较大

B. 最大上升速度的高度一般在温度 0 ℃层以上

C. 水分累积区的含水量较为丰富

D. 云内 0 ℃层的高度很高

125. *MCC 形成在(A)环境中。

A. 弱强迫大气　B. 强斜压　C. 强垂直切变　D. 大气锋生

126. *T-ln$p$ 图上气块温度升降的曲线叫(A)。

A. 状态曲线　B. 层结曲线　C. 对流曲线　D. 温度曲线

127. **当大气处于弱的层结稳定状态时，虽然在垂直方向上不能有上升气流的强烈发展，但在一定条件下可以发展斜升气流，这种机制称为(D)。它可以用来解释与锋面相平行的中尺度雨带的形成和发展。

A. 位势不稳定　B. 对流不稳定　C. 条件不稳定　D. 对称不稳定

128. **中小尺度天气系统具备以下特征(D)。

A. 满足地转平衡，满足静力平衡　　B. 不满足地转平衡，满足静力平衡

C. 满足地转平衡，不满足静力平衡　　D. 不满足地转平衡，不满足静力平衡

129. 西太平洋副热带高压和青藏高压(A)。

A. 分别是动力性高压和热力性高压　　B. 分别是热力性高压和动力性高压

C. 均是热力性高压　　D. 均是动力性高压

130. 热带风暴、台风中心附近最大平均风力分别为(C)。

A. 6～7 级、10～11 级　　B. 8～9 级、10～11 级

C. 8～9 级、12 级或 12 级以上　　D. 10～11 级、12 级或 12 级以上

131. 台风进入中纬度后，不再是上下一致的暖心结构，在垂直方向上向(D)倾斜。

A. 东　B. 西　C. 南　D. 北

132. 热带气旋底层中心附近最大平均风速(C)为台风。

A. ≥51 m/s　B. 24.5～32.6 m/s　C. 32.7～41.4 m/s　D. 41.5～50.9 m/s

133. 以下不属于南亚高压的特征的是(D)。

A. 具有行星尺度的反气旋环流特征　　B. 是对流层上部的暖高压

C. 具有独特的垂直环流　　D. 是一个稳定而少动的深厚系统

134. 台风的移动路径随季节而有所不同，夏季多为西北移路径，其他季节多为(C)路径。

A. 西北移　　B. 西北移和转向　　C. 西移和转向　　D. 北移

135. 下列条件有利于台风发生的是(B)。

A. 强的风速垂直切变　　B. 温暖的洋面

C. 弱的地转偏向力　　D. A 和 B

136. 台风具有向(B)方向的内力。

A. 北　　B. 西北　　C. 西南　　D. 西

137. 副热带高压是一个动力性高压，它控制的范围内是比较均匀的(　　)气团，大气基本为(　　)状态，盛行下沉气流，天气晴朗。(A)

A. 暖，正压　　B. 暖，斜压　　C. 冷，正压　　D. 冷，斜压

138. ** 副高第一次季节北跳，脊线从 20° N 突跳至 25° N。多年平均期是(C)。

A. 6 月 25 日　　B. 7 月 1 日　　C. 6 月 28 日　　D. 6 月 30 日

139. 热带气旋影响是以沿海开始出现(C)风或暴雨为标准。

A. 6 级　　B. 7 级　　C. 8 级　　D. 9 级

140. ** 热带气旋发生发展的必要条件包括(D)。

A. 热力条件、初始扰动、一定的地转偏向力作用、对流层风速垂直切变小

B. 初始扰动、一定的地转偏向力作用、对流层风速垂直切变小

C. 热力条件、初始扰动、对流层风速垂直切变小

D. 热力条件、初始扰动、一定的地转偏向力作用、对流层风速垂直切变大

141. * 台风的生成需要有合适的地转参数值，即地转偏向力应达到一定数值，大多数台风发生在纬度(C)度之间。

A. 0～5　　B. 20～30　　C. 5～20　　D. 30 度以上

142. ** 台风强度主要取决于(D)。

A. 眼区的大小　　B. 螺旋云带的长度

C. 范围的大小　　D. 中心密实云区的大小及云顶亮度

143. * 台风具有向西北方向的内力，是因为做气旋式旋转而具有向(　　)方向的内力，和做上升运动而具有向(　　)方向的内力。(C)

A. 西，北　　B. 西，西北　　C. 北，西　　D. 北，西北

144. 影响东亚季风形成的基本因子主要是下垫面附近的热力因子，它们包括(B)。

A. 太阳辐射的纬向差异、海陆热力差异、青藏高原与大气之间的热力差异

B. 太阳辐射的经向差异、海陆热力差异、青藏高原与大气之间的热力差异

C. 太阳辐射的经向差异、青藏高原与大气之间的热力差异海陆热力差异、青藏高原与大气之间的热力差异

D. 太阳辐射的纬向差异、海陆热力差异

145. 副热带夏季风、极地大陆变性气团分别具有(A)的热力性质。

A. 高温高湿、低温低湿　　B. 高温高湿、高温低湿

C. 高温低湿、高温高湿　　D. 高温低湿、低温高湿

146. 东亚地区冬季冷空气活动具有两种主要周期振荡，即单周和准 40 天周期振荡，弱冷空气活动具有(　　)的周期振荡，强冷空气具有(　　)的周期振荡。(B)

A. 单周，单周　　B. 单周，准 40 天

C. 准 40 天,准 40 天　　D. 准 40 天,单周

147. ** 滤波器按其性能可分为低通、高通和带通滤波器三类,其中低通滤波器的功能是(A)。

A. 保留低频波,滤去高频波　　B. 保留高频波,滤去低频波

C. 保留低频波　　D. 保留高频波

二、多项选择题

1. 大气运动受(ABC)等基本物理定律所支配。

A. 质量守恒定律　B. 动量守恒定律　C. 能量守恒定律　D. 牛顿第一定律

2. 作用于大气的基本力包含(ABC)等。

A. 气压梯度力　　B. 地心引力

C. 摩擦力　　D. 地转偏向力

3. 气象上的重力,除在(AB)外,并不指向地球中心。

A. 极地　B. 赤道　C. 南北回归线　D. 极圈

4. 在没有或不考虑摩擦力时,(ACD)三力平衡时的风称为梯度风。

A. 气压梯度力　B. 地心引力　C. 惯性离心力　D. 地转偏向力

5. 热成风与(AC)平行,背风而立,高温在右,低温在左。

A. 平均温度线　B. 等位势线　C. 厚度线　D. 等压线

6. 在水平运动中,地转偏差可分解为(ABC)等项来解释。

A. 变压风　B. 横向地转偏差　C. 纵向地转偏差　D. 热成风

7. 低纬度很小 ,天气尺度系统具有(B)运动特征,但行星尺度运动仍具有(C)运动特征。

A. 非静力平衡　B. 准静力平衡　C. 非地转　D. 准地转

8. 与等压线平行的风有(AC)。

A. 地转风　B. 热成风　C. 梯度风　D. 偏差风

9. 对于一个匀角速度转动的坐标系(如地球),需要引入的两个视示力是(BC)。

A. 气压梯度力　B. 地转偏向力　C. 惯性离心力　D. 摩擦力

10. 按水平尺度划分,下列哪些系统属于中尺度系统?(CD)

A. 雷暴单体　B. 锋面　C. 飑中系统　D. 中气旋

11. 在地球旋转坐标系中单位质量空气微团所受的作用力有(BCDE)。

A. 地心引力　B. 气压梯度力　C. 地转偏向力

D. 重力　E. 摩擦力

12. 由运动学第二定律(加速度定律),将(ABDE)代入,可得到旋转坐标系中的大气运动方程。

A. 气压梯度力　B. 地转偏向力　C. 惯性离心力

D. 重力　E. 摩擦力

13. 大尺度运动包含以下哪些重要特征?(ABC)

A. 垂直气压梯度力与重力保持平衡

B. 大尺度空气运动是在气压梯度力与地转偏向力基本平衡条件下进行的

C. 大尺度运动中空气密度在水平方向基本是不可压缩的

D. 在密度的局地和水平变化下进行的

14. 下列说法不正确的有(BCD)。

A. 地转风是水平气压梯度力和水平方向上地转偏向力近于平衡的一种风压关系
B. 地转风关系适用于中、低纬度的天气尺度运动系统
C. 地转风关系不适用于低纬度行星尺度系统
D. 地转风关系适用于中纬度的天气尺度运动系统
15. P 坐标系地转风矢量正确表达式有（ ABC ）。
A. $\boldsymbol{V}_g=\frac{1}{f}\boldsymbol{k}\wedge\nabla_h\phi$　　B. $\frac{9.8}{f}\boldsymbol{k}\wedge\nabla_h H$
C. $u_g=-\frac{1}{f\rho}\frac{\partial P}{\partial y}$　　D. $\frac{9.8}{f}\boldsymbol{k}\wedge\nabla_h Z$
16. 下面关于地面气温预报的理论依据说法正确的是（ AB ）。
A. 由温度平流和非绝热作用造成
B. 在非绝热作用很小时，由温度平流所致
C. 由温度平流、非绝热作用和高空的垂直运动作用造成
D. 由非绝热作用和高空的垂直运动作用造成
17. 锋位于（ AB ）内。
A. 低压槽　B. 隐形槽　C. 高压脊　D. 闭合高压中心
18. *影响锋面附近的垂直运动的因子主要有哪些？（ ABCD ）
A. 摩擦辐合作用　B. 锋面抬升作用
C. 高空槽的作用　D. 冷、暖平流的作用
19. 根据气团的不同地理类型，锋可分为（ BCD ）。
A. 锢囚锋　B. 冰洋锋　C. 极锋　D. 副热带热带锋
20. 预报锋的移动方法有（ ABC ）和地面气压场对锋面移动的影响。
A. 外推法　B. 变压法　C. 引导气流法　D. 变温法
21. 我国境内的锋生区，集中在（ CD ），常被称为南方锋生带和北方锋生带。
A. 青藏高原南侧到四川盆地　B. 江淮流域
C. 华南到长江流域　D. 河西走廊到东北
22. 锋面描述正确的有（ BC ）。
A. 锋面两侧平均温度愈高，坡度愈小
B. 锋面两侧温差愈大，坡度愈小
C. 其他条件不变，锋面坡度随纬度增高而增大
D. 冷锋、暖锋坡度较大，准静止锋坡度较小
23. 大气中哪些区域的的斜压性最强？（ CD ）
A. 温度很高的区域　B. 温度很低的区域
C. 等温线很密集的区域　D. 风速很大的区域
24. 锋面的坡度与（ BCD ）等因素有关。
A. 经度　B. 纬度
C. 锋面两侧的温度差　D. 锋面两侧的风速差
E. 冷空气的厚度
25. 下面的说法正确的是（ ABCD ）。
A. 地面上锋线处于低压槽中，等压线通过锋线有气旋性弯曲
B. 冷、暖锋前变压的代数值小于锋后的变压代数值
C. 锋区内温度水平梯度明显比两侧气团大

D. 锋区内温度垂直梯度特别小

26. **形成冷锋后大风的原因是(ACDE)。

A. 冷锋后上空的冷平流使地面冷锋后出现较大的正变压中心,产生变压风,加强了地面风速

B. 冷锋后上空的正涡度平流使地面冷锋后出现较大的正变压中心,产生变压风,加强了地面风速

C. 午后,冷锋后高空冷空气下沉,动量下传,使锋后地面风速加大

D. 锋区力管环流强,低层水平方向上加速度的方向由冷气团指向暖气团,加大了锋后的偏北大风

E. 冷高压前部气压梯度最大,易出现大风

27. *下面关于锋区附近温度场基本特征的说法正确的是(ABCD)。

A. 锋区内温度的水平梯度远比其两侧气团中大

B. 锋区走向与地面锋线基本平行

C. 锋区在空间上向冷空气一侧倾斜,所以高空图上锋区的位置是偏向地面锋线的冷空气一侧;等压面高度越高,向冷空气一侧偏的越多

D. 等温线越密集,水平温度梯度越大,锋区越强

28. *下面的说法正确的是(ABC)。

A. 锋生是指密度不连续性形成的一种过程

B. 锋生是指已有的锋面,其温度水平梯度加大的过程

C. 锋生是指地面图上锋线附近要素特征表现比前一时刻更明显,且锋面附近天气现象加强的过程

29. *锋生锋消判断的条件是(ABCD)。

A. 在等压面图中等温线加密或变得更密集为锋生,反之为锋消

B. 当有水平风辐合时使等温线加密或变得更密集是锋生,反之为锋消

C. 稳定大气冷锋上山易锋消

D. 在大气层结稳定条件下,暖空气下沉增温,冷空气上升降温,有锋生作用

30. *根据锋的不同伸展高度,其可分为(ABD)。

A. 高空锋　　B. 对流层锋区　　C. 极锋　　D. 地面锋

31. 温带气旋主要是在(C)发展起来的,有很大的(E),在其发展过程中,温度场位相落后于气压场。

A. 暖区　　B. 冷区　　C. 锋区

D. 正压性　　E. 斜压性

32. 关于涡度的说法正确的是(AB)。

A. 有曲率的地区不一定有涡度　　B. 有切变的地区不一定有涡度

C. 等高线密集的地方一定有涡度　　D. 风大的地方一定有涡度

33. 根据涡度方程,天气尺度系统变化趋势的定性规则是(BD)。

A. 暖平流使高层反气旋性环流减弱, 低层反气旋环流发展

B. 暖平流使高层反气旋性环流加强,低层气旋环流发展

C. 暖平流使高层反气旋性环流加强, 低层反气旋环流减弱

D. 冷平流使高层气旋性环流加强, 低层反气旋环流发展

34. 以下论断哪些是正确的?(AD)

A. 水平辐合使气旋式涡度增强,反气旋式涡度减小

B. 水平辐合使气旋式涡度和反气旋式涡度都增强

C. 水平辐合使涡度的绝对值增大

D. 水平辐合使涡度的代数值增大

35. 以下论断哪些是不正确的?(AC)

A. 正涡度中心附近的涡度平流最大

B. 正涡度区中也存在负涡度平流

C. 正涡度在地转偏向力的作用下,必产生辐散

D. 脊后存在正涡度平流涡度

36. 以下论断哪些是不正确的?(BE)

A. 高空正涡度平流可以引起地面气压下降和上升运动

B. 负涡度平流可以引起高空脊发展

C. 暖平流可以引起地面气压下降和上升运动

D. 冷平流可以引起高空槽加深

E. 大气的斜压性是大尺度环流系统发展的根本原因,温度平流和涡度平流都是大气斜压性的反映

37. 下列属于无锋面气旋的是(ABC)。

A. 台风　　B. 地方性热低压　　C. 锋前热低压　　D. 江淮气旋

38. 根据源地,东亚气旋分为南方气旋和北方气旋,前者有(AB),后者有(CDE)。

A. 江淮气旋　　B. 东海气旋　　C. 蒙古气旋

D. 东北气旋　　E. 黄河气旋　　F. 黄海气旋

39. 在东亚地区,下列哪种情况可能导致气旋再生?(BCD)

A. 地面抬升　　B. 气旋入海

C. 副冷锋加入　　D. 两个锢囚气旋合并加强

40. 温带气旋的发展中,摩擦因子成为主要因子的阶段是(AD)。

A. 锢囚　　B. 波动　　C. 成熟　　D. 消亡

41. *在斜压扰动系统中,(A)主要使低层系统发展,高层系统移动,(C)主要使高层系统发展,低层系统移动。

A. 涡度因子　　B. 动力因子　　C. 热力因子　　D. 气旋因子

42. *江淮气旋一年四季皆可形成,但以春季出现较多,形成过程大致可以分为(AB)。

A. 静止锋上的波动　　B. 倒槽锋生

C. 斜压叶波动　　D. 位涡下传

43. *引入速度和空间尺度的特征量,分别记为 V 和 L,涡度的特征量为:大尺度(A),中尺度(B),小尺度(C)。

A. 10^{-5}　　B. 10^{-4}　　C. 10^{-3}　　D. 10^{-2}

44. *绝对涡度守恒的条件为(ABC)。

A. 水平无辐散　　B. 正压　　C. 无摩擦

D. 辐合辐散　　E. 非绝热

45. **在对流层自由大气中,一般来说温度平流总是随高度(A),因此对于对流层中上层的等压面来说,其下层若有暖平流,等压面将(D),若有冷平流,等压面将(C)。

A. 减弱　　B. 增强　　C. 下降　　D. 升高

46. 在北半球,冬夏均存在的半永久性大气活动中心有(ABCDE)。

A. 太平洋副热带高压　　B. 大西洋副热带高压

C. 冰岛低压　　D. 阿留申低压

E. 格陵兰高压

47. 大气环流的季节转换,一次发生在(B),另一次发生在(D)。

A. 4 月　　B. 6 月　　C. 8 月　　D. 10 月

48. 控制大气环流的基本因子有(ABCD)。

A. 太阳辐射　　B. 地球自转

C. 海陆和地形　　D. 摩擦和山脉作用(角动量交换)

49. 控制大气环流的基本因子除太阳辐射外,还有(ACD)。

A. 地球自转　　B. 万有引力　　C. 下垫面特征　　D. 地面摩擦

50. 低空急流具有以下特征(BD)。

A. 很强的地转性　　B. 明显的日变化　　C. 很强的次地转性　　D. 很强的超地转性

51. 罗斯贝三圈经向环流圈指的是(BCD)。

A. 北极环流圈　　B. 哈特来环流圈

C. 费雷尔环流圈　　D. 极地环流圈

52. 下列叙述错误的是(AD)。

A. 涡度是衡量速度场辐散、辐合强度的物理量

B. 一般把出现在 850 hPa 或 700 hPa 等压面中风场上具有气旋式切变的不连续线称为切变线

C. 在日常工作中常把 850 hPa 或 700 hPa 等压面上,风速≥12 m/s 的西南风极大风速带称为低空急流

D. 地转风是在假定地转偏向力与气压梯度力相平衡时的空气等速直线运动

53. 关于广义的长波调整,下面说法正确的有(BC)。

A. 广义的长波调整包括长波的前进或衰减

B. 广义的长波调整包括长波的位置变化和长波波数的变化

C. 广义的长波调整包括长波波数的变化及长波的更替

D. 广义的长波调整包括长波波数的稳定和长波的前进或后退

54. 大气平均流场特征是(AB)。

A. 纬向风大于经向风,但经向风不能忽略

B. 它可以使水汽热量、动量发生交换

C. 大气不断地加速或减速运动

D. 在位势梯度力的作用下,空气在极地将上升

55. 大气活动中心有哪些系统成员?(ABCD)

A. 阿留申低压、冰岛低压　　B. 格陵兰高压

C. 西太平洋副热带高压　　D. 大西洋副热带高压

56. * 北半球东北信风形成条件是(ABCD)。

A. 低纬 0°～30° N 之间有一经向哈德来环流圈

B. 在高层 30° N 空气堆积下沉到低层

C. 有一支向南运动向右偏转的东北风

D. 在太阳辐射、地球自转作用下形成

57. *西风带长波槽主要有（ ABCD ）。

A. 巴尔喀什湖大槽　　B. 贝加尔湖大槽

C. 太平洋中部大槽　　D. 青藏高原西部低槽

58. *大气环流形成和维持的最主要的因子是（ ABCD ）。

A. 地球自转　　B. 太阳辐射

C. 地面摩擦　　D. 地球表面不均匀

59. **预报长波调整，除了注意系统的温压场结构特征和系统所在地形条件，还要注意（ ABC ）。

A. 不同纬度带内系统相互影响　　B. 紧邻槽脊相互影响

C. 上下游效应和波群速　　D. 台风的影响

60. *在亚洲地区，阻塞高压经常出现在（ AD ）地区。

A. 乌拉尔山地区　　B. 贝加尔湖地区

C. 新西伯利亚地区　　D. 鄂霍次克海地区

61. 数值产品释用技术方法包括（ ABCD ）。

A. 动力一统计预报方法包括完全预报方法(PP 法)和模式输出统计方法(MOS 法)

B. MED 法即数值模式预报(M)、天气学经验预报(E)以及诊断天气分析(D)

C. 数值产品进行再分析诊断的方法

D. “专家系统”原理应用

62. 判断锋面移动情况，常用以下几种方法：（ BCD ）。

A. 统计法　　B. 外推法　　C. 变压法　　D. 引导气流发

63. 下列槽(脊)移动迅速的是（ AB ）。

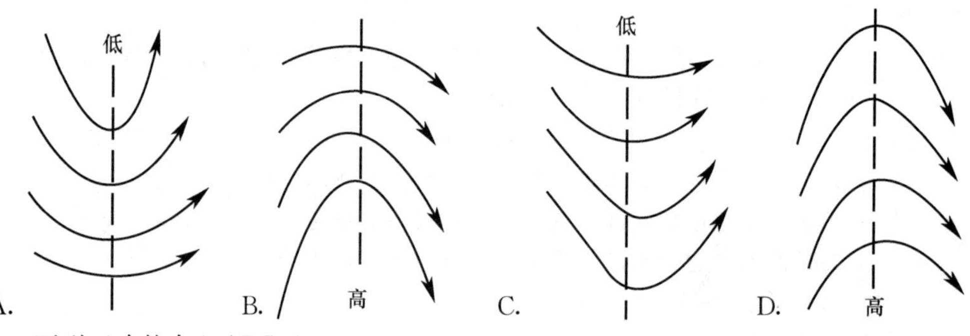

64. 下列正确的有（ ABC ）。

A. $SI = T_{e500} - T_{p500}$，T_{e500} 为 500 hPa 环境温度，T_{p500} 为气块从 850 hPa 干绝热上升到抬升凝结高度，再从湿绝热上升到 500 hPa 时的温度

B. K 指数$=(T_{850}-T_{500})+T_{d850}-(T-T_d)_{700}$

C. A 指数$=(T_{850}-T_{500})-[(T-T_d)_{850}+(T-T_d)_{700}+(T-T_d)_{500}]$

65. 客观分析方法主要有（ ABC ）。

A. 水平插值法　　B. 垂直插值法　　C. 平滑滤波和尺度分离

66. 大气垂直运动是天气分析与预报必须经常考虑的一个重要物理量。下面哪种情况是正确的？（ ABC ）

A. 大气中的凝结和降水过程与上升运动有密切关系

B. 大气层结不稳定，能量须在一定的上升运动条件下才能释放出来，从而形成对流性天气

C. 垂直运动造成的水汽、热量、动量、涡度等物理量的垂直输送对天气系统的发展有很

大的影响

D. 垂直运动改变大气温度层结

67. 关于槽脊的移动，下面哪些说法不正确？（ AD ）

A. 当槽前变压大于槽后变压，则槽前进

B. 槽线的移动速度与变压梯度成正比，与槽的强度成反比

C. 对称性的槽没发展，疏散槽是加强的，汇合槽是减弱的

D. 槽前疏散，槽后汇合，则槽移动缓慢；槽前汇合，槽后疏散，则槽移动迅速

68. 按预报经验考虑周围系统的影响时，下列哪些情况是对的？（ ABCDE ）

A. 短波系统叠加于长波系统上运动时，将受长波气流引导

B. 两个台风相隔较近时，有绕着二者中心的连线中心做反时针旋转的运动趋向

C. 两个气旋互相接近时，一个加强，一个减弱，或者二者合并加强

D. 不同纬度的西风气流中的系统，因移速不同，当同位相叠加时，槽脊发展

E. 当长波槽脊移动很慢时，若上游系统开始明显移动，下游系统也将移动；当东亚大槽移动停滞时，它西面的槽脊也将减速

69. 槽（脊）线上的高度局地变化可以表示槽（脊）强度的变化，当槽（脊）线出现负（正）变高时，槽（脊）加强，反之减弱。对称性槽（脊）的槽（脊）线上由于涡度平流为零，所以对称性槽脊没有发展，不对称性槽脊则能发展。基本规则是疏散槽（脊）是加深的，汇合槽（脊）是填塞的。下列不发展的槽脊有（ BC ）。

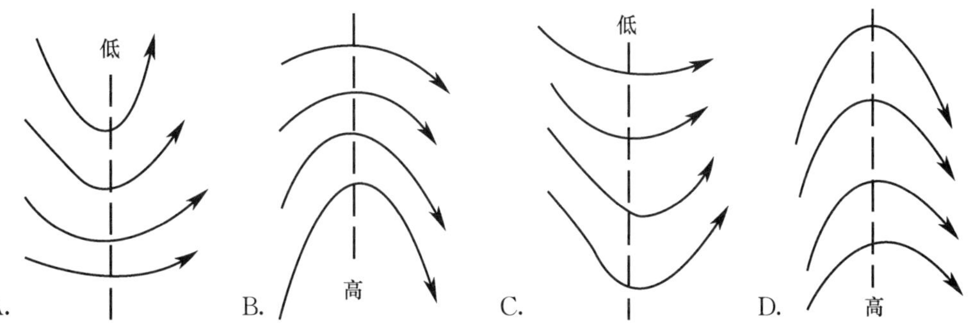

70. *以下论断哪些是不正确的？（ ACE ）

A. 水汽通量越大，表示水汽辐合越强

B. 水汽通量越大，表示水汽输送越强

C. 水汽通量的大值区，通常与云雨区相对应

D. 水汽通量散度的负值区，通常与云雨区相对应

E. 温度露点差<4 ℃的区域，也是水汽含量的大值区

71. **从下图中，找出两张冷暖平流最强的图。（ BD ）

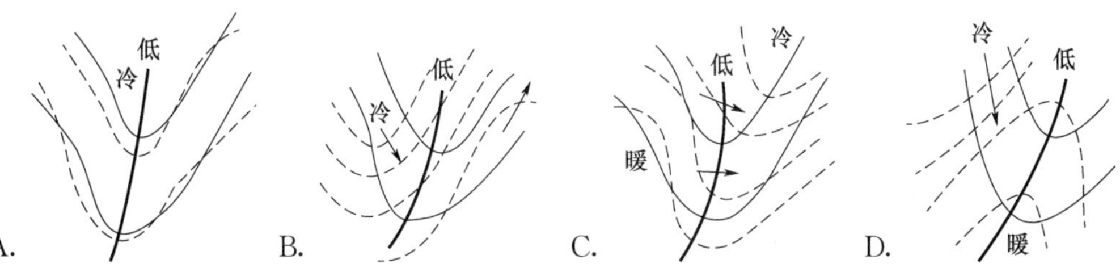

72. **汇合槽的变化是由（ ABC ）因子决定。

A. 汇合槽中有负相对涡度平流输送　　B. 槽线固定点有负相对涡度增加

C. 槽线固定点等压面高度增高　　D. 负变高使汇合槽减弱

73. * 进行西太平洋副热带高压的进退预报时，主要分析内容有(CD)。

A. 分析垂直运动　　B. 分析气压变化

C. 分析降温区与增温区特征　　D. 分析冷暖平流

74. ** 下面关于数值预报产品释用中的"PP"法的含义正确的是(CD)。

A. 首先从历史天气图资料中，用天气学方法，找出相同时刻天气形势特征因子与 x_0 预报要素量(如降水量)之间相关关系式

B. 首先从历史的数值预报资料中，用统计学方法，找出相同时刻数值预报形势特征因子 $\hat{x}_t$ 与预报要素量之间相关关系式 $\hat{y}_t$

C. 首先从历史天气图资料中，用统计学方法，找出相同时刻天气形势特征因子 $\hat{x}_0$ 与预报要素量(如降水量) $\hat{y}_0$ 之间相关关系式

D. 然后用数值预报的形势特征因子 $\hat{x}_t$，代入关系式从而求得 t 时刻预报要素量 $\hat{y}_t$，$\hat{y}_t = f_2(\hat{x}_t)$

75. ** 若不考虑大气的斜压作用，关于相对涡度平流的作用，下面说法正确的是(ACD)。

A. 对称性的槽没有发展　　B. 槽前疏散，槽后汇合，则槽移动缓慢

C. 脊前汇合，脊后疏散，则脊移动缓慢　　D. 槽前疏散，槽后汇合，则槽移动迅速

76. 在做寒潮预报时，我们需要注意(BCD)。

A. 高空冷槽的移动速度　　B. 地面偏东冷空气路径的特征

C. 冷空气堆积方式　　D. 冷锋南下过程

77. 有利于霜冻产生的条件有(ACD)。

A. 北方有较强冷空气南侵　　B. 有明显降水，下垫面较潮湿

C. 微风或静风　　D. 辐射冷却强，气温下降明显

78. 我国冬半年通常受极地大陆气团的影响，强冷空气在(CD)堆积，是预报寒潮爆发的必要条件。

A. 冰岛　　B. 格陵兰岛　　C. 蒙古　　D. 西伯利亚

79. 目前比较普遍地把我国寒潮的中短期天气形势归纳为(BCD)类型。

A. 倒 Ω 型　　B. 小槽发展型　　C. 横槽型　　D. 低槽东移型

80. 寒潮预报应包括(ABCD)。

A. 寒潮强冷空气堆积预报　　B. 寒潮的爆发预报

C. 寒潮的路径与强度预报　　D. 寒潮天气预报

81. 出现下列哪些天气现象时的大气温度层结特点为中暖、下冷，中层有一明显的逆温？(AC)

A. 南方大雪　　B. 雾　　C. 雨凇　　D. 霜冻

82. 寒潮中期过程是由下面哪些天气系统引起的？(AB)

A. 行星尺度波的活动　　B. 一群不同尺度系统的活动

C. 中小尺度系统　　D. 单一的天气尺度系统

83. 以下描述符合极地高压定义的有(ABCD)。

A. 500 hPa 图上有完整的反气旋环流，能分析出不少于一根闭合等高线

B. 有相当范围的单独暖中心与位势高度场配合

C. 暖性高压主体在 70° N 以北

D. 高压维持在 3 天以上

84. 关于冷空气的路径及对本地天气的影响，说法正确的有(BC)。

A. 西来冷空气，一般无降水，经常能达到寒潮强度

B. 西北路冷空气主要是大风、降温和风后的霜冻

C. 从北来的：起先高空环流比较平直，寒潮主力是东移，在中蒙边界及我国东北地区形成强的东西向冷锋，降温比较厉害

D. 从东北来的：冷空气经蒙古、我国内蒙古至山西、河北

85. ** 影响我国的冷空气的源地主要有(ABC)。

A. 在新地岛以西的洋面上　　B. 在新地岛以东的洋面上

C. 在冰岛以南的洋面上　　D. 在冰岛以北的洋面上

86. 下列属于长波调整的过程有(ABCD)。

A. 长波槽脊的新生　　B. 阻塞形势的建立与崩溃

C. 横槽转向　　D. 切断低压的形成与消失

E. 季风爆发

87. ** 从关键区入侵我国的冷空气路径有(ABCE)。

A. 西北路　　B. 东路　　C. 西路

D. 北路　　E. 东路加西路

88. * 西风带长波的移动速度与许多因素有关。当(BCE)时，波动移动较快，反之，移动较慢。

A. 地转涡度平流较大　　B. 波长较短

C. 纬度较高　　D. 南风较强

E. 西风较强

89. ** 寒潮中期过程有哪三大类？(ABD)

A. 倒 Ω 流型　　B. 极涡偏心型　　C. 西高东低型　　D. 大型槽脊东移型

90. ** 寒潮路径一般是以(ABCD)的移动路径等来表示。

A. 地面图上冷高压中心　　B. 高空图上冷中心

C. 地面图上冷锋　　D. 冷锋后 24 小时正变压、负变温

91. 在各层等压面层分析等(T-T_d)线，用以表示空气的饱和程度。通常以(T-T_d)≤(　　)℃的区域作为饱和区，(T-T_d)≤(　　)℃作为湿区。(AB)

A. 2　　B. 4～5　　C. 1　　D. 3～5

92. 从 6 月到 7 月初，副热带高压脊线位置移到(B)，这时切变线多位于江淮流域，称之为江淮切变线。

A. 20～22° N　　B. 22～25° N　　C. 25～27° N　　D. 27～30° N

93. 江淮切变线的降水多位于地面锋线的(C)、700hPa 切变线(B)的地区。

A. 南部　　B. 以南　　C. 北部　　D. 以北

94. 影响我国降水的西风带长波槽包括(ABCD)。

A. 巴尔喀什湖大槽，是影响华北暴雨的重要行星尺度天气系统

B. 贝加尔湖大槽，稳定时容易造成纬向型暴雨

C. 太平洋中部大槽

D. 青藏高原西部低槽分为西北槽、高原槽、南支槽，是直接影响降水的短波系统

95. 梅雨的主要水汽来源是(BC)。

A. 孟加拉湾　　B. 西太平洋

C. 南海　　D. 印度洋

96. 梅雨天气的主要特征是（ ABCD ）。

A. 长江中下游多阴雨天气，雨量充沛

B. 日照时间短

C. 相对湿度很大

D. 降水一般为连续性，但常间有阵雨或雷雨，有时可达暴雨程度

97. 大范围降水形成的主要条件是（ ADE ）。

A. 水汽条件　　B. 气压场条件　　C. 风场条件

D. 垂直运动条件　　E. 云滴增长条件

98. 暴雨中尺度系统的触发条件有许多，如（ ABDE ）。

A. 锋面抬升　　B. 近地层加热的不均匀性

C. 潜热释放　　D. 海陆风辐合抬升

E. 能量锋与Ω系统的触发

99. 暴雨产生必须满足的条件是（ AD ）和较长的维持时间。

A. 充分的水汽供应　　B. 较强的冷空气补充

C. 存在阻塞高压　　D. 强烈的上升运动

100. 从机制分析某一地区降水的形成，大致有（ ABC ）条件。

A. 水汽　　B. 垂直运动

C. 云滴增长　　D. 较长的持续时间

101. 当西南涡移出时，雨区主要分布在（ AC ）。

A. 低涡的中心区　　B. 低涡移向的左前方

C. 低涡移向的右前方　　D. 低涡移向的正前方

102. 西南涡在以下（ BD ）情况下，容易发展东移。

A. 当有冷空气从低涡东或东北部侵入时　　B. 当有冷空气从西或西北部侵入时

C. 当由冷涡度变成暖涡时　　D. 500 hPa 上青藏高原低槽发展东移时

103. 以下的因子中，（ AC ）是大型强降水天气过程所必须具备的条件。

A. 源源不断的水汽输送

B. 强的风速垂直切变

C. 持久而旺盛的上升运动较长的持续时间

104. 关于分析天气图的理论依据，说法正确的是（ BCD ）。

A. 地转风与等压线平行，在北半球高压在右，低压在左

B. 地转风速大小与气压梯度力大小成正比

C. 当实际风向分布呈弯曲时，等压线分析也应随之弯曲

D. 地转风速大小与纬度成反比

105. ** 切变线是（ AB ）。

A. 风的不连续线　　B. 两侧风场有气旋式切变的线

C. 风的连续线　　D. 两侧风场有反气旋式切变的线

106. ** 基本力是大气与地球或大气之间的相互作用而产生的真实力，它们的存在与参考系无关。基本力包括（ ACE ）。

A. 地心引力　　B. 惯性离心力　　C. 摩擦力

D. 地转偏向力　　E. 气压梯度力

107. ** 视示力(外观力)包括(BD)。

A. 气压梯度力　　B. 惯性离心力　　C. 地心引力　　D. 地转偏向力

108. ** 按水平尺度划分,下列哪些系统属于中尺度系统?(CD)

A. 雷暴单体　　B. 锋面　　C. 飑中系统　　D. 中气旋

109. * 支配大气中各种运动的基本方程有(BCD)。

A. 静力平衡方程　　B. 连续方程　　C. 运动方程　　D. 热力学能量方程

110. 天气尺度的运动系统,通常是指在天气图上所分析出的气压场和风场中具有(ABC)的天气系统。

A. 结构特征　　B. 移动规律　　C. 发展规律　　D. 惯性规律

111. 一般来说,强对流天气发生发展的典型形势是高低层有高空急流和低空急流,低层有暖舌伸展,中层有干舌加在低层暖舌之上,层结不稳定度很大。我国大范围降雹天气形势基本类型有(ABCD)。

A. 高空冷槽型(前倾槽、后倾槽)　　B. 高空冷涡型

C. 高空西北气流型　　D. 南支槽型

112. 下列表述正确的有(ABCD)。

A. MCC 是一种生命期长达 6 小时以上、水平尺度比雷暴和飑线大得多的近于圆形的巨大云团

B. 飑线之后有中尺度雷暴高压,是飑线最突出的特征

C. 干线又称露点锋,是水平方向上的湿度不连续线,垂直伸展达 1~3 km,是大气低层现象

D. 下击暴流是在地面引起灾害性风的向外暴流的局地强下沉气流

113. 引起对流不稳定的局地变化因素有(ABC)。

A. 不稳定的垂直输送　　B. 散度

C. θse 平流　　D. 温度平流

114. 当雷暴高压移过测站时,该站将发生(ABCD)等气象要素的显著变化。

A. 气温下降　　B. 气压涌升

C. 相对湿度上升　　D. 露点或绝对湿度下降

115. 影响我国大陆的雷暴主要有(ABCDEF)。

A. 锋面雷暴　　B. 高空槽雷暴

C. 切变线雷暴　　D. 低涡雷暴

E. 副热带高压西北部雷暴　　F. 台风雷暴

116. 我国常见的大风包括(ABCDE)。

A. 冷锋后偏北大风　　B. 低压大风

C. 高压后部偏南大风　　D. 台风大风

E. 雷雨冰雹大风

117. 超级单体风暴的结构特征有哪些?(BD)

A. 云内垂直气流基本分为两部分,前部为下沉区,后部为上升区

B. 存在弱回波区

C. 风暴运动方向一般偏向于对流云中层的风的左侧

D. 对流云发展非常旺盛,维持很高的云顶

118. 强对流天气常发生在一定的天气形势下。一般来说,强对流天气发生发展的典型形势特征是(ABCD)。

A. 高低层有高空急流和低空急流　　B. 在低层有暖湿舌伸展

C. 中层有干舌叠加在低层湿舌之上　　D. 层结不稳定度很大

119. * 冰雹云特点有(ABCDE)。

A. 斜生气流强度较大,最大上升速度在 15 m/s 以上

B. 最大上升速度与水分累计区的高度一般在温度 0 ℃层

C. 水分累计区的含水量较丰富

D. 有宜于形成"雹胚"的环境

E. 云内 0 ℃层的高度适当,一般在 600 hPa 上下为宜

120. 常见对流性天气的触发机制有(BC)。

A. 天气系统造成的系统性上升运动　　B. 地形抬升作用

C. 局地热力抬升作用　　D. 近地面层摩擦辐合作用

121. 有利于强雷暴发生的条件是(ABCD)。

A. 近地面逆温层　　B. 前倾槽

C. 低层辐合和高层辐散　　D. 大的风垂直切变

122. 发生对流性天气的内因是(AB)。

A. 水汽条件　　B. 不稳定层结　　C. 抬升条件　　D. 辐合条件

123. 飑线与冷锋既像又不像,下述说法中正确的是(BD)。

A. 飑线与冷锋都是两种性质不同的气团之间的界面

B. 飑线是同一气团中形成的传播系统

C. 飑线与冷锋的空间尺度都可达到千余公里

D. 它们都是冷暖空气的分界线

124. 下列关于飑线与锋面的说法中,正确的是(ACD)。

A. 在地面图上看,二者都是冷暖空气的分界面

B. 二者都是两个气团的分界面

C. 飑线的要素变化比锋面更为剧烈

D. 飑线是中尺度系统,而锋面是大尺度系统

125. 雷暴单体的生命史分(ACD)三个阶段。

A. 塔状积云阶段　　B. 发展阶段　　C. 成熟阶段

D. 消散阶段　　E. 扩散阶段

126. 雷暴云中的下沉气流主要是由(ADE)共同作用的结果。

A. 在中层云外围绕流的干冷气流被卷入后,在云体前部逐渐下沉

B. 在中层云外围绕流的干冷气流被卷入后,在云体后部逐渐下沉

C. 在中层从云前部直接进入云中的干冷空气,降水物通过这种干冷气时强烈蒸发冷却,因而形成很冷的下沉气流

D. 在中层从云后部直接进入云中的干冷空气,降水物通过这种干冷气时强烈蒸发冷却,因而形成很冷的下沉气流

E. 降水物的拖曳作用

127. 摩擦作用在温带气旋的(CD)两个阶段起了主要作用。

A. 波动阶段　　B. 成熟阶段　　C. 锢囚阶段　　D. 消亡阶段

128. ** 有利于强雷暴发生的条件有（ ABCD ）。

A. 近地面逆温层　　B. 前倾槽

C. 低层辐合和高层辐散　　D. 大的风垂直切变

129. ** 强雷暴发生、发展的有利条件有（ ABCD ）。

A. 逆温层前倾槽　　B. 低层辐合、高层辐散

C. 高低空急流　　D. 中小系统

130. * 下列关于稳定度指标的说法正确的是（ BCD ）。

A. $\triangle H=H-20-H_0$，表示两个等温面间的厚度，来表示这一层的稳定度，$\triangle H$ 越大，表示气层越不稳定

B. $\triangle T=T_{500}-T_{850}$，表示两等压面间的气层的不稳定度，负值越大，表示气层越不稳定

C. $SI=T_{500}-T_s$，$SI<0$，表示气层不稳定

D. LI 为正时，其值越大，正的不稳定能量面积也愈大，爆发对流的可能性愈大（LI 为抬升指标）

131. ** 飑中系统的生命史大致可分为（ ABCD ）阶段。

A. 初始阶段　　B. 发展阶段　　C. 成熟阶段　　D. 消散阶段

132. 对流天气的触发条件有（ ACD ）。

A. 对流系统造成的系统性上升运动　　B. 对流不稳定作用

C. 地形抬升作用　　D. 局地热力抬升作用

133. 青藏高原的影响包括（ ABCDE ）。

A. 动力和热力作用　　B. 对 500 hPa 副热带高压断裂的作用

C. 对南亚高压形成的作用　　D. 对东亚大槽形成的作用

E. 对亚洲冬季地面冷高压的影响

134. 南亚高压是北半球夏季（ D ）层上最强大、最稳定的环流系统，它是具有（ B ）尺度的反气旋环流，是（ F ）性高压。南亚高压下面 600 hPa 以下的整个高原为（ C ）控制。

A. 天气尺度　　B. 行星尺度　　C. 热低压

D. 10～150 hPa　　E. 冷　　F. 暖

135. * 关于青藏高原环流影响，下列说法正确的是（ BC ）。

A. 青藏高原在冬季是热源，在夏季是热汇

B. 青藏高原大大增强了海陆分布影响对 500 hPa 副热带高压带的断裂作用

C. 冬季东亚大槽是海陆热力差异和青藏高原地形影响的产物

D. 冬季亚洲地面冷高压中心的位置与青藏高原影响无关

136. ** 台风暴雨主要特点有（ ABD ）。

A. 台风环流本身造成暴雨

B. 台风与西风带系统或热带其他系统共同作用造成暴雨

C. 台风大风和暴潮造成暴雨

D. 因地形作用，台风暖湿气流被迫抬升造成暴雨

137. ** 如果欧亚大陆极涡是两个极涡中心，且靠近我国的较强，则伴随我国持续低温天气强度是（ A ）的；若两个极涡中心强度相当，则我国持续低温天气强度是（ C ）的；若亚洲极涡中心是较弱的或极涡分裂为三个中心，则我国持续低温天气强度是（ D ）的。

A. 强　　B. 弱　　C. 偏强　　D. 偏弱

138. 台风大多数发生在纬度（ CD ）。

A. 0～5°N之间　　B. 0～5°S之间　　C. 5°～20°N之间　　D. 5°～20°S之间

139. 东亚与南亚夏季风的相互联系相互作用体现在（ ABCD ）。

A. 印度与中国的降水除少数地区外无明显的相关

B. 印度夏季风由单纯的热带季风所组成，东亚夏季风包含热带季风和副热带季风两部分

C. 大部分夏季低压系统是在东亚季风区发生而后向西传播到印度季风区

D. 印度季风区的西南气流向东输送构成东亚副热带季风的一部分

140. 东亚季风的特点有哪些？（ ABCD ）

A. 冬季盛行偏北风、偏西风，夏季偏南风、偏东风

B. 冬季天气干冷，夏季湿热，雨量大部分集中在夏季

C. 东亚西风带平均环流的脊、槽，在冬、夏季也完全是相反相位

D. 高原在冬季北侧为西风，南侧为东风，夏季变为相反的风向

141. 东亚夏季风环流系统中高空成员有（ CD ）。

A. 澳大利亚冷性反气旋　　B. 西太平洋副热带高压

C. 南亚反气旋的东部脊　　D. 东亚地区向南越赤道气流

142. 冬季东亚大槽是东亚地区的一个重要天气系统，它是（ ABD ）影响的产物。

A. 太阳辐射　　B. 海陆热力差异　　C. 洋流

D. 地面冷高压　　E. 青藏高原地形

143. 东亚大陆—日本副热带季风的气流由（ ABC ）部分组成。

A. 副热带高压西南侧的(东南气流)　　B. 南海－西太平洋热带(西南季风)

C. 印度热带(西南季风)　　D. 副热带高压西侧(西南季风)

144. ** 决定亚洲季风环流基本特征的基本因子有（ ABD ）。

A. 太阳辐射的经向差异　　B. 海陆热力差异

C. 太阳辐射的纬向差异　　D. 青藏高原与大气间的热力差异

145. * 利用Q矢量方法可以诊断（ A ），而且只需（ D ）层等压面资料即可计算。

A. 垂直运动　　B. 温度场分布　　C. 湿度场分布　　D. 1

三、判断题

1. 在地面图分析中，冷高压中心常常位于如蒙古西部高原地区，有时高压中心附近有很大的气压梯度，但实际风速很小。（ × ）

解析：不符合地转平衡关系。

2. 在正压大气中，地转风随高度不发生变化，在斜压大气中，地转风随高度发生变化。（ √ ）

3. 当地转风随高度逆转时有冷平流，地转风随高度顺转时有暖平流。（ √ ）

4. 地转风速大小与纬度成反比。（ √ ）

5. 静力学原理中，两层等压面之间的厚度与这两层之间的温度成反比。（ × ）

解析：应为成正比。

6. 天气学主要是研究与短临天气变化有关的大尺度和中小尺度运动。（ × ）

解析：研究的是与中短期天气变化有关的运动。

7. 当大气中密度分布不仅随气压而且还随温度而变时，这种状态的大气称为斜压大气。（ √ ）

8. 实际工作中，大尺度系统运动、自由大气的实际风常采用梯度风近似。（ × ）

解析:采用地转风近似。

9. 从日常天气图上定性判断大气的斜压性强弱,可依据风速的局地变化、等高线的弯曲、风速的垂直切变来确定。 (√)

10. 等温线和等高线密集,且两者垂直的温度平流最强。 (√)

11. 锋区内温度水平梯度远比两侧气团大,锋区内温度垂直梯度特别小。 (√)

12. 在变形场中,当等温线与膨胀轴的交角小于 450°时有利于锋生,当大于 450°时有利于锋消。 (√)

13. 根据锋在移动过程中冷、暖气团所占主、次地位的不同,可将锋分为冷锋、暖锋、准静止锋和锢囚锋四种;而根据锋的伸展高度的不同,也可将锋分为对流层锋、地面锋和高空锋三种。 (√)

14. 我国境内有两个主要的锋生区,通常称为南方锋生带和北方锋生带,南方锋生带是指华南到长江流域的锋生区;北方锋生带是指河西走廊到东北的锋生区。它们是和南北两支高空锋区相对应的。 (√)

15. 用密度零级不连续面模拟锋时,锋面坡度公式成立条件是:锋面是物质面,y 轴由暖指向冷,x 轴平行锋线。 (×)

解析:x 轴由暖指向冷,y 轴平行锋线。

16. 用密度零级不连续面模拟锋时,锋面坡度公式成立条件是:锋面是物质面,x 轴由暖指向冷,y 轴平行锋线。 (√)

17. 冷平流最强且热成风最大的高度,就是高空暖锋锋区所在处。 (×)

解析:应为冷锋锋区所在处。

18、锋面附近的风场具有气旋性切变,由于地面摩擦作用,风向偏离等压线向低值区吹。 (√)

19. *锋区斜压性大,有利于垂直环流的发展与能量转换,锋面附近常有比较剧烈的天气变化和气压系统的发生发展。 (√)

20. *运动学锋生导致水平位温梯度随时间增大,随之产生梯度风平衡破坏。 (×)

解析:应是热成风平衡关系被破坏。

21. **锋生条件是在锋生带(线)上,锋生线是物质线。 (√)

22. 温带气旋一年四季皆可形成,以冬季较多。 (×)

解析:以春季房多。

23. 在槽前脊后沿气流方向相对涡度减少,为负涡度平流,等压面高度降低,在槽后脊前沿气流方向相对涡度增加,为正涡度平流,等压面高度升高。 (×)

解析:在槽前脊后沿气流方向相对涡度减少,为正涡度平流,等压面高度降低,在槽后脊前沿气流方向相对涡度增加,为负涡度平流,等压面高度升高。

24. 热力因子作用能使高空槽加深。 (√)

25. 根据气旋形成及热力结构,气旋可以分为无锋面气旋和锋面气旋两大类。 (√)

26. 绝对涡度守恒条件是无水平辐散、辐合。 (×)

解析:条件是正压,水平无辐散,无摩擦。

27. 从垂直方向看,低压中心随高度向暖区倾斜,高压中心随高度向冷区倾斜。 (×)

解析:低压中心随高度向冷区倾斜,高压中心随高度向暖区倾斜。

28. *气旋再生的三种情况为副冷锋加入、气旋入海后加强和两个锢囚气旋合并加强。 (√)

29. * 在对流层自由大气中，一般来说温度平流总是随高度增强。 （ × ）

解析：随高度减弱。

30. ** 从位势倾向方程得知，涡度平流在槽脊线上为零，因此槽脊不会发展，而是向前移动。 （ √ ）

31. 长波槽多为冷槽冷脊。 （ × ）

解析：多为冷槽暖脊。

32. 在西风带，大气长波的西退条件是长波的波长小于静止波波长。 （ × ）

解析：长波的波长大于静止波波长。

33. 大气环流的最终能源还是来自太阳辐射，赤道和极地的下垫面接受太阳辐射的差异及其年变化支配着大气环流及其年变化。 （ √ ）

34. 大气的垂直特征尺度，决定了大气的准静力平衡和准地转特点，大气的温度分布基本上决定了位势场和流场分布。 （ √ ）

35. 对流层上部的极锋上空有一个极锋急流中心，而在副热带锋区上空有一个副热带西风激流中心。 （ √ ）

36. 平均槽脊的形成与海陆分布造成的热力差异有密切关系，是唯一因素。 （ × ）

解析：不是唯一因素。

37. 长波的波长 3000～10000 km，相当于 50～120 个经距，全球约为 3～7 个波，振幅一般为 10～20 个纬距，平均移速在 10 个经距/日以下，有时很慢，呈准静止，甚至会向西倒退。 （ √ ）

38. * 与印度尼西亚的对流区相联系的纬向环流圈常称作“哈德莱环流”。 （ × ）

解析：应是沃克环流。

39. * 冬季，青藏高原对于四周的自由大气来说是个冷源。 （ √ ）

40. ** 急流轴的左侧风速具有气旋性切变，右侧风速就有反气旋式切变，如果流线曲率很小，那么急流轴的左侧相对涡度为负，右侧相对涡度为正。 （ × ）

解析：急流轴的左侧相对涡度为正，右侧相对涡度为负。

41. 山的坡度愈大，地面风速愈大，且风向与山的走向平行时，地面垂直运动愈强。 （ × ）

解析：应是与山的走向垂直时。

42. PP 法是根据预报量和预报因子同时性的加权组合，利用历史观测资料来确定局地天气要素。 （ √ ）

43. 横槽强度有变化的因子是横槽内有地转涡度平流和考虑准地转，有负变高，横槽加深。 （ √ ）

44. 大气模式有数值模式、天气学模式、统计学模式和经验模式。 （ × ）

解析：不包含经验模式。

45. 引导气流是指平均温度平流、厚度平流和平均层气流。 （ √ ）

46. 目前用天气学方法做短期天气形势预报的方法包括影响系统分析法、物理分析法、经验预报法和外推方法。 （ × ）

解析：不包含物理分析法。

47. ** 在一定的天气形势下，预报辐射雾的形成就是预报未来的最低温度和最低露点。 （ √ ）

48. ** 地转涡度平流对于南北向槽脊的作用可概括为对槽脊的移动有影响，不影响槽

脊的发展。（ √ ）

49. * 用变压法预报槽线移动规则有：槽线的移动速度与变压升度成正比。（ × ）

解析：与变压梯度成正比。

50. 中央气象台寒潮标准：以过程降温和温度负距平相结合来划定冷空气活动强度。（ √ ）

51. 寒潮是指时某地日最低（或日平均）气温 24 小时内降温幅度大于等于 8 ℃，或 48 小时内降温幅度大于等于 10 ℃，或 72 小时内降温幅度大于等于 12 ℃，而且使该地日最低气温小于等于 4 ℃的冷空气活动。（ √ ）

52. 极地高压是一个深厚的冷性高压。（ × ）

解析：应为暖性高压。

53. 寒潮冷锋随高度向暖空气一侧倾斜。（ × ）

解析：向冷空气一侧倾斜。

54. 寒潮中期天气过程的倒 Ω 流型演变可以分为三个阶段：初始阶段、酝酿阶段、爆发阶段。（ √ ）

55. 针对两个大洋中暖脊在中期天气过程中的作用，预报员常把乌拉尔山的高压脊作为预报寒潮和强冷空气的关键系统。追溯其发展可以分为三种类型：补充型、叠加型和结合型。（ √ ）

56. 寒潮天气系统包括极涡、极地高压、寒潮地面高压、寒潮冷锋。（ √ ）

57. ** 在寒潮分析和预报时，应特别注意 300 hPa 槽后偏北急流中心（或称急流核）的存在及其活动对冷空气堆强度变化的作用。（ √ ）

58. ** 上游效应是指上游的形势或天气系统发生变化或对下游天气系统的影响。（ √ ）

59. * 寒潮降温预报主要考虑的影响气温变化的因子为温度平流、垂直运动、非绝热因子对局地气温变化的影响。（ √ ）

60. 每年夏初，在我国东部 27～30° N 之间常会出现连阴雨，即梅雨。（ × ）

解析：应为 26～24° N 的长江中下游地区。

61. 造成我国雨带进退过程中的三个突变期的根本原因是副高脊线位置的三次变化。（ √ ）

62. 温带气旋、锋面、切变线、低涡、台风、东风波等，它们都属于中尺度系统。（ × ）

解析：应为大尺度系统。

63. 典型梅雨一般出现在 6 月中旬至 7 月上旬。（ √ ）

64. 锋前暖区暴雨是江淮梅雨暴雨的一个重要特色。（ × ）

解析：是华南前汛期的重要特色。

65. 垂直运动是产生天气的一个重要因素，偏差风是造成垂直运动的重要原因。（ √ ）

66. 受摩擦影响是随高度降低而减小的。（ √ ）

67. 我国华北、东北地区的雨季出现在 7 月中旬到 8 月底。（ √ ）

68. 一次暴雨天气过程的降水量并非由一次连续降水所组成，而是在此期间中尺度雨团不断生成和移动的结果。（ √ ）

69. 在水平温度梯度最大的区域上空的一定高度上，必然会出现与温度场相适应的强风区。若强风区风速达到 12 m/s 以上，即称为“急流”。（ × ）

解析：风速达到 30 m/s 以上。

70. * 冷涡结构的非对称性，决定了强对流天气大体是出现在冷涡的西北象限。（ × ）

解析:出现在东南象限。

71. K 指数表达式是 $K=(T_{850}-T_{500})+T_{d850}-(T-T_d)_{700}$。（ √ ）

72. * 我国的雨带常位于副热带高压西北侧。（ √ ）

73. 从 6 月到 7 月初,副热带高压脊线位置移到 22～25° N,这时切变线多位于江淮流域,称之为江淮切变线。（ √ ）

74. 在 500 hPa 图上,东亚的中纬度以南地区为纬向环流时,有利于切变生成。（ √ ）

75. 中小尺度天气系统具备不满足地转平衡,不满足静力平衡。（ √ ）

76. MCC 形成在弱强迫大气环境中。（ √ ）

77. ** 上干、下湿的对流不稳定气层在 $T\text{-}\ln p$ 图上温度层结曲线与露点曲线呈喇叭状配置,有利于形成雷暴大风。（ √ ）

78. 由于部分小龙卷的直径极小,因此地转偏向力对其影响很小。它们的旋转可以是气旋式的,也可以是反气旋式的。（ √ ）

79. 雷暴单体生命史中,成熟阶段只有下沉运动。（ × ）

解析:应是上升和下沉运动共存。

80. 当大气处于弱的层结稳定状态时,虽然在垂直方向上不能有上升气流的强烈发展,但在一定条件下可以发展斜升气流,这种机制称为对流不稳定。（ × ）

解析:这种机制称为对称不稳定。

81. 形成对流性天气的基本条件包括水汽条件、不稳定层结条件、抬升条件。（ √ ）

82. ** 对流性不稳定或位势不稳定层结的判据是$\partial\theta_{se}/\partial z<0$（ √ ）

83. 风暴的运动方向一般偏向于对流云中层风的右侧,所以这类风暴也叫做右移强风暴。（ √ ）

84. 冰雹是指一种直径大于 5 mm 的固体降水物。（ √ ）

85. ** 强雷暴发生发展的有利条件为逆温层、前倾槽、低层辐合高层辐散、高低空急流、中小系统。（ √ ）

86. ** 冰雹天气有几种基本型,分别为高空冷槽型、高空冷涡型、高空西北气流型、南支槽型。（ √ ）

87. ** 降雹天气主要有三种形式:气团性降雹、锋面降雹和低空切变降雹。（ √ ）

88. ** 龙卷风在我国大陆出现的季节大多数是 6—8 月,出现的时间绝大多数是在傍晚前后,以 17—19 时为最多。（ √ ）

89. ** 华南前汛期的低空急流活动可分为三类:南移类、北移类、复合类。（ √ ）

90. 南亚高压是对流层上部的暖高压。（ √ ）

91. 青藏高原在夏季是个热源。（ √ ）

92. 南亚高压控制区具有潮湿不稳定特性,对流活动非常活跃。（ √ ）

93. 赤道辐合带又称热带辐合带、赤道锋,是南北半球两个副热带高压之间气压最低、气流汇合的地带。（ √ ）

94. 较强的东风波在卫星云图上具有较强的涡旋云系,有的甚至可以发展为台风。（ √ ）

95. 东亚夏季风是相对于印度夏季风的一个独立的季风系统。（ √ ）

96. ** 东亚季风形成的因子是太阳辐射的经向差异、海陆热力差异、青高原与大气之间的热力差异。（ √ ）

97. * 青藏高原对东亚季风的影响,夏季风为热力作用,冬季风为动力作用。（ √ ）

98. 东亚夏季风的水汽主要来自于南海和西太平洋。 (√)

99. 大气振荡是指大气环流的周期性变化。 (√)

四、填空题

1. 大气运动受质量守恒定律、<u>动量守恒定律</u>和能量守恒定律等基本物理定律所支配。

2. 天气尺度的运动系统，通常是指在天气图上所分析出的气压场和风场中的具有<u>结构</u>特征和移动、发展规律的天气系统。

3. 地转平衡只有在中纬度自由大气的大尺度系统中，当气流呈水平<u>直线</u>运动且无摩擦时才能成立。

4. 如果风速相同，在低纬的等高线应比高纬的等高线分布得<u>稀疏</u>些。

5. 在没有或不考虑摩擦力时，气压梯度力、地转偏向力和<u>惯性离心力</u>三力平衡时的风称为梯度风。

6. 当大气中密度分布不仅随气压而且还随<u>温度</u>而变时，这种状态的大气称为斜压大气。

7. 风随高度有变化，可以作为<u>斜</u>压力大气处理。当风随高度顺转时，有<u>暖</u>平流。

8. 自由大气中，地转偏差指向<u>磨擦力右侧</u>，与之垂直；当出现偏差风辐合时，有<u>负</u>变压。

9. 地转偏向力，不改变速度的<u>大小</u>，改变<u>方向</u>，在南半球指向速度的<u>左侧</u>。

10. 地转偏差对于大气运动和天气变化有着非常重要的作用。在实际工作中，对于空气水平运动中的地转偏差，可分解为三项进行判断。一项是变压风用<u>三小时变压</u>判断；一项是横向地转偏差用等压线/等高线的<u>辐散</u>判断；一项是纵向地转偏差用等压线/等高线的<u>曲率</u>判断。

11. 锋生条件是：<u>第一，在锋生带里，有一个狭窄的区域，其锋生作用最强烈；第二，必须是物质线，也就是说在一定时间内，锋生作用发生在同一空气团上</u>。

12. 锢囚锋分为<u>冷式、暖式、中性</u>三类。

13. 下沉辐散运动可以使大气中温度、<u>湿度</u>的水平梯度减小，增加大气中温、湿特性的<u>水平</u>均匀性。

14. 在温度<u>水平</u>梯度大而窄的区域，如果它随高度向<u>冷区</u>倾斜，这样的等温线密度带通常称为锋区。

15. 锋面在移动过程中，<u>冷气团</u>起主动作用，推动锋面向<u>暖气团</u>一侧移动，这种锋面称为冷锋。

16. 暖锋前有暖平流，故地面<u>减压</u>，暖平流愈强，地面<u>降压</u>愈多；冷锋后有冷平流，故地面<u>加压</u>，冷平流愈强，地面<u>升压</u>愈大。

17. 锋面的主要特征是锋面两侧有明显的<u>温差</u>，冷锋后有<u>负变温</u>，而暖锋后有<u>正变温</u>。

18. *锋面附近之所以产生大规模的垂直运动，是由于<u>气流的辐合辐散</u>和<u>锋面抬升作用</u>而引起的。

19. *气团形成条件：<u>广大范围性质比较均匀的下垫面，还需要下沉辐散气流使得大范围各种物理属性分布相对比较均匀</u>。

20. **梅雨锋一般没有很明显的<u>温度</u>梯度，而<u>湿度</u>梯度比较大，最显著的现象是在切变线附近有一个<u>θ_{se}高值舌</u>。

21. 涡度是衡量空气质块旋转运动强度的物理量，逆时针旋转时为<u>正</u>涡度，顺时针旋转时为<u>负</u>涡度。

22. 从垂直方向看，低压中心随高度向<u>冷区</u>倾斜，高压中心随高度向<u>暖区</u>倾斜。

23. 涡度是由于速度场的空间分布<u>不均匀</u>所产生的，它描述的是气块的<u>旋转</u>特性。

24. 西南低涡向偏东方向移动时，当移过两湖盆地后，常可诱生出<u>气旋波</u>，会出现暴雨或特大暴雨。

25. 在卫星云图上，如果锋面云带有一段变宽，并向冷空气一侧凸起，亮度变白，则在此处将有<u>锋面气旋</u>生成。

26. 江淮气旋属于南方气旋，主要发生在<u>长江中下游、淮河流域以及湘赣地区</u>。

27. 蒙古气旋一年四季均可出现，但以<u>春</u>季最多，黄河气旋也一年四季均可出现，但以<u>秋</u>季最多。

28. *绕 Z 轴旋转，绝对涡度由<u>相对涡度 ζ 与地转涡度 f</u>组成。

29. *绝对涡度守恒条件是<u>正压、无水平辐散、辐合</u>。

30. ** $-\boldsymbol{V}_h \cdot \nabla_h \zeta > 0$ 表示固定点<u>正相对涡度</u>增加。

31. 对于波长 $L \leqslant 3000$ km，固定点相对涡度变化，主要由<u>相对涡度平流</u>决定。

32. 影响我国的上游效应中关键区为<u>乌拉尔山地区、欧洲北大西洋和北美东岸三个关键区</u>。

33. 北半球冬季对流层中部西风带中三个明显的大槽分别位于：<u>亚洲东岸、北美东岸和欧洲东部</u>。

34. 在赤道附近对流程中东北信风与东南信风汇合的地带称为<u>赤道辐合带</u>。

35. 青藏高原相对于四周的自由大气，在夏季起着强大的<u>热源</u>作用。

36. 当大气运动是正压和<u>水平无辐散</u>时，满足绝对涡度守恒。

37. 大范围上、下游系统环流变化的联系称为<u>上下游效应</u>。

38. 阻塞高压建立之前，环流要<u>从纬向转为经向</u>。

39. 急流是指一股强而窄的气流带，急流中心最大风速在对流层的上部必须大于或等于<u>30</u> m/s。

40. 急流轴的左侧风速具有<u>气旋性</u>切变，右侧风速就有<u>反气旋性</u>切变，如果流线曲率很小，那么急流轴的左侧相对涡度为<u>正</u>，右侧相对涡度为<u>负</u>。

41. 数值预报产品释用的含义是<u>研究如何把数值预报的产品用作天气要素预报</u>。

42. 形势预报一般方法中的五流是指<u>涡度平流、温度平流、热成风涡度平流、引导气流、平均气流</u>。

43. 正圆形低压中心向<u>变压梯度方向</u>移动，在等压面图上，有水平辐合时<u>气旋性</u>涡度增加。

44. 锋面移动速度取决于锋面两侧风速垂直于锋面的分量大小及<u>风向</u>，当无垂直于锋面的风速时，锋面呈<u>准静止</u>。

45. 用运动学方法预报气压系统的移动时，槽向变压<u>梯度</u>方向移动，椭圆形高压的移动方向介于变压升度方向和系统的长轴之间。

46. 在地面气旋和反气旋中心上空，地转风与热成风平行，因而没有<u>冷暖平流（或温度平流）</u>。

47. 地面锋面通常有高空槽配合，当地面锋面处槽后时，强烈的西北风使锋面<u>迅速南下</u>，当地面锋面处槽前时，则<u>移动较小</u>。

48. **从垂直方向看，低压中心随高度向<u>冷区</u>倾斜，高压中心随高度向<u>暖区</u>倾斜。

49. **运用外推法做天气预报时，等速外推需要<u>2</u>张连续的天气图，等变速外推需要<u>3</u>张连续的天气图。

50. *<u>冷锋</u>雷暴出现最多，强度也最强。

51. 霜冻的种类包括平流霜冻、辐射霜冻 和 平流一辐射霜冻 。

52. 入侵我国冷空气的路径分别是 西路、西北路(中路)、东路、东路加西路 。

53. 倒Ω流型的演变特点可分为三个阶段,即 初始阶段 、酝酿阶段、爆发阶段 。

54. 寒潮关键区是在 70°～90° E,43°～65° N 地区。

55. 影响我国冷空气的源地主要有 新地岛以西的洋面、新地岛以东洋面、冰岛以南洋面 。

56. 目前比较普遍把我国寒潮的中短期天气形势归纳为三个类型: 小槽发展型、低槽东移型、横槽型 。

57. 强冷空气在 西伯利亚、蒙古堆积 是寒潮爆发的必要条件。

58. ** 极涡中心的分布特点,按 100 hPa 的环流分为 绕极型、偏心型、偶极型、多极型 类型。

59. ** 寒潮中期过程有 倒Ω流型、极涡偏心型、大型槽脊东移型 三大类。

60. * 气旋出海后常常加深,寒潮冷高压在南下过程中逐渐减弱。这些现象都与非绝热的影响有关。非绝热增温或冷却包括乱流、辐射和 冷暖平流(或温度平流) 三种热力交换过程。

61. 暴雨的极值同地形有密切的关系,暴雨的极值多出现在山脉的 迎风坡 、平原与山脉的过渡地区或 河谷地带 。

62. 形成暴雨天气的基本条件有三个: 充分的水汽供应 , 强烈的上升运动 及较长的持续时间。

63. 某一地区降水形成,大致有三个过程。首先是水汽由源地水平输送到降水地区,叫作 水汽 条件。其次是水汽在降水地区辐合上升,在上升中膨胀冷却并凝结成云,叫作 垂直运动 的条件。最后是云滴增长变为雨滴而下降,叫作云滴增长的条件。

64. 在一定条件下,地形对降水有两个作用,一是动力作用,二是 云物理作用 。动力作用主要是地形的 强迫抬升 。

65. 云中有冰晶和过冷却水滴同时并存,在同一温度下,由于冰晶的饱和水汽压 小于 水滴的饱和水汽压,致使水滴蒸发并向冰晶上凝华,这种所谓的“冰晶效应”能促使云滴迅速增长而产生降水。

66. 日常业务中常把 850 hPa 或 700 hPa 等压面上,风速大于等于 12 m/s 的 西南风极大风速带 称为低空急流。

67. 切变线是指对流层下部出现的准静止 气旋性风向 不连续线,其两侧吹 对头风 。

68. * 在降水区中,水汽通量辐合主要由 风的辐合 所造成,特别是在低层空气里 水平辐合 最为重要,而水汽平流对水汽的贡献很小。

69. 急流轴的左侧风速具有 气旋 性切变,右侧具有 反气旋 性切变。

70. 一般认为云滴增长的过程有两种:一种是 冰晶效应 ,另一种是 碰撞合并作用 。

71. 东北冷涡天气具有不稳定的特点。因为冷涡在发展阶段,其温压场结构并不完全对称,所以它的 西 部常有冷空气不断补充南下,在地面图上则常常表现为一条副冷锋南移,有利于冷涡的西、西南、南到东南部位发生 雷阵雨 天气。

72. 华北冷涡结构的显著特征是它的非对称性,就整体而言是冷性涡旋,但各部位的温湿分布都有明显差异。冷涡的 东南 象限较为暖湿,而其 西北 象限干冷。

73. 影响我国暴雨的行星尺度天气系统有 西风带长波槽 、 阻塞高压 、 副热带高压 、 热带环流 。

74. 江淮梅雨期,在高纬地区常有阻高活动,一般阻高活动可分为三类: 三阻型 、双阻型、 单阻型 。

75. *强雷暴和一般雷暴的主要区别表现在系统中垂直气流的<u>强度</u>以及垂直气流的有组织程度和<u>不对称性</u>。

76. 飑线上的单体移动方向基本上与<u>500～850 hPa</u>的平均风向一致。

77. *<u>超级单体风暴</u>对流风暴一定是强风暴。

78. 中尺度雨团是由<u>中尺度扰动将小尺度的积云</u>对流组织而成。

79. 在雷暴单体的生命史中，成熟阶段<u>上升和下沉气流并存</u>。

80. 风暴的运动方向一般偏向于对流云中层风的<u>右侧</u>。

81. *条件不稳定的表示法是<u>$\gamma_d>\gamma>\gamma_s$</u>。

82. 在抬升凝结高度以上，状态曲线与层结曲线的第一个交点叫<u>自由对流高度</u>。

83. 当沙氏指数 SI 的值为 -6 ℃$<SI<-3$ ℃时，最有可能发生<u>强雷暴</u>天气。

84. *当大气处于弱的层结稳定状态时，虽然在垂直方向上不能有上升气流的强烈发展，但在一定条件下可以发展斜升气流，这种机制称为<u>对称不稳定</u>。它可以用来解释与锋面相平行的中尺度雨带的形成和发展。

85. T-ln$p$ 图上气块温度升降的曲线叫<u>层结曲线</u>。

86. **在中尺度系统等级划分中，<u>20～200 km</u>称为中-β尺度。

87. **中国发生雷暴最多的两个地区是<u>华南和青藏高原</u>。

88. 大气层结稳定度主要取决于<u>气温随高度的变化情况</u>。

89. 东风波是指产生在副热带高压南侧深厚东风气流里自东向西移动的波动，气压场上为朝<u>南</u>开口的倒槽，槽线呈<u>南北向</u>或东北－西南向，波前为<u>东北</u>风，波后为东南风，波长一般为 1500～2000 km。

90. 副高是一个动力性高压，它控制的范围内是比较均匀的<u>暖</u>气团，大气基本为<u>正压</u>状态，盛行下沉气流，天气晴朗。

91. **预报西太平洋台风的移动路径，主要着眼于<u>太平洋副热带高压</u>和<u>西风带槽</u>的位置及其强度变化。

92. 根据《热带气旋等级》(GB/T 19201－2006)，热带气旋分为<u>热带低压</u>、热带风暴、<u>强热带风暴</u>、台风、强台风和超强台风六个等级。

93. 台风的结构在水平方向分为台风眼区、云墙区、螺旋雨带区等三圈，在垂直方向分为流入层、<u>中</u>层、流出层等三层。

94. 太平洋副带高压区的低层往往有<u>逆温层</u>存在，这是由下沉运动造成的。

95. **干热风系指在小麦开花、灌浆期间出现的<u>高温低湿</u>并伴有一定<u>风力</u>的农业灾害性天气。

96. 台风的强度是以台风中心附近<u>地面最大平均风速</u>和<u>台风中心海平面最低气压</u>为依据的。

97. 我国内陆冬季盛行<u>东北季风</u>，夏季盛行西南季风风。

98. 一般时间尺度为 7～10 天、小于一个季度的大气振荡为<u>低频振荡</u>。

99. *东亚地区冬季冷空气活动具有两种主要周期振荡，即单周和准 40 天周期振荡，弱冷空气活动具有<u>单周</u>的周期振荡，强冷空气具有<u>准 40 天</u>的周期振荡。

100. 中国处在<u>东亚</u>季风影响下的复杂天气气候区域，这一地区是多种气象及相关灾害频繁发生的地区。

大气物理

一、单项选择题

1. 下列各项中属于大气常定成分的是（ B ）。

A. 水汽（H_2O）　B. 氧气（O_2）　C. 氯氟烃（CFCs）　D. 臭氧（O_3）

2. 用绝对温标表示的人体平均温度大约为（ D ）。

A. 236 K　B. 0 K　C. 100 K　D. 310 K

3. 有 A、B 两气柱，A 气柱的平均温度比 B 气柱的高。假设地面气压都一样，则在同一高度 Z，必有（ A ）。

A. $P_A > P_B$　B. $P_A = P_B$　C. $P_A < P_B$　D. 无法确定

4. 如果地球表面没有大气层，则地面温度会比现在（ B ）。

A. 暖一些　B. 冷一些　C. 一样　D. 无法确定

5. 一日的最低温度通常出现在（ A ）。

A. 日出前后　B. 子夜　C. 下午　D. 傍晚

6. 晴朗的天空为蓝色的原因是（ A ）。

A. 波长较短的辐射能比波长较长的更容易被散射

B. 波长较长的辐射能比波长较短的更容易被散射

C. 不同波长的辐射能散射是一样的

D. 除了蓝色以外，其他颜色的光被大气吸收了

7. 起始温度相同的一饱和气块和一干气块，均被抬升 1 km 后温度较高的是（ A ）。

A. 饱和气块　B. 干气块

C. 两气块温度相同　D. 无法确定

8. 地球大气平流层（Stratosphere）里，含量最大的气体成分是（ C ）。

A. 臭氧（O_3）　B. 氧气（O_2）　C. 氮气（N_2）　D. 二氧化碳（CO_2）

9. 在大气中垂直向上的哪一个气象要素是一致减小的？（ C ）

A. 气温　B. 水汽　C. 气压　D. 风

10. 造成南极平流层臭氧洞的物质是（ D ）。

A. 二氧化硫　B. 甲烷　C. 一氧化碳　D. 氟氯烃

11. 某气块等压降温时，下列湿度参量中随之增大的是（ B ）。

A. 露点温度　B. 相对湿度　C. 混合比　D. 水汽压

12. 有关气块的叙述，正确的是（ D ）。

A. 上升时，因膨胀而增温　B. 上升时，因压缩而降温

C. 下降时，因膨胀而降温　D. 下降时，因压缩而增温

13. 气压随高度递减率最大的在哪一层？（ A ）

A. 对流层　B. 平流层　C. 中层　D. 热层

14. 天气现象主要发生在哪一层？（ A ）

A. 对流层　　B. 平流层　　C. 中层　　D. 热层

15. 下列哪一项出现时，通常表示空气的相对湿度大？（ B ）

A. 干球温度与湿球温度的差很大　　B. 干球温度与湿球温度的差很小

C. 空气中的混合比大　　D. 空气中的水汽压大

16. 饱和气块在绝热上升过程中，叙述正确的是（ B ）。

A. 位温保守　　B. 水汽压保守　　C. 假相当位温保守　　D. 温度保守

17. 未饱和湿空气干绝热上升达到凝结高度以后，如果此饱和气块继续上升，则气块的温度递减率将（ C ）干绝热递减率。

A. 大于　　B. 等于　　C. 小于　　D. 无法判断

18. 逆温层指的是温度随高度（ B ）的某层大气。

A. 降低　　B. 升高　　C. 不变　　D. 视具体情况而定

19. 当水汽饱和时，下列叙述错误的是（ D ）。

A. 空气温度和露点温度相同　　B. 空气温度和湿球温度相同

C. 相对湿度是 100%　　D. 温度升高将会引起凝结现象

20. 大气之窗主要位于下列哪一个波段？（ C ）

A. 0～4 μm　　B. 4～8 μm　　C. 8～12 μm　　D. 12～16 μm

21. 两块气团的相对湿度分别为 36% 和 78%，其中含有较多水汽的是（ C ）。

A. 相对湿度为 36% 的气团　　B. 相对湿度为 78% 的气团

C. 条件不足，无法确定　　D. 二者相等

22. 大气中的杂质虽然使空气不够洁净，但如果没有它们，则（ B ）。

A. 天空就成为漆黑一片

B. 自然界中就不会有飞云雨雪

C. 地球上就会如月球上那样白昼酷热、夜间寒冷

D. 会使我们看不见地球上的物体

23. 下列夜间条件中，有利于辐射雾形成的是（ D ）。

A. 阴天一大风　　B. 阴天一微风　　C. 晴天一大风　　D. 晴天一微风

24. 使未饱和气块达到饱和的方法为（ A ）。

A. 气块做上升运动　　B. 气块做下降运动　　C. 气块做旋转运动　　D. 气块向外辐散

25. 太阳辐射通过大气层到达地面，下列何者对太阳辐射的吸收量最大？（ D ）

A. 平流层大气　　B. 对流层大气　　C. 云层　　D. 地面

26. 冰核嵌入过冷水滴内使其转换成一个冰粒子，此模式称为（ C ）。

A. 吸附模式　　B. 凝华模式　　C. 冻结模式　　D. 凝冻模式

27. 造成温室效应的气体，主要为（ B ）。

A. 氧气（O_2）　　B. 二氧化碳（CO_2）　　C. 一氧化碳（CO）　　D. 二氧化硫（SO_2）

28. 有大气层的地球表面温度比没有大气层的地球表面温度高，原因是大气层（ D ）。

A. 吸收太阳辐射　　B. 反射太阳辐射

C. 减缓地表热能向空中的传导　　D. 吸收并放出红外辐射

29. 如果某行星和地球接收同样多的太阳辐射能，但该行星的行星反照率大于地球，那么该行星的平衡温度将（ B ）地球的平衡温度。

A. 高于　　B. 低于　　C. 等于　　D. 无法判断

30. 随着气块温度下降，其实际水汽压将（　　），饱和水汽压将（　　）。（ C ）

A. 降低，降低　　B. 降低，增高　　C. 不变，降低　　D. 增高，增高

31. 同一气块的位温 θ 和假相当位温 θ_{se} 的关系是（ A ）。

A. $\theta_{se}>\theta$　　B. $\theta_{se}=\theta$　　C. $\theta_{se}<\theta$　　D. 无法判断

32. 一个空气微团的比湿保持不变，如果该空气微团的气压发生变化，那么该微团的露点是否改变？（ A ）

A. 改变　　B. 不改变

33. 午后雷阵雨发生时（ C ）。

A. 低层干燥，高空潮湿　　B. 低层辐散运动，高空辐合运动

C. 低层加热多，大气不稳定　　D. 高层加热多，大气稳定

34. 大气静力学方程也近似适用于（ B ）。

A. 静止大气　　B. 一般运动大气　　C. 强对流运动大气　　D. 任何条件下

35. 一天中气压的最高值常出现于（ A ）。

A. 凌晨　　B. 午后　　C. 上午 9～10 时　　D. 晚上 9～10 时

36. 如果一个黑体吸收的辐射能小于其放射的辐射能，那么该黑体的温度将（ B ）。

A. 上升　　B. 下降

C. 保持不变　　D. 条件不足，无法确定

37. 大陆性积云的云滴尺度谱分布（　　）海洋性积云，大陆性积云的云滴平均半径（　　）海洋性积云。（ A ）

A. 窄于，小于　　B. 窄于，大于　　C. 宽于，小于　　D. 宽于，大于

38. 冰晶效应（贝吉龙过程）中，（ B ）。

A. 温度必须大于 0 ℃　　B. 过冷却水滴蒸发、冰晶增长

C. 云内只有冰晶　　D. 云必须是积状的

39. 在（　　）云中，温度大约（　　）℃ 时，冰晶通过凝华过程增长很快，原因是在该温度附近水、冰表面饱和水汽压差达到（　　）。（ A ）

A. 混态，−14，最大　　B. 混态，−14，最小　　C. 冰晶，−4，最小　　D. 冰晶，−4，最小

40. 冰雹切片上所见到交替出现的透明与不透明层分别通过（　　）增长和（　　）增长过程形成。（ D ）

A. 碰并，凝结　　B. 凝结，碰并　　C. 干，湿　　D. 湿，干

41. 干绝热减温率和湿绝热减温率的主要差异为（ D ）。

A. 饱和空气总是不稳定　　B. 未饱和气块膨胀比饱和气块快

C. 湿空气的重量比干空气轻　　D. 饱和空气上升时会有潜热释放

42. 地面与大气系统能量平衡过程中，地面支出的热量里，按能量值从大到小排列，以下几种“热”的顺序是（ C ）。

A. 辐射能、潜热、感热　　B. 辐射能、感热、潜热

C. 潜热、辐射能、感热　　D. 感热、潜热、辐射能

43. 以下雷暴中存在“自毁机制”限制其发展增强的是（ D ）。

A. 超级单体　　B. 右移多单体　　C. 飑线　　D. 气团雷暴

44. 由液态云滴组成的云中（无冰相粒子）产生降水必须要有碰并增长过程，其原因是（ A ）。

A. 单纯的凝结增长对降水形成过程来讲太慢

B. 云滴本身有相互吸引的特性

C. 因为没有冰晶存在

D. 这类云与地面太近，降水必须要在足够短的时间内形成

45. 地球表面接收到的太阳辐射量主要取决于(D)。

A. 太阳高度角　　B. 日长

C. 大气中 CO 的含量　　D. A 和 B

46. O_3 的含量主要集中在(B)。

A. 对流层　　B. 平流层　　C. 热成层　　D. 中间层

47. 夏季控制我国南方的副热带高压是暖高压，属于(　　)；冬季控制我国北方的蒙古高压是冷高压，属于(　　)。(B)

A. 浅薄系统，浅薄系统　　B. 深厚系统，浅薄系统

C. 深厚系统，深厚系统　　D. 浅薄系统，深厚系统

48. 判断整层气层静力学稳定度时，上干下湿的气层属于(　　)，下干上湿的气层属于(　　)。(A)

A. 对流性不稳定，对流性稳定　　B. 对流性稳定，对流性不稳定

C. 对流性不稳定，对流性不稳定　　D. 不能判断

49. 条件性不稳定是指大气层结对(　　)是不稳定的，而对(　　)是稳定的。(A)

A. 饱和气块，未饱和气块　　B. 未饱和气块，饱和气块

C. 饱和气块，饱和气块　　D. 未饱和气块，未饱和气块

50. 水汽主要集中在大气中的(D)。

A. 平流层　　B. 热层　　C. 中层　　D. 对流层

51. 位温是气块经过(　　)过程气压变为(　　)时，气块所具有的温度。(D)

A. 湿绝热，海平面气压　　B. 湿绝热，1000 hPa

C. 干绝热，海平面气压　　D. 干绝热，1000 hPa

52. 气溶胶是指大气中悬浮的(C)。

A. 雨雪　　B. 烟尘颗粒　　C. 固体微粒　　D. 冰雹

53. (A)是指中心气压高于四周气压的闭合系统，当处于该系统控制时常代表天气晴。

A. 高气压　　B. 低气压　　C. 低压槽　　D. 鞍形气压区

54. 假如你有个瓶子里装有 100 个空气分子，那么其中大约有(B)个会是氧气分子。

A. 100　　B. 70　　C. 60　　D. 50

55. 绝热上升的气块总是(D)。

A. 压缩、变暖　　B. 膨胀、变暖　　C. 压缩、冷却　　D. 膨胀、冷却

56. 关于科氏力，下列叙述中正确的是(B)。

A. 地球停止转动时该力仍存在

B. 气块相对于旋转地球的地表运动时该力才出现

C. 地转平衡就是惯性力与该力相平衡

57. 未饱和气块上升时，引起它的温度变(　　)，温度改变为每升高 1000 m(　　)。(A)

A. 冷，10 ℃　　B. 冷，6 ℃　　C. 暖，10 ℃　　D. 暖，6 ℃

58. 在晴朗、无风的夜晚，与温度较低的地物表面贴近的空气因(　　)过程而降温，当

此紧贴地面的空气温度下降到(　　)以下时形成露。(D)

A. 对流,霜点　　B. 对流,露点　　C. 传导,霜点　　D. 传导,露点

59. 陆地下垫面的热量差额主要是指(A)。

A. 下垫面与大气之间的热量交换　　B. 下垫面上的蒸发与凝结

C. 地面辐射差额　　D. 土壤的性质

60. 处于静止状态的大气中,一些空气团块受到(　　)或(　　)的扰动,就会产生向上和向下的垂直运动。这种偏离其平衡位置的垂直运动能否继续发展,是由(　　),即大气温度和湿度的垂直分布所决定的。(A)

A. 动力因子,热力因子,大气层结　　B. 动力因子,热力因子,状态曲线

C. 动力因子,显热因子,大气层结　　D. 涡度因子,热力因子,大气层结

二、多项选择题

1. 大气边界层是一个多层结构,根据湍流摩擦力、气压梯度力和柯氏力对不同高度层空气运动的贡献,一般可以分为三层:(ABC)。

A. 黏性副层　　B. 近地面层　　C. 埃克曼层

D. 热层　　E. 逸散层

2. 影响某地气压变化的影响因素有(ABD)。

A. 温度　　B. 大气潮汐　　C. 大风　　D. 气压系统过境

3. 下列属于温室气体的有(ABCDE)。

A. CO_2　　B. 甲烷　　C. 氟氯烃

D. 臭氧　　E. 氮氧化物

4. 气溶胶粒子的分布影响因素有(ABCE)、距污染源的远近程度、气象条件等。

A. 地理位置　　B. 地形　　C. 地表性质

D. 季节　　E. 人类活动

5. 下列说法正确的是(AC)。

A. 低层大气中,气压随高度减少得快

B. 低层大气中,气压随高度减少得慢

C. 干冷空气比暖湿空气中气压随高度减少得快

D. 暖湿空气比干冷空气中气压随高度减少得快

6. 对低层大气,地面摩擦作用不但使风速减小,而且使风向偏向(A)导致气流(D),所以低气压区往往(F)。

A. 低压　　B. 高压　　C. 向外辐散

D. 辐合上升　　E. 天气晴好　　F. 有云雨天气出现

7. 大气按其热力结构分层,分为(ABCDE)。

A. 对流层　　B. 平流层　　C. 中间层

D. 热层　　E. 逸散层　　F. 磁层

8. 逆温层是绝对稳定的层结,形成逆温的条件有(ABCDEF)。

A. 湍流逆温　　B. 辐射逆温　　C. 下沉逆温

D. 地形逆温　　E. 平流逆温　　F. 锋面逆温

9. 大气层结分布与烟云扩散形态的关系包含以下哪些类型?(ABCEF)

A. 扇型　　B. 熏烟型　　C. 环链型

D. 波浪形　　E. 锥型　　F. 屋脊型

10. 大气压强在三维空间的分布称为空间气压场，描述方法是：地面采用(B)图，高空采用(C)图。

A. 海平面高度图　B. 海平面气压图　C. 等压面图　D. 等高面图

11. 中国水汽的主要来源是(BC)。

A. 太平洋　B. 印度洋　C. 南海

D. 东海　E. 大西洋

12. 大气按其成分随高度变化分布特征分层，分为(EF)。

A. 对流层　B. 平流层　C. 中间层

D. 热层　E. 均匀层　F. 非均匀层

13. 大气按电离特性分层，分为(CD)。

A. 匀和层　B. 非匀和层　C. 电离层　D. 磁层

14. 夜光云出现在中间层，高纬度地区夏季的日出前或黄昏后，高空出现的薄而带银白色光亮的云是(A)，出现在大气中的(E)。

A. 夜光云　B. 贝母云　C. 对流层

D. 平流层　E. 中间层　F. 热层

15. 在晴朗、无风的夜晚，与温度较低的地物表面贴近的空气因(A)过程而降温，当此紧贴地面的空气温度下降到(D)以下时形成露。

A. 对流　B. 霜点　C. 传导　D. 露点

16. 对流层的主要特征为(ACD)。

A. 气温随高度增加而降低　B. 风速随高度变化小

C. 垂直对流运动　D. 气象要素水平分布不均

17. 气压的日变化有以下特征(ABCD)。

A. 陆地大于海洋　B. 夏季大于冬季

C. 山谷大于平原　D. 随纬度增高而减少

18. 气溶胶粒子在大气过程中的作用有(ABCDE)。

A. 在云雾降水中的作用　B. 对短期发射过程的影响

C. 对大气光学特征的影响　D. 对大气电学特征的影响

F. 在大气化学过程中的作用

19. 初始状态未饱和气块被外力抬升但未达到饱和时，其温度按(A)下降，在该过程中气块的(D)不变，故露点沿着(E)线降低。

A. 干绝热线　B. 湿绝热线　C. 露点

D. 比湿　E. 等比湿　F. 等露点

20. 假相当位温实际上是饱和气块上升过程中，水汽全部(A)释放的(D)加热空气后达到的(E)。

A. 凝结　B. 凝华　C. 显热

D. 潜热　E. 位温　F. 虚温

21. 稳定层结下的气块受扰动而做垂直位移时将围绕平衡位置震荡，产生所谓的(A)。最容易观测到的是过山气流在山脉(D)形成的波动。

A. 重力内波　B. 重力外波　C. 迎风面　D. 背风面

22. 根据层结曲线和状态曲线的相互配置，常把大气分为三种基本类型：(ABC)。

A. 潜在不稳定型　B. 绝对不稳定型

C. 绝对稳定型　　D. 对流不稳定型

E. 相对稳定型

23. 在稳定大气中，大气湍流的产生和维持主要有三种类型：(ABC)。

A. 风切变产生的湍流　　B. 对流湍流

C. 波产生湍流　　D. 热力产生湍流

24. 边界层中的平均风有两个最重要的特点：(AC)。

A. 具有明显的日变化

B. 水平梯度大

C. 风速和风向以及与此有关的边界层属性具有明显的垂直梯度

D. 不满足静力平衡

25. 北欧高纬度地区 20 多公里高度处早晚有罕见的薄而透明的云，称之为(B)。其由水滴或冰晶组成，因太阳光的(D)衍射作用，具有像虹一样的色彩排列。

A. 夜光云　　B. 贝母云　　C. 折射　　D. 衍射

26. 当薄云存在时，常可在太阳或月亮周围看到华，它是是环绕日月的有色光环，色彩排列为(A)，可以有好几圈，也可多至(D)圈。

A. 内紫外红　　B. 内红外紫　　C. 3

D. 5　　E. 6

27. 虹是圆心位于日点上彩色圆弧带，颜色排列为(A)，角半径约为(D)。

A. 内紫外红　　B. 内红外紫　　C. 22°

D. 42°　　E. 52°

28. 大气对辐射的吸收具有(A)，吸收长波辐射的主要气体是(B)，其次是臭氧和二氧化碳。

A. 选择性　　B. 水汽　　C. 甲烷　　D. 确定性

29. 世界气象组织对标准大气的定义是，能够粗略地反映出周年、(A)状况，得到国际上承认的，假定的大气(B)，(C)和(D)的垂直分布。

A. 温度　　B. 密度　　C. 气压

D. 中纬度状况　　E. 低纬度　　F. 高纬度

30. 按照尺度数可以将散射分为三类，分别是(A)、(B)和(C)。

A. 瑞利散射　　B. 米散射　　C. 几何光学散射

D. 电离散射　　E. 电磁散射

31. 到达大气上界的太阳辐射光谱主要包括(A)、(B)和(D)。

A. 可见光　　B. 红外光　　C. 近红外光　　D. 紫外线光

32. 暖云及其形成降水质粒的微物理过程有水汽的核化过程、水滴的(A)增长、(B)增长和(C)反应。

A. 凝结　　B. 碰并　　C. 连锁

D. 凝华　　E. 冻结

33. 按组成云的相态(或微结构)，可将云分成(A)、(C)和(D)。

A. 水云　　B. 层云　　C. 冰云

D. 混合云　　E. 对流云

34. 根据尺度大小常将气溶胶粒子分成三类：(A)、(B)和(C)。

A. 爱根核　　B. 大核　　C. 巨核　　D. 中核

35. 大气的电离源主要有：(A)、(B)和(C)。

A. 宇宙射线　　B. 大气中放射性元素

C. 地壳 $\alpha\beta\gamma$ 射线作用　　D. 太阳射线

36. 水汽混合比是指(A)的质量与(C)的质量比。

A. 水汽　　B. 湿空气　　C. 干空气　　D. 饱和空气

37. 以下哪种途径可使空气中水汽由未饱和达到饱和？(BC)

A. 增加空气的凝结核　　B. 增加空气中的水汽

C. 降温　　D. 升温

38. 湿空气在上升和下降运动的绝热变化过程中，如无水汽凝结或水滴蒸发，则以下哪些物理量是不变的？(ABEF)

A. 比湿　　B. 混合比　　C. 露点温度

D. 水汽压　　E. 位温　　F. 假相当位温

39. 大气静力学方程用于(A)大气和(B)大气。

A. 静止大气　　B. 一般

C. 垂直运动强的大气　　D. 水平加速大气

40. 在讨论大气的压强随高度的变化关系时，根据应用的需要将温度和密度作了一些假设，进而产生了三种具有广泛应用的大气模式，分别为(A)、(C)和(D)。

A. 等温大气模式　　B. 多元大气模式　　C. 等压大气模式　　D. 均质大气模式

41. 地球大气的演化大体可分为(E)、(B)和(D)三个阶段。

A. 含氧大气　　B. 次生大气　　C. 均质大气

D. 现代大气　　E. 原始大气

42. 研究物体热辐射规律的基本定律分别为(C)、(D)和(E)。

A. 白贝罗定律　　B. 艾克曼定律　　C. 维恩定律

D. 基尔霍夫定律　　E. 斯特藩-玻尔兹曼定律

43. 地面高压中心的空气(A)，其上空的空气辐合并不断(D)。

A. 向外辐散　　B. 向内辐合　　C. 上升　　D. 下沉

44. 在近地面(B)起到降低风速的作用，从而将减小(D)。

A. 离心力　　B. 摩擦力　　C. 气压梯度力　　D. 柯里奥利力

45. (B)与高气压区相对应，在北半球时从其中心吹向外的气流呈(D)偏转。

A. 气旋　　B. 反气旋

C. 逆时针　　D. 顺时针

46. 在晴朗、无风的夜晚，与温度较低的地物表面贴近的空气因(B)过程而降温，当此紧贴地面的空气温度下降到(D)以下时形成露。

A. 对流　　B. 传导　　C. 霜点　　D. 露点

47. 绝热上升的气块总是(BD)。

A. 压缩　　B. 膨胀　　C. 变暖　　D. 冷却

48. 位温是气块经过(B)过程气压变为(D)时，气块所具有的温度。

A. 湿绝热　　B. 干绝热　　C. 海平面气压　　D. 1000 hPa

49. 冰雹切片上所见到交替出现的透明与不透明层分别通过(C)增长和(D)增长过程形成。

A. 碰并　　B. 凝结　　C. 干　　D. 湿

50. 现代地球大气的主要成分是（ BE ）。

A. 氢气　B. 氧气　C. 一氧化碳

D. 水汽　E. 氮气

51. 在晴朗、无风的夜晚，与温度较低的地物表面贴近的空气因（ B ）过程而降温，当此紧贴地面的空气温度下降到（ C ）以下时形成霜。

A. 对流　B. 传导　C. 霜点　D. 露点

52. 以下系统属于浅薄系统的是（ BC ）。

A. 暖高压　B. 热低压　C. 冷高压

D. 台风　E. 冷低压

53. 臭氧主要集中在大气（ A ）中，吸收（ D ）辐射。

A. 平流层　B. 对流层　C. 红外

D. 紫外线　E. 热层

54. 大约 100 km 以下的大气是（ A ），被称为（ D ）。

A. 均匀混合　B. 非均匀混合　C. 非均匀层　D. 均匀层

55. 未饱和气块上升时，引起它的温度变（　），温度改变为每升高 1000 m（　）。（ AD ）

A. 冷　B. 暖　C. 10 ℃　D. 6 ℃

56. 当水汽相对于纯水平面饱和时，下列叙述正确的是（ AB ）。

A. 空气温度和露点温度相同　B. 空气温度和湿球温度相同

C. 相对湿度是 100%　D. 温度升高将会引起凝结现象

57. 当气块沿干绝热运动时，以下哪些是保守的？（ AB ）

A. 位温　B. 假相当位温　C. 露点温度　D. 湿球温度

58. 在对流层大气的组成中，臭氧属于（ BD ）。

A. 主要成分　B. 次要成分　C. 定常成分　D. 可变成分

59. 大气边界层在日出前后倾向于较（ B ）的状态，近地面常伴随有（ C ）现象出现，而午后则易转变为（ F ）状态。

A. 不稳定　B. 稳定　C. 逆湿

D. 非逆温　E. 稳定　F. 不稳定

60. 由于水体的比热（ B ）于陆地，因此北半球的冬季平均气温（ C ）南半球冬季平均气温。

A. 低　B. 高　C. 低于　D. 高于

61. 大气边界层按其热力学性质及相应的湍流特征可以分为（ ACD ）。

A. 不稳定边界层　B. 黏性副层　C. 中性边界层

D. 稳定边界层　E. 近地面层　F. 埃克曼层

三、判断题

1. 一个空气微团的比湿保持不变，如果该空气微团的气压发生变化，那么该微团的露点将改变。（ √ ）

2. PM_{10}：悬浮在空气中，空气动力学直径≤10 μm 的颗粒物，又称为可吸入颗粒物或飘尘。（ √ ）

3. 环境温度递减率大于干绝热减温率的大气状态，此时气块抬升后温度高于环境空气温度，为绝对稳定大气。（ × ）

解析:应为绝对不稳定大气,因为任何情况下,气块的递减率将以小于等于干绝热递减率降温,气块上升后温度将大于环境温度,气块获得正浮力,气块获得向上加速度,因此绝对不稳定。详见《天气学原理和方法(第4版)》第423页。

4. 在纯净的空气中,靠水汽分子随机碰撞、相互结合而生成云滴的胚胎,这种过程称为水汽异质凝结核化。 (×)

解析:在纯净的空气中,靠水汽分子随机碰撞、相互结合而生成云滴的胚胎,这种过程称为水汽均质凝结核化。详见《大气物理学(第2版)》第316页。

5. 虹出现在测站的东方,则预示着天气系统已移过测站。 (√)

6. 风和气流在边界层中常以三种形式出现:平均风、湍流和波动。 (√)

7. 气压的分布及随空间和时间的变化,与地球运动及天气变化有着密切的联系。 (√)

8. 平流逆温是指冷空气平流到冷的地面或水面上,发生接触冷却作用,愈近地表的空气降温愈多;而上层空气受冷地表面的影响小,降温较少产生的逆温现象。 (×)

解析:详见《大气物理学(第2版)》第168页。

9. 氧气在太阳紫外辐射作用下将发生光致离解,光致离解产生的氧原子是大气臭氧的主要来源。 (√)

10. 水汽的主要来源是海洋表面的蒸发。 (√)

11. 对流层内的水汽量都是随高度而减小的。 (√)

12. 任一高度上的气压即为该高度以上单位截面积空气柱的质量。 (×)

解析:任一高度上的气压即为该高度以上单位截面积空气柱的重量。详见《大气物理学(第2版)》第30页。

13. 低气压是指中心气压低于四周气压的气压系统,它的空间等压面形状像山谷,在图上表现为一组闭合曲线,低气压区的气流呈反时针旋转,称为气旋。 (√)

14. 鞍形气压区是指两个高压和两个低压组成的中间区域,刚刚建立时,风速小,风向多变,气压值较稳定,但不久就可能发生剧烈的天气变化。 (√)

15. 地面的高压中心和高温中心一致时,随着高度的增加,等压面凸起越来越显著,高压越来越强,所以暖高压系统能伸展到较高的高空,甚至对流层上层,故属于深厚系统。副热带高压就是这种暖高压。 (√)

16. 气压周期性年变化与地理纬度、海陆性质、海拔高度等自然地理条件有关;高纬大于赤道,大陆全年最高出现于夏季,海洋相反,且振幅也比陆地小。 (√)

17. 气压的非周期变化和大气环流及天气系统有联系。 (√)

18. 平流层由于逆温存在,大气稳定,垂直运动很弱,中纬度地区夏季是东风,冬季是西风,环流的季节变化常常是对流层环流变化的先兆,对长期天气预报有来源意义。 (√)

19. 平流层空气中尘埃很小,大气的透明度很高,由于与对流层交换弱,大气污染物进入后能长期存在。 (√)

20. 温度对数压力图中,空气块随气压(或高度)的变化曲线称为气块的层结曲线。 (×)

解析:温度对数压力图中,空气块随气压(或高度)的变化曲线称为气块的状态曲线。详见《大气物理学(第2版)》第144页。

21. 大气边界层可定义为:存在各种尺度的湍流,湍流输送起着重要作用,并导致气象要素日变化显著的高层大气。 (√)

22. 边界层中的平均风有两个最重要的特点：具有明显的日变化；风速和风向以及与此有关的边界层属性具有明显的垂直梯度。（ √ ）

23. 曙暮光是指日落之前或日出之后，但高层大气受到太阳光的照射，形成的发光现象。（ × ）

解析：详见《大气物理学（第 2 版）》第 467 页。

24. 大气边界层具有明显的日变化，低的时候只有几米，高的时候可达数千米。（ × ）

解析：详见《大气物理学（第 2 版）》第 244 页。

25. 自然界的焚风是最常见的湿绝热过程。（ √ ）

26. 通常把除水汽以外的纯净大气称为干洁大气。（ √ ）

27. 如果地面的气压中心和温度中心不重合，则气压系统的轴线就会倾斜，低压中心随高度增加向暖区倾斜，高压中心而向冷区倾斜。（ × ）

解析：详见《大气物理学（第 2 版）》第 42 页。

28. 平流层大气温度是呈线性上升的。（ √ ）

29. 大气边界层也称为行星边界层。（ √ ）

30. 常在 T-ln$p$ 图上见到，自由对流高度以上的正不稳定能量面积大于其下面的负不稳定能量面积，这种情况叫真潜在不稳定型。（ √ ）

31. 未饱和气块上升时，引起它的温度变冷，温度改变为每升高 1000 m 下降 6 ℃。（ √ ）

32. 在晴朗、无风的夜晚，与温度较低的地物表面贴近的空气因传导过程而降温，当此紧贴地面的空气温度下降到 0 ℃以下时形成露。（ × ）

解析：在晴朗、无风的夜晚，与温度较低的地物表面贴近的空气因传导过程而降温，当此紧贴地面的空气温度下降到露点以下时形成露。

33. 夏季控制我国南方的副热带高压是暖高压，属于深厚系统；冬季控制我国北方的蒙古高压是冷高压，属于浅薄系统。（ √ ）

34. 起始温度相同的一饱和气块和一干气块，均被抬升 1 km 后温度较高的是饱和气块。（ √ ）

35. 地球表面接收到的太阳辐射量主要取决于太阳高度角。（ × ）

解析：详见《大气物理学（第 2 版）》第 88 页。

36. 气块绝热上升将压缩变暖。（ × ）

解析：详见《大气物理学（第 2 版）》第 135 页。

37. 由液态云滴组成的云中（无冰相粒子）产生降水必须要有碰并增长过程。（ √ ）

38. 条件性不稳定是指大气层结对饱和气块是不稳定的，而未饱和气块是稳定的。（ × ）

解析：详见《大气物理学（第 2 版）》第 156 页。

39. 陆地下垫面的热量差额主要是指下垫面上的蒸发与凝结（ × ）

解析：陆地下垫面的热量差额主要是指地面辐射差额。

40. 地球大气平流层（Stratosphere）里，含量最大的气体成分是氧气（O_2）。（ × ）

解析：详见《大气物理学（第 2 版）》第 6 页。

四、填空题

1. 在 T-ln$p$ 中，气块温度随高度的变化曲线称为<u>状态</u>曲线，周围大气温度随高度的变化曲线称为<u>层结</u>曲线。

2. 单位体积湿空气中含有的水汽质量称为 绝对湿度 。

3. 空气中水汽分子的分压强称为 水汽压 。

4. 等压降温达到饱和时空气所具有的温度称为 露点 。

5. 一定温度和压强下，水汽和饱和水汽摩尔分数值比称为 相对湿度 。

6. 暖云及其形成降水质粒的微物理过程有水汽的 核化(或填异质核化) 过程，水滴的 凝结 增长、碰并 增长和 连锁 反应。

7. 按组成云的相态(或微结构)，可将云分成 水云 、冰云 和 混合云 。

8. 水汽由未饱和达到饱和而生成云雾有两个途径：一是 增加空气中的水汽 ；二是 降温 。

9. 地转风与水平气压场的关系可归纳为白贝罗风压定律，即在北半球背风而立，高压 在右，低压 在左。

10. 气块经过干绝热过程气压变为 1000 hPa时，气块所具有的温度称为位温。

11. 大气压力是指 单位面积上 直至 大气上界 整个空气柱的 重量 ，是气象学中极其重要的一个物理量。常用的单位有：Pa、hPa 和 毫巴 。

12. 光学厚度是指沿传输路径上，8～12 μm 所有 长波 产生的总削弱。

13. 由于大气对 8～12 μm 的辐射的吸收很弱，因此地面发出的该波段范围的长波辐射可顺利地被发送到宇宙空间。

14. 使空气达到饱和的途径有 降温 、增湿 。在自然界中形成云雾的主要降温过程主要以 绝热膨胀降温 为主。

15. 在讨论大气的压强随高度的变化关系时，根据应用的需要将温度和密度作了一些假设，进而产生三种具有广泛应用的大气模式，分别为 等温大气模式 、多元大气模式 和 均质大气模式 。

16. 按照尺度数可以将散射分为三类，分别是 瑞利散射 、米散射 和 几何光学散射 。其中气溶胶粒子对可见光的散射属于 米散射 。

17. 大气按照温度随高度的变化分为 对流层 、平流层 、中间层 、热层 和逸散层，其中极光出现在 热 层。

18. 绝热过程指系统与外界 没有热量交换 的过程。干绝热过程指 没有相变发生的 绝热过程。位温指把空气块 干绝热膨胀 或 压缩 到标准气压时应有的温度。

19. 到达地表的太阳总辐射包括太阳直接辐射和 太阳散射辐射 ，在国际单位制中的单位为 W/m² 。

20. 太阳辐射光谱是太阳单色辐射通量密度或辐射率随 波长 的分布，到达大气上界的太阳辐射光谱主要包括可见光、红外光 和 紫外光 。

21. 在艾克曼边界层，主要通过 艾克曼抽吸 作用将近地面的大量热量和水汽输送到自由大气。

22. 在冬季海陆交界区域，当风从海面吹向陆地，通常会产生 平流 雾。

23. 核化粒子的进一步长大，受到多种因子的综合作用，其中公认的有两种重要机制：凝结 和 碰并 过程。

24. 当气层的温度垂直递减率大于 干绝热 减率时，该气层为绝对不稳定。

25. 大气能量的基本形式有内能、势能、动能、潜热能 四种。

26. 反气旋是指在同一等压面上，具有闭合等高线，且中心高度 高于 周围的大型涡旋。

27. 大气消光的原因包括空气分子、气溶胶粒子和云雾粒子的_折射_和散射。

28. 目前一般把 pH 值小于_5.6_的降水都称为酸雨。

29. 水汽与湿空气的质量比定义为_比湿_。

30. 气流过山以后，形成的干而暖的地方性风，称为_焚风_。

31. 大气按其成分随高度变化分层，分为_均匀层_、_非均匀层_。

32. 大气按电离特性分层，分为_电离层_、_非电离层_。

33. 大气按热力结构分层，分为_对流层_、_平流层_、_中间层_、_热层、逸散层_。

34. 等温大气的压强和密度随高度增加而指数下降。当高度趋于无穷大时，气压和密度_无限趋近于0_但_不等于0_，说明等压大气_没有上界_。

35. 当温度升高时，各波段放射的能量均_加大_，积分辐射能力也随着_迅速加大_，且能量集中的波段向_短波_方向移动。

36. 假相当位温实际上是饱和气块上升过程中，水汽全部_凝结_释放的_潜热_加热空气后达到的_位温_。

37. 处于静止状态的大气中，一些空气团块受到_动力因子_和_热力因子_的扰动，就会产生向上和向下的垂直运动。这种偏离其平衡位置的垂直运动能否继续发展，是由_大气层结_即大气温度和湿度的垂直分布所决定的。

38. 稳定层结下的气块受扰动而做垂直位移时将围绕平衡位置震荡，产生所谓的_重力内波_。最容易观测到的是过山气流在山脉_背风面_形成的波动。

39. 大气边界层是一个多层结构，根据湍流摩擦力、气压梯度力和柯氏力对不同高度层空气运动的贡献，一般可以分为三层：_黏性副层_、_近地面层_、_埃克曼层_。

监测预警技术

一、单项选择题

1. 雷达零等速线呈“S”形，表示实际风向随高度（ A ）。

A. 顺时针旋转　　B. 逆时针旋转　　C. 无变化　　D. 变化不定

2. 利用新一代天气雷达，简单有效地判断是否有大冰雹时，应着重分析（ C ）。

A. 回波形状

B. 回波强度

C. 强回波（45～55 dBz 或更强）区相对于 0 ℃和－20 ℃等温线高度的位置

D. 径向速度图上有无明显辐合线

3. 下列因子中哪个不是有利于强冰雹产生的环境因素？（ B ）

A. CAPE 值较大　　B. 对流层中层相对湿度大

C. 0 ℃层高度不宜太高　　D. 环境垂直风切变较大

4. 下列对于三体散射的描述不正确的是（ D ）。

A. 三体散射长钉可能会与回波主体相连

B. 三体散射长钉可能会与回波主体分离

C. 三体散射的谱宽通常远高于降水回波谱宽

D. 三体散射的谱宽通常远低于降水回波谱宽

5. 在 PPI 上，典型的超级单体几乎都有（ D ）。

A. 强对流回波　　B. 指状回波　　C.“V”形缺口　　D. 钩状回波

6. ** 梅雨锋暴雨回波中，在 RHI 上，强回波位于 0 ℃等温线的（ C ）。

A. 上下两部分均有　　B. 上部　　C. 下部　　D. 大部分在下部

7. ** 下列反射率因子特征中，哪个不是强上升气流的指示？（ C ）

A. 低层强反射率因子梯度　　B. 中低层弱回波区

C. 反射率因子超过 40 dBz　　D. 中高层回波悬垂

8. 下列特征中哪个不是强冰雹的雷达回波特征？（ C ）

A. 0 dBz 回波扩展到－20 ℃等温线以上高度

B. 风暴顶强烈辐散

C. 低层辐散

D. 存在弱回波区和有界弱回波

9. CR 产品最有用的方面是不用对每个仰角进行寻找就可显示风暴中最高的（ D ）。

A. 径向速度　　B. 上升速度　　C. 反射率　　D. 反射率因子

10. ** 下列特征中哪个不是雷暴大风的雷达回波特征？（ D ）

A. 反射率因子核心不断下降　　B. 中层径向辐合 MARC

C. 低层强烈辐散　　D. 低层强烈辐合

11. 一般认为,云内 0 ℃层的高度在(A)上下时易出现冰雹。

A. 600 hPa　　B. 700 hPa　　C. 500 hPa　　D. 400 hPa

12. ** 下列条件中哪一个不是对流性暴雨的有利条件?(D)

A. 大的降水率　　B. 缓慢的回波移动速度

C. 高的降水效率　　D. 高悬的强回波

13. 体扫模式 VCP11 属于降水模态,主要在强对流情况下采用,该扫描方式在(　　)分钟时间内完成(　　)个仰角的扫描。(C)

A. 3,10　　B. 4,12　　C. 5,14　　D. 6,16

14. 层状云降水回波不具有以下哪个特征?(D)

A. 结构均匀　　B. 强度不超过 35 dBz

C. 明显的 0 ℃层亮带　　D. 三体散射长钉

15. ** 下列陈述中哪一个是错误的?(C)

A. 随着离开雷达距离的增加,雷达的探测能力逐渐降低

B. 随着离开雷达距离的增加,雷达波束逐渐展宽

C. 雷达能够较精确地估计产生回波的目标物高度

D. 多普勒雷达可以通过位相差判断目标物相对雷达的移动情况

16. ** 强度不变的同一积雨云从雷达站的 315°方向 200 km 处向东南方向移动,在雷达上看起来积雨云回波的强度越来越强,这是因为(D)。

A. 积雨云高度越来越高　　B. 积雨云尺度越来越大

C. 大气的衰减越来越小　　D. 距离衰减越来越小

17. 更容易发现较弱气象目标的天气雷达波段是(B)。

A. 10 cm　　B. 5 cm　　C. 3 cm　　D. 都一样

18. 组合反射率因子表示的是在一个体积扫描中,将常定仰角方位扫描中发现的(A)投影到笛卡尔格点上的产品。

A. 最大反射率因子　　B. 平均反射率

C. 最小反射率因子　　D. 平均径向速度

19. ** 在给定湿度、不稳定性及抬升的深厚湿对流中,(A)对对流性风暴组织和特征的影响最大。

A. 垂直风切变　　B. CAPE 值　　C. 最大垂直速度　　D. 风暴移动速度

20. 多普勒天气雷达与常规天气雷达的主要区别在于(C)。

A. 前者是数字信号

B. 前者可以测雨

C. 前者可以测量目标物沿雷达径向的速度

D. 前者是模拟信号

21. CR 产品最有用的方面是不用对每个仰角进行寻找就可显示风暴中最高的(D)。

A. 径向速度　　B. 上升速度　　C. 反射率　　D. 反射率因子

22. ** 发现雷达图上有弓形回波移近本地时,应该发布什么预警?(A)

A. 雷雨大风　　B. 暴雨　　C. 大风　　D. 冰雹

23. ** 冰雹云内 0 ℃层高度要适当,不太高也不要太低,一般认为(B)上下较为适宜。

A. 700 hPa(3 km)　　B. 600 hPa(4 km)

C. 400 hPa(7 km)　　D. 500 hPa(5 km)

24. 风暴跟踪信息 STI 最长外推预报时效为（ D ）。

A. 15 分钟　B. 30 分钟　C. 45 分钟　D. 60 分钟

25. ** 层状云降水回波的强度很少超过（ C ）。

A. 25 dBz　B. 15 dBz　C. 35 dBz　D. 45 dBz

26. ** 下沉气流在地面附近辐散，形成飑线低层前沿的（ C ）。

A. 干线　B. 锢囚锋　C. 阵风锋　D. 高位温线

27. 在 T-ln$p$ 图中，在抬升凝结高度以上，状态曲线和层结曲线的第一个交点叫（ B ）。

A. 抬升凝结高度　B. 自由对流高度　C. 对流下限　D. 对流上限

28. "十雾九晴"或"雾兆晴天"主要指的是（ C ）。

A. 平流雾　B. 蒸发雾　C. 辐射雾　D. 辐射平流雾

29. 回波顶定义为高反射率核上空（ D ）回波的高度。

A. 0 dBz　B. 10 dBz　C. 30 dBz　D. 18.3 dBz

30. ** 在重要天气报中，"915dd"组编发的是（ C ）。

A. 大风　B. 大风风速　C. 大风风向　D. 能见度

31. ** 国家标准《降水量等级》(GB/T 28592－2012)中，将降雪分为 7 个等级，其中中雪的标准为（ C ）。

A. 5.0～14.9 mm　B. 5.0～10.0 mm　C. 2.5～4.9 mm　D. 1.0～2.9 mm

32. 日常业务工作中，通常把 850 百帕或 700 百帕等压面上，风速≥（ B ）m/s 的称为低空急流。

A. 17　B. 12

C. 西南风极大风速带　D. 极大风速带

33. 当风力等级为 8 级时，对应于空旷平地标准高度(10 m)处的风速范围应为（ B ）。

A. 10.8～13.8 m/s　B. 17.2～20.7 m/s

C. 13.9～17.1 m/s　D. 20.8～24.6 m/s

34. ** 根据《冷空气等级》(GB/T 20484－2017)，冷空气等级分为（ B ）个等级。

A. 3　B. 4　C. 5　D. 6

35. ** 在重要天气报中，"939nn"组报为"93905"表示冰雹直径为（ B ）。

A. 0.5 mm　B. 5 mm　C. 5 cm　D. 5 dm

36. ** 使某地的日最低气温 48 小时内降温幅度大于或等于（　　）℃，且最低气温下降到（　　）℃或以下的冷空气称为寒潮。（ D ）

A. 8,4　B. 8,8　C. 10,8　D. 10,4

37. ** 大雾橙色预警信号发布标准是：未来 6 小时内出现能见度小于（ C ）的浓雾。

A. 1000 m　B. 500 m　C. 200 m　D. 50 m

38. 暴雨橙色预警信号是指（ A ）降水量将达 50 mm 以上，或已达 50 mm 以上且降雨可能持续。

A. 3 小时　B. 6 小时　C. 12 小时　D. 24 小时

39. "2 小时内发生雷电活动的可能性非常大，或者已经有强烈的雷电活动发生，且可能持续，雷电灾害事故发生的可能性非常大。"这段文字是对雷电（ D ）预警信号含义的正确描述。

A. 蓝色　B. 黄色　C. 橙色　D. 红色

40. 当同时出现或者预报可能出现多种气象灾害时，可以按照相对应的标准（ C ）发布多种预警信号。

A. 先后　　B. 分别　　C. 同时

41. 按照我国现有业务规定，高温灾害标准是指某站日最高气温达到 37 ℃或以上的气温值，分为两个级别（ D ）。

A. 37 ℃或以上和 38 ℃或以上　　B. 37 ℃和 40 ℃

C. 36 ℃或以上和 39 ℃或以上　　D. 37 ℃或以上和 40 ℃或以上

42. ** 蒲福风力等级中 5 级风的平均风速是（ B ）m/s。

A. 13.0～15.0　　B. 8.0～10.7　　C. 9.0～12.1　　D. 5.6～7.9

43. ** 按照我国冷空气等级国家标准规定，强冷空气是指：使某地的（　　）降温幅度大于或等于（　　），而且使该地日最低气温下降到（　　）或以下的冷空气。（ B ）

A. 日平均气温 48 小时内，10 ℃，8 ℃

B. 日最低气温 48 小时内，8 ℃，8 ℃

C. 日平均气温 24 小时内，10 ℃，8 ℃

D. 日最低气温 24 小时内，8 ℃，8 ℃

44. 暴雨红色预警信号标准是：（ C ）。

A. 3 小时内降雨量将达 50 mm 以上，或者已达 50 mm 以上且降雨可能持续

B. 6 小时内降雨量将达 50 mm 以上，或者已达 50 mm 以上且降雨可能持续

C. 3 小时内降雨量将达 100 mm 以上，或者已达 100 mm 以上且降雨可能持续

D. 6 小时内降雨量将达 100 mm 以上，或者已达 100 mm 以上且降雨可能持续

45. ** 根据《热带气旋等级》(GB/T 19201－2006)，热带气旋分为热带低压、热带风暴、强热带风暴、台风、强台风和超强台风六个等级。热带气旋底层中心附近最大平均风速达到（ C ）时为台风。

A. 17.2～24.4 m/s　　B. 41.5～50.9 m/s

C. 32.7～41.4 m/s　　D. 24.5～32.6 m/s

46. 根据《气象灾害预警信号发布与传播办法》，24 小时内最低气温将要下降 12 ℃以上，最低气温小于等于 0 ℃，陆地平均风力可达 6 级以上；或者已经下降 12 ℃以上，最低气温小于等于 0 ℃，平均风力达 6 级以上，并可能持续。这是寒潮预警信号的哪级标准？（ C ）

A. 寒潮蓝色预警信号　　B. 寒潮黄色预警信号

C. 寒潮橙色预警信号　　D. 寒潮红色预警信号

47. 冰雹预警信号分（　　）级，分别以（　　）表示。（ D ）

A. 三级，黄色、橙色、红色　　B. 四级，蓝色、黄色、橙色、红色

C. 三级，蓝色、黄色、橙色　　D. 二级，橙色、红色

48. 预警信号与级别依据气象灾害造成的危害程度、紧急程度的发展和发展态势一般依次用（ A ）表示。

A. 蓝、黄、橙、红　　B. 橙、蓝、黄、红

C. 蓝、橙、黄、红　　D. 橙、蓝、黄、红

49. 按照我国现有业务规定，临近预报是指未来（ D ）小时天气参量的描述。

A. 0～12　　B. 0～6　　C. 0～3　　D. 0～2

50. 单位时间内降落在地面上单位面积的总降水量，称为降水强度。某地 6 小时累计降水 30 mm，对应此地降水强度为（ D ）。

A. 30 mm　　B. 5 mm　　C. 30 mm/小时　　D. 5 mm/小时

51. 气象灾情的收集、报告要主动、准确、迅速，可根据灾情的收集情况分批上报，做到灾情发生后 2 小时内初报，(B)小时内上报重要灾情，24 小时内上报调查后的灾情。

A. 4　　B. 6　　C. 8　　D. 12

52. “6 小时内将发生雷电活动，可能会造成雷电灾害事故”，这段文字是对雷电(B)预警信号含义的正确描述。

A. 蓝色　　B. 黄色　　C. 橙色　　D. 红色

53. 雾和霾最大的区别是(B)。

A. 雾是大气的气溶胶系统，霾不是

B. 雾出现时空气湿度接近饱和，霾出现时空气较为干燥

C. 雾会出现视程障碍，霾引起污染

D. 雾较霾的能见度大

54. ** 国际标准中规定：热带气旋中心附近最大平均风力达到(C)，就称为强热带风暴。

A. 6～7 级　　B. 8～9 级

C. 10～11 级　　D. 12 级或 12 级以上

55. 可见光云图测量的是(C)。

A. 地球辐射(包括大气辐射)　　B. 吸收的太阳辐射

C. 反射的太阳光　　D. 其他

56. 暗影能够出现在(B)。

A. 红外云图　　B. 可见光云图　　C. 水汽云图　　D. 以上均可

57. 静止卫星观测范围约为(C)地球表面 。

A. 全部　　B. 四分之一　　C. 二分之一　　D. 三分之一

58. ** 强雷暴云团的云型特征是(B)。

A. 具有气旋性弯曲的云区边界

B. 具有向外凸起的弧状边界

C. 具有多起状的上冲云顶(或称为穿透性云顶)

D. 光滑的云顶

59. ** 可见光云图上，水体表现为(D)色。

A. 灰色　　B. 白色　　C. 深灰色　　D. 深黑色

60. ** 高空急流云系在卫星图像上表现为(A)。

A. 反气旋性弯曲的带状云型　　B. 气旋性弯曲的带状云型

C. 螺旋状云型　　D. 盾状云型

61. ** 通常根据云或云区的哪六个基本特征来识别云图？(B)

A. 云型、云顶温度、云区大小、云顶反照率、云系类别、对流或非对流性质

B. 形式、范围大小、边界形状、色调、暗影、纹理

C. 种类、亮度、云区范围、形状、尺度、演变

D. 形式、尺度、边界、色调、纹理、厚度

62. ** 红外云图上，物像的色调取决于(A)。

A. 表面温度　　B. 反照率和太阳高度角

C. 云的厚度　　D. 水汽含量

63. ** 可见光云图的色调取决于物体的(A)。

A. 反照率　B. 表面温度　C. 水汽含量　D. 云顶高度

64. ** 如果在可见光云图上呈灰色,红外云图上呈灰色,这个目标物可能是(B)。

A. 卷云　B. 青藏高原　C. 夏季沙漠

D. 冷水面　E. 暖水面

65. ** 如果在可见光云图上呈灰色,红外云图上呈白色,这个目标物可能是(A)。

A. 卷云　B. 积雨云　C. 低云　D. 积云浓积云

66. ** 如果在可见光云图上呈灰色,红外云图上呈黑色,这个目标物可能是(C)。

A. 卷云　B. 青藏高原　C. 夏季沙漠

D. 冷水面　E. 暖水面

67. ** 如果在可见光云图上呈白色,红外云图上呈白色,这个目标物可能是(B)。

A. 卷云　B. 积雨云　C. 低云　D. 积云浓积云

68. * 急流卷云的左界(B)。

A. 粗糙　B. 光滑　C. 呈反气旋性弯曲　D. 呈气旋性弯曲

69. ** 云图上常见的云型和云系有(A)。

A. 带状、涡旋状、细胞状、逗点状、斜压叶状云型和云线、云团

B. 积状云、涡旋状云、层状云、准圆形云、卷状云、带状云

C. 锋面云带、气旋云系、盾状云系、云团、逗点状云、云线

D. 锋面云带、急流云型、台风漩涡、细胞状云、逗点状云、云团

70. * 下列哪一个是暴雨云团的正确特征?(D)

A. 暴雨云团的色调差异大、发展速度较雹暴云团快、持续时间短

B. 暴雨云团的色调差异小、发展速度较雹暴云团快、持续时间短

C. 暴雨云团的色调差异大、发展速度较雹暴云团慢、持续时间长

D. 暴雨云团的色调差异小、发展速度较雹暴云团慢、持续时间长

71. 水汽图像上,色调越白表示大气(C)。

A. 反照率越大　B. 温度越高　C. 水汽含量越多　D. 温度越低

72. ** 雷暴云团的外形特征是(A)。

A. 雷暴云团上风边界光滑,下风方为羽毛状卷云,边界模糊

B. 云团形状为椭圆形,呈絮状,边界模糊

C. 边界模糊,形状不规则

D. 圆形,边界整齐

73. 水汽图像中的水汽,反映的是(D)的水汽分布。

A. 对流层顶部　B. 对流层中部　C. 对流层　D. 对流层中上层

74. 在可见光图上,物象的色调取决于其(　　)和太阳高度角;红外云图上物象的色调取决于其(　　)。(C)

A. 温度,反照率　B. 水汽含量,反照率

C. 反照率,温度　D. 水汽含量,温度

二、多项选择题

1. * 下列各项中可作为判断强降雹潜势的指标有(ABD)。

A. 回波强度最大值　B. 有界弱回波区 BWER 大小

C. 强回波区 WER 大小　D. 垂直累积液态水含量 VIL 的大值区

2. 对流系统的移动取决于(AB)。

A. 系统的传播　　B. 环境引导气流　　C. 长波系统

3. * 下列哪些因素有利于雷暴消散？(BDE)

A. 边界层辐合线与雷暴相遇　　B. 雷暴逐渐远离其出流边界

C. 雷暴与另一个雷暴相遇　　D. 雷暴进入一个稳定区

F. 白天雷暴由陆地移动到很大的湖面上

4. ** 异常回波三体散射(TBSS)是强冰雹的典型特征，主要是指(ABCDF)。

A. 谱宽很大　　B. 强度≤20 dBz

C. 呈类似细长的钉子状(“spike”)　　D. 从强回波区沿径向伸展

E. 从强回波区沿上升气流区伸展　　F. 径向速度很小

5. * 从下列导出产品中选出对强对流天气临近预报预警最有用的 5 个产品。(ABCDE)

A. 组合反射率因子 CR　　B. 风暴路径信息 STI

C. 冰雹指数 HI　　D. 垂直累积液态水含量 VIL

E. 中气旋 M　　F. 回波顶 ET

6. * 下列哪些因素有利于短时暴雨的产生？(ACDF)

A. 雷达回波在某处停滞不动　　B. 低层反射率因子较小

C. 低空急流较强　　D. 风暴顶强辐散

E. 环境垂直风切变较大　　F. 列车效应(强回波反复经过同一地点)

7. * 经典超级单体风暴反射率因子回波的主要特征是(ACD)。

A. 低层的钩状回波　　B. 中气旋

C. 中高层的悬垂回波　　D. 中层的弱回波区

8. * 以下关于 dBz 描述正确的是(BD)。

A. dBz 值越大，降水也越大

B. dBz 是反射率因子的对数表示

C. dBz 是回波实际功率与最小可测功率比值的对数表示

D. dBz 和 z 的换算关系是：dBz＝10 lg(z)

9. * 常见的虚假回波有哪些？(ABCDE)

A. 地物回波　　B. 圆点状晴空回波

C. 飞机、飞鸟、昆虫回波　　D. 旁瓣回波

E. 超折射回波

10. * 以下关于回波顶高(ET)描述正确的有(ABCD)。

A. 把强度大于等于 18.3 dBz 的回波所在高度定义为回波顶高

B. 雷达旁瓣回波可能导致过高估计回波顶高

C. 雷达近距离处，由于仰角限制，可能导致低估回波顶高

D. 产品经常出现阶梯式形状回波

11. * Ⅰ、Ⅱ、Ⅲ、Ⅳ 四站同时观测，记录为Ⅰ龙卷；Ⅱ雷雨；Ⅲ 冰雹；Ⅳ小阵雨。按照各测站积雨云顶高度和强度排序，正确的是(ABD)。

A. Ⅰ＞Ⅲ　　B. Ⅱ＞Ⅳ　　C. Ⅱ＞Ⅲ　　D. Ⅲ＞Ⅱ

12. * 大冰雹形成并降落在中气旋周围的(BC)的强回波区中。

A. 上升气流区附近　　B. 钩状回波附近

C. 弱回波区附近　　D. 下沉气流区附近

13. * 常见的对流性天气的触发机制包括(ABC)。

A. 天气系统造成的系统性上升　　B. 地形的抬升

C. 局地热力抬升　　D. 重力波

14. * 下列哪些因素有利于雷暴大风的产生？（ AC ）

A. 对流层中上层相对较干的气层　　B. 0 ℃层高度很高

C. 中低对流层环境温度直减率较大　　D. 低层大气相对湿度很大

15. 多普勒天气雷达可以得到哪些基本信息？（ ACD ）

A. 雷达反射率因子（散射强度的函数或回波强度）

B. 散射体在垂直方向上的速度分量

C. 谱宽（由取样体积内的扰动及其速度切变而引起的多普勒速度变率函数）

D. 在雷达取样体积内的平均多普勒速度

16. * 雾的等级分为哪几类？（ ABCDE ）

A. 大雾　　B. 轻雾　　C. 浓雾

D. 强浓雾　　E. 特强浓雾

17. * 干旱预警信号分为哪几类？（ CD ）

A. 蓝色　　B. 黄色　　C. 橙色　　D. 红色

18. 以下哪些多普勒雷达的局限性使其探测能力下降或受限？（ ABCD ）

A. 波束中心的高度随距离增加　　B. 波束中心的宽度随距离增加

C. 距离折叠　　D. 静锥区的存在

19. 有利于强雷暴发生的条件是（ ABCD ）。

A. 近地面逆温层　　B. 前倾槽

C. 低层辐合和高层辐散　　D. 大的风垂直切变

20. * 多普勒雷达的径向速度产品中速度场上“零速度”的含义是（ AB ）。

A. 实际风为零　　B. 实际风与雷达波束垂直

C. 实际风与雷达波束平行　　D. 实际风与距离圈垂直

21. * 强垂直风切变的作用有（ ABCD ）。

A. 能够产生强的风暴相对气流，使得降水远离风暴入流区或上升区

B. 能够产生与阵风锋相匹配的风暴运动，从而使得暖湿空气不断地输送到发展中的上升气流中

C. 延长上升气流和下沉气流共存的时间，使新单体在旧单体有利一侧规则地生成

D. 增强中层干冷空气的吸入，加强风暴中的下沉气流和低层冷空气外流，再通过强迫抬升加强暖湿气流的上升

22. * 下列关于稳定度指标的说法正确的是（ ABD ）。

A. $\Delta T=T_{500}-T_{850}$，表示两等压面间的气层不稳定度，负值越大，表示气层越不稳定

B. $SI=T_{500}-T_s$，$SI<0$，表示气层不稳定

C. $\Delta H=H-20-H_0$，用两个等温面间的厚度来表示这一层的稳定度，ΔH 越大，表示气层越不稳定

D. LI 为正时，其值越大，正的不稳定能量面积也愈大，爆发对流的可能性愈大（LI 为抬升指标）

23. 与传统天气雷达不同，新一代天气雷达的平均径向速度产品可以用来探测（ ABCD ）。

A. 切变区　　B. 辐合

C. 辐散　　D. 与局地强风暴相关的中气旋

24. * 多普勒雷达产品中，垂直累积液态水含量(VIL)的优点包括(ABCD)。

A. 根据 VIL 大值区，能确定大多数强风暴的位置

B. 可用于辨别带有大冰雹的风暴

C. 持续高的 VIL 值，可能与超级单体风暴有关

D. 快速降低的 VIL 值也许意味着破坏性大风的开始

25. * 当雷暴高压移过测站时，该站将发生(ABCD)等气象要素的显著变化。

A. 气温下降　　B. 气压涌升

C. 相对湿度上升　　D. 露点或绝对湿度下降

26. 由于地球曲率、充塞系数等原因，天气雷达尽可能使用(AB)资料。

A. 低仰角　　B. 近距离　　C. 高仰角　　D. 远距离

27. 从雷达回波中提取的反映降水系统状态的三个基本量是(ABC)。

A. 反射率因子　　B. 平均径向速度　　C. 径向速度谱宽

D. 回波顶高度　　E. 垂直液态含水量

28. * 地物杂波主要有(BC)类型。

A. 间歇性杂波　　B. 固定地物杂波　　C. 超折射　　D. 奇异杂波

29. "零度层亮带"是(AB)降水均可出现的一个特征。

A. 层状云　　B. 积云层状云　　C. 积雨云　　D. 积云

30. * 判断大冰雹的有效指标是(ABCD)。

A. ≥45 dBz 的反射率因子高度扩展到－20 ℃等温线高度以上

B. 具有宽大的 WER 或 BWER 的回波特征

C. 风暴顶辐散

D. 大 VIL 值

E. 高的融化层高度

31. * 多普勒天气雷达在监测(ACD)等以风害为主的强对流天气中有独到之处。

A. 龙卷　　B. 冰雹　　C. 下击暴流　　D. 雷雨大风

32. * 径向速度谱宽可提供由于(ACD)引起的平均径向速度变化的观测。

A. 风切变　　B. 辐合辐散　　C. 湍流　　D. 速度样本质量

33. 下面哪些回波特征为积状云降水回波的特征？(BD)

A. PPI 上回波范围较大，呈均匀片状结构

B. RHI 上回波呈柱状，回波顶在 10 km 以上

C. 回波稳定、移动缓慢

D. 回波边缘清晰，中心强度大于 40 dBz

34. * 强雷暴的发生、发展是需要一定条件的。下列有利于强雷暴发生、发展的因子是(ABC)。

A. 高、低空急流　　B. 逆温层

C. 低层辐合、高层辐散　　D. 后倾槽

35. * 暴雨天气形成的主要条件是(ABC)。

A. 充分的水汽供应　　B. 强烈的上升运动

C. 降水持续较长时间　　D. 持续的冷空气补充

36. 以下哪些属于强对流天气？(ABCD)

A. 直径超过 2 cm 的冰雹　　B. 超过八级的雷暴大风
C. 龙卷　　D. 短时强降水

37. * 下列条件中有利于对流性天气产生的有（ ABC ）。
A. 高层干平流与低层湿平流相重叠的区域
B. 当冷锋越山时，山后低层为暖空气控制
C. 高层冷中心与低层暖中心重叠的区域
D. 高层暖平流与低层冷平流重叠的区域

38. * 新一代天气雷达基数据的质量主要受以下哪些因素影响？（ ABD ）
A. 地物杂波　　B. 距离折叠　　C. 距离衰减　　D. 速度模糊

39. * 以下预警信号发布正确的是（ BDE ）。
A. 发布红色霜冻预警信号　　B. 发布黄色大雾预警信号
C. 发布蓝色沙尘暴预警信号　　D. 发布蓝色大风预警信号
E. 发布橙色森林火险预警信号

40. * 辐射雾形成的必要条件有（ ACD ）。
A. 近地层湿度大　　B. 昼夜温差较大
C. 没有明显的水平或垂直交换　　D. 有足够的辐射冷却时间

41. * 同时出现或者预报可能同时出现多种气象灾害时，可以（ BC ）。
A. 按照最严重的一种灾害发布预警信号
B. 按照对应的标准同时发布多种预警信号
C. 挂一种预警信号的标志，但提示语中可包括多种气象灾害
D. 按固定时间间隔依次发布各种气象灾害的预警信号

42. 以下哪些属于地面固态降水类型？（ ABD ）
A. 冰雹　　B. 霰　　C. 冰晶　　D. 雪

43. 沙尘天气分为（ ABCD ）。
A. 浮尘　　B. 扬沙　　C. 沙尘暴　　D. 强沙尘暴

44. * 下列预警信号级别正确的是（ CDE ）。
A. 大风（除台风外）预警信号分三级，分别以黄色、橙色、红色表示
B. 高温预警信号分四级，分别以蓝色、黄色、橙色、红色表示
C. 冰雹预警信号分二级，分别以橙色、红色表示
D. 大雾预警信号分三级，分别以黄色、橙色、红色表示
E. 雷电预警信号分三级，分别以黄色、橙色、红色表示
F. 干旱预警信号分二级，分别以黄色、橙色表示

45. 灾害性天气警报的内容要明确灾害性天气的（ ABCD ）等。
A. 种类　　B. 强度　　C. 影响区域　　D. 影响时间

46. * 预警信号的级别依据气象灾害可能造成的（ ABD ），一般划分为四级：Ⅳ级（一般）、Ⅲ级（较重）、Ⅱ级（严重）、Ⅰ级（特别严重），依次用蓝色、黄色、橙色、红色表示，同时以中英文标识。
A. 危害程度　　B. 紧急程度
C. 灾害种类　　D. 发展态势

47. * 关于《气象灾害预警信号发布业务规定》中的内容，下列描述正确的是（ BCD ）。
A. 橙色、黄色、蓝色预警信号由气象台台长或者其授权人员签发，红色预警信号由分管

局领导或者其授权人员签发

B. 气象灾害预警信号发布后，若灾害状况维持同一预警标准并且长时间持续，每天只需确认一次预警信号，不需连续多次发布预警信号

C. 发布(含变更)和解除预警信号后，应在 15 分钟内通过灾情直报系统上传中国气象局，供全国共享

D. 同时出现或者预报可能出现多种气象灾害时，可以按照相对应的标准同时发布多种预警信号

48. * 霜冻预警信号分为几级？(BD)

A. 四级　　B. 三级

C. 蓝色、黄色、橙色、红色　　D. 蓝色、黄色、橙色

49. * 下列哪些是寒潮的标准？(AC)

A. 最低气温 24 小时内下降 8 ℃以上，且最低气温下降到 4 ℃以下

B. 最低气温 48 小时内下降 8 ℃以上，且最低气温下降到 4 ℃以下

C. 最低气温 48 小时内下降 10 ℃以上，且最低气温下降到 4 ℃以下

D. 最低气温 72 小时内下降 10 ℃以上，且最低气温下降到 4 ℃以下

50. * 下述预警信号标准正确的有哪些？(ACD)

A. 暴雨橙色预警信号是指 3 小时降水量将达 50 mm 以上，或已达 50 mm 以上降雨并可能持续

B. 冰雹红色预警是指 3 小时内出现冰雹可能性极大，并可能造成重雹灾

C. 雷电橙色预警信号是指 2 小时内发生雷电活动的可能性很大，或者已经受雷电活动影响，且可能持续，出现雷电灾害事故的可能性比较大

D. 道路结冰黄色预警信号是指当地面温度低于 0 ℃，出现降水，12 小时内可能出现对交通有影响的道路结冰

51. * 中尺度强对流天气系统(雷暴、雷暴大风、冰雹和下击暴流)的卫星云图特征有哪些？(ABCD)

A. 具有团状或弧状、带状云型的中尺度强对流云团

B. 上风方向边界光滑，下风方为伸出的卷云羽

C. 可见光图像上有冲云顶，在红外云图上云顶的亮温梯度极不均匀

D. 有清楚的外流边界，即弧状云线

52. * 下列描述正确的是(ABD)。

A. 水汽图像中的暗区和灰白区，分别代表着对流层中上部的干暖和湿冷区

B. 作为一种分析工具，卫星图像对追踪常规资料稀少的高原、沙漠、海洋等处的各种不同尺度天气系统特征尤为重要

C. 红外云图中云区越白亮，代表着水汽含量越高、反照率越高

D. 通常把通过大气而较少被反射、吸收或散射的电磁辐射波段称为大气窗口

53. 下列表述正确的有(ABCD)。

A. 热带辐合带(ITCZ)在云图上表现为一条东西走向的云带，其上有强烈的积雨云活动

B. 季风槽由西南季风和偏东信风汇合而成；信风槽由东北信风和东南信风汇合而成

C. 热带云团根据发生发展的大尺度流场，可分为信风云团、季风云团、“玉米花云团”

D. 下击暴流是在地面引起灾害性风的向外暴流的局地强下沉气流

54. 按卫星飞行的轨道分，卫星图像有(AE)两种。

A. 静止卫星云图　B. 红外云图　C. 水汽图
D. 可见光云图　E. 极轨卫星云图

55. * 层云和雾区在可见光图像上表现为（ BC ）。
A. 多起伏的纹理　B. 光滑的纹理
C. 有清晰的边界　D. 有模糊不清羽状边界

56. * 强雷暴云团的云型特征是（ BC ）。
A. 具有气旋性弯曲的云区边界
B. 具有向外凸起的弧状边界
C. 具有多起状的上冲云顶(或称为穿透性云顶)
D. 光滑的云顶

57. * 通常根据云或云区哪些基本特征来分析云图？（ BE ）
A. 云型、云顶温度、云区大小
B. 形式、范围大小、边界形状
C. 云顶反照率、云系类别、对流或非对流性质
D. 种类、亮度、云区范围
E. 色调、暗影、纹理

58. * 下面关于卫星云图的解释正确的是（ AC ）。
A. 可见光云图的色调反映的是地表面和云反射短波辐射的强弱
B. 红外云图的色调反映的是地表面和云反射短波辐射的强弱
C. IR 图像上，物像表面的温度越低色调越白
D. VIS 图像上，在厚度和太阳高度角相同的情况下，水滴云比冰晶云更白

59. * 中云与雾在可见光云图上的表现是（ BC ）。
A. 都呈块状的白色　B. 中云的范围大，雾的尺度要小
C. 都呈片状的白色　D. 中云与雾有羽状边界

60. ** 水汽云图特点描述正确的是（ ABCD ）。
A. 积雨云和卷云清楚，特征和红外云图类似
B. 难以见到地面和低云，其发射的辐射全被水汽吸收
C. 水汽范围比红外云图上宽广，云区连续完整
D. 色调浅白的地区是对流层上部的湿区，与上升运动对应；暗区为干区，与下沉运动对应

61. * 在可见光图像上，高反照率的云具有的特点是（ BCD ）。
A. 云的发展高度高　B. 云的厚度大
C. 云滴的平均尺度小　D. 云水(冰)含量高

62. * 以下说法正确的是（ AB ）。
A. 由卫星云图确定地面冷锋的位置可以依据云的边界和云系的稠密状况来实现，一般而言，风的切变越明显，云的边界越光滑
B. 在山谷地区，白天加热和特殊地形，特别有利于对流云的发展
C. MCC 常出现于低空偏南气流最大值的前部和强冷平流形成的辐合区内
D. 如果卫星看到的云很白，说明云很厚，在地面观测时这块云就很亮

63. * 以下描述可见光云图特征正确的是（ ACD ）。
A. 反照率对色调的影响，在一定的太阳高度角下，反照率越大色调越白，反照率越小，色调越暗

B. 水面反照率最大,厚的积雨云最小

C. 积雪与云的反照率相近,仅从可见光云图上色调难以区分

D. 薄卷云与晴天积云,对沙地的反照率相接近,难以区分

64. *下面关于积云对流的叙述中,正确的说法是(ACD)。

A. 有风的垂直切变时,积云对流不易发展,但当积云发展到某种程度时,有风的垂直切变反而对流维持

B. 有组织的积雨云中,在对流层中风流入的一侧产生新的对流单体

C. 单一的积雨云中,大致沿着对流层中层风的方向移动

D. 在发展的积雨云中存在着强的下沉气流,其原因为下降的云滴拖拽空气下沉和雨滴的蒸发使空气冷却

65. 下列哪几类云图中不可能出现暗影?(ACD)。

A. 水汽云图　B. 可见光云图　C. 红外云图　D. 短波红外云

66. *下列关于红外云图的说法哪些是正确的?(ABCD)

A. 红外图像表示辐射面的温度

B. 在黑白图像中,暗色调代表暖区,亮色调代表冷区

C. 云顶温度随高度递减,在红外图像中,不同高度上的云之间存在鲜明的对照

D. 在红外图像上卷云清晰可见,尤其是当它位于比它暖得多的地面之上时,可提供有关云纹理结构的信息

67. *下列关于积雨云的说法正确的是(ABD)。

A. 在可见光图像上和红外图像上,积雨云色调都是最白最亮的

B. 积雨云顶比较光滑,只有当出现穿透性强对流云时,才在可见光图像上显示不均匀的纹理

C. 在红外图像上,积雨云常具有暗影,特别是积雨云顶很高、太阳高度角较低、下表面色调较浅时,暗影更加显著

D. 高空风速垂直切变很大时,积雨云的上风一侧边界光滑整齐,下风一侧出现羽状卷云砧;当高空风很小,风的垂直切变较小时积雨云表现为一个近乎圆形的云团

68. *下列关于层状云在可见光云图上的特征说法正确的是(AD)。

A. 表现为一片光滑均匀的云区　B. 尺度范围比较小

C. 色调亮白且不均一　D. 边界光滑整齐清楚

69. *下列关于云的色调和暗影说法正确的是(ABC)。

A. 色调为亮度和灰度　B. 暗影为可见光的暗影

C. 纹理表示云的起伏和云的结构　D. 色调为灰度

70. 卫星资料的应用包括(ABCD)。

A. 在天气分析和预报中的应用　B. 在数值天气预报中的应用

C. 在生态环境监测中的应用　D. 在自然灾害监测中的应用

三、填空题

1. *C 波段天气雷达是 5 cm 波长的雷达。

2. *气象目标对雷达电磁波的 散射 是雷达探测的基础。

3. *速度场零等值线的走向不仅表示风向随高度的变化,同时表示雷达有效探测范围内的 冷暖平流 。

4. *在强回波离雷达较近时,有可能产生虚假的 旁瓣回波 。

5. * 降水粒子的后向散射截面面积随粒子尺度增大而<u>增大</u>。

6. * 对于靠近雷达的强对流回波,应尽量用<u>高</u>仰角。

7. * 使用 PPI 上的雷达资料时,不同 R 处回波<u>处于不同的高度上</u>。

8. * 在雷达 PPI 图上,以雷达为中心,沿着雷达波束向外,随着径向距离的增加距地面的高度<u>增加</u>。

9. * 在层状云或混合云降水反射率因子回波中,出现了反射率因子较高的环行区域,称为<u>零度层亮带</u>。

10. * 超级单体最本质的特征是具有一个深厚持久的<u>中气旋</u>。

11. * 一般地说,发生大冰雹的潜势与风暴的强度直接相关,而风暴的强度取决于上升气流的尺度和强度。因此,雹暴通常与大片的<u>强的雷达回波</u>相联系。

12. * 大冰雹常常和超级单体紧密相连,它形成并降落在中气旋周围的钩状回波附近或<u>弱回波区附近</u>的强回波区中。

13. * 垂直累积液态水含量 VIL 是<u>反射率因子</u>的垂直累积,代表了风暴的综合强度。

14. * 产生三体散射(TBBS)的冰雹回波,类似细长的钉子状从强回波区沿径向伸展。它的径向速度很小,<u>谱宽</u>很大。

15. * 梅雨锋暴雨回波中,在 RHI 上,强回波位于 0 ℃等温线的<u>下部</u>。

16. * 根据对流云强度回波的结果特征,风暴分为单体风暴、多单体风暴和<u>超级单体风暴</u>。

17. * 降水回波的反射率因子一般在 15 dBz 以上。层状云降水回波的强度很少超过<u>35 dBz</u>。大片的层状云或层状云、积状云混合降水大都会出现明显的零度层亮带。

18. 当 45～55 dBz 的回波强度达到<u>－20</u> ℃层的高度时,最有可能产生冰雹。

19. 风暴动力结构及风暴潜在的影响力很大程度上取决于环境的热力不稳定度、风的垂直切变和<u>水汽的垂直分布</u>三个因子。

20. * 速度场中<u>零速度线</u>的走向不仅表示风向随高度的变化,同时表示雷达有效探测范围内的冷、暖平流。

21. 常见的对流性天气触发机制有:天气系统造成的系统性上升运动、地形抬升作用和<u>局地热力抬升作用</u>。

22. 雷暴单体的生命史分为三个阶段,分别是塔状积云阶段、<u>成熟阶段</u>和消散阶段。

23. 风暴顶强烈辐散意味着<u>强上升气流</u>。

24. 有利于强对流天气的环境条件,除了大气垂直层结不稳定、低层水汽、抬升触发外,还包括<u>较强的垂直风切变</u>。

25. 多普勒雷达的速度是指回波在图中沿径向的速度,该速度简单地定义为目标运动平行于雷达<u>径向</u>的分量。既可以向着雷达,也可以离开雷达。

26. 由许多雷暴单体侧向排列而形成的强对流云带叫做<u>飑线</u>。

27. 风暴运动是平流和<u>传播</u>的合成。

28. * 多普勒天气雷达可获取的基数据有<u>反射率因子、平均径向速度和速度谱宽</u>。

29. * 在卫星云图上,副热带高压主要表现为<u>无云区或少云区</u>。

30. 暗影只出现在<u>可见光</u>云图上。

31. 在可见光、红外、水汽三种云图上,<u>可见光</u>云图上反映的云纹理结构最清楚。

32. * 可见光、红外及水汽图像,分别是由卫星探测到的<u>物体反照率</u>、红外辐射形成的。

33. * 云型是识别天气系统的重要依据，锋面云系具有带状云型，气旋云系具有涡旋状云型，山脉背风波云系具有线状云型，高空短波槽具有__盾状__云型。

34. * 水汽图像主要揭示__对流层中上部__水汽分布状况，并且水汽分布具有良好的连续性。

35. ** 较强的东风波在卫星云图上具有较强的__涡旋状云系__，有的甚至可发展为台风。

36. * 风力等级是按照蒲福等级标准划分的，风级表中八级风的风速是__17.2～20.7__ m/s。

37. * 沙尘暴是指风将地面大量尘沙吹起，使空气变得浑浊，水平能见度小于__1__ km 的天气现象。

38. * 暴雪蓝色预警信号的标准：12 小时内降雪量将达__4__ mm 以上，或者已达 4 mm 以上且降雪持续，可能对交通或者农牧业有影响。

39. * 雨夹雪 24 小时的总降水量值≥10.0 mm 且雪深南方≥__5__ cm，北方≥10 cm 时才算暴雪。

40. ** 霜冻预警信号分三级，其中橙色表示 24 小时内地面最低温度将要或者已经下降到__−5__ ℃以下。

41. 预警信号分为台风、暴雨、暴雪、寒潮、大风、沙尘暴、高温、干旱、雷电、冰雹、霜冻、大雾、霾、__道路结冰__等。

42. 高温预警信号分别以黄色、橙色、红色三种颜色表示。冰雹预警信号分别以__橙色、红色__表示。

43. 暴雨__黄色__预警信号是指 6 小时内降雨量将达 50 mm 以上。

44. 浮尘是指尘土、细沙均匀地浮游在空中，水平能见度小于 10 km 的天气现象。强浓雾是指水平能见度小于__50 m__的雾。

45. 气象灾害预警信号由名称、图标、__标准__和防御指南组成，预警信号的级别依据气象灾害可能造成的危害程度、紧急程度和发展态势一般划分为四级。

46. 重要天气报电码 939 nn 所表示的重要天气现象中，nn 表示__最大冰雹的最大直径__。

监测预警规范

一、单项选择题

1. 以下(A)不是《气象灾害防御条例》所指的气象灾害。

A. 暴雨洪涝　　B. 沙尘暴　　C. 高温　　D. 干旱

2. 热带气旋分为热带低压、(B)、强热带风暴、台风、强台风和超强台风六个等级。

A. 热带高压　　B. 热带风暴　　C. 热带气旋底层

3. 现代气象业务的主要目标为建成(D)的无缝隙集约化气象预报业务体系。

A. 从分钟到月　　B. 从小时到月　　C. 从小时到年　　D. 从分钟到年

4. 下列灾害性天气中,(A)的预警信号分为蓝色、黄色、橙色、红色四级。

A. 暴雨　　B. 冰雹　　C. 干旱

5. 24 小时内最低气温将要下降 12 ℃以上,最低气温小于等于 0 ℃,陆地平均风力可达 6 级以上;或者已经下降 12 ℃以上,最低气温小于等于 0 ℃,平均风力达 6 级以上,并可能持续。这是(C)标准。

A. 寒潮蓝色预警信号　　B. 寒潮黄色预警信号

C. 寒潮橙色预警信号　　D. 寒潮红色预警信号

6. 根据《气象灾害预警信号发布业务规定》(气发〔2008〕476 号),预警信号发布后直至解除,中间变更 M 次,确认 N 次,则发布次数记为(D)次。

A. 1　　B. M　　C. $M+N$　　D. $M+N+1$

7. 气象灾害预警信息由各级气象部门负责制作,因(B)引发的次生、衍生灾害预警信息由有关部门和单位制作,根据政府授权按预警级别分级发布。

A. 气候因素　　B. 气象因素　　C. 自然灾害　　D. 人为破坏

8. 各级气象主管机构及其所属的气象台站应当完善灾害性天气的预报系统,提高灾害性天气预报、警报的(B)和时效性。

A. 提前量　　B. 准确率　　C. 针对性　　D. 覆盖面

9. 12 小时内可能出现能见度小于 500 m 的雾,或者已经出现能见度小于 500 m、大于等于 200 m 的雾并将持续。这是对大雾(B)预警信号含义的正确描述。

A. 蓝色　　B. 黄色　　C. 橙色　　D. 红色

10. 暴雨Ⅰ级预警是指过去 48 小时 2 个及以上省(区、市)大部地区出现特大暴雨天气,预计未来(C)小时上述地区仍将出现大暴雨天气。

A. 48　　B. 36　　C. 24　　D. 12

11.《气象灾害防御示范乡(镇)创建标准(试行)》提出,向公众发放气象防灾减灾明白卡,家庭覆盖率达到(D)以上。

A. 95%　　B. 80%　　C. 90%　　D. 85%

12. 短时预报是指对未来 0—12 小时天气过程和气象要素变化状态的预报,预报的时间分辨率应小于等于 6 小时，其中（ B ）小时预报为临近预报。

A. 0—1　　B. 0—2　　C. 0—3　　D. 1—2

13. 各级气象主管机构所属的气象台站应当按照职责向社会统一发布灾害性天气警报和（ C ），并及时向有关灾害防御、救助部门通报。

A. 天气预报　　B. 预警消息

C. 气象灾害预警信号　　D. 气象灾害应急响应信息

14.《气象灾害防御条例》是根据（ D ）制定的。

A.《中华人民共和国灾害防御条例》　　B.《国家突发事件应对条例》

C.《中华人民共和国宪法》　　D.《中华人民共和国气象法》

15. 短历时强降水定义为一小时降水量大于等于（ A ）mm 的降水。

A. 20　　B. 30　　C. 40　　D. 50

16. 气象灾害预警信号，是指各级气象主管机构所属的气象台站向（ A ）发布的预警信息。

A. 社会公众　　B. 党委政府　　C. 职能部门　　D. 各级领导

17. 进入Ⅲ级应急响应状态的有关省（区、市）气象局实行 24 小时应急值守和负责人带班制度，每日（ C ）前向指挥部办公室报告工作情况。

A. 8 时　　B. 10 时　　C. 16 时　　D. 统一发布

18. 各级气象部门应当在灾害发生的（ D ）小时内通过决策服务平台中的直报系统上报重要灾情。

A. 1　　B. 2　　C. 4　　D. 6

E. 12～24

19. 对一些特殊的单位，如受灾人口出现“户”、倒塌或损坏房屋出现“幢”等，按（ C ）的关系换算。

A. 1 对 1　　B. 1 对 2　　C. 1 对 3　　D. 1 对 4

20. 加强气象灾害监测预警及信息发布工作，应以提高预警信息发布时效性、（ C ）为重点。

A. 主动性　　B. 准确性　　C. 覆盖面

21. 市级及以下气象台（站）应将监测到的强对流天气信息及时记录并通报上一级气象台。属于强对流天气相关信息的是其强度、范围、移动和（ C ）。

A. 移动速度　　B. 影响大小　　C. 相应的雷达回波强度

22.《山洪灾害实地调查指南》适用于山洪沟，特别是缺少（ C ）资料的山洪沟的山洪灾害实地调查。

A. 气象　　B. 灾情　　C. 水文　　D. 地理

23.《国务院办公厅关于加强气象灾害监测预警及信息发布工作的意见》指出，工作目标是力争到 2015 年，气象灾害预警信息公众覆盖率达到（ C ）以上。

A. 80%　　B. 85%　　C. 90%　　D. 95%

24. 在一次灾害过程中，如果主要为积雪、雪凇造成的灾害，则在灾情直报的“灾害类别”字段中应填（ D ）。

A. 暴雪　　B. 积雪　　C. 雪凇　　D. 雪灾

25.“6 小时内平均风力可达 10 级以上”是对大风（ C ）预警信号的描述。

A. 蓝色　　B. 黄色　　C. 橙色　　D. 红色

26.《现代气象预报业务发展规划(2016—2020 年)》中要求，发展现代气象预报业务，应始终围绕提高预报预测准确率和精细化水平的核心目标，坚持需求牵引，强化创新驱动，加快推进气象预报业务向(D)方向发展。

A. 信息化、精准化、标准化　　B. 信息化、集约化、标准化

C. 无缝隙、集约化、智慧型　　D. 无缝隙、精准化、智慧型

27.《中小河流洪水、山洪灾害风险普查技术方案》中提到，中小河流为流域面积小于(C) km^2的河流。

A. 1000　　B. 2000　　C. 3000　　D. 4000

28. 省(区、市)气象主管机构作出准予其他气象台站迁建的行政许可决定，应当自作出决定之日起(B)个工作日内将行政许可审批材料报国务院气象主管机构备案。

A. 20　　B. 15　　C. 10　　D. 5

29. 暴雨的降水量标准为 12 小时降水量达到(C)mm。

A. 30～49.9　　B. 30～50　　C. 30～69.9　　D. 50～99.9

30.《高炮人工防雹增雨业务规范》中，以下所述的雷达观测冰雹云回波特征，正确的是(A)。

A. 在 PPI 上，涡旋状回波根部或 V 形缺口回波顶端易发生冰雹

B. 在 PPI 上，回波呈散状分布易发生冰雹

C. 在 PPI 上，指状回波的指尖与主体的连接处不易发生冰雹

D. 在 RHI 上，人字形带状回波，在人字两带交接处发生冰雹

31. 各级气象部门应依据暴雨预警信号审核签发制度，制定相应的气象风险预警服务产品(B)，并严格遵照执行。

A. 审核制度　　B. 审核签发制度　　C. 签发制度

32.《冷空气等级》将冷空气分为弱冷空气、中等强度冷空气、较强冷空气、强冷空气和(B)五个等级。

A. 低温　　B. 寒潮　　C. 冷空气

33.《城市火险气象等级》标准给出了不同火险等级危险程度的颜色，从一级到五级的表征颜色分别是(A)。

A. 绿色、蓝色、黄色、橙色、红色　　B. 蓝色、绿色、黄色、橙色、红色

C. 绿色、蓝色、黄色、红色、紫色　　C. 蓝色、绿色、黄色、红色、紫色

34. 天气分析业务以多种观测资料和数值预报产品的综合应用为基础，以(C)系统为平台，逐步从以天气尺度分析为主的业务向天气尺度与中尺度分析相结合的业务转换。

A. QPE　　B. RUC　　C. MICAPS　　D. SWAN

35. 各地区、各有关部门要积极适应气象灾害预警信息(B)发布的需要，加快气象灾害预警信息接收传递设备设施建设。

A. 无偿　　B. 快捷　　C. 第一时间　　D. 按需求对象

36. 当 6 小时内可能出现能见度小于 200 m 的雾，或者已经出现能见度小于 200 m、大于等于 50 m 的雾并将持续时，须发布大雾(C)预警信号。

A. 蓝色　　B. 黄色　　C. 橙色　　D. 红色

37. 霾预警信号分为(B)。

A. 橙色和红色　　B. 黄色、橙色和红色

C. 蓝色、黄色、橙色和红色

38.《气象灾害预警信号发布业务规定》指出，在发布（含变更）和解除预警信号后，应在（ C ）分钟内通过灾情直报系统上传中国气象局，供全国共享。

A. 30　　B. 20　　C. 15　　D. 10

39. 县级气象台发布突发灾害性天气预警信息时应明确影响时段和落区，其中预警时效一般不超过（　）小时。同一类突发灾害性天气实况多次出现时，如间隔时间在（　）小时以上的，则另行认定为一次。（ A ）

A. 3,3　　B. 3,6　　C. 1,3　　D. 3,1

40. 县级以上人民政府有关部门在国家重大建设工程、重大区域性经济开发项目和大型太阳能、风能等气候资源开发利用项目以及城乡规划编制中，应当统筹考虑（ B ）和气象灾害的风险性，避免、减轻气象灾害的影响。

A. 气象可行性　　B. 气候可行性　　C. 气候复杂性　　D. 气象复杂性

41. 暴雪Ⅱ级预警是指过去 24 小时 2 个及以上省（区、市）大部地区出现暴雪天气，预计未来 24 小时上述地区仍将出现大雪天气，或者预计未来（　）小时 2 个及以上省（区、市）大部地区将出现（　）mm 以上暴雪天气。（ B ）

A. 12,10　　B. 24,15　　C. 24,20

42. 气象灾害防御示范乡（镇）所在县政府应具有相应防灾减灾领导机构，将气象防灾减灾工作纳入（ A ）。

A. 经济社会发展规划　　B. 年度工作计划

C. 政府工作报告　　D. 政府绩效考核

43. 根据当天预报在人工影响天气作业前（ B ）小时，雷达应当进入半小时观测一次的状态，雷达回波强度达到警戒值时，应对云进行连续观测，直至天气过程结束。

A. 3　　B. 6　　C. 12　　D. 24

44. 根据《国家气象灾害应急预案》，各地区、各部门要按照有关规定向国务院报告（ D ）信息。

A. 较大　　B. 重大　　C. 特别重大　　D. 重大级别以上

45. 要认真落实气象灾害防范应对法律法规和应急预案，定期组织开展预警信息发布及各相关部门应急联动情况专项检查，做好预警信息发布、传播、（ B ）的评估工作。

A. 效果　　B. 应用效果　　C. 接收　　D. 应用

46. 要加强基层预警信息接收传递，形成（ D ）直通的气象灾害预警信息传播渠道。

A. 乡—村—户　　B. 市—县—乡—村

C. 县—乡—村　　D. 县—乡—村—户

47. 雷电、冰雹预警信号是否进行分级检验？（ B ）

A. 分级检验　　B. 不分级检验

48. 气象灾害预警信息由各级气象部门负责制作，因气象因素引发的次生、衍生灾害预警信息由有关部门和单位制作，根据（ A ）按预警级别分级发布，其他组织和个人不得自行向社会发布。

A. 政府授权　　B. 部门责任　　C. 预案要求　　D. 业务规定

49. 根据《气象灾害预警信号发布与传播办法》，台风蓝色预警信号的标准是 24 小时内可能或者已经受热带气旋影响，沿海或者陆地平均风力达 6 级以上，或者阵风（ B ）级以上并可能持续。

A. 7　　B. 8　　C. 9　　D. 10

50. 气象灾害信息公布形式主要包括（ B ）、提供新闻稿、组织报道、接受记者采访、举行新闻发布会等。

A. 举办新闻通气会　　B. 权威发布

C. 开展灾害直播　　D. 统一发布

51. 县级以上地方人民政府应当根据灾害性天气影响范围和强度，将可能造成人员伤亡或者重大财产损失的区域临时确定为（ C ），并及时予以公告。

A. 气象灾害易发区　　B. 气象灾害风险区

C. 气象灾害危险区　　D. 气象灾害高危区

52. 需要发布Ⅲ级预警的气象灾害有（ B ）个。

A. 10　　B. 11　　C. 12　　D. 9

53. *干旱Ⅱ级预警信号的标准是：3～5个省（区、市）大部地区达到气象干旱（ A ）等级，预计干旱天气或干旱范围进一步发展。

A. 特旱　　B. 重旱

C. 中等强度干旱　　D. 特旱或者重旱

54. *强化粮食主产区、重点林区、生态保护重点区、水资源开发利用和保护重点区（ C ），加密布设土壤水分、墒情和地下水监测设施。

A. 水情监测　　B. 火情监测　　C. 旱情监测　　D. 汛情监测

55. *强冷空气是指使某地的日最低气温48小时内降温幅度≥8℃，而且使该地的日最低气温下降到（ C ）℃或以下的冷空气。

A. 4　　B. 6　　C. 8　　D. 10

56. *固定式作业系统发射火箭弹时，操作人员和控制器应在（ B ）m外的安全区。

A. 20　　B. 30　　C. 40　　D. 50

57. *强冷空气是指使某地日最低气温48小时内降温幅度大于或等于（　）℃，而且该地最低气温下降到（　）℃或以下的冷空气。(C)

A. 5，5　　B. 8，5　　C. 8，8　　D. 6，8

58. *《城市火险气象等级》将城市火险气象划分为五个气象等级，一级为低火险，二级为较低火险，三级为中火险，四级为高火险，五级为（ A ）。

A. 极高火险　　B. 强火险　　C. 较强火险

59. *气象部门建立以社区、村镇为基础的气象灾害调查收集网络，组织气象灾害普查、风险评估和风险区划工作，编制（ A ）。

A. 气象灾害防御规划　　B. 气象灾害应急预案

C. 气象灾害应急计划　　D. 气象灾害风险规划

60. *《气象灾害防御条例》规定，县级以上地方人民政府、有关部门应当根据气象灾害发生情况，依照（ C ）的规定及时采取应急处置措施；情况紧急时，及时动员、组织受到灾害威胁的人员转移、疏散，开展自救互救。

A. 本地气象灾害应急预案　　B. 灾害防御规划

C.《中华人民共和国突发事件应对法》　　D.《气象灾害防御条例》

61. *为了规范各级气象台站气象灾害预警信号发布业务工作，根据（ C ），制定《气象灾害预警信号发布业务规定》。

A.《中华人民共和国气象法》

B.《国家突发公共事件总体应急预案》

C.《气象灾害预警信号发布与传播办法》

D.《气象灾害防御条例》

62. *高温、沙尘暴、雷电、大风、霜冻、大雾、霾等灾害由（ C ）启动相应的应急指挥机制或建立应急指挥机制负责处置工作。

A. 国务院相关部门　　B. 省发展改革委员会

C. 地方人民政府　　D. 省防汛抗旱指挥部

63. *《"百县千乡"气象为农服务示范区创建工作方案》中，（ B ）组织成立气象为农服务示范区专家指导组，开展咨询服务、技术指导和评估考核等工作。

A. 中国气象局　　B. 中国气象局相关职能司

C. 省级气象部门　　D. 省级气象部门相关处室

64. *气象灾害防御工作涉及两个以上行政区域的（　）、有关部门应当建立（　）制度，加强信息沟通和（　）。（ B ）

A. 有关地方人民政府，联动，科学防御

B. 有关地方人民政府，联防，监督检查

C. 有关气象主管机构，联动，科学防御

D. 有关气象主管机构，联防，监督检查

65. *各地要建立以社区、乡村为单元的气象灾害调查收集网络，组织开展基础设施、建筑物等的抵御气象灾害能力普查，编制（ A ）。

A. 分灾种气象灾害风险区划图　　B. 分灾种气象灾害风险地图

C. 气象灾害防御地图　　D. 分灾种气象灾害避险图

66. *广播、电视、报纸、互联网等社会媒体要切实承担（ D ），及时、准确、无偿播发或刊载气象灾害预警信息。

A. 发布责任　　B. 传播责任　　C. 播发责任　　D. 社会责任

67. *各地区要把气象灾害科普工作纳入当地全民科学素质行动计划纲要，通过气象科普基地和（ C ）等，广泛宣传普及气象灾害预警和防范避险知识。

A. 科技知识下乡　　B. 气象知识进校园　　C. 主题公园

68. *以（ A ）为单元，开展中小河流洪水、山洪灾害风险普查。

A. 中小河流域或山洪沟　　B. 县级行政单位

C. 乡镇行政单位　　D. 村级行政单位

69. *《人工影响天气安全管理规定》要求，作业人员的培训内容应包括（ D ）。

A. 有关法律、法规

B. 有关法律、法规和规定，作业业务规范，作业装备，仪器操作技能和安全注意事项

C. 有关法律、法规和规定，作业装备，仪器操作技能和安全注意事项，基本气象知识

D. 有关法律、法规和规定，作业业务规范，作业装备，仪器操作技能和安全注意事项；基本气象知识

70. **根据《国务院办公厅关于进一步加强人工影响天气工作的意见》，发展目标是，到2020年，建立较为完善的人工影响天气（ D ），基础研究和应用技术研发取得重要成果，基础保障能力显著提升，协调指挥和安全监管水平得到增强。

A. 业务体系　　B. 业务技术体系　　C. 技术保障体系　　D. 工作体系

71. **"水毁中型水库数"指本次灾害造成的总库容（ C ）m^3的水库损毁数量。

A. 10万～1000万　　B. 1000万～5000万　　C. 1000万～1亿　　D. 1亿以上

72. **《国务院办公厅关于加强气象灾害监测预警及信息发布工作的意见》要求，积极推进（ B ）建设，形成国家、省、地、县四级相互衔接、规范统一的气象灾害预警信息发布体系，实现预警信息的多手段综合发布。

A. 气象灾害信息发布系统　　B. 国家突发公共事件预警信息发布系统

C. 气象灾害预警发布平台　　D. 气象灾害信息发布平台

73. ** 山洪灾害实地调查中，首先调查整条山洪沟的（ D ）情况，然后对选择的隐患点进行详细调查。

A. 河堤信息和洪水痕迹高度　　B. 河堤信息和历史洪水淹没水深

C. 河道信息和洪水痕迹高度　　D. 河道信息和历史洪水淹没水深

74. **《国务院办公厅关于加强气象灾害监测预警及信息发布工作的意见》指出，经过多年不懈努力，我国气象灾害监测预警及信息发布能力大幅提升，但局地性和突发性气象灾害监测预警能力不够强、信息快速发布传播机制不完善和（ B ）等问题在一些地方仍然比较突出。

A. 决策服务不及时不到位

B. 预警信息覆盖存在"盲区"

C. 预报预警发布时效性不强

75. **《国务院办公厅关于进一步加强人工影响天气工作的意见》要求，在（ A ）要开展常态化人工增雨(雪)作业。

A. 生态脆弱区域　　B. 重点江河流域

C. 大型水库汇水区　　D. 中小型水库

76. **《热带气旋等级》(GB/T 19201—2006)于（　）经国家标准化管理委员会批准发布，（　）起正式施行。（ D ）

A. 2006 年 5 月 15 日，2006 年 6 月 9 日

B. 2006 年 5 月 9 日，2006 年 6 月 9 日

C. 2006 年 5 月 15 日，2006 年 6 月 15 日

D. 2006 年 5 月 9 日，2006 年 6 月 15 日

77. ** 现代天气业务包括数值预报、天气预报、产品检验评估、综合分析预报平台以及（ A ）等方面，其突出特征体现在天气业务核心技术和支撑手段的现代化，业务流程的合理化，业务产品的精细化和业务分工的专业化。

A. 合理的业务布局和业务流程　　B. 预报和预警服务

C. 合理的业务格局和业务流程　　D. 预报准确率和数值预报

78. **（ D ）和有关部门应当根据气象灾害发生情况，依照《中华人民共和国突发事件应对法》的规定及时采取应急处置措施；情况紧急时，及时动员、组织受到灾害威胁的人员转移、疏散，开展自救互救。

A. 乡镇政府　　B. 应急办

C. 县级以上气象主管机构　　D. 县级以上地方人民政府

二、多项选择题

1.《雾的预报等级》(GB/T 27964—2011)规定，浓雾和强浓雾的能见度 V 的标准分别为（ C ）和（ D ）。

A. 1000 m $\leqslant V <$ 5000 m　　B. 500 m $\leqslant V <$ 1000 m

C. 200 m $\leqslant V <$ 500 m　　D. 50 m $\leqslant V <$ 200 m

2.《气象灾害预警信号质量检验办法(试行)》中气象风险预警的准确率评估用(BD)指标来表示。

A. 提前量　　B. 漏报率　　C. 空报率　　D. 命中率

3.《冷空气等级》将冷空气分为弱冷空气、中等强度冷空气、较强冷空气、(CD)五个等级。

A. 超强冷空气　　B. 寒冷空气　　C. 强冷空气　　D. 寒潮

4.《气象干旱等级》将气象干旱划分为无旱、轻旱、中旱、(AB)五个等级。

A. 重旱　　B. 特旱　　C. 特重旱　　D. 干旱

5. 针对暴雨、干旱、凝冻等不同气象灾害的影响,省级气象局在启动应急响应时,实行(AD)应急响应措施。

A. 分级　　B. 分等级　　C. 分类别　　D. 分灾种

6. 省级气象局发布有关强降雨的《重要气象信息专报》后,省级气象台和预测影响区域的市(州)、县气象局应当加强(　　)工作,准备开展(　　)服务工作。(AC)

A. 值班值守　　B. 实时监测　　C.“三个叫应”　　D. 预警预报

7. 县(市、区)气象局根据会商情况确需编发《重要气象信息专报》的,应当经过市(州)气象局(　　)同意,由市(州)(　　)主班预报员审核后方可发布。(BD)

A. 分管领导　　B. 值班领导　　C. 气象局　　D. 气象台

8. 各级气象台站须加强(AD)等资料的监测分析,结合上级临近预警指导产品,分析预测可能发生的气象灾害,及时制作预警信号。

A. 雷达　　B. 联动机制　　C. 值班值守　　D. 自动站

9. 预警信号的审核包括:预警信号(AB)、影响范围、发布时间、发布单位及预警信号内容等。

A. 类型　　B. 等级　　C. 级别　　D. 发布格式

10. 雷电预警信号分为三级,以颜色(BCD)表示。

A. 蓝色　　B. 黄色　　C. 橙色　　D. 红色

11. 冰雹预警信号分为两级,以颜色(BC)表示。

A. 黄色　　B. 橙色　　C. 红色　　D. 蓝色

12. 大雾预警信号分为三级,以颜色(BCD)表示。

A. 蓝色　　B. 黄色　　C. 橙色　　D. 红色

13. 寒潮预警信号分别以(ABCD)几级表示。

A. 蓝色　　B. 黄色　　C. 橙色　　D. 红色

14.《气象信息快报》主要内容包括(ABCE)。

A. 短时临近天气预报

B. 天气实况(实时雨量、雷达回波、卫星云图等)

C. 补充订正预报

D. 一周天气预报

E. 向党政领导汇报的其他气象信息

15.《重要气象信息专报》主要内容包括(ABCDE)。

A. 重大天气气候事件

B. 重大灾害性、关键性、转折性天气的预报

C. 重大活动和抢险救灾的气象保障

D. 重大农业气象灾害监测预报

E. 重大天气气候事件的影响评估

F. 重大社会活动气象保障

16. 按照县级气象机构综合改革“(AB)、提高工作效能”的原则，建立综合气象业务岗位技能认证制度，实行岗位技能证书制度，具体实施细则另行制定。

A. 一人多岗　B. 一岗多责　C. 一岗多人　D. 一人多责

17. 气象风险预警服务业务产品格式包括(ABD)。

A. 数据产品　B. 文字产品　C. 纸质产品　D. 图形产品

18. 各地要加快推进气象卫星、新一代天气雷达、高性能计算机系统等工程建设，建成气象灾害立体观测网，实现对重点区域气象灾害的(ABC)连续监测。

A. 高时空分辨率　B. 全天候　C. 高精度　D. 高准确度

19.《国家气象灾害应急预案》规定，气象灾害预警信息发布应当遵循(ABD)原则。

A. 统一发布　B. 快速传播　C. 及时制作　D. 归口管理

20. 根据《全国气象灾情收集上报技术规范》，以下关于“农作物受灾面积”“农作物成灾面积”和“农作物绝收面积”三者之间关系的说法，正确的是(CD)。

A.“农作物成灾面积”包含“农作物受灾面积”

B.“农作物绝收面积”包含“农作物受灾面积”

C.“农作物受灾面积”包含“农作物成灾面积”

D.“农作物成灾面积”包含“农作物绝收面积”

21. 根据《气象灾情收集上报调查和评估规定》，以下属于气象灾害分类的有(ABDE)。

A. 高温　B. 暴雨　C. 轻雾

D. 沙尘暴　E. 干热风

22. 综合气象观测业务技能证书考核扣分标准中灾害性天气未开展(AB)，被政府、官方媒体或气象部门问责或通报批评，一次扣 10 分。

A. 决策气象服务　B. 公众气象服务

C. 灾害预警服务　D. 天气预报服务

23. 气象灾害预警信息发布遵循(ABD)原则。

A. 归口管理　B. 统一发布　C. 分级发布　D. 快速传播

24. 气象灾害预警信息内容包括(ABCDEFG)。

A. 气象灾害的类别　B. 预警级别　C. 起始时间　D. 可能影响范围

E. 警示事项　F. 应采取的措施　G. 发布机关

25. 按照《气象灾情收集上报调查和评估规定》，以下关于灾情类型的说法正确的是(ABC)。

A. 特大型：因灾死亡 100 人(含)以上或者伤亡总数 300 人(含)以上，或者直接经济损失 10 亿元(含)以上的

B. 大型：因灾死亡 30 人(含)以上 100 人以下，或者伤亡总数 100 人(含)以上 300 人以下，或者直接经济损失 1 亿元(含)以上 10 亿元以下的

C. 中型：因灾死亡 3 人(含)以上 30 人以下，或者伤亡总数 30 人(含)以上 100 人以下，或者直接经济损失 1000 万元(含)以上 1 亿元以下的

D. 小型：因灾死亡 1 人(含)到 3 人，或者伤亡总数 3 人(含)以上 30 人以下，或者直接经济损失 100 万元(含)以上 1000 万元以下的

26.《热带气旋等级》(GB/T 19201—2006)将热带气旋分为(ABCDEF)。

A. 热带低压　B. 热带风暴　C. 强热带风暴　D. 台风

E. 强台风　F. 超强台风

27. 沙尘天气的等级主要依据沙尘天气当时的地面水平能见度划分,分为(ABCDE)。

A. 浮尘　B. 扬沙　C. 沙尘暴

D. 强沙尘暴　E. 特强沙尘暴

28. 预警信号由(ABDE)组成。

A. 名称　B. 图标　C. 发布单位

D. 防御指南　E. 标准

29. 下列气象灾害中,预警信号只有橙色和红色是(BC)。

A. 雷电　B. 干旱　C. 冰雹　D. 沙尘暴

30. 下列气象灾害中,预警信号只分三级,即黄色、橙色和红色的是(ABC)

A. 沙尘暴　B. 高温　C. 雷电　D. 霜冻

31. 人工影响天气,是指为避免或者减轻气象灾害,合理利用气候资源,在适当条件下通过科技手段对局部大气的物理、化学过程进行人工影响,实现(ABCD)、防霜等目的的活动。

A. 增雨雪　B. 防雹　C. 消雨　D. 消雾

32. 下列预警信号标准中,说法正确的是(BC)。

A. 暴雪黄色预警标准:12 小时内降雪量将达 4 mm 以上,或者已达 4 mm 以上且降雪持续,可能对交通或者农牧业有影响

B. 高温黄色预警标准:连续三天日最高气温将在 35 ℃以上

C. 雷电黄色预警标准:6 小时内可能发生雷电活动,可能会造成雷电灾害事故

D. 冰雹黄色预警标准:6 小时内可能出现冰雹天气,并可能造成雹灾

33.《暴雨诱发中小河流洪水和山洪地质灾害气象风险预警服务业务规范》规定,气象风险等级划分为(ABCD)。

A. 有一定风险　B. 风险较高　C. 风险高

D. 风险很高　E. 风险特别高

34.《气象灾害防御条例》规定,县级以上地方人民政府、有关部门应当根据(ABD),及时作出启动相应应急预案的决定,向社会公布,并报告上一级人民政府。

A. 灾害性天气警报　B. 气象灾害预警信号

C. 气象灾害防御规划　D. 气象灾害应急预案启动标准

35. 根据《气象灾害预警信号发布与传播办法》的规定,(ABCDE)、旅游景点等人口密集公共场所的管理单位应当设置或者利用电子显示装置及其他设施传播预警信号。

A. 学校　B. 机场　C. 港口

D. 车站　E. 高速公路

36. 根据《雾的预报等级》(GB/T 27964—2011),雾的预报等级包括(ABCDE)。

A. 轻雾　B. 大雾　C. 浓雾

D. 强浓雾　E. 特强浓雾

37. 下列说法正确的是(AD)。

A. 暴雨蓝色预警标准:12 小时内降雨量将达 50 mm 以上,或者已达 50 mm 以上且降雨可能持续

B. 暴雪蓝色预警标准:12 小时内降雪量将达 6 mm 以上,或者已达 6 mm 以上且降雪持续,可能对交通或者农牧业有影响

C. 寒潮黄色预警标准:24 小时内最低气温将要下降 8 ℃以上,最低气温小于等于 4 ℃,陆地平均风力可达 6 级以上;或者已经下降 8 ℃以上,最低气温小于等于 4 ℃,平均风力达 6 级以上,并可能持续

D. 沙尘暴黄色预警标准:12 小时内可能出现沙尘暴天气(能见度小于 1000 m),或者已经出现沙尘暴天气并可能持续

38.《气象灾害预警信号发布业务规定》指出,当受冷空气影响,同时达到寒潮、(ABCE)、道路结冰等预警信号发布标准时,根据服务效果,可以选择级别较高或者影响程度较重的一种预警信号发布,同时在发布内容中明确其他灾种的相关预警信息。

A. 大风　B. 暴雪　C. 沙尘暴

D. 强降温　E. 霜冻

39. 根据《全国短时临近预报业务规定》(气办发〔2010〕19 号),短时临近预报业务的工作重点是监测预警短历时(ABCD)雷电等强对流天气。

A. 强降水　B. 冰雹　C. 雷雨大风　D. 龙卷

40.《气象灾害预警信号发布业务规定》要求,预警信号发布(含变更)、解除信息应当进行登记,登记内容包括编号、(ABC)、签发人、签发时间、发布途径、接收人、接收单位等。

A. 信号类别　B. 发布时间

C. 制作人和制作时间　D. 发布单位

41. 预警信号的分级检验是对发布的预警信号不同级别与灾害性天气过程强度是否准确对应进行评定。对不同级别预警信号的(AC)分别检验。

A. 准确性　B. 质量　C. 时间提前量　D. 时效性

42. 根据《贵州省县级综合气象业务岗位职责和流程(试行)》,综合业务岗位的设置中,综合气象业务运行方式分为(ABC)。

A. 综合气象观测班　B. 气象预报服务班

C. 综合服务保障班　D. 综合预警服务班

43. 根据贵州省县级综合气象业务岗位职责和流程(试行),综合气象业务工作职责分为(ABCD)。

A. 县级气象台长职责　B. 综合气象观测班职责

C. 气象预报服务班职责　D. 综合服务保障班职责

44. 现代农业气象服务示范县应开展"直通式"农业气象服务,重点服务对象主要有(ACD)。

A. 农民合作社　B. 专家联盟成员　C. 涉农企业　D. 专业大户

45. 各级气象部门按照"严密监测、分级指导、(AB)"的原则,负责辖区内强降水天气的监测、预警及内部叫应工作。

A. 上下联动　B. 区域联防　C. 分级预警　D. 相互协助

46. 外部叫应坚持"严密跟踪、(ABD)"的原则。

A. 属地为主　B. 分级叫应　C. 紧密监测　D. 准确及时

47. 各级气象部门开展外部叫应时,要报告( )、未来天气趋势和可能诱发的气象( )。(BC)

A. 气象灾害　B. 灾害风险　C. 天气实况　D. 当前雨情

48. 预警信号应按贵州省气象灾害预警信号发布的规定，依据“（ ABC ）”的原则，做到早预警早发布。

A. 分类制作　B. 分级预警　C. 分区发布　D. 实时预警

49. 贵州省县级气象现代化建设标准要求，发挥基层信息员在气象防灾减灾中的作用，每年开展（ ）或（ ）5 次以上。（ AD ）

A. 信息传播　B. 预警服务　C. 预警传播　D. 灾情收集上报

50. 根据《国务院办公厅关于加强气象灾害监测预警及信息发布工作的意见》（国办发〔2011〕33 号），要采取多种形式开展对（ ABC ）的教育培训工作。

A. 防灾减灾责任人　B. 各级领导干部

C. 基层信息员　D. 海上作业人员

51. 根据上级业务指导产品，细化、释用并订正上级业务单位下发的业务指导产品，开发适合本地农业发展特点的现代农业气象服务产品，直接面向（ ABCD ）等开展农业气象服务。

A. 村委会　B. 农民专业合作社　C. 县乡政府　D. 种植大户

52. 洪水淹没高度为漫水洪痕与当前河床（水面）的垂直距离。实际情况复杂，应根据情况选择（ ACD ）的测量方案。

A. 简单　B. 快速　C. 易行　D. 准确

53.《暴雨诱发中小河流洪水和山洪地质灾害气象风险预警服务业务规范（试行）》规定，市级气象部门主要开展本辖区中小河流洪水和山洪地质灾害（ ABCD ）等任务。

A. 应急抢险现场气象服务　B. 风险预警业务检验

C. 灾情调查　D. 灾害风险普查

54. 根据灾害性天气强度标准及气象灾害的（ ABD ），按照气象灾害应急预案响应标准，启动预案相应等级的响应。

A. 影响范围　B. 严重性　C. 突发性　D. 紧急程度

55.《现代农业气象服务示范县创建标准（试行）》中指出，针对暴雨洪涝、高温、低温冻害、浮头泛塘等主要气象灾害及病害发生气象条件，及时开展（ BCD ）。

A. 风险灾害评估　B. 灾前预测预警

C. 灾后影响评估服务　D. 灾中跟踪监测

56. 根据《全国气象灾情收集上报调查和评估规定》，以下属于调查评估内容的是（ ABCDE ）。

A. 预报服务的效益和存在的问题

B. 灾后恢复生产的气象建议

C. 气象灾害情况及其强度

D. 灾情及其等级

E. 出现灾害的原因

57. 根据《气象灾害防御条例》，气象灾害应急预案应当包括（ ABD ）和保障措施等内容。

A. 应急预案启动标准　B. 应急组织指挥体系与职责

C. 预警信息发布　D. 应急处置措施

58.《中国气象局关于发展现代气象业务的意见》中明确指出，气象预报预测业务发展任务包括（ ABCDEF ）。

A. 现代化预报预测业务平台　B. 数值模式业务

C. 气候业务　　　　　　　　　　D. 天气业务
E. 气候变化业务　　　　　　　　F. 应用气象业务

59. 违反《气象灾害防御条例》规定，有以下（ ABC ）行为的，由县级以上气象主管机构责令改正，给予警告，可处 5 万元以下的罚款；构成违反治安管理行为的，由公安机关依法给予处罚。

A. 擅自向社会发布灾害性天气警报、气象灾害预警信号的

B. 广播、电视、报纸、电信等媒体未按照要求播发、刊登灾害性天气警报和气象灾害预警信号的

C. 传播虚假的或者通过非法渠道获取的灾害性天气信息和气象灾害灾情的

D. 未按照规定采取气象灾害预防措施的

60. 根据《国家气象灾害防御规划(2009—2020 年)》，到 2020 年，气象灾害预警信息的公众覆盖率达到 95%以上，实现气象灾害预警信息迅速及时准确地（ ABCE ）。

A. 进农村　　　　B. 进企事业　　　　C. 进社区
D. 进厂矿　　　　E. 进学校

61. 气象为农服务“两个体系”建设是指（ AC ）。

A. 农业气象服务体系建设

B. 现代农业气象服务示范县创建

C. 农村气象灾害防御体系建设

D. 气象灾害防御示范乡(镇)创建

62. 根据《中国气象局关于发展现代气象业务的意见》，公共气象服务业务包括（ ABCD ）等方面。

A. 面向政府的决策气象服务

B. 面向社会的公众气象服务

C. 面向行业的专业专项气象服务

D. 气象灾害防御管理

63. *《中国气象局关于发展现代气象业务的意见》指出，建立完善各种手段综合运用、覆盖城乡社区、立体化的信息发布渠道，做到“土洋结合、群专并举、多管齐下、迅速高效”，实现气象预警信息（ ABDE ）。

A. 进社区　　　　B. 进农村　　　　C. 进乡镇
D. 进企事业　　　E. 进学校

64. * 根据《气象灾害预警信号发布与传播办法》规定，预警信号的级别依据气象灾害可能造成的（ ABD ），一般划分为四级：Ⅳ级(一般)、Ⅲ级(较重)、Ⅱ级(严重)、Ⅰ级(特别严重)。

A. 危害程度　　　B. 紧急程度　　　C. 影响范围　　　D. 发展态势

65. *《国家气象灾害防御规划(2009—2020 年)》指出，要建成由地基、空基、天基观测系统组成的气象灾害立体观测网，实现对气象灾害，尤其是重点区域主要气象灾害的（ ABD ）的综合立体性连续监测。

A. 全天候　　　　B. 高时空分辨率　　C. 全方位
D. 高精度　　　　E. 精细化

66. *《国家气象灾害防御规划(2009—2020 年)》指出，进一步做好灾害性、关键性、转折性重大天气监测和预警以及极端天气气候事件的预测，建立和完善气象灾害监测预警业

务系统，提高预报的（ ACD ）。

A. 精细度　　B. 覆盖率　　C. 预警时效　　D. 准确率

67. ＊《国家气象灾害防御规划（2009—2020年）》指出，到2020年，每天向公众提供未来（ ）天气预报，突发气象灾害的临近预警信息至少提前（ ）送达受影响地区的公众。（ AC ）

A. 10天　　B. 15天　　C. 15～20分钟　　D. 15～30分钟

68. ＊ 按照《人工影响天气管理条例》的规定，下列说法正确的（ ABC ）。

A. 禁止将人工影响天气作业设备转让给非人工影响天气作业单位或者个人

B. 禁止将人工影响天气作业设备用于与人工影响天气无关的活动

C. 禁止使用年检不合格、超过有效期或者报废的人工影响天气作业设备

D. 人工影响天气作业单位之间可以直接转让人工影响天气作业设备

69. ＊ 按照《暴雨洪涝灾害致灾临界（面）雨量确定技术指南》的规定，中小河流指流域面积大于（ ）km^2小于（ ）km^2的河流。（ AD ）

A. 200　　B. 300　　C. 2000　　D. 3000

70. ＊《暴雨洪涝灾害致灾临界（面）雨量确定技术指南》指出，考虑到洪水上涨到一定程度，防洪工程出现危险造成灾害的风险大，将中小河流洪水水位分为三个等级，即（ ACD ）。

A. 警戒水位　　B. 防洪高水位　　C. 保证水位　　D. 漫坝时水位

71. ＊ 根据天气过程或系统的逼近时间和影响强度，预报等级用语一般为（ ABD ）。

A. 预报　　B. 警报　　C. 紧急警报　　D. 预警信号

72. ＊ 当出现符合下列条件之一的情况时，相关气象台（站）应立即开展联防工作。（ ABCD ）

A. 发现责任区内出现强度45 dBz以上的单体回波，具有明显的强对流天气回波特征；或者次责任区出现强度40 dBz以上的单体回波，并可能影响下游地区

B. 发现水平尺度大于100 km，回波强度大于40 dBz的带状回波，并可能影响下游地区

C. 本站周围出现强降水，已影响天气雷达探测能力

D. 本站天气雷达故障，并且预计可能出现较复杂的天气

73. ＊《国务院办公厅关于加强气象灾害监测预警及信息发布工作的意见》指出，提高监测预报能力主要包括以下方面（ ACD ）。

A. 加强监测网络建设　　B. 加大资金投入

C. 强化监测预报工作　　D. 开展气象灾害影响风险评估

74. ＊《国务院办公厅关于加强气象灾害监测预警及信息发布工作的意见》要求，强化（ ABCD ）旱情监测，加密布设土壤水分、墒情和地下水监测设施。

A. 重点林区　　B. 粮食主产区

C. 生态保护重点区　　D. 水资源开发利用和保护重点区

75. ＊ 气象部门建立以（ AC ）为基础的气象灾害调查收集网络，组织气象灾害普查、风险评估和风险区划工作，编制气象灾害防御规划。

A. 村镇　　B. 乡村　　C. 社区　　D. 县

76. ＊ 根据《山洪灾害实地调查指南》的规定，山洪沟参数测量内容主要包括（ ACD ）。

A. 河道宽度　　B. 山洪沟长度

C. 河床相对地面的深度　　D. 河床海拔高度

77. ＊《全国短时临近预报业务规定》指出，省级及以下气象业务部门负责本行政区域内气象（ AB ）的收集上报工作。

A. 情报　B. 灾情　C. 预报　D. 农情

78. ＊ 下列说法正确的是（ AB ）。

A.“农作物受灾面积”指因灾减产 1 成（含 1 成）以上的农作物播种面积

B.“农作物成灾面积”指因灾减产 3 成（含 3 成）以上的农作物播种面积

C.“农作物成灾面积”指因灾减产 4 成（含 4 成）以上的农作物播种面积

D.“农作物绝收面积”指因灾减产 6 成（含 6 成）以上的农作物播种面积

79. ＊《全国气象灾情收集上报技术规范》规定，“死亡大牲畜”指体型较大、须饲养 2～3 年以上发育成熟的牲畜，包括（ ABC ）。

A. 马　B. 牛　C. 驴

D. 羊　E. 猪

80. ＊《全国气象灾情收集上报技术规范》规定，月、年和历史灾情（灾情普查）上报基本信息以（ AC ）进行填报。

A. 灾害性天气过程为时间单元　B. 月为时间单元

C. 县为地域单元　D. 地州为地域单元

81. ＊＊ 按照《全国气象灾情收集上报技术规范》规定，下列说法正确的是（ AD ）。

A.“死亡人口”指以气象灾害为直接原因导致死亡的人口数量（含非常住人口）

B.“被困人口”指受灾人口中被围困 24 小时以上、生产和生活受到严重影响的人口数

C.“转移安置人口”指因受到灾害威胁、袭击，需在 12 小时内离开其住所转移到其他地方的人口数量

D.“失踪人口”指以气象灾害为直接原因导致下落不明、暂时无法确认死亡的人口数量（含非常住人口）

82. ＊＊《中小河流洪水、山洪灾害风险普查技术方案》规定，中小河流域土壤类型调查的内容有表层土壤类型、（ BCE ）、土壤结构。

A. 土壤容重　B. 土壤剖面分层情况　C. 土壤质地

D. 土壤布局　E. 土壤孔隙度

83. ＊＊《中国气象局关于发展现代气象业务的意见》指出，发展大气环境业务，加强全国（ ABC ）的监测，开展区域空气和重点城市的精细空气质量预报业务。

A. 温室气体　B. 反应性气体　C. 气溶胶　D. 污染性气体

84. ＊＊《中国气象局关于县级综合气象业务改革发展的意见》要求，建设适应县级综合气象业务发展要求的人才队伍。统筹用好（ ABCD ）等多种人才资源，按照一人多岗、一岗多责、提高工作效能的原则，科学设置县级综合气象业务岗位。

A. 国家编制　B. 地方编制　C. 部门编制　D. 编制外聘用

85. ＊＊《国务院办公厅关于加强气象灾害监测预警及信息发布工作的意见》要求，到 2020 年，建成（ ABC ）的气象灾害监测预警及信息发布系统。

A. 功能齐全　B. 科学高效　C. 覆盖城乡和沿海　D. 反应及时

86. ＊＊ 根据《气象灾情收集上报调查和评估规定》，气象灾情调查评估内容应当包括（ ABCD ）。

A. 灾情　B. 气象情况

C. 预报服务的效益和存在的问题　D. 灾后恢复生产的气象建议

87. ** 按照《气象灾害预警信号发布与传播办法》，当气象部门发布高温红色预警后，下列哪些行为正确？（ ACD ）

A. 有关部门和单位按照职责采取防暑降温应急措施

B. 尽量避免在高温时段进行户外活动，高温条件下作业的人员应当缩短连续工作时间

C. 对老、弱、病、幼人群采取保护措施

D. 有关部门和单位要特别注意防火

三、判断题

1. 气象风险预警服务业务分为国家、省、地市三级。（ × ）

解析：气象风险预警服务业务分为国家、省、地市、县四级。

2. 当同时发生两种以上气象灾害且分别发布不同预警级别时，按照最高预警级别灾种启动应急响应。（ √ ）

3. 广播、电视、报纸、互联网等社会媒体要切实承担社会责任，及时、准确、无偿播发或刊载气象灾害预警信息。（ √ ）

4. 气象灾害预警信号包括台风、暴雨、暴雪、寒潮、大风、沙尘暴、高温、干旱、雷电、冰雹、大雾、霾、道路结冰等 14 种。（ × ）

解析：漏了霜冻。

5. 气象信息员要承担农业气象服务信息传播工作。根据当地农业生产实际，传播当地气象部门制作的农用天气预报和预报服务产品。（ × ）

解析：应是农用天气预报和农业气象服务产品。

6. 根据各类气象灾害预警分级统计可知，有第Ⅳ级预警标准的气象灾害共有 11 种。（ × ）

解析：应是 10 种。

7. 中型气象灾害是指因灾死亡 3 人（含）以上 30 人以下，或者伤亡总数 10 人（含）以上 100 人以下，或者直接经济损失 1000 万元（含）以上 1 亿元以下的气象灾害。（ × ）

解析：应为伤亡总数 30 人（含）以上 100 人以下。

8. 发布雷电橙色预警信号的标准是 2 小时内可能受到强雷电活动影响或者已经受到强雷电活动影响并可能持续。（ × ）

解析：应是“或者已经受到雷电活动影响并可能持续”。

9. 当 6 小时内可能出现能见度小于 200 m 的雾，或者已经出现能见度小于 200 m、大于等于 50 m 的雾并将持续时，须发布大雾黄色预警信号。（ × ）

解析：当 6 小时内可能出现能见度小于 500 m 的雾，或者已经出现能见度小于 500 m、大于等于 200 m 的雾并将持续时，须发布大雾黄色预警信号。

10. 热带气旋预报等级用语分为消息、预报、警报、紧急警报、预警信号。（ √ ）

11. 暴雨蓝色预警信号的发布标准是 24 小时内降雨量将达 50 mm 以上，或者已达 50 mm 以上且降雨可能持续。（ × ）

解析：暴雨蓝色预警信号的发布标准是 12 小时内降雨量将达 50 mm 以上，或者已达 50 mm 以上且降雨可能持续。

12. 强冷空气是指使某地日最低气温 48 小时内降温幅度大于或等于 8 ℃，而且该地最低气温下降到 8 ℃或以下的冷空气。（ √ ）

13. 短历时强降水定义为一小时降水量大于等于 30 mm 的降水。（ × ）

解析：短历时强降水定义为一小时降水量大于等于 20 mm 的降水。

14. 6 小时内降雪量将达 10 mm 以上，或者已达 10 mm 以上且降雪持续，可能或者已经对交通或者农牧业有较大影响，应当发布暴雪黄色预警信号。（ × ）

解析：12 小时内降雪量将达 6 mm 以上，或者已达 6 mm 以上且降雪持续，可能对交通或者农牧业有影响，应当发布暴雪黄色预警信号。

15. 干旱预警分为四级。（ × ）

解析：分为两级。

16. 24 小时内最低气温将要下降 12 ℃以上，最低气温小于等于 0 ℃，陆地平均风力可达 6 级以上；或者已经下降 12 ℃以上，最低气温小于等于 0 ℃，平均风力达 6 级以上，并可能持续，应发布寒潮黄色预警信号。（ × ）

解析：24 小时内最低气温将要下降 10 ℃以上，最低气温小于等于 4 ℃，陆地平均风力可达 6 级以上；或者已经下降 10 ℃以上，最低气温小于等于 4 ℃，平均风力达 6 级以上，并可能持续，应发布寒潮黄色预警信号。

17. 预警信号的发布（含变更）、解除实行分级签发制。蓝色、黄色、橙色预警信号由气象台台长或者其授权人员签发，红色预警信号由分管局领导或者其授权人员签发。（ × ）

解析：预警信号的发布（含变更）、解除实行分级签发制。黄色、蓝色预警信号由气象台台长或者其授权人员签发，橙色、红色预警信号由分管局领导或者其授权人员签发。

18. 6 小时内可能出现能见度小于 200 m 的雾，或者已经出现能见度小于 200 m、大于等于 50 m 的雾将持续，发布大雾橙色预警信号。（ √ ）

19. 48 小时内最低气温将要下降 8 ℃以上，最低气温小于等于 4 ℃，或者已下降 8 ℃以上，最低气温小于等于 4 ℃，并可能持续，发布寒潮蓝色预警信号。（ √ ）

20. 短时预报是指对未来 0—12 小时天气过程和气象要素变化状态的预报，预报的时间分辨率应小于等于 6 小时，其中 0—3 小时预报为临近预报。（ × ）

解析：0—2 小时预报为临近预报。

21. 气象灾害预警信息的内容包括气象灾害的类别、起始时间、结束时间和发布机关。

（ × ）

解析：气象灾害预警信息的内容包括气象灾害的类别、预警级别、起始时间、可能影响范围、警示事项、应采取的措施和发布机关等。

22. 各地区、各有关部门要积极适应气象灾害预警信息快捷发布的需要，加快气象灾害预警信息接收传递设备设施建设。（ √ ）

23. 各乡镇、村收集整理村民电话号码和手机号码，当重大气象灾害发生时，由各行政村主要负责人、气象协理员、气象信息员和气象联络员通过电话、手机由点到面迅速传播预警信息。（ √ ）

24. 对于台风、暴雨、暴雪等气象灾害红色预警和局地暴雨、雷雨大风、冰雹、龙卷风、沙尘暴等突发性气象灾害预警，要减少审批环节，建立快速发布的"绿色通道"，通过广播、电视、互联网、手机短信等各种手段和渠道第一时间无偿向社会公众发布。（ √ ）

25. 县级以上气象主管机构应当建立和完善气象灾害预警信息发布系统，并根据气象灾害防御的需要，在交通枢纽、公共活动场所等人口密集区域和气象灾害易发区域建立灾害性天气警报、气象灾害预警信号接收和播发设施，并保证设施的正常运转。（ × ）

解析：应由县级以上地方人民政府建立和完善。

26. 强化监测预报工作要求加强农村、林区及雷电多发区域的雷电灾害监测。充分利用卫星遥感等技术和手段，加强森林草原致灾因子监测，及时发布高火险天气预报。（ √ ）

27. 市县级强化灾害性天气和气象灾害实时监测和临近预警业务，及时发布气象灾害预警信号，加快建立业务一体化、功能集约化、岗位多责化的综合气象业务，应用上级业务指导产品，加强气象服务。（ √ ）

28. 气象灾害预警信息及因气象因素引发的次生、衍生灾害预警信息由各级气象部门负责制作，根据政府授权按预警级别分级发布，其他组织和个人不得自行向社会发布。

（ × ）

解析：气象灾害预警信息由各级气象部门负责制作，因气象因素引发的次生、衍生灾害预警信息由有关部门和单位制作，根据政府授权按预警级别分级发布，其他组织和个人不得自行向社会发布。

29. 在城乡规划编制和重大工程项目、区域性经济开发项目建设前，要严格按规定开展防灾减灾可行性论证，充分考虑气候变化因素，避免、减轻气象灾害的影响。（ × ）

解析：在城乡规划编制和建设与气候条件密切相关的重大工程项目、区域性经济开发、农(牧)业结构调整、太阳能、风能等气候资源开发项目前，要严格按规定开展气候可行性论证，避免、减轻气象灾害的影响。

30. 气象灾害防御工作涉及两个以上行政区域的，有关地方人民政府、有关部门应当建立联防制度，加强信息沟通和监督检查。（ √ ）

31. 气象风险预警等级图中包含底图、风险预警时间时效、风险预警等级等内容。

（ √ ）

32. 高温是指日最高气温在 40 ℃以上的天气现象，会对农牧业、电力、人体健康等造成危害。（ × ）

解析：高温是指日最高气温在 35 ℃以上的天气现象，会对农牧业、电力、人体健康等造成危害。

33. 加强监测网络建设要求，建成气象灾害立体观测网，实现对重点区域气象灾害的全天候、高时空分辨率、高精度连续监测。（ √ ）

34. 预警信号发布后直至解除，中间变更和确认，计为发布 1 次。（ × ）

解析：预警信号发布后直至解除，中间没有变更和确认，计为发布 1 次。

35.《国务院办公厅关于加强气象灾害监测预警及信息发布工作的意见》要求，对于进一步强化各级政府对气象灾害监测预警及信息发布的领导作用，加强部门联动，充分利用社会资源，努力消除气象灾害预警信息发布“盲区”，提升全社会防灾避险能力，最大限度地防御和减轻气象灾害造成的损失，具有重要意义和积极作用。（ √ ）

36. 在发布(含变更)和解除预警信号后，应在 10 分钟内通过灾情直报系统上传中国气象局，供全国共享。（ × ）

解析：应为 15 分钟内。

37. 当预计台风未来 24 小时内将影响浙江沿海地区或登陆时，发布台风紧急警报。以上提到的台风影响是以开始出现 8 级阵风或达到暴雨(24 小时降雨量≥50 mm)为标准。

（ √ ）

38. 12 小时降雪量为 3.0mm 时属于中雪。（ × ）

解析：应属于大雪。

39. 当受强对流天气影响，同时达到雷电、冰雹、暴雨、大风等预警信号发布标准时，根据服务需要，可以选择级别较高或者影响程度较重的一种预警信号发布，同时在其发布内容中明确其他灾种的预警信息；但是多个灾种同时达到橙色及以上预警信号发布标准时，应当

同时发布多个灾种的预警信号。 （ √ ）

40. 气象灾害监测预警及信息发布工作应该以保障人民生命财产安全为根本，以提高预警信息发布时效性和覆盖面为重点。 （ √ ）

41.《国务院办公厅关于加强气象灾害监测预警及信息发布工作的意见》指出，气象灾害监测预警及信息发布工作的工作目标是，加快构建气象灾害实时监测、短临预警和中短期预报无缝衔接，预警信息发布、传播、接收快捷高效的监测预警体系 。 （ √ ）

42. * 各级气象台（站）对相同行政区域内强对流天气的预报等级和强度应协调一致。有意见严重分歧时，市级及以下台（站）应以上级气象台的预报意见为准；国家级与省级进行充分的会商后，以省级预报为主。 （ √ ）

43. * 现代气象业务发展的基本原则为效益性原则、效率性原则、优势性原则和协调性原则。 （ × ）

解析：效益性原则、效率性原则、优势性原则、协调性原则和开放性原则。

44. * 要认真落实气象灾害防范应对的法律法规和应急预案，定期组织开展预警信息发布及各相关部门应急联动情况专项检查，做好预警信息发布、传播、应用效果的评估工作。 （ √ ）

45. * 加快发展公共气象服务业务，要提高气象预警信息覆盖面，提高气象服务满意度，提高气象服务效益，建立比较完善的“政府主导、多部门联动、全社会共同参与”的气象灾害防御管理体系。 （ √ ）

46. * 气象工作人员玩忽职守，导致预警信号的发布出现重大失误的，对直接责任人员和主要负责人给予行政处分；构成犯罪的，依法追究刑事责任。 （ √ ）

47. * 气象灾害预警信号是指各级气象主管机构所属的气象台站向社会公众发布的预报信息。 （ × ）

解析：气象灾害预警信号是指各级气象主管机构所属的气象台站向社会公众发布的预警信息。

48. * 12 小时内降雪量将达 6 mm 以上，或者已达 6 mm 以上且降雪持续，可能对交通或者农牧业有影响，发布暴雪橙色预警信号。 （ × ）

解析：应发布暴雪黄色预警信号。

49. * 浓雾是指水平能见度在 200～500 m 的雾。 （ √ ）

50. * 寒潮是指每年 9 月 1 日到下一年 4 月 30 日，24 小时内最大降温达 10 ℃以上。 （ × ）

解析：强降温是指每年 9 月 1 日到下一年 4 月 30 日，24 小时内最大降温达 10℃或以上。

51. * 气象灾害预警信息发布应遵循的原则包括归口管理、统一发布、快速传播、精准高效。 （ × ）

解析：原则包括归口管理、统一发布、快速传播，没有精准高效。

52. * 强化预警预报工作能力要求充分利用卫星遥感等技术和手段，加强森林草原致灾因子监测，及时发布高火险天气预报。 （ √ ）

53. * 各地区、各有关部门要积极适应气象灾害预警信息快捷发布的需要，加快气象灾害预警信息接收传递设备设施建设。 （ √ ）

54. ** 《国务院办公厅关于加强气象灾害监测预警及信息发布工作的意见》指出，气象灾害监测预警及信息发布工作的工作目标是，加快构建气象灾害实时监测、短临预警和中短

期预报无缝衔接，预警信息发布、传播、接收快捷高效的预警预报服务体系。（ × ）

解析：应是监测预警体系。

55. ＊＊县、乡级人民政府有关部门，学校、医院、社区、工矿企业、建筑工地等要指定专人负责气象灾害预警信息接收传递工作。（ √ ）

56. ＊＊建立和完善面向气象高影响行业用户的专业预报业务，开展客观定量的专业气象预报业务。（ √ ）

57. ＊＊现代气象业务体系与国家气象科技创新体系、气象人才体系共同构成气象现代化体系，是中国特色气象事业的主要组成部分。（ √ ）

58. ＊＊积极推进气象灾害预警信息"一键式"发布系统建设，形成国家、省、地、县四级相互衔接、规范统一的气象灾害预警信息发布体系，实现预警信息的多手段综合发布。（ × ）

解析：应为积极推进国家突发公共事件预警信息发布系统建设。

59. ＊＊当同时发生两种以上气象灾害且分别达到不同预警级别时，按照各自预警级别分别预警。（ √ ）

四、填空题

1. 现代天气业务以预报的<u>精细化</u>发展为标志。现代天气业务包括数值预报、<u>天气预报</u>、产品检验评估、综合分析预报平台以及合理的业务布局和业务流程等方面。

2. 发展现代气象业务的重点是发展以提高气象服务覆盖面和满意率为目标的公共气象服务业务，以提高预报预测<u>准确率</u>和<u>精细化</u>为核心的气象预报预测业务，以面向预报服务业务和发展需求且能连续、稳定、可靠运行为重点的综合观测业务，使其形成相互衔接、互为支撑的业务体系。

3. 地方各级气象主管机构负责本行政区域内预警信号<u>发布</u>、<u>解除</u>与<u>传播</u>的管理工作。

4. 24 小时最高气温将升至 37 ℃时，应发布高温<u>橙</u>色预警信号。

5. 预警信号实行<u>统一</u>发布制度。

6. <u>6</u>小时内可能发生雷电活动，可能会造成雷击灾害事故时，发布雷电黄色预警信号。

7. 预计我国某州各地未来一周综合气象干旱指数将达到重旱，应发布<u>橙</u>色预警信号。

8. 预警信号的发布(含变更)、解除实行<u>分级</u>签发制。

9. 气象灾害预警信号发布后，若灾害状况维持同一预警标准并且长时间持续，每天只需确认一次预警信号，不需连续多次发布预警信号。其中"确认"即是<u>继续发布</u>的意思。

10. <u>气象服务</u>是气象工作的出发点和归宿；<u>气象服务</u>是气象工作立业之本。

11. 简而言之，气象服务学的总的研究对象就是<u>气象服务业</u>。

12. 根据雾的预报分级，能见度小于<u>50</u> m 的为特强浓雾。

13. 雨量分为小雨、<u>中雨</u>、大雨、暴雨、大暴雨和特大暴雨六个等级。

14. 县级气象台设置综合气象业务岗位，岗位人员原则上不得少于<u>4</u>人(含气象台长 1 人)，其中，<u>国家气象系统</u>编制人员不少于 2 人。

15. "三个叫应"分为<u>内部"三个叫应"</u>和<u>外部"三个叫应"</u>。

16. 内部"三个叫应"是指根据各级气象台站的监测，有强降雨征兆时，<u>气象部门值班人员</u>通过电话向气象部门内的相关人员提醒关注天气情况的行为。

17. 县级决策气象服务材料的审核签发权限是：《重要气象信息专报》由<u>县气象局主要</u>

负责人 审核签发；《气象信息报告》由 县气象局分管业务的副局长 审核签发。

18. 原则上市（州）气象局的《重要气象信息专报》要在过程前 12 小时内发出，县气象局的《重要气象信息专报》要在过程前 6 小时内发出 。

19. 预警信号依据“分类制作、分级预警 、 分区发布 ”的原则，做到早预警早发布。

20. 省、地市、县级气象部门对当地党委、政府和相关部门的决策气象服务材料统一规范为《重要气象信息专报》《气象信息报告》《气象信息快报》 及《专题气象服务》 等四种形式。

21. 积极推进国家突发公共事件预警信息发布系统建设，形成 国家、省、地市、县 四级相互衔接、规范统一的气象灾害预警信息发布体系，实现预警信息的多手段综合发布。

22. 按照县级气象机构综合改革“ 一人多岗 、 一岗多责 、 提高工作效能 ”的原则，建立综合气象业务岗位技能认证制度，实行岗位技能证书制度。

23. 各级气象主管机构所属的气象台站应当及时发布预警信号，并根据天气变化情况，及时 更新 或者 解除 预警信号，同时通报 本级 人民政府及有关部门、防灾减灾机构。

24. 临近预报是指未来 0—2 小时天气参量的描述，短时预报是指未来 0—12 小时天气参量的描述。

25. 中国气象事业是 科技型 、基础性 社会公益事业。

26. 现代气象业务体系主要由 公共气象服务业务 、气象预报预测业务 和综合观测业务构成，各业务间相互衔接、相互支撑。由国家需求引领公共气象服务业务发展，并通过公共气象服务业务发展需要引领气象预报预测业务和综合气象观测业务发展，科技、人才、装备保障和信息为其提供支撑。

27. 预警信号由 名称 、图标 、标准 和 防御指南 组成，分为台风、暴雨 、暴雪 、寒潮 、大风 、沙尘暴、高温 、干旱 、雷电 、冰雹 、霜冻 、大雾 、霾 、道路结冰 等。

28. 预警信号的级别依据气象灾害可能造成的 危害 程度、紧急 程度和 发展 态势一般划分为四级：Ⅳ级（一般）、Ⅲ级（较重）、Ⅱ级（严重）、Ⅰ级（特别严重），依次用 蓝色 、黄色 、橙色 和 红色 表示，同时以中英文标示。

29. 灾情发生后，2 小时初报，6 小时上报重要灾情，12～24 小时上报调查后的灾情。

30. 根据天气过程或系统的逼近时间和影响强度，预报等级用语依次分为消息、预报 、警报 、紧急警报 和 预警信号 五级。

31. 无论是预报、警报还是预警信号，都应明确预报 名称 ，发布 单位 和发布 时间 ，天气过程或系统影响 区域 ，出现 时段 、强度 ，可能造成的 影响 和 防御 提示等。

32. 当受冷空气影响，同时达到寒潮、大风、暴雪、霜冻、道路结冰等预警信号发布标准时，根据服务效果，可以选择 级别较高 或者影响程度较重的一种预警信号发布，同时在发布内容中明确 其他灾种 的相关预警信息；但是多个灾种同时达到 橙色 及以上预警信号发布标准时，应当同时发布多个灾种的预警信号。

33. 因气象灾害死亡 3 人（含）以上 30 人以下，属 中 型气象灾害。

34. 根据《进一步加强突发性天气短时预报服务工作》的要求，气象部门必须牢固树立为保护人民群众 生命财产安全 、提高生活质量 为目的的气象服务观念，加强对强对流等突发性灾害天气的研究和技术总结，向定时、定点、定量的精细气象预报的目标迈进。

35. 城市火险气象划分为五个气象等级，一级为 低火险 ，二级为较低火险，三级为 中火险 ，四级为高火险，五级为 极高火险 。

36. 24 小时内可能受大风影响，平均风力可达 6 级以上，或者阵风 7 级以上，或者已经受大风影响，平均风力为 6～7 级，或者阵风 7～8 级并可能持续时，发布大风__蓝色__预警信号。

37. 寒潮预报等级用语分为__大风降温消息__、__寒潮预报__、__寒潮警报__、__强寒潮警报__、__寒潮预警信号__五级。

38. 大雾预报等级用语分为__大雾预报__、__大雾警报__、__大雾预警信号__三级。

39. 地质灾害气象预报等级用语分为__地质灾害气象预报__、__地质灾害气象警报__两级。。

40. 森林(草原)高火险预报等级用语分为__森林(草原)高火险预报__和__森林(草原)高火险警报__。森林(草原)高火险 5 级时发布__森林(草原)高火险警报__。

41. 加强媒体传播气象新闻的规范化、制度化管理要求，建立气象新闻"__发言人__"制度，用统一的口径对外发布天气预报和公告；要设立记者采访接待室，记者不能随意进入会商室采访，以免影响__预报员__的正常工作秩序。

42. 森林防火气象服务的时段为全年，重点是春秋季，贵州省具体时段为__11__月 1 日至第二年__4__月 30 日。

43. ＊精细天气预报的"细"，是指气象要素和气象及相关灾害的__时间__、__空间__分辨率以及强度、量级的细化程度，是精细天气预报的核心和关键。

44. ＊__公益__性是气象服务的基本性质。所谓公众服务产品，就是为__社会公众__提供服务的产品。

45. ＊开展专业气象有偿服务应当签订__合同__，并信守服务__合同__。

46. ＊公众气象预报和灾害性天气警报实行__统一发布__制度。

47. ＊坚持"__公共气象__，__安全气象__，资源气象"发展理念，是扎实推进业务技术体制改革，努力建设"四个一流"，实现气象现代化而提出的重大战略任务。

48. ＊公共气象服务业务包括气象灾害防御管理、面向__政府的决策气象服务__、面向__社会的公众气象服务__和面向行业的专业专项气象服务。

49. ＊发展现代天气业务，是防御和减轻气象灾害的关键环节，是适应"面向__民生__、面向__生产__、面向__决策__"的公共气象服务需求的根本保证。

50. ＊热带气旋分为__热带低压__、__热带风暴__、__强热带风暴__、__台风__、__强台风__和超强台风六个等级。

51. ＊冷空气等级分为__弱冷空气__、__中等强度冷空气__、__较强冷空气__、__强冷空气__和寒潮五个等级。

52. ＊干旱预警信号分为__干旱橙色预警信号__、__干旱红色预警信号__两级。

53. ＊开展中小河流洪水和山洪地质灾害气象风险预警服务业务的主要时段为__5—9__月，在该时段内，__省__、__地市__、__县__三级气象部门在制作精细化定量降水估测和预报产品时，均要对气象风险预警等级进行分析，并开展气象风险预警服务。在其他时段内，可根据服务需要，适时开展此项业务。

54. ＊农用天气预报是从农业生产需要出发，在天气预报、气候预测、农业气象预报的基础上，结合__农业气象指标体系__、__农业气象定量评价技术__等，预测未来对农业有影响的__天气条件__、__天气状况__，并分析其对农业生产的具体影响，提出有针对性的措施和建议，为农业生产提供指导性服务的农业气象专项业务。

55. ＊＊各级气象主管机构应当在__本级人民政府__的领导和协调下，根据实际情况组织开展人工影响天气工作，减轻气象灾害的影响。

56. ** 气象灾害防御工作实行“以人为本、科学防御、部门联动、社会参与”的原则。

57. ** 加强气象灾害监测预警及信息发布是防灾减灾工作的关键环节，是防御和减轻灾害损失的重要基础。

58. ** 外部叫应指强降雨将要发生或已经发生，有可能造成灾害性结果，各级气象部门相关人员通过电话向政府领导、相关责任单位和强降水发生地的乡(镇)、村等应急责任人、联络员、气象信息员等报告或通报降雨情况，提醒防范灾害的行为。

59. ** 各级气象部门按照“严密监测、分级指导、上下联动、区域联防”的原则，负责辖区内强降水天气的监测、预警及内部叫应工作。

60. ** 预警信号的级别依据气象灾害可能造成的危害程度、紧急程度和发展态势一般划分为四级。